高应力大型地下洞室群设计方法

冯夏庭 江权 等 著

科学出版社

北京

内 容 简 介

本书面向高应力大型地下洞室群稳定性分析理论与优化设计方法领域，针对高应力大型地下洞室群开挖中容易出现的围岩深层破裂、大面积片帮、大体积塌方、大深度松弛、大剪切变形等工程难题，系统阐述了高应力大型地下洞室群的优化设计方法、岩石力学试验与测试方法、稳定性分析与优化设计方法、变形破坏预警方法，以及围岩深层破裂、片帮、错动带变形破坏与柱状节理岩体卸荷松弛等分析预测与优化设计方法，介绍了这些理论和技术成功应用于白鹤滩水电站地下洞室群深层破裂、大面积片帮、软弱错动带变形破坏、柱状节理岩体松弛与塌方等关键稳定性难题的优化设计。

本书可供水利水电工程、土木工程、交通工程、采矿工程、国防工程等领域从事高应力和深埋大型地下工程研究和设计的科研人员、工程技术人员和研究生参考。

图书在版编目（CIP）数据

高应力大型地下洞室群设计方法 / 冯夏庭等著. —北京：科学出版社，2024.3

ISBN 978-7-03-074679-5

Ⅰ. ①高⋯ Ⅱ. ①冯⋯ Ⅲ. ①地下洞室-洞室群-建筑设计 Ⅳ. ①TU929

中国国家版本馆CIP数据核字（2023）第005419号

责任编辑：刘宝莉 陈 婕 乔丽维 / 责任校对：郑金红
责任印制：肖 兴 / 封面设计：蓝正设计

科学出版社 出版
北京东黄城根北街 16 号
邮政编码：100717
http://www.sciencep.com
三河市春园印刷有限公司印刷
科学出版社发行 各地新华书店经销

*

2024 年 3 月第 一 版 开本：720 × 1000 1/16
2024 年 3 月第一次印刷 印张：33 插页：16
字数：665 000
定价：298.00 元
（如有印装质量问题，我社负责调换）

序

  黄河上游、雅砻江、大渡河、金沙江等水电基地建设，川藏铁路等西部铁路和公路建设，雅下水电开发等出现了越来越多的高应力大型地下洞室(群)，针对复杂地质环境下大型地下洞室面临的围岩深层破裂、大体积塌方、大面积片帮、大范围错动变形、大深度松弛破坏等工程难题，迫切需要系统建立高应力大型地下洞室群稳定性分析预测与优化设计方法。在国家自然科学基金创新研究群体项目(51621006)等资助下，依托目前世界上规模最大的白鹤滩水电站地下厂房、导流洞等工程，《高应力大型地下洞室群设计方法》以高应力大型地下洞室稳定性分析与开挖支护设计为问题导向，开展了机理、特征、规律、理论、方法的系统创新，取得一些突破性成果。

  该书针对高应力大型地下洞室群设计这一关键科学技术难题，突破以关注围岩变形为主的传统地下工程理论，以岩石工程七步流程式设计、高应力大型地下洞室(群)围岩内部破裂过程的分析预测和控制为核心，建立了高应力大型地下洞室群岩石试验与原位测试方法、洞室群稳定性分析与优化设计方法、围岩稳定性预警方法，如揭示岩石破裂机制的真三轴试验方法、岩体破裂过程监测的孔内摄像与微震监测方法、考虑构造活动的工程区三维地应力场识别方法、反映高应力硬岩脆延性特征变形破裂行为的力学模型、基于实测大型地下洞室群围岩内部破裂程度和变形的岩体力学参数三维反演方法、大型地下洞室群围岩破裂深度与破裂程度及能量释放的评价指标、洞室群开挖与支护优化设计的裂化-抑制方法、基于围岩内部破裂与变形的大型地下洞室群分层开挖安全监测设计与预警方法、充分反映大型地下洞室群围岩内部破裂变形过程的三维数值分析方法、大型地下洞室群稳定性分析与优化设计的技术审查方法；进而系统阐述了高应力大型地下洞室群典型破坏分析预测与优化设计方法，包括高应力大型地下洞室围岩内部深层破裂分析预测、监测与优化设计方法，高应力大型地下洞室大面积片帮破坏分析预测与优化设计方法，贯穿大型地下洞室群的软弱破碎带(错动带)稳定性分析与优化设计方法，高应力密集节理岩体(柱状节理岩体)卸荷松弛分析与优化设计方法。

  这些学术思想、理论方法和控制技术在白鹤滩水电站左右岸地下洞室群与左右岸导流洞施工期的围岩稳定性分析与优化设计中进行了成功实践，充分表明所建立的理论方法和技术具有先进性和创新性。

　　该书的出版对于提高高应力大型地下洞室和隧道工程设计的科学水平，提高深部工程施工与运行安全具有深远意义，必将对大型地下工程设计与施工研究者大有裨益。

中国工程院院士

2021 年 5 月 30 日

前　言

　　我国日益增长的能源、资源和交通等重大需求，必将促使水电开发、矿产开采、隧道建设等进一步向地下深部发展，高应力大型地下洞室群建设必将趋于常态化。受复杂地质条件和高地应力制约，以及大型地下洞室自身大跨度、高边墙、洞群效应等因素影响，现有浅层地下工程围岩稳定性分析理论和工程设计方法已不能满足高应力大型地下洞室群的工程建设需求，深层破裂、大体积塌方、大面积片帮、大范围错动变形、大深度松弛破坏等工程问题时有发生，造成了大量的经济损失、人员伤亡、工期延误等。解决这些问题需要回答的关键科学问题包括：高应力大型地下洞室群围岩的变形破坏特征与机制是什么？高应力大型地下洞室群围岩稳定性应采用怎样的分析方法？高应力大型地下洞室群稳定性设计方法是什么？如何进行高应力大型地下洞室群围岩稳定性监测预警？如何开展高应力大型地下洞室群围岩稳定性动态反馈分析与优化设计？

　　针对高应力大型地下洞室的围岩稳定性控制这一关键科学技术问题，在 973 计划项目"灾害环境下重大工程安全性的基础研究"（2002CB412700）和"深部重大工程灾害的孕育演化机制与动态调控理论"（2010CB732000）、国家杰出青年科学基金"高应力下地下工程稳定性的智能分析与优化方法研究"（50325414）、国家自然科学基金创新研究群体项目"重大岩石工程安全性分析预测与控制"（51621006）、国家自然科学基金重点项目"深埋长大引水隧洞和洞室群的安全与预测研究"（50539090）和"错动带影响下特大型地下洞室群变形破坏机制与分析方法"（11232014）、国家自然科学基金重点国际合作研究项目"大型地下洞室群和深埋隧道灾害风险的动态评估与设计方法"（41320104005）等支持下，作者团队从机理、理论、设计方法到工程实践，开展了系统研究，提出了岩石工程设计方法与风险方法，出版了专著 *Rock Engineering Design*（2011）和 *Rock Engineering Risk*（2015）。针对高应力隧洞，进一步提出了隧道动态设计方法，出版了专著《深埋硬岩隧洞动态设计方法》（2013）。本书是在专著 *Rock Engineering Design* 中给出的岩石工程动态设计方法和 *Rock Engineering Risk* 中给出的岩石工程风险评估方法的基础上，进一步考虑高应力与复杂地质条件（错动带、柱状节理等）的大型地下洞室群（高边墙、大跨度洞室的开挖效应，大型地下洞室之间的开挖相互作用，大型洞室交叉部位开挖时空效应等）的特点和难点问题，依托多个典型的水电高应力地下洞室群工程（拉西瓦水电站地下厂房、锦屏一级水电站地下厂房、锦屏二级水电站地下厂房、两河口水电站地下厂房、白鹤滩水电站地下厂房、双江口水电站地下厂房等),围绕工程岩体三维高地应力环境和岩体裂化-抑制支护设计理论,系统建立基于设计目标确定、场地工程岩体与约束条件识别、全局设计策略建立、模型方法和软件选择与开发、初步设计建立、模型方法集成与动态反馈分析、最终设计与验证一体化的七步式大型地下洞室群设计方法,进而建立高应力大型地下洞室群岩石试验与原位测试方法、洞室群稳定性分析与优化设计方法、大型地下洞室围岩稳定性预警方法,以及高应力大型地下洞室深层破裂、片帮、软弱错动带变形破坏、柱状节理岩体松弛塌方等稳定性难题的分析理论和方法,通过白鹤滩水电站左右岸地下洞室群稳定性优化设计实践,系统阐述高应力大型地下洞室稳定性分析与工程优化设计实践。

　　科技部、自然科学基金委、教育部、中国科学院、中国长江三峡集团有限公司、中国电建集团华东勘测设计研究院有限公司、东北大学、中国科学院武汉岩土力学研究所岩土力学与工程国家重点实验室对相关研究提供了资助和支持,钱七虎院士、郑颖人院士、马洪琪院士等对上述研究给予了指导。参与研究和写作的人员还有赵金帅(第 6 章)、裴书锋(第 7 章、11.2.6 节)、刘国锋(第 8 章、11.1.6 节、11.2.6 节)、段淑倩(4.2.3 节、4.4.3 节、第 9 章、11.1.6 节、11.2.6 节)、郝宪杰(4.4.4 节、第 10 章、11.2.6 节)、何本国(5.2 节、5.3 节)、张建聪(10.2.2 节、11.1.5 节、11.1.6 节、11.2.5 节)、韩强(1.3.1 节、4.2.1 节、4.2.2 节、7.2.2 节、8.2.2 节、8.3.1 节)。樊启祥、汪志林、张春生、樊义林、徐建荣、何炜、任大春、陈建林、石安池、万祥兵、方丹等专家给予了现场科研工作的支持,中国电建集团成都勘测设计研究院有限公司、中国电建集团华东勘测设计研究院有限公司、中国电建集团西北勘测设计研究院有限公司提供了第 3 章中相关工程资料支持,宋胜武教授级高级工程师、黄理兴研究员、李邵军研究员、陈炳瑞研究员、潘鹏志研究员等对本书写作提出了宝贵意见。科学出版社刘宝莉、东北大学深部金属矿山安全开采教育部重点实验室王新悦等为本书的编辑出版付出了辛勤劳动。在此对上述做出贡献的专家和研究生表示衷心的感谢!

　　上述研究工作带有探索和引领创新的特点,加之作者学术水平有限,书中难免存在不足之处,恳请读者批评指正,愿共同探讨。

目　　录

彩图

第1章 绪 论

1.1 大型地下洞室群发展概况

大型地下洞室群一般指包含多个相互连通或相邻影响、三维尺寸均达到数十米量级的地下洞室结构,具有大跨度、高边墙、多洞连通的特点,如水电站地下洞室群、矿山地下采场洞室群、地下水封油库洞群等(见图1.1)。在全球日益增长的地下能源开发、深部资源开采、深埋工程建设的过程中,高应力大型地下洞室群规模将向更大的方向发展,世界范围内深部/高应力下复杂地质构造区域建造大型地下洞室群必将是今后重要的发展方向。

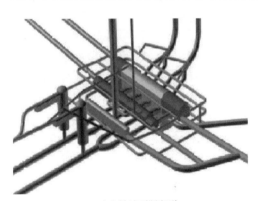

(a) 水电站地下洞室群

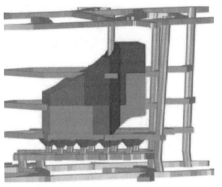

(b) 矿山地下采场洞室群

(c) 地下水封油库洞室群

图 1.1 典型地下洞室群结构

在中国,已有大量水电工程建设或投入运营,如金沙江流域的溪洛渡水电站、向家坝水电站、乌东德水电站、白鹤滩水电站等水电工程;雅砻江流域的锦屏一级水电站、锦屏二级水电站、官地水电站、两河口水电站、杨房沟水电站等水电工程;大渡河流域的双江口水电站、大岗山水电站、瀑布沟水电站等水电工程,澜沧江流域的糯扎渡水电站、大朝山水电站等水电工程。这些工程均处在中国西部地质构造复杂的高山峡谷地区,采用大型地下洞室群作为主要水工建筑物,主厂房跨度多数大于30m,开挖高度基本超过50m,最高近90m(见表1.1);地下洞室群中厂房、主变开关室(简称主变室)、尾水调压室(简称尾调室)多平行布置,并且与引水洞、尾水洞、母线洞等相互连通(见图1.2),代表性工程有黄河流域最大的拉西瓦水电站,其地下主厂房尺寸为311.8m×30m×74.8m(长×宽×高),目前国际上开挖高度最大的乌东德水电站左右岸地下主厂房高达89.8m[1],世界上在建规模最大的水电站地下洞室群白鹤滩水电站地下洞室群厂房尺寸达到 453m×34m×88.7m(长×宽×高)。

表 1.1 部分大型水电工程地下洞室群及其主要洞室尺寸

工程名称	厂房开挖尺寸 (长×宽×高)/m	主变室尺寸 (长×宽×高)/m	其他洞室尺寸 (长×宽×高)/m
龙滩水电站	388.5×30.7×77.3	400.0×20.5×19.4	95.9×22.7×63.7(尾调室)
小湾水电站	298.1×30.6×82.0	230.6×19.0×22.0	ϕ38×89.5(调压室)
溪洛渡水电站	443.3×31.9×75.6	352.9×33.3×19.8	317.0×25.0×95.0(尾调室)
拉西瓦水电站*	311.8×30.0×74.8	232.6×29.0×53.0	ϕ32×69.3(尾调室)
三峡右岸地下厂房	329.5×32.6×86.2	—	—
锦屏一级水电站	276.9×25.9×68.8	197.10×19.3×32.7	ϕ41.0×80.5(尾调室)
锦屏二级水电站*	352.4×28.3×72.2	374.6×19.8×35.1	283.3×15.6×55.5(尾闸室)
糯扎渡水电站	418.0×31.0×81.7	348×19×38.6	ϕ31.0×92.0(尾调室)
乌东德水电站	333.0×32.5×89.8	272.0×18.8×35.0	ϕ56.0×113.5(尾调室)
白鹤滩水电站*	453.0×34.0×88.7	368.0×21.0×40.5	ϕ48.0×93.0(尾调室)

注:尾闸室是尾水闸门室的简称;设计尺寸与施工尺寸会略有差异;带*的工程具体情况见第3章介绍。

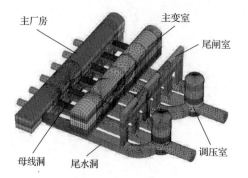
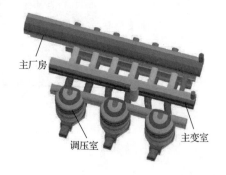

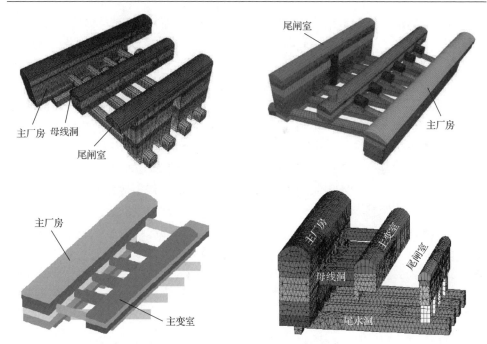

图 1.2　典型大型水电工程地下洞室群

在国外，亚洲和欧洲国家也建设了多个大型水电站地下厂房或抽水蓄能地下洞室，如日本建成的 Kannagawa 水电站地下厂房尺寸为 216m×33m×52m（长×宽×高），断面最大开挖面积达 1400m² [2]；葡萄牙建设的 Venda Nova 水电站地下厂房洞室尺寸为 60m×20m×40m（长×宽×高）[3]；印度建设的 Lakhwar 水电站地下厂房尺寸为 46m×20m×130m（长×宽×高）[4]；伊朗建设的 Uma Oya Multipurpose 水电站地下洞室群尺寸为 69.8m×17.9m×35.7m（长×宽×高）[5]；泰国建设的 Khiritharn Pumped Storage 水电站地下厂房尺寸为 95m×17.5m×42m（长×宽×高）[6]；不丹建设的 Mangdechhu 水电站地下厂房尺寸为 155m×23m×41m（长×宽×高），主变室尺寸为 135.5m×18m×23m（长×宽×高）[7]，Dagachhu Hydropower 水电站地下厂房尺寸为 62.5m×23.9m×37m（长×宽×高）[8]。

近十年来，水封油库洞室群建设也得到了较大发展，我国的山东黄岛和广东湛江地区修建了库容分别为 300m³ 和 500m³ 的地下储油库[9,10]，欧洲、亚洲也建造了许多地下储油库洞室，这些都表明地下洞室群在油气工程领域也有较好的应用前景。

1.2　大型地下洞室群的复杂地质环境条件

大型地下洞室群建造通常受外部复杂地质环境和高地应力的控制，以及自身大跨度、高边墙、多洞室结构的制约，具有以下几方面特点。

1. 穿越的三维地层和地质条件复杂多变

不同于一般线性的隧道工程，单个大型地下洞室长达数百米、高达近百米，洞室群水平范围更达数万平方米。因此，三维大空间范围内，不同洞室可能遇到的地层、岩性或地质结构和不利地质构造不同，而且同一洞室不同洞段遇到的地层、岩性或地质结构和不利地质构造也可能不一致（见表 1.2）。例如，锦屏一级水电站地下厂房遭遇了 f13、f14、f18 等断层以及多个不同地质年代的大理岩岩层（见图 1.3(a)）；大岗山水电站地下厂房顶拱后期开挖过程中揭露出了一条隐伏的 β80 辉绿岩脉并诱发塌方（见图 1.3(b)）。显然这些物理力学性质发生改变的岩层或不良的地质带与弱面通常都是影响洞室围岩稳定性的潜在高风险因素，也是工程稳定性设计中的难点问题。因此，复杂多变的地质条件下洞室群稳定性分析和科学设计需要合理确定工程岩体的力学参数，采用针对性力学模型和计算软件分析不利地质结构对洞室稳定性的影响，提出合理的工程措施减小不利地质结构和岩层对工程稳定性的影响。

表 1.2　典型大型地下洞室群遇到的不利工程地质条件

工程名称	岩性	不利工程地质条件
大岗山水电站地下厂房	花岗岩	构造形式以沿脉岩发育的挤压破碎带、小断层和节理裂隙为特征，厂址区域较大规模的软弱结构面主要有 f56、f60 等断层穿过厂房洞室群区
构皮滩水电站地下厂房	灰岩	岩层走向与厂房轴线夹角为 40°～45°，断层多为陡倾角，规模不大，断层带宽度一般为 5～20cm，沿断层多溶蚀强烈，层间错动较发育，密度较大（共有 6 条）
官地水电站地下厂房	花岗岩	厂址区域内无断层、大型软弱结构面，岩体新鲜、完整性好，以次块状、块状结构为主，与主要结构面的夹角较大，局部为镶嵌或碎裂结构，地下厂址区域平硐钻孔出露有裂隙承压水
锦屏二级水电站地下洞室	大理岩	陡倾层状大理岩，岩层走向与厂房轴线呈小夹角，最大主应力与厂房轴线呈大夹角，岩体层面开裂、局部塌方、应力-结构型破坏问题较突出，f16 断层穿过主厂房与主变室中隔墙
锦屏一级水电站地下洞室	大理岩	软弱煌斑岩脉导致主变室围岩长期时效变形突出，大理岩时效破裂特征明显，厂址区域三条近似平行断层导致局部岩体破碎和应力场复杂
向家坝水电站地下洞室	玄武岩	沿泥质类软岩或较软岩分布部位产生层间剪切错动，形成层间剪碎带，节理裂隙发育
小湾水电站地下厂房	片麻岩	三条Ⅲ级断层在地下厂房通过，均顺片麻理面发育，与洞轴线呈 25°～50°斜交
宜兴抽水蓄能电站地下洞室	砂岩	南北两端分别有较大规模的 f220、f204 断层通过，其中后者出露宽度为 5～15m，断层带内大多充填碎裂岩、角砾岩、糜棱岩与断层泥
水布垭水电站地下洞室	砂岩	厂房洞室群布置于张拉性断层 f2 与 f3 所夹的区域，地下洞室穿越的岩层多由软硬相间的岩体组成

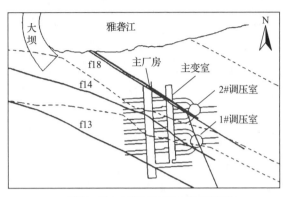 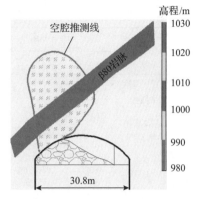

(a) 锦屏一级水电站地下厂房含断层平切图　　　　　(b) 大岗山水电站地下厂房隐伏岩脉塌方

图 1.3　大型地下洞室群遭遇复杂地质结构[11,12]

2. 围岩初始地应力高且施工过程应力路径复杂多变

我国多数大型地下洞室群均处于西南高山峡谷地区，该地区由于第四纪以来印度板块向欧亚板块的俯冲与挤压，派生出西部地区强烈的现代地壳活动、高地应力场和外动力地质作用，从而使得大型地下洞室群处于高地应力环境(见表 1.3)，地质勘查钻孔常见岩芯饼化现象(见图 1.4)。地层最大主应力和中间主应力的走向与大型地下洞室轴线的夹角关系、最大主应力或中间主应力的倾向特点都对洞室围岩的变形破坏类型、位置有直接控制作用；最大主应力与最小主应力的差值 ($\sigma_1 - \sigma_3$) 和中间主应力与最小主应力的差值 ($\sigma_2 - \sigma_3$) 也会导致洞室群开挖支护过程的应力路径更为复杂(见图 1.5)，进而使得岩体变形破坏模式更加多样，导致大型地下洞室群围岩变形破坏灾害更为严重。

表 1.3　典型大型地下洞室群工程地应力条件

工程名称	最大主应力/MPa		最大主应力方向		最大主应力倾角/(°)		与洞室轴线夹角/(°)	洞室轴线
	最小值	最大值	最小值	最大值	最小值	最大值		
大岗山水电站地下洞室群	11.4	22.2	N18°E	N61°E	—			N55°E
官地水电站地下洞室群	20	22	N28.7°W	N53°W	—	30	40	N5°E
猴子岩水电站地下洞室群	21.5	36.4	N41°W	N75°W	21	47	—	—
锦屏二级水电站地下洞室群	10	22.9	S43°E	S47.4°E				N35°E
锦屏一级水电站地下洞室群	21.7	35.7	N28.5°W	N71°W	20	50	19.3	N65°W

工程名称	最大主应力/MPa		最大主应力方向		最大主应力倾角/(°)		与洞室轴线夹角/(°)	洞室轴线
	最小值	最大值	最小值	最大值	最小值	最大值		
拉西瓦水电站地下洞室群	14.6	29.7	—	NS	—	10	—	N25°E
两河口水电站地下洞室群	—	23.6		N46°E				N3°E
瀑布沟水电站地下洞室群	21.1	27.3	N45°E	N84°E			26.7～36.7	N42°E
溪洛渡水电站右岸地下洞室群	16	21	N60°W	N70°W	—	25	—	N70°W
小湾水电站地下洞室群	16.4	26.7	N49°W	N64°W	49	53	9～24	N40°W
黄金坪水电站地下洞室群	9.2	24.6	N80°W	EW	—	—	—	N70°W

注：通常认为岩体最大初始地应力超过 20MPa 为高地应力。

图 1.4　高应力下钻孔岩芯饼化现象

因此，在大埋深条件和复杂构造活动区域，高地应力下大型地下洞室群稳定性优化设计与安全建造更需要合理识别工程区岩体地应力的大小和分布，全面认识真三向高应力开挖支护应力路径下硬岩变形破裂机制，深入认识应力水平、应力差变化对硬岩变形破坏模式的影响。

3. 洞室群围岩破坏表现形式多样

在高地应力强开挖卸荷下，大型地下洞室群不同洞室不同部位围岩时常出现不同形式的大规模破坏，具体有以下几种。

(1)围岩开裂与掉块。拉西瓦水电站地下洞室群开挖过程中因后期厂房和主变室顶拱出现超过 $10m^2$ 的花岗岩剥落，部分机组段暂停施工(见图 1.6)；锦屏地下实验室多处发生大面积片帮(见图 1.7)，极大地威胁作业人员安全。

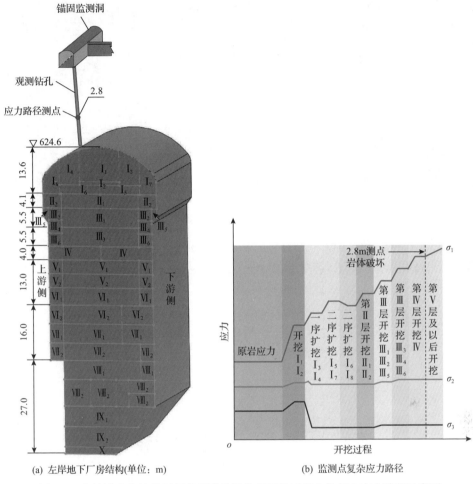

(a) 左岸地下厂房结构(单位: m)　　　(b) 监测点复杂应力路径

图 1.5　白鹤滩水电站地下厂房顶拱分层分部开挖过程中的复杂应力路径示意图

图 1.6　拉西瓦水电站地下厂房顶拱花岗岩片帮与掉块

图 1.7　锦屏地下实验室大理岩开裂破坏

（2）硬岩深层破裂。猴子岩水电站地下厂房开挖过程中，声波测试结果显示地下厂房 4#机组剖面破损区深度达到 11m（超出了系统锚杆的支护深度），邻近的钻孔摄像显示该部位岩体存在明显的开裂现象（见图 1.8）[13]。

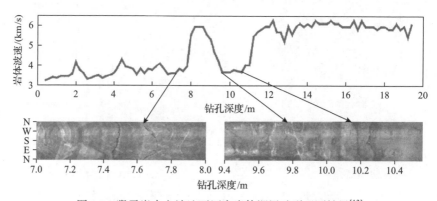

图 1.8　猴子岩水电站地下厂房岩体深层破裂观测结果[13]

（3）大体积塌方。大岗山水电站地下厂房受软弱 β80 辉绿岩脉影响发生超过 3000m³ 的大体积塌方[12]，导致停工 3 个月和工程支护成本激增。

（4）硬岩时效破裂与大变形。锦屏一级水电站地下厂房开挖过程中，厂房下游侧拱围岩在开挖 2 年后开始显现时效破裂，并出现超过 10m 的深层破裂（见图 1.9），主变室曾实测到超过 200mm 的大变形，并导致停止开挖半年用于围岩加强支护[11]。

（5）岩爆。二滩水电站洞室因围岩突发岩爆而导致多个锚索破坏并耗费 4～6 个月进行补强支护[14]；锦屏二级水电站引水隧洞发生多次岩爆灾害，如图 1.10 所示。

（6）密集节理岩体松弛。白鹤滩水电站右岸导流洞出现大深度和大范围的柱状节理岩体松弛开裂（见图 1.11），并导致围岩支护成本增加和施工进度滞后。

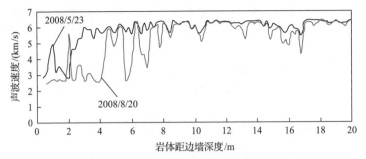

图 1.9 锦屏一级水电站地下厂房围岩时效破裂现象[11]

图 1.10 锦屏二级水电站引水隧洞现场岩爆破坏

图 1.11 白鹤滩水电站导流洞柱状节理岩体大范围松弛开裂

(7)软弱断层/夹层/错动带剪切变形。锦屏二级水电站地下厂房与主变室之间的中隔墙受 f65 断层影响，局部围岩发生较大的剪切变形并导致衬砌开裂和锚杆拉断，如图 1.12 所示。

图 1.12 f65 断层诱发锦屏二级水电站地下洞室衬砌开裂和锚杆拉断

因此，针对高应力强开挖卸荷下硬岩多种破坏模式，需要深入分析不同应力路径对岩石变形破坏模式的影响，采用合理的计算模型和软件评价洞室围岩变形破坏的发展趋势，并提出针对高应力下硬岩变形破坏控制的设计方法。

1.3 高应力大型地下洞室群稳定性分析与优化设计的研究进展

针对地下工程围岩变形破坏问题，在地下工程围岩稳定性分析与工程设计优化实践过程中逐步形成了一些理论、方法和技术。总的来看，受大型地下工程埋深不大、地应力不高的工程背景约束，涉及围岩变形破坏机制、稳定性分析与设计方法、监测预警方法、动态反馈分析等方面的相关研究工作更多侧重变形分析，未充分考虑到真三向高应力下围岩破裂的特点。

1.3.1 高应力强卸荷下大型地下洞室群围岩变形破坏机制

深部工程岩体的变形破坏与开挖卸荷作用密不可分。随着大型地下洞室群分层分部开挖过程的逐步进行，围岩内部应力调整过程复杂多变并最终导致岩体失稳破坏，其较为常见的围岩破坏类型有片帮、岩爆及应力-结构控制型破坏等。对高应力大型地下洞室群围岩变形破坏机制的合理认识是保证施工期围岩安全稳定和工程顺利完成的关键。

研究大型地下洞室群围岩变形破坏机制的主要手段体现在岩石力学试验和物理模型试验两个方面。岩石力学试验主要在考虑工程开挖卸荷效应基础上，通过现场取样进行单轴、常规三轴应力状态下的加卸荷试验[15,16]，在得到与工程岩体相类似的破坏模式后，进一步分析其变形破坏机制。物理模型试验主要在构建三维地质力学模型基础上模拟实际开挖过程来研究围岩的响应特征，并分析其变形破坏机制[17]。

深部硬岩破坏准则是进行大型地下洞室群设计、施工及围岩稳定性分析的重要基础，深部硬岩破坏准则的合理性直接影响到深部工程稳定性分析的可靠性。经典的莫尔-库仑、霍克-布朗、格里菲斯等强度准则[18-21]未考虑到中间主应力效应。随着真三轴试验机的应用，三维破坏准则被相继提出并逐步应用于不同种类岩石的峰值强度估计和破坏分析[22-26]。

硬岩脆延性破坏力学模型能够表征岩石不同应力状态下的劣化特征，可为认识岩石的变形破坏机理提供帮助，并可嵌入数值软件中分析工程岩体的开挖响应。现有的力学模型各具特色，但关注点不尽相同，如考虑脆性破坏过程中与塑性应变相关强度参数演化的黏聚力弱化和摩擦强化模型[27]、基于翼型裂纹扩展的裂纹贯穿和非弹性响应模型[28]、基于接触力学或内表面响应原理的岩体整体接触模型[29-31]。

高应力大型地下洞室群围岩变形破坏机制的认知主要包括：①开挖卸荷作用与应力重分布是洞室群围岩变形破坏的主要原因；②完整或较完整洞室群岩体的围岩破坏位置与地应力方位有关[32,33]；③一定范围内，随着大型地下洞室群分层分部开挖过程的进行，围岩变形呈阶梯式增长[34]；④大型地下洞室群浅表层围岩破坏机制主要属于应力和应力-结构控制下的拉伸破坏[35,36]。

综上所述，针对高应力大型地下洞室群围岩变形破坏机制方面的研究依然存在以下问题。

1) 试验方法方面

(1) 应力状态。基于单轴和常规三轴应力状态下的加卸荷试验与工程现场真三维应力状态相差甚远，不能真实地还原工程岩体受力状态。

(2) 应力路径。单轴和常规三轴应力状态下的加卸荷应力路径以及一些简单真三轴应力状态下的加卸荷应力路径与大型地下洞室群分层分部开挖方式下围岩变形破坏所经历的应力路径相差较大，因此得出的岩石破裂机制可能与工程实际不一致；针对大型地下洞室群在分层分部开挖方式及复杂应力路径作用下围岩变形破坏机制的研究几乎没有。

(3) 岩石变形破裂过程研究。受试验条件和设备制约，缺少对大型地下洞室群围岩在复杂应力路径作用下的变形破坏过程研究。

2) 力学模型和准则方面

(1) 现有的力学模型和准则大多基于常规三轴或单轴应力状态下压缩试验结果构建，不能够真实反映工程岩体在真三向应力状态下的响应，也未能阐明强度的真三轴拉压异性和三维破坏面的非对称变化特征、真三向应力差对脆延性破坏的影响、真三向应力诱导变形破裂各向异性等，故其适用性受到限制。

(2) 基于理论或经验构建的真三轴压缩条件下的破坏准则与力学模型或相对复杂，不利于工程应用；或过于简化，不能反映真三轴条件下岩石变形破裂的本质特征，因此有必要建立一个统一的三维岩石破坏力学模型。

因此，解决上述问题的关键在于科学合理地揭示深部工程灾害在三维复杂应力路径下变形破坏的孕育过程和发生机理，建立充分考虑岩石在深部高应力状态下的强度特性、脆延性破坏特征、破裂机理和应力诱导变形破坏各向异性的分析预测理论。

1.3.2　高应力大型地下洞室群围岩稳定性分析方法

地下洞室的开挖使其周围岩体的性状发生改变，引起围岩卸荷回弹和应力重分布，往往造成围岩发生片帮剥落、塌方、岩爆等失稳破坏现象，其主要与岩石性质、地质构造、原岩应力以及洞室的形状、尺寸、开挖方式、支护类型等因素密切相关。

常用的地下洞室围岩稳定性分析方法主要有现场量测法、工程类比法和数值分析法等。

(1)现场量测法是以现场实测为依据，获取控制围岩稳定性的各种信息，并反馈到施工设计中，从而最大限度地实现安全性和经济性的统一，该方法可以适应各种复杂的工程地质条件和不同的施工开挖方式，但监测数据的处理常常存在严重的滞后现象，因此现场量测法进行大范围的普及应用需要大量人工工作。

(2)工程类比法主要依靠专家经验划分围岩类别并结合已建类似工程的实践经验直接确定支护参数和施工方法，该方法与决策者的实践有很大关系，且针对同一个工程，不同专家的看法不尽一致，因此该方法人为因素影响较大。

(3)数值分析法是在获知岩体和支护结构力学参数的前提下，基于岩体力学特性确立其力学模型，并给出合理的评价指标，通过相应的数值计算方法确定岩体的应力场、位移场和塑性区等，从而对岩体稳定性进行分析与评价。数值分析方法被广泛应用于分析和预测大型地下洞室群围岩不同破坏模式，如有限元法、边界元法、离散元法等，这对围岩稳定性评价是至关重要的。然而，这些数值分析方法通常以常规三轴应力状态下试验结果推导出的本构模型为基础，不能充分反映真三向应力状态下的岩体力学响应；另外，常规数值分析法仅能给出岩体中应力、应变、位移和塑性区的分布及其随开挖过程的动态变化过程，这些指标不能充分反映岩体开挖后不同部位的破坏程度及其演化规律。

图 1.13 为隧洞开挖后塑性区分布图[37]。可以看出，围岩损伤区的范围和深度，但塑性区内岩体(点 B)的损伤程度和塑性区附近围岩(点 A)接近损伤的程度不得而知。在地下工程开挖过程中，围岩的损伤程度和应力集中程度是在不断变化的，原来处于弹性区的点 A 可能会进入塑性区，点 B 的损伤程度可能会随开挖加剧，这些都需要给出定量评价结果。因此，有必要在确定合适的力学模型基础上，提出围岩破坏的合理评价指标，充分反映出围岩开挖后不同部位的破坏深度和破裂程度，这是高应力大型地下洞室群稳定性分析的关键。

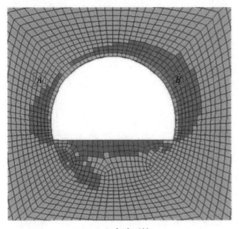 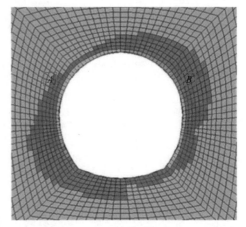

(a) 上台阶开挖   (b) 下台阶开挖

图 1.13 隧洞开挖后塑性区分布图[37]

高应力大型硬岩洞室群围岩稳定状态还受工程区地应力场的影响，工程岩体初始地应力场是进行地下洞室群工程设计、计算分析和施工之前亟须确定的前提条件。通常，地应力可通过现场测试来确定，如水压致裂法和应力解除法[38-40]等。然而，受现场工作条件和成本的制约，覆盖整个工程区的现场地应力测试是不现实的，且复杂地质条件导致实际地应力分布的变异性非常大。因此，单纯依赖现场测试方法来获取工程区地应力场并据此进行结构设计和施工是非常困难的。针对此问题，随着地应力间接求解方法、计算机技术和试验测试技术的发展，其可靠性得以不断提高，甚至在地应力现场测试工作无法开展的情况下发挥了关键作用。地应力的间接求解方法包括理论计算法、基于现场地应力测试数据的数学力学方法、基于岩芯 Kaiser 效应的室内试验法、基于现场揭示信息(钻孔破坏、岩芯饼化、岩体脆性破坏等)的估计方法和基于现场开挖过程中岩体响应(位移、松弛深度等)的反演方法等。在深部地下工程或者深部钻孔中，高应力导致的岩芯破裂、岩芯饼化、钻孔破坏等问题使得套孔应力解除法和水压致裂法无法应用。因此，深部条件下地应力估计更多采用基于现场揭示信息(钻孔破坏、岩芯饼化、围岩脆性破坏等)的间接估计方法、基于现场开挖过程中围岩响应(位移、松弛深度等)的反演方法，以及考虑河谷下切、地质构造运动、现今地形地貌形成过程的三维地应力场反演方法[41]。

在高应力条件下，岩体的破坏模式和机制与浅埋工程存在巨大差异，同时由于大型地下洞室群规模巨大、空间效应显著，不同洞室不同部位围岩时常出现大面积片帮、深层破裂、大体积塌方、突发岩爆等围岩稳定性问题。因此，如何合理估计高应力大型地下洞室群区域三维地应力场，如何准确评价真三向应力状态下围岩的复杂力学响应，如何客观评估高应力下围岩的破裂深度与破裂程度，如何开发力学模型准确地分析开挖过程中围岩状态的演化规律，是进行大型地下洞室群围岩稳定性评价时必须回答的问题。

1.3.3 高应力大型地下洞室群优化设计方法

为保证高应力下岩体的稳定性，有效控制岩体的有害变形与灾害性破坏是大型地下工程建设中不可回避的技术难题。由于地下工程所处的复杂地质环境，其稳定性分析与设计理论不同于地面工程，在长期交通、水电站、矿山地下工程实践中，逐步发展形成了一系列的地下工程开挖与支护设计方法，现行主要方法如下。

(1)工程类比法。根据地质勘探和岩体力学试验结果，归纳总结影响洞室围岩稳定性的主要因素，并根据这些因素对工程岩体质量进行综合评价，按照一定的标准进行围岩稳定性分级，并在分级中给出具有普遍意义的支护形式与参数，供设计施工使用。这类方法虽然属于一种定性方法，但简单实用，在工程实践过程中得到了广泛的应用与发展，较为流行的分类方法有 Bieniawski[42]提出的岩体质量指标(rock mass rating，RMR)分类、Barton[43]提出的 Q 系统(rock mass quality，Q-system)分类、Hoek 等[44]提出的地质强度指标(geological strength index，GSI)分类以及邬爱清等[45]提出的岩体基本质量(rock mass basic quality，BQ)分类等等，这些经验方法至今仍被许多国家与行业采用，用以进行岩体地下工程支护设计。与此方法类似的还有在其工程实践经验基础上发展的典型类比分析法[46]、针对不同岩体级别建立的不同支护结构的力学状态分析与设计技术方法[47]。

(2)荷载-结构法。根据压力拱理论给出作用在支护衬砌结构上的围岩松动压力，进而利用结构力学计算支护结构内力分布并进行断面验算，这种方法与地面结构设计计算所采用的方法较类似，主要区别在于支护结构变形过程中需考虑围岩对其约束而产生的弹性抗力；深埋洞室设计时，围岩松动压力最早采用普氏公式进行计算，近年来更多采用铁道部门提出的经验公式，但这类方法所确定的围岩松动压力与实际受力情况有时相差较大。

(3)地层结构法。考虑围岩与支护的相互作用，将岩体视为均质体，采用弹塑性数值模拟进行计算，获得相应的围岩位移分布或塑性区分布，进而提出认为较为合理的支护结构形式与尺寸。这类方法中应用较多的是收敛-约束方法(特征曲线法)、数值分析方法，如非线性有限元数值分析方法、监控量测反馈设计方法[48]，其强调了围岩与支护共同作用的原理，并在稳定性分析与设计中加以体现。

(4)另外，不同国际协会也提出了一系列地下工程的设计方法，如欧洲标准[49,50]、美国标准[51]、国际隧道协会标准[52,53]。以上方法都有效地指导了地下工程的设计与建造，在一定程度上控制了地下工程围岩变形和破坏的发生。

然而，针对高应力大型地下洞室群围岩破坏问题，现有地下工程开挖与支护设计的理论和方法在应对灾害防控方面的不足日渐暴露，如厂址区域最高初始应力达 37.5MPa 的锦屏一级水电站地下厂房施工期间，虽然根据传统经验与计算分析对主厂房顶拱进行了系统的锚杆和锚索加强支护，但随着洞室分层开挖，洞室顶拱和拱座大理岩围岩产生了显著的渐进开裂，开挖劈裂与损伤区深度最高达到 10m，导致围岩产生显著的时效变形(最大累积变形超过 200mm)，并导致混凝土喷层开裂、多根锚杆拉断和锚索载荷超限等，给洞室稳定控制及支护结构安全造成了极大的威胁[54]；埋深达 660m 的猴子岩水电站主厂房开挖至第 V 层时，拱肩直边墙部位出现多处因浅层围岩开裂发展而导致的混凝土喷层脱落、锚墩内陷等破坏现象，其下游侧边墙最大实测位移达到 116mm。

现有地下工程开挖与支护方法或技术不适用于高应力地下洞室群稳定性设计和施工的主要原因如下：

(1)现有的地下工程支护方法和技术主要起源并完善于中低应力条件下的工程实践，未能充分考虑高地应力下围岩渐进破坏因素对围岩支护的影响。

(2)传统洞室开挖与支护优化目标都是控制围岩变形为主，而深部硬岩工程灾害本质上是岩体破裂扩展进而导致大变形和失稳现象，且围岩的破裂扩展与围岩变形之间往往存在非同步演化特征，遵循控制围岩变形的支护设计方法会导致支护时机、支护参数出现偏差，无法有效控制高应力大型地下洞室群围岩破裂灾变的发生。

(3)传统开挖与支护优化的理论与方法通常针对跨度不大的公路、铁路、矿山的隧道/巷道，未能充分考虑到高应力下大跨度高边墙地下洞室群分层分部开挖以及邻近洞室开挖过程中的应力反复调整的特殊性。

因此，用传统支护设计理论进行高应力大型地下洞室群的支护设计已难以有效控制大型地下洞室围岩破裂与大变形灾害的发生，有必要提出高应力大型硬岩洞室群的开挖与支护优化新思想和新方法。

1.3.4　高应力大型地下洞室群监测预警方法

高应力大型地下洞室群监测的目的是了解开挖卸荷扰动下围岩变形、破裂或应力等的演化过程，为大型地下洞室群施工期安全状态评价和失稳破坏预警提供可靠的数据支撑。大型地下洞室群围岩稳定性安全监测主要从岩体破裂、变形和支护结构受力状态等方面开展研究。高应力大型地下洞室群围岩稳定性监测经历了一个发展过程，最早是以收敛变形为主，逐渐发展到变形、支护结构受力和岩体破裂的钻孔摄像监测相结合的原位综合监测，近些年又增加了岩体破裂的微震监测，实现了高应力大型地下洞室群围岩变形破裂的全方位全过程监测。其中变形监测通常采用多点位移计和滑动测微计等监测手段，支护结构受力状态监测多采用锚杆测力计或锚索测力计等原位监测手段[55]。在岩体破裂监测方面，钻孔摄像具备直接观测钻孔壁岩体裂隙特征的功能，可以获取岩体破裂的二维分布信息[56,57]，而微震监测是高应力大型地下洞室群围岩破裂三维空间监测的一种重要手段[58,59]。

高应力大型地下洞室群围岩监测预警的目的是在获取的监测信息基础上，认识大型地下洞室群围岩变形破坏的范围和发展趋势，预测大型地下洞室群可能发生大变形或失稳破坏的时空特征，进而指导后续开挖和支护参数的优化设计。高应力大型地下洞室群围岩监测预警指标最早是变形方面的预警指标，存在不充分性和单一指标的局限性等问题[60-62]。考虑到高应力大型地下洞室群主要表现为围岩内部的变形破裂，且这种变形破裂随着掌子面效应和分层开挖效应会逐渐扩展，而大位移的出现很多时候是围岩内部破裂导致的，因此高应力大型地下洞室群监测预警不能只考虑变形的监测，还应该考虑围岩内部破裂的监测预警。因此，针对高应力大型地下洞室群的监测预警要从以变形监测控制为主向变形破裂综合监测控制转变，从变形预警指标向变形破裂综合预警指标转变。基于微震的岩体破裂监测预警技术在矿山、地下实验室和地下厂房等高应力地下工程中取得了一定的应用[63-67]，特别是基于岩爆案例库分类建立了适用于隧道工程的即时性应变型岩爆和应变-结构面型岩爆的预警公式，有效实现了隧道工程岩爆的定量预警。但是受大型地下洞室群施工顺序、布置和地应力条件的影响，基于小型隧道工程建立的微震预警方法不适用于大型地下洞室群稳定性的安全监测预警。

综上所述，高应力大型地下洞室群稳定性监测方法的合理与否直接关系到工程施工安全，针对围岩稳定性快速而准确的监测预警将是大型地下工程领域亟待解决的关键科学问题之一。上述围岩稳定性监测与安全预警技术多集中于浅部小型隧道或单一洞室工程，监测内容多侧重于岩体变形与支护结构受力等。然而，高应力大型地下洞室群具有地质构造影响范围广、应力条件复杂、洞室结构空间巨大、分层分部开挖相互扰动和洞室间相互影响等特点，导致围岩破裂和变形特征更加复杂，现有的监测与预警方法不适用于高应力大型地下洞室群安全预警需求，需要进一步发展高应力下岩体内部破裂深度和破裂程度的系统监测方法和安全预警方法。因此，针对大型地下洞室群的地质特征和工程特点，开展原位综合监测技术研究(微震监测、钻孔摄像、声波测试、多点位移计等协同)，多角度揭示高应力大型地下洞室群围岩破裂深度和破裂程度及其时空演化过程，可更有效地为工程安全施工提供指导。

1.3.5 高应力大型地下洞室群围岩动态反馈与优化控制技术

高应力大型地下洞室群稳定性是动态的、非线性的复杂系统。因此，需要采用动态反馈的方法来控制其向期望的方向发展。动态反馈这一现代地下工程动态设计方法形成于 Brady 等[68]提出的包含多重反馈模式的设计流程，Bieniawski[42]也提出了分为十步的地下岩石工程开挖设计经验流程；我国研究者基于参数反演理论及技术、数值模拟技术、多元监测技术以及工程优化原理等,不断发展动态反馈控制技术[69-71],形成了"设计-施工-监测-反馈-调整支护参数"定量分析的闭环反馈流程[72]。

然而,现行动态反馈控制技术应用于高应力大型地下洞室群围岩稳定性时,明显存在两方面不足:尚未形成适合高应力大型地下洞室群这一复杂系统的多层次动态反馈分析流程;现行围岩稳定性的评价指标不适用于高应力硬岩工程。具体而言,一方面,高应力大型地下洞室群是一个复杂的系统,工程规模巨大,地质条件复杂,地应力高,片帮及岩爆问题突出;同时由于大型地下洞室群存在大跨度、高边墙、高开挖率、多洞室交叉等特点,只能采用分层分区开挖;且存在多个相邻洞室同时开挖,大型地下洞室围岩不仅受到本洞室分层开挖过程中应力反复调整的影响,还受到邻近洞室开挖扰动的影响,因此构建高应力大型地下洞室群多层次(分段、分区、分层)的动态反馈控制技术是进行高应力大型地下洞室群工程动态反馈的关键。另一方面,动态反馈指标是影响动态反馈分析准确性的重要因素,传统洞室动态反馈指标均以围岩变形为主,而深部硬岩工程灾害本质上是岩体破裂发展进而导致大变形和失稳现象,且围岩的破裂扩展与围岩变形之间往往存在非同步演化特征,以往针对围岩变形的动态反馈分析无法有效地动态反映高应力大型地下洞室群围岩破裂灾变全过程。

综上所述,针对大型地下洞室群的洞室规模大、地质条件复杂、多洞室交叉、多层次(分段、分区、分层)开挖的特点以及高应力环境下硬岩非线性破裂力学行为更为凸显、破坏模式更为复杂、工程灾害防控难度更为艰巨的难题,实时动态反馈分析洞室围岩内部破裂形成与深度发展、破裂程度和时空演变过程,动态优化开挖与支护设计,形成一套完整的以围岩内部破裂为动态反馈指标的多层次(分段、分区、分层)的大型地下洞室群设计方法显得十分迫切和必要。

1.4 本书主要内容

针对上述高应力大型地下洞室群稳定性分析的关键岩石力学问题和洞室群开挖与支护优化设计的技术难点,本书首先阐述"七步流程式"的岩石工程设计方法、大型地下洞室群动态优化设计方法及地下洞室群工程设计的技术审查;进而依托我国多个高应力大型地下洞室群工程,分三方面系统地建立高应力大型地下洞室群的室内岩石力学试验与原位测试方法、稳定性分析与优化设计方法、变形破坏预警方法,并针对高应力大型地下洞室群围岩典型的四种灾害性破坏形式(深层破裂、大面积片帮、软弱错动带变形破坏、柱状节理岩体大深度松弛)建立针对性的预测与优化设计方法;最后以白鹤滩水电站左、右岸地下洞室群为例,系统阐述高应力大型地下洞室群设计方法的综合应用实践。本书基本内容及其逻辑关系如图 1.14 所示。

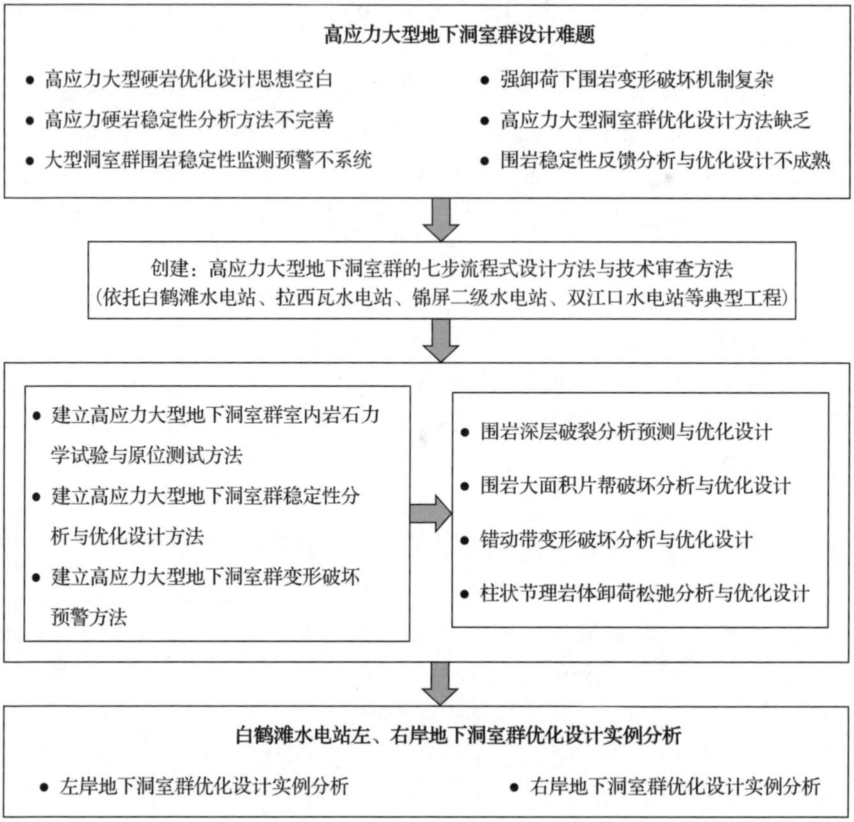

高应力大型地下洞室群设计难题

- 高应力大型硬岩优化设计思想空白
- 高应力硬岩稳定性分析方法不完善
- 大型洞室群围岩稳定性监测预警不系统

- 强卸荷下围岩变形破坏机制复杂
- 高应力大型洞室群优化设计方法缺乏
- 围岩稳定性反馈分析与优化设计不成熟

创建：高应力大型地下洞室群的七步流程式设计方法与技术审查方法
（依托白鹤滩水电站、拉西瓦水电站、锦屏二级水电站、双江口水电站等典型工程）

- 建立高应力大型地下洞室群室内岩石力学试验与原位测试方法
- 建立高应力大型地下洞室群稳定性分析与优化设计方法
- 建立高应力大型地下洞室群变形破坏预警方法

- 围岩深层破裂分析预测与优化设计
- 围岩大面积片帮破坏分析与优化设计
- 错动带变形破坏分析与优化设计
- 柱状节理岩体卸荷松弛分析与优化设计

白鹤滩水电站左、右岸地下洞室群优化设计实例分析

- 左岸地下洞室群优化设计实例分析
- 右岸地下洞室群优化设计实例分析

图 1.14　本书内容及其基本逻辑关系

参 考 文 献

[1] 贺明武, 彭吉银, 王义峰, 等. 乌东德水电站左岸地下厂房区角砾岩地质力学特性及其工程防治实践. 岩土力学, 2014, 35(4): 1063-1068.

[2] Maejima T, Morioka H, Mori T, et al. Evaluation of loosened zones on excavation of a large underground rock cavern and application of observational construction techniques. Tunnelling and Underground Space Technology, 2003, 18(2-3): 223-232.

[3] Lamas L N, Leitão N S, Esteves C, et al. First infilling of the Venda Nova ii unlined high-pressure tunnel: Observed behaviour and numerical modelling. Rock Mechanics and Rock Engineering, 2014, 47(3): 885-904.

[4] Kumar V, Gopalakrishnan N, Singh N P, et al. Microseismic monitoring application for primary stability evaluation of the powerhouse of the Tapovan Vishnugad Hydropower project. Journal of Earth System Science, 2019, 128: 169.

[5] Aghchai M H, Moarefvand P, Rad H S. In situ rock bolt pull tests performance in an underground powerhouse complex: A case study in srilanka. Geotechnical and Geological Engineering, 2020, 38(2): 2227-2244.

[6] Phienwej N, Anwar S. Rock mass characterization for the underground cavern design of Khiritharn pumped storage scheme. Geotechnical and Geological Engineering, 2005, 23(2): 175-197.

[7] Mishra A K, Ahmed I. Three-dimensional numerical modeling of underground powerhouse complex of 720MW Mangdechhu Hydroelectric project, Bhutan//Shukla S, Barai S, Mehta A, et al. Advances in Sustainable Construction Materials and Geotechnical Engineering, Singapore: Springer, 2020: 39-63.

[8] Steinacher R, Kuenga G. Construction of the Underground Powerhouse at Dagachhu Hydropower Project. Bhutan, 2015.

[9] 王章琼, 晏鄂川, 季惠斌. 黄岛地下水封油库地应力场及地质构造作用分析. 工程地质学报, 2016, 24(1): 136-141.

[10] 蒋中明, 冯树荣, 赵海斌, 等. 惠州地下水封油库三维非恒定渗流场研究. 地下空间与工程学报, 2012, 8(2): 334-344.

[11] 魏进兵, 邓建辉, 王俤剀, 等. 锦屏一级水电站地下厂房围岩变形与破坏特征分析. 岩石力学与工程学报, 2010, 29(6): 1198-1205.

[12] 张学彬. 大岗山水电站厂房顶拱塌方处理研究与实践. 四川水力发电, 2010, 29(6): 55-59.

[13] Xu N W, Dai F, Li B, et al. Comprehensive evaluation of excavation-damaged zones in the deep underground caverns of the Houziyan hydropower station, Southwest China. Bulletin of Engineering Geology and the Environment, 2016, 76(1): 275-293.

[14] 朱骏发, 张朝康, 龙选民. 二滩水电站地下厂房的开挖与支护. 水力发电, 1997, (8): 49-51.

[15] 朱维申, 杨为民, 项吕, 等. 大型地下洞室边墙松弛劈裂区的室内和现场研究及反馈分析. 岩石力学与工程学报, 2011, 30(7): 1310-1317.

[16] 黄润秋, 黄达, 段绍辉, 等. 锦屏Ⅰ级水电站地下厂房施工期围岩变形开裂特征及地质力学机制研究. 岩石力学与工程学报, 2011, 30(1): 23-35.

[17] 李仲奎, 徐千军, 罗光福, 等. 大型地下水电站厂房洞群三维地质力学模型试验. 水利学报, 2002, 6(5): 31-37.

[18] Labuz J F, Zang A. Mohr-Coulomb failure criterion. Rock Mechanics and Rock Engineering, 2012, 45(6): 975-979.

[19] Eberhardt E. The Hoek-Brown failure criterion. Rock Mechanics and Rock Engineering, 2012, 45(6): 981-988.

[20] Hoek E, Brown E T. Empirical strength criterion for rock masses. Journal of Geotechnical Engineering Division, 1980, 106(9): 1013-1035.

[21] Martin C D. Seventeenth Canadian geotechnical colloquium: The effect of cohesion loss and

stress path on brittle rock strength. Canada Journal of Geotechnics, 1997, 34(5): 698-725.

[22] 高红, 郑颖人, 冯夏庭. 岩土材料能量屈服准则研究. 岩石力学与工程学报, 2007, 26(12): 2437-2443.

[23] 黄书岭, 冯夏庭, 张传庆. 脆性岩石广义多轴应变能强度准则及试验验证. 岩石力学与工程学报, 2008, 27(1): 124-134.

[24] 邱士利, 冯夏庭, 张传庆, 等. 均质各向同性硬岩统一应变能强度准则的建立及验证. 岩石力学与工程学报, 2013, 32(4): 714-727.

[25] Chang C, Haimson B. A failure criterion for rocks based on true triaxial testing. Rock Mechanics and Rock Engineering, 2012, 45(6): 1007-1010.

[26] Aubertin M, Li L, Simon R. A multiaxial stress criterion for short- and long-term strength of isotropic rock media. International Journal of Rock Mechanics and Mining Sciences, 2000, 37(8): 1169-1193.

[27] Hajiabdolmajid V, Kaiser P K, Martin C D. Modelling brittle failure of rock. International Journal of Rock Mechanics and Mining Sciences, 2002, 39(6): 731-741.

[28] Nemat-Nasser S, Horii H. Compression-induced nonplanar crack extension with application to splitting, exfoliation, and rockburst. Journal of Geophysical Research: Solid Earth, 1982, 87(B8): 6805-6821.

[29] Goodman R E, Taylor R L, Brekke T L. A model for the mechanics of jointed rock. Journal of the Soil Mechanics and Foundations Division, 1968, 99(5): 637-659.

[30] Wong T F, Fredrich J T, Gwanmesia G D. Crack aperture statistics and pore space fractal geometry of Westerly granite and Rutland quartzite: Implications for an elastic contact model of rock compressibility. Journal of Geophysical Research: Solid Earth, 1989, 94(B8): 10267-10278.

[31] Kana D D, Fox D J, Hsiun S M. Interlock/friction model for dynamic shear response in natural jointed rock. International Journal of Rock Mechanics and Mining Sciences & Geomechanics Abstracts, 1996, 33(4): 371-386.

[32] 张宜虎, 卢轶然, 周火明, 等. 围岩破坏特征与地应力方向关系研究. 岩石力学与工程学报, 2010, 29(S2): 3526-3535.

[33] 江权, 冯夏庭, 向天兵, 等. 大型地下洞室群稳定性分析与智能动态优化设计的数值仿真研究. 岩石力学与工程学报, 2011, 30(3): 524-539.

[34] 张勇, 肖平西, 丁秀丽, 等. 高地应力条件下地下厂房洞室群围岩的变形破坏特征及对策研究. 岩石力学与工程学报, 2012, 31(2): 228-244.

[35] 吴世勇, 龚秋明, 王鸽, 等. 锦屏Ⅱ级水电站深部大理岩板裂化破坏试验研究及其对 TBM 开挖的影响. 岩石力学与工程学报, 2010, 29(6): 1089-1095.

[36] 李志鹏, 徐光黎, 董家兴, 等. 猴子岩水电站地下厂房洞室群施工期围岩变形与破坏特征.

岩石力学与工程学报, 2014, 33(11): 2291-2300.

[37] 冯夏庭, 张传庆, 李邵军, 等. 深埋硬岩隧洞动态设计方法. 北京: 科学出版社, 2013.

[38] 蔡美峰. 地应力测量原理和技术. 北京: 科学出版社, 2000.

[39] 刘允芳, 罗超文, 龚壁新, 等. 岩体地应力与工程建设. 武汉: 湖北科学技术出版社, 2000.

[40] Ljunggren C, Chang Y, Janson T, et al. An overview of rock stress measurement methods. International Journal of Rock Mechanics and Mining Sciences, 2003, 40(7): 991-998.

[41] 江权, 冯夏庭, 陈国庆, 等. 高地应力条件下大型地下洞室群稳定性综合研究. 岩石力学与工程学报, 2008, 27(S2): 3768-3777.

[42] Bieniawski Z T. Classification of rock masses for engineering: The RMR system and future trends. Rock Testing & Site Characterization, 1993, 22: 553-573.

[43] Barton N. The shear strength of rock and rock joints. International Journal of Rock Mechanics and Mining Science & Geomechanics Abstracts, 1976, 13(9): 255-279.

[44] Hoek E, Kaiser P K, Bawden W F. Support of Underground Excavations in Hard Rock. Rotterdam: A. A. Balkenma: Taylor and Francis, 1995.

[45] 邬爱清, 赵文, 周火明, 等. 工程岩体分级标准(GB/T 50218—2014). 北京: 北京计划出版社, 2014.

[46] 李世辉. 隧道支护设计新论-典型类比分析法应用和理论. 北京: 科学出版社, 1999.

[47] 王后裕, 陈上明, 言志信. 地下工程动态设计原理. 北京: 化学工业出版社, 2008.

[48] 郑颖人. 地下工程锚喷支护设计指南. 北京: 中国铁道出版社, 1988.

[49] European Parliament and Council. Directive 2004/54/EC (29.04.04) on minimum safety requirements for tunnels in the TEN Road Network. 2004.

[50] Harrison J P. Eurocode 7 and rock engineering: current problems and future opportunities. ISRM Regional Symposium—EUROCK, 2014.

[51] American Association of State Highway and Transportation Officials (AASHTO). Highway safety manual, 2010.

[52] World Road Association(PIARC). Road Tunnels Manual. https://tunnels.piarc.org/en[2020-12-20].

[53] ITA working group on general approaches to the design of tunnels. Guidelines for the design of tunnels. Tunnelling and Underground Space Technology, 1988, 31: 237-249.

[54] 李仲奎, 周钟, 汤雪峰, 等. 锦屏一级水电站地下厂房洞室群稳定性分析与思考. 岩石力学与工程学报, 2009, 28(11): 2167-2175.

[55] Duan S Q, Feng X T, Jiang Q, et al. In situ observation of failure mechanisms controlled by rock masses with weak interlayer zones in large underground cavern excavations under high geostress. Rock Mechanics and Rock Engineering, 2017, 50(9): 2465-2493.

[56] 王川婴, 葛修润, 白世伟. 数字式全景钻孔摄像系统研究. 岩石力学与工程学报, 2002, 21(3): 398-403.

[57] Li S J, Feng X T, Li Z H, et al. Evolution of fractures in the excavation damaged zone of a

deeply buried tunnel during TBM construction. International Journal of Rock Mechanics and Mining Sciences, 2012, 55(10): 125-138.

[58] Feng G L, Feng X T, Chen B R, et al. A microseismic method for dynamic warning of rockburst development processes in tunnels. Rock Mechanics and Rock Engineering, 2015, 48(5): 2061-2076.

[59] Zhao J S, Feng X T, J Q, et al. Microseismicity monitoring and failure mechanism analysis of rock masses with weak interlayer zone in underground intersecting chambers: A case study from the Baihetan Hydropower Station, China. Engineering Geology, 2018, 245: 44-60.

[60] 朱维申, 孙爱花, 王文涛, 等. 大型地下洞室群高边墙位移预测和围岩稳定性判别方法. 岩石力学与工程学报, 2007, 26(10): 1729-1736.

[61] 付成华, 陈胜宏. 基于突变理论的地下工程洞室围岩失稳判据研究. 岩土力学, 2008, 29(1): 167-172.

[62] 张振华, 冯夏庭, 周辉, 等. 基于设计安全系数及破坏模式的边坡开挖过程动态变形监测预警方法研究. 岩土力学, 2009, 30(3): 603-612.

[63] Cai M, Kaiser P K, Morioka H. FLAC/PFC coupled numerical simulation of AE in large-scale underground excavations. International Journal of Rock Mechanics and Mining Science, 2007, 44(4): 550-564.

[64] Liu J P, Feng X T, Li Y H, et al. Studies on temporal and spatial variation of microseismic activities in a deep metal mine. International Journal of Rock Mechanics and Mining Sciences, 2013, 60: 171-179.

[65] 窦林名, 姜耀东, 曹安业, 等. 煤矿冲击矿压动静载的"应力场-震动波场"监测预警技术. 岩石力学与工程学报, 2017, 36(4): 803-811.

[66] 赵金帅, 冯夏庭, 王鹏飞, 等. 爆破开挖诱发的地下交叉洞室微震特性及破裂机制分析. 岩土力学, 2018, 39(7): 2563-2573.

[67] 赵金帅, 冯夏庭, 江权, 等. 分幅开挖方式下高应力硬岩地下洞室的微震特性及稳定性分析. 岩土力学, 2018, 39(3): 1020-1026, 1081.

[68] Brady B H G, Brown E T. Rock mechanics for underground mining. George Allen & Unwin, 1985, 19(3): 244-246.

[69] 潘家铮. 岩石力学与反馈设计. 水电站设计, 1994, (3): 3-10.

[70] 朱伯劳. 水工建筑物的施工期反馈设计. 水力发电学报, 1995, (2): 74-82.

[71] 李仲奎, 王爱民, 莫兴华, 等. 大型地下洞群时空双系列反馈分析. 清华大学学报(自然科学版), 1998, (1): 52-56.

[72] 冯夏庭, 江权, 向天兵, 等. 大型洞室群智能动态设计方法及其实践. 岩石力学与工程学报, 2011, 30(3): 433-448.

第2章　高应力大型地下洞室群工程设计方法

为了突破高应力大型地下洞室群稳定性分析与优化设计难题，科学应对高应力大型地下洞室工程围岩稳定性挑战，针对性解决深层破裂、大面积片帮、大体积塌方、大范围错动变形、大深度松弛破坏等大型地下洞室围岩稳定性控制技术问题，系统建立高应力大型地下洞室群工程设计的新思路、新方法，包括面向岩石工程设计的新方法、基于该方法针对高应力大型地下洞室群优化设计的七步流程式设计新方法、实施七步流程式设计的技术审查方法。

2.1　岩石工程设计方法

2.1.1　岩石工程流程式设计方法

针对上述洞室群尺寸规模大、地应力高、多种不利地质结构、多交叉洞室、开挖强卸荷、洞室群联动、分层分部开挖施工的大型地下洞室群稳定性分析与工程设计方面的挑战，迫切需要提供一套较完整的工程优化设计的总体指导思想和具体实施方法。该方法至少需要很好地回答以下问题：

(1)大型地下洞室群稳定性设计的目标和子目标是什么？如何根据设计目标确定合理的稳定优化设计流程？

(2)大型地下洞室群的场地特征、岩体性质、工程特征和外部约束条件是什么？如何针对其场地、岩体和工程特征与约束条件的差异性进行针对性的工程设计？

(3)大型地下洞室群稳定性优化设计时,应该如何选择或开发何种模型方法？如何根据具体的设计目标、工程区具体地质条件、岩体力学特征和工程结构特征与约束条件选择或开发合适的岩石力学分析方法和软件？

(4)如何进行大型地下洞室群施工过程中的反馈分析？针对大型地下洞室群工程，洞室群部位地质条件很难在开挖前准确预知，如何根据洞室分层开挖过程中实际揭露的地质条件进行及时的开挖支护设计方案调整？同时，岩体实际的力学行为有可能会与预测结果不同，如何根据实际的岩体力学行为进行开挖与支护的动态调整？

(5)如何合理地反演大型地下洞室群岩体力学参数？岩体的力学参数不同于岩石的力学参数，而开挖后工程围岩力学性态会发生变化。如何根据现场实际监测的信息(如变形、松弛深度、破裂深度等)进行岩体力学参数的反演? 采用何种监测信息(如开挖引起的变形增量、累积位移、松弛深度等)进行力学参数的反演? 如何在反演过程中根据新揭露的地质信息更新模型,采用何种方法(如弹塑性位移反分析、神经网络建模等)进行反演?

(6) 大型地下洞室群围岩稳定性的主要评价指标是什么(如应力、位移、塑性区、破裂)? 高应力下硬岩变形破裂过程不同于浅部岩体,是采用传统的应力、位移、塑性区进行评价,还是提出更能描述高应力大型地下洞室群变形破坏机制的新评价指标?

(7) 如何进行大型地下洞室群施工前的总体稳定性预测和施工过程中的稳定性动态监测预警? 采用何种信息进行洞室稳定性预警(如破裂深度、变形量、微震信息),不同地质、地应力和岩性条件下大型地下洞室群的稳定性定量预警值是不同的,如何针对具体的岩石工程建立施工期的预警标准?

(8) 如何开展施工过程中大型地下洞室群的动态调整设计? 基于何种信息(如破裂、变形、应力、微震信息)才能实现洞室群稳定性的支护设计优化? 基于何种预警方法(如经验法、观察法、理论分析法)才能有效地实现大型地下洞室群稳定性的安全预警?

(9) 如何开展大型地下洞室群稳定性优化设计的技术审查? 大型地下洞室群稳定性优化设计的技术审查内容和流程应该是什么?

为此,充分调研和吸收国际岩石工程设计与优化相关方法,结合岩石工程设计与建造特点,提出岩石工程七步流程式的设计方法[1],包括项目目的确定,场地、岩体和项目的关键特征识别,设计方法策略建立,模型方法和合适软件选择,初步设计建立,集成模型与反馈分析,最终设计与验证共 7 个关键技术环节(见图 2.1),实现大型地下洞室稳定性优化设计。其特点如下:

(1) 该方法结合大型岩石工程的共性特点,是一个多手段、全过程、大范围、全覆盖、动态反演的流程化大型岩石工程稳定性分析与开挖支护优化设计方法。

(2) 该方法系统地考虑了具体岩石工程的差异性,突出了根据施工过程中实际揭示的地质条件、围岩的实际响应特征和支护效果进行信息动态更新的反馈分析与设计优化。

(3) 该方法充分结合岩石力学研究的最新进展和先进理念,通过不断吸收工程建设中的多元信息,实现了对围岩变形破坏机理的逐步深入理解。

(4) 该方法充分体现了大型岩石工程分区/分部开挖建造的特点,满足岩石工程建造既要根据不同地质条件又要根据工程稳定性状态动态调整开挖支护优化设计的需要。

针对岩石工程不同的工程规模和复杂性特点,上述设计思想中的步骤不一定都采用。例如,对于一些地质条件理想、洞室结构简单的洞室群工程,上述最后

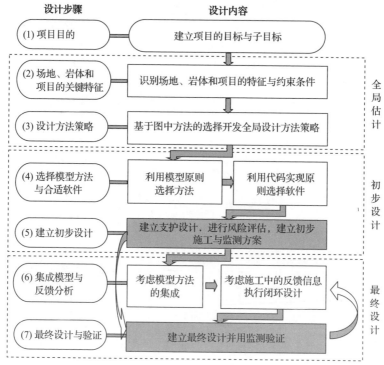

图 2.1　岩石工程设计方法[1]

两步可以简化。但对于一些复杂地质条件、高应力条件下的洞室群工程或地质条件预知较差的深埋/高应力大规模洞室群等宜采用全部 7 个步骤才能较好地实现工程稳定性设计。

2.1.2　模型与方法矩阵分类方法

岩石工程设计的岩石力学与工程模型分析方法分为两大类：一是 1:1 映射的确定性 I 类分析方法，二是非 1:1 映射的非确定性 II 类分析方法。每个大类方法又可分为四类，如图 2.2 所示[1]。

模型方法选择需要基本的判断依据，在对工程场地有了较充分的调查和认识基础上，需要进行必要的室内试验测试和现场监测、观测，从而为模型选取和参数确定提供依据。该模型方法从纵向看可分为结合目标工程结构参数具有定量输出的 I 类分析方法(如考虑大型地下洞室群尺寸、岩体力学参数和地应力参数的有限元模拟洞室开挖后可得出明确的岩体变形量和破裂深度)和结合同类工程经验具有定性输出的 II 类分析方法(如在大样本库训练基础上根据目标工程岩体条件、洞室尺寸和地应力参数采用专家系统方法预测洞室的整体稳定性)。选取确定性的 I 类分析方法还是选取非确定性的 II 类分析方法，或者选取 I 类和 II 类分析方法

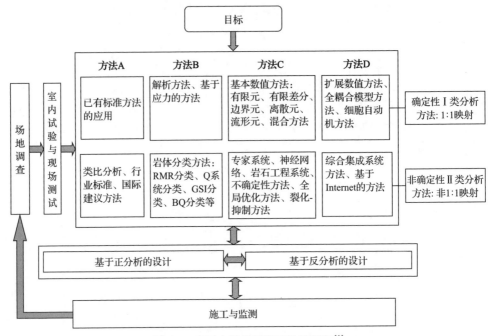

图 2.2 岩石力学分析模型决策框架[1]

中多个方法组合，可根据工程重要性、安全要求和设计难度来确定。同时，该模型方法从横向看可分为递进的方法 A、方法 B、方法 C、方法 D 四个复杂程度和专业层次，如采用 1:1 映射方法进行某块体稳定性设计时，运用方法 B 中块体稳定重力解析方法相对于运用方法 C 中考虑块体界面摩擦特性的离散元方法，虽然较为简单，但是精准性相对较差；又如采用 I 类方法进行岩体大变形支护设计时，运用方法 C 中基于大样本工程实例库和目标工程参数输入的专家系统方法比运用方法 A 中同类工程经验类比法更为科学。

上述分析方法的选择主要取决于工程的用途性质和可能遇到的风险(可以接受的破坏程度)，以一个需要安全运行 100 年以上的玄武岩地层中的大型地下厂房设计为例，洞室开挖过程中可能会诱发深层开裂、应力-结构型塌方及围岩松弛。因此，一个好的洞室群全局设计策略，首先应通过工程类比方法、规范或建议方法、解析或数值分析方法等，多角度多手段评估大型地下洞室群可能存在的稳定性风险类型(如大面积片帮、深层破裂、大体积塌方、岩爆等)及其灾害性程度，进而通过优化设计充分维持和发挥围岩的承载力，减少围岩破坏/松弛的深度和程度，降低或避免灾害性风险及危害[2]。例如，大型地下洞室群的全局设计策略可基于下列方法建立(见图 2.3 中灰色文本框)。

1)基本数值方法(见图 2.3 中 I 类分析方法中的方法 C、D)

(1)反映高应力下硬岩卸荷破坏机制的力学模型和强度准则，如真三轴高应力

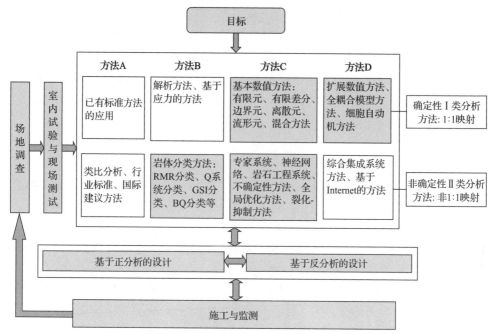

图 2.3　大型地下洞室群设计的模型方法(采用图中填充框所示的方法和任务)

加载效应、加卸载效应、硬岩开挖卸荷损伤引起的岩体力学性质改变、应力路径效应、拉压异性、应力 Lode 效应、中间主应力效应、宏细观破坏机制等。

(2)新的评价指标:给出反映深部岩体开挖后不同部位破裂深度和破裂程度的评价指标,以及反映深部岩体开挖后不同部位释放能量差异的能量指标。

(3)嵌入上述模型和新指标的相关基本数值分析方法,如有限元法、细胞自动机方法等,能够合理模拟深部硬岩开挖卸荷效应、破坏区形成与演化过程及其不同支护类型的支护效果,能够给出断面上不同类型破坏的位置、深度和程度等。

2)岩体分类方法(见图 2.3 中Ⅱ类分析方法中的方法 B)

(1)考虑硬岩特性的岩体分类方法,如 RMR 分类、Q 系统分类、GSI 分类、BQ 分类等,给出围岩级别。

(2)需要修正和完善岩体破坏程度等级划分方法及相关的围岩分类方法,建立不同等级岩体破坏的开挖与支护策略。

3)人工智能方法(见图 2.3 中Ⅱ类分析方法中的方法 C)

(1)基于粒子群仿生算法的大型地下洞室稳定性风险分区方法。

(2)脆性破坏风险估计神经网络模型,如南非深部金矿某采场风险等级估计神经网络模型、基于工程实例的片帮等级与片帮深度估计神经网络模型。

(3)基于微震信息演化规律的岩体内部破裂预警神经网络模型。

4) 综合集成方法 (见图 2.3 中Ⅱ类分析方法中的方法 D)

(1) 融合敏感性分析、数值计算、神经网络、遗传算法 (或粒子群算法) 和关联度分析的大型地下洞室群岩体力学参数智能反演方法。

(2) 基于地质条件信息动态更新的大型地下洞室群稳定性闭环反馈分析方法。

(3) 基于岩体实际性态信息和局部破坏模式动态更新的围岩稳定性动态反馈分析方法。

(4) 基于预警、地质和岩体实际性态动态更新、局部破坏模式的开挖与支护动态优化方法等。

为了更好地实现上述方法，可通过一系列室内岩石力学试验，特别是反映高应力大型地下洞室群围岩复杂加卸荷应力路径的试验，揭示高应力开挖卸荷作用下工程岩体变形破坏机理、特征和规律。

(1) 单轴压缩应力-应变全过程加卸载试验，揭示轴压加卸载条件下岩石的变形破坏特征和机制。

(2) 三轴压缩应力-应变全过程加卸载试验，揭示三轴压缩、轴压加卸载或围压加卸载条件下岩石的变形破坏特征和机制，比较完整岩石、平行/垂直/倾斜层理的效应差异性。

(3) 真三轴压缩应力-应变全过程加卸载试验，揭示不同方向加卸载条件下岩石的变形破坏特征和机制，反映现场开挖过程中岩体应力状态和路径改变的影响规律，比较完整岩石、平行/垂直/倾斜层理的效应差异性。

(4) 上述试验过程中计算机实时断层扫描，观测岩石变形破坏过程中内部裂纹萌生-扩展-张开/闭合-贯通的全过程。

(5) 硬岩破裂面剪切试验，揭示硬岩剪切大变形过程的力学行为。

(6) 上述试验过程中声发射实时监测，揭示加卸荷过程中岩石内部不同时刻微破裂萌生和扩展情况。

(7) 上述试验破坏后进行电子显微镜扫描，揭示岩样微观结构与破裂机制。

根据上述试验所揭示的岩石变形破坏机理、特征和规律，选择或针对性地开发新的力学模型和强度准则，利用该模型和强度准则对试验结果进行分析和验证，以满足设计分析要求。

2.2　高应力大型地下洞室群七步流程式设计

针对大型地下洞室群分层、分部开挖的空间立体开挖特点，在 Feng 等[1]提出的岩石工程七步流程式设计方法基础上，进一步发展了高应力大型地下洞室群稳定性优化设计方法。该方法的核心目标是通过科学的设计思路和技术流程解决大型地下洞室群围岩稳定性控制难题。因此，根据大型地下洞室群结构特点和高应力下围岩变形破坏复杂性，顺应大型地下洞室群施工过程特点，构建高应力大型地下洞室群稳定性设计方法，该方法主要包含 7 个关键优化设计步骤，如图 2.4 所示。

步骤一：确定高应力大型地下洞室群稳定性设计目标。

高应力大型地下洞室群稳定性设计目标是要给出满足工程功能要求和生命周期内安全稳定要求的洞群布置、断面尺寸、断面形状等，根据地质条件、工期和工程功能等确定开挖方案和支护方案、开挖与运营过程中的围岩稳定性风险(大变形、塌方、深层破裂、片帮、岩爆等)。不同的大型地下工程有不同的功能和生命周期安全稳定要求。

步骤二：分析大型地下洞室群工程区场地、岩体特征与约束条件。

大型地下洞室群场地特征与工程约束条件识别包括复杂工程地质条件、高地应力条件、水文地质条件、地震烈度、岩体特性、地形地貌及其对洞室群空间布置位置、轴线等的外部环境和岩体自身的约束条件。一方面，地应力场大小和方向对大型地下洞室轴线布置方向、洞室断面尺寸、洞群的效应、大型地下洞室间距等都有影响，大跨度、高边墙、多连通洞室开挖诱发相邻洞室围岩变形破坏及其致灾风险，大型地下洞室群布置应考虑周边工程与环境的限制和协调；另一方面，岩体的力学性质、强度与变形特征及开挖卸荷后的变化、可能存在的不良地质体等都将给大型地下洞室群开挖支护稳定性带来风险。因此，需要针对性开展不利地质对大型地下洞室群围岩稳定性的风险估计分析并进行设计优化。

步骤三：建立高应力大型地下洞室群稳定性分析与设计策略。

为了设计一个大型工程结构，不仅需要评价不同设计方案下洞室群当前层开挖后的围岩破裂深度和破裂程度，而且需要预测后续分层开挖过程中围岩破裂深度和破裂程度的演化过程及其可能的破坏模式。因此，以大型地下洞室群可能面临的围岩稳定性问题为导向，通过合理的模型来预测围岩破裂深度和破裂程度、灾害孕育机制及其灾害严重性等是必要的。因此，根据已知工程设计目标和工程设计难度，需要从图 2.2 中选择合适的模型方法，从而从正分析或反分析角度确定工程设计参数。

由于岩体具有明显的尺寸效应，对于大型工程则需要将这些模型和强度准则应用于前期探洞、试验洞的观察或测试结果分析，以验证所确定的力学模型和强度准则的适宜性。例如，需要进一步通过下列试验，如不同断面尺寸工程岩体开挖过程综合观测试验，揭示高应力硬岩开挖卸荷下裂化过程和灾害孕育的机理、特征和规律。

(1)数字钻孔摄像。大型地下洞室分层分部开挖过程中现场原位观测岩体裂纹萌生、张开/闭合、扩展、贯通的全过程。

(2)声发射/微震实时监测。实时监测大型地下洞室群分层分部开挖过程中围

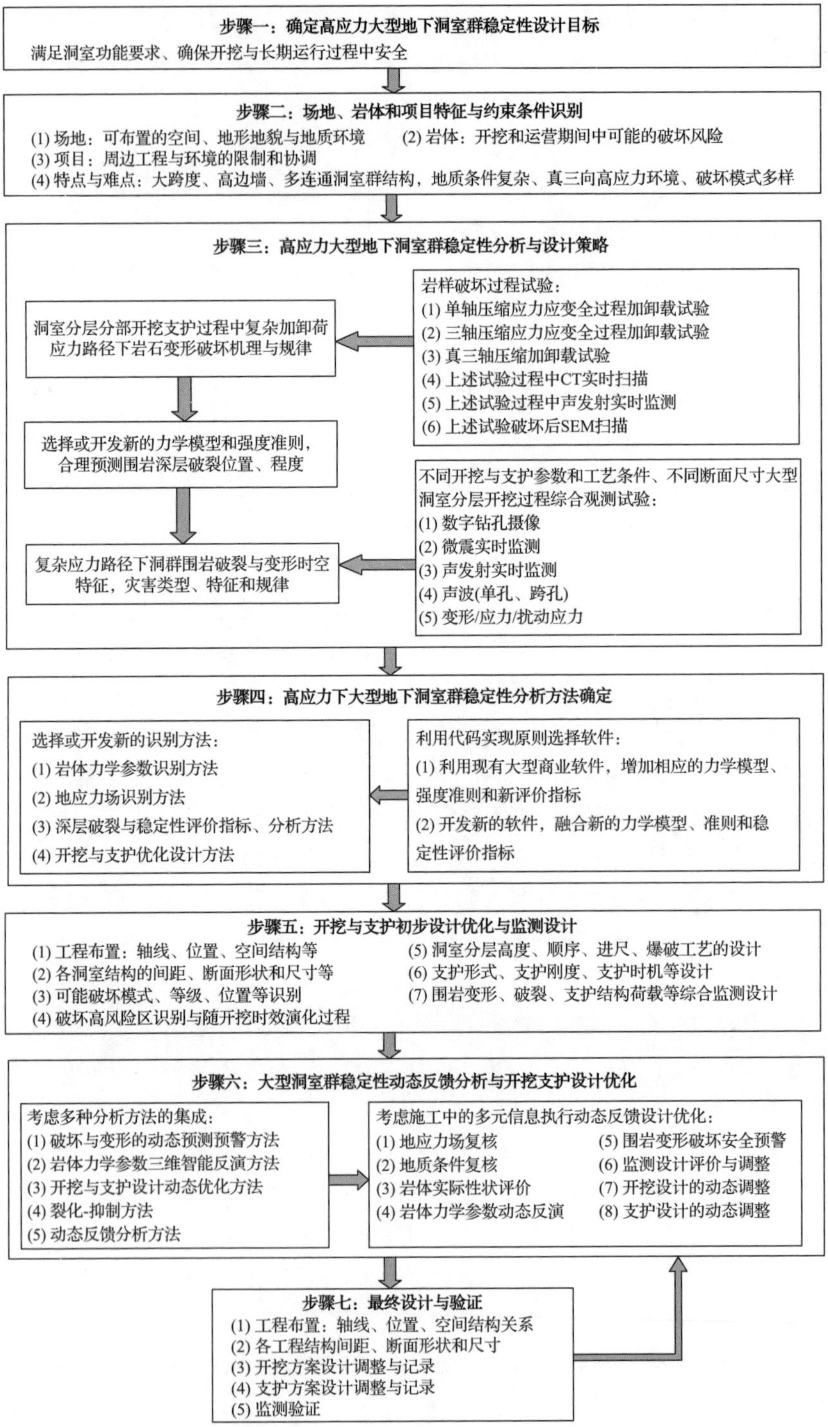

步骤一：确定高应力大型地下洞室群稳定性设计目标

满足洞室功能要求、确保开挖与长期运行过程中安全

步骤二：场地、岩体和项目特征与约束条件识别

(1) 场地：可布置的空间、地形地貌与地质环境　(2) 岩体：开挖和运营期间可能的破坏风险
(3) 项目：周边工程与环境的限制和协调
(4) 特点与难点：大跨度、高边墙、多连通洞室群结构，地质条件复杂、真三向高应力环境、破坏模式多样

步骤三：高应力大型地下洞室群稳定性分析与设计策略

洞室分层分部开挖支护过程中复杂加卸荷应力路径下岩石变形破坏机理与规律

选择或开发新的力学模型和强度准则，合理预测围岩深层破裂位置、程度

复杂应力路径下洞群围岩破裂与变形时空特征，灾害类型、特征和规律

岩样破坏过程试验：
(1) 单轴压缩应力应变全过程加卸载试验
(2) 三轴压缩应力应变全过程加卸载试验
(3) 真三轴压缩加卸载试验
(4) 上述试验过程中CT实时扫描
(5) 上述试验过程中声发射实时监测
(6) 上述试验破坏后SEM扫描

不同开挖与支护参数和工艺条件、不同断面尺寸大型洞室分层开挖过程综合观测试验：
(1) 数字钻孔摄像
(2) 微震实时监测
(3) 声发射实时监测
(4) 声波(单孔、跨孔)
(5) 变形/应力/扰动应力

步骤四：高应力下大型地下洞室群稳定性分析方法确定

选择或开发新的识别方法：
(1) 岩体力学参数识别方法
(2) 地应力场识别方法
(3) 深层破裂与稳定性评价指标、分析方法
(4) 开挖与支护优化设计方法

利用代码实现原则选择软件：
(1) 利用现有大型商业软件，增加相应的力学模型、强度准则和新评价指标
(2) 开发新的软件，融合新的力学模型、准则和稳定性评价指标

步骤五：开挖与支护初步设计优化与监测设计

(1) 工程布置：轴线、位置、空间结构等
(2) 各洞室结构的间距、断面形状和尺寸等
(3) 可能破坏模式、等级、位置等识别
(4) 破坏高风险区识别与随开挖时效演化过程
(5) 洞室分层高度、顺序、进尺、爆破工艺的设计
(6) 支护形式、支护刚度、支护时机等设计
(7) 围岩变形、破裂、支护结构荷载等综合监测设计

步骤六：大型洞室群稳定性动态反馈分析与开挖支护设计优化

考虑多种分析方法的集成：
(1) 破坏与变形的动态预测预警方法
(2) 岩体力学参数三维智能反演方法
(3) 开挖与支护设计动态优化方法
(4) 裂化-抑制方法
(5) 动态反馈分析方法

考虑施工中的多元信息执行动态反馈设计优化：
(1) 地应力场复核
(2) 地质条件复核
(3) 岩体实际性状评价
(4) 岩体力学参数动态反演
(5) 围岩变形破坏安全预警
(6) 监测设计评价与调整
(7) 开挖设计的动态调整
(8) 支护设计的动态调整

步骤七：最终设计与验证

(1) 工程布置：轴线、位置、空间结构关系
(2) 各工程结构间距、断面形状和尺寸
(3) 开挖方案设计调整与记录
(4) 支护方案设计调整与记录
(5) 监测验证

图 2.4　高应力大型地下洞室群稳定性动态设计方法流程

岩微破裂萌生情况,确定不同时刻微破裂的空间定位,获得声发射/微震事件数、能量等时空演化规律。

(3)声波(单孔、跨孔)。观测洞室围岩钻孔壁面岩体或两钻孔之间岩体的波速变化,反映岩体结构的劣化。

(4)变形/应力/扰动应力。获得洞室围岩观测孔或测点围岩变形和应力的演化、支护系统的受力演化特征。

步骤四:确定高应力大型地下洞室群稳定性分析方法。

根据高应力大型地下洞室群可能面临的工程问题和试验揭示的岩体变形破坏模式、特征和规律,考虑现有各类方法的特点、适用条件和确定的设计策略,进一步选择或开发相应的分析方法和模型,进而基于国家标准或行业标准(中国行业标准、欧洲标准)、国际建议方法(ISRM 建议方法)等解决目标工程稳定性设计的相关问题(见表 2.1)。例如,为认识大型地下洞室开挖卸荷下围岩的破裂深度和破裂程度及其随分层分部开挖的演化过程,需要开发新的方法和软件,具体如下:

(1)岩体力学参数识别方法,如基于位移和松弛深度信息、考虑岩体力学参数随其损伤程度演化的岩体力学参数三维智能反演方法。

(2)地应力场识别方法,如考虑地质构造运动历史的三维地应力场非线性反演方法。

(3)围岩安全稳定性评价指标与分析方法,如岩石破裂指标、局部能量释放率等新指标。

(4)开挖与支护优化设计方法,如裂化-抑制方法,以局部能量释放率和弹性释放能为指标的粒子群-支持向量机(神经网络)全局优化方法。

(5)选择软件或开发代码实现模型构建与稳定性分析,如融合一些新力学模型、强度准则和评价指标的大型商业软件及专用软件。

(6)开发新软件,如能够考虑非协调变形破坏过程的连续-非连续细胞自动机方法,并融合新的力学模型、准则和指标。

表 2.1　围岩不同破坏模式的建议分析与监测方法

变形破坏模式		子目标		分析方法				监测预警		
		变形控制	破裂控制	方法 A	方法 B	方法 C	方法 D	变形监测	开裂观测	微破裂监测
应力型	应变型岩爆		√			●★	●★		√	√
	断裂型岩爆		√			●★	●★	√	√	√
	间歇型岩爆		√			●★			√	√
	片帮	√	√	●	●	●★				

续表

变形破坏模式		子目标		分析方法				监测预警		
		变形控制	破裂控制	方法A	方法B	方法C	方法D	变形监测	开裂观测	微破裂监测
应力型	表层劈裂		√		●	●★			√	
	卸荷拉裂缝		√		●	●★		√	√	
	深层破裂	√	√			●★	●★	√	√	√
	交叉洞室环形开裂	√	√			●★		√	√	
应力-结构型	应变-结构面滑移型岩爆		√			●★	●★		√	√
	软弱破碎带大变形	√		★		●★	●	√		
	硬岩时效大变形	√	√			●★	●	√		
	结构面卸荷开裂		√		●	●★		√		
	结构面劈裂		√		●	●★		√		
	结构面剪切滑移	√	√		●	●★		√		
	断层错动	√	√	★		●★	●	√		
结构型	多临空塌方	√		★	●★			√		
	断层/破碎带塌方	√		★	●★			√		
	结构面切割块体失稳	√		●	●★			√		
	薄层岩体破坏失稳	√	√	★	●★			√		

注：●表示确定性Ⅰ类分析方法，★表示非确定性Ⅱ类分析方法；√表示采用。

步骤五： 开展大型地下洞室群开挖与支护初步设计优化与监测设计。

基于上述全局优化设计策略，开展高应力大型地下洞室群或隧道群初步设计，主要设计参数如下。

(1)工程布置：轴线、位置、空间结构等。

(2)各洞室结构的间距、断面形状和尺寸等。

(3)可能破坏模式(深层破裂、大变形、片帮、岩爆、塌方、断层滑移等)、等级、位置等识别。

(4)潜在破坏高风险区域及其随大型地下洞室群分层分部开挖的时效演化过程。

(5)开挖设计：分层台阶高度、开挖方法、开挖断面尺寸、日进尺、导洞位置、断面尺寸与超前距离等。

(6)支护设计：支护类型(喷层、钢筋网、不同类型的锚杆/锚索)、支护参数(长度、间距、厚度、预应力值等参数)以及支护时机。

(7)监测设计：围岩应力、变形、声波、微震、声发射和支护系统受力等，并建立考虑高应力下硬岩破坏特征的综合安全预警标准。

步骤六：开展大型地下洞室群稳定性动态反馈分析与开挖支护设计优化。

大型地下洞室群稳定性评价的动态反馈分析方法融合了勘查、设计、监测和施工等环节，具有闭环反馈特征。根据地质条件、主要工程问题和岩体的变形破坏机理、模式与设计目标等，考虑模型方法的集成(见图 2.5)，例如：

(1)大型地下洞室围岩破坏的动态预测预警方法，如围岩安全管理标准的预警方法、基于微震信息实例类比的脆性破坏风险神经网络预警方法。

(2)洞室群围岩力学参数三维智能反演方法，如基于分层分部开挖后围岩实际性态的力学参数反演方法。

(3)洞室群开挖与支护设计动态优化方法，如基于地质信息和岩体实际性态信息动态更新的反馈分析方法。

(4)洞室群空间局部破坏位置、深度与程度评价以及围岩灾变防控的裂化-抑制方法。

(5)大型地下洞室群稳定性评价的动态反馈分析方法，如以破坏程度和局部能量释放率为新指标、地质信息和实际岩体性态信息动态更新、实际局部破坏模式、微震信息预警的洞室稳定性动态反馈分析。

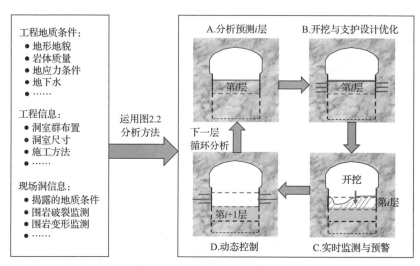

图 2.5　高应力大型地下洞室群设计方法与流程

步骤七：最终设计与验证。

根据上述各步骤，完成高应力大型地下洞室群的最终设计与审核，主要内容如下。

(1)轴线、位置、空间结构布置及其合理性审核。

(2)各大型地下洞室结构的间距、断面形状和尺寸及其合理性审核。

(3)洞室群开挖方案设计动态优化与调整记录及其合理性审核。

(4)洞室群支护方案设计动态优化与调整记录及其合理性审核。

(5)洞室群现场监测验证与信息系统存储及其合理性审核。

2.3　技术审查方法

上述七步流程式设计所涉及的各任务，都应进行必要的技术审查来校核设计结果的可靠性和准确性。目前，通用行业做法是邀请有经验的专家组成专家组进行技术审查。然而，这种方式对于大型地下洞室群工程的全过程设计具有审查会议多、审查时间长、审查成本高、审查主观经验差异的不足。为此，本节提出基于设计目标与任务的高应力大型地下洞室群流程式技术审查方法。本节给出几个典型任务的技术审查方法，其他任务的技术审查方法可以按照本方法建立。

2.3.1　大型地下洞室群工程区场地特征与约束条件分析审查方法

在大型地下洞室群工程区场地特征与约束条件分析时，应综合考虑工程场地的地应力、地层岩性条件、岩体质量、不利地质结构、地下水、地温等工程的场地特征条件，以及这些工程场地特征对大型地下洞室群工程建造的制约效应，如诱发的围岩大变形灾害、导致的围岩破裂灾害风险、造成的环境破坏问题等，从而多角度审查该工程场地特征是否适合建造大型地下洞室群，主要要素如下：

1)工程场地特征

(1)工程场地的地应力测量方法、测点数量，三个主应力的大小、方向，地应力的可靠性检验，区域地质稳定性。

(2)工程场地的地层分布特征、岩石物理特性、水软化特性、强度特征。

(3)工程场地洞室群区域的工程岩体分级方法、岩体分级特征。

(4)洞室群不利地质结构分布探测、不利地质结构空间、空间尺寸。

(5)工程场地的地下水环境、地温环境。

2)制约地下洞室群工程稳定性约束条件

(1)地应力大小和方向对洞室群建造的影响评估。

(2)地层岩性、不利地质结构对洞室群建造的影响评估。

(3)工程场地岩体质量对洞室群建造的影响评估。

(4)工程场地的自然环境、绿化要求。

(5)工程场地的动植物保护要求。

(6)工程场地的矿产资源分布、开采影响。

(7)工程规模对场地岩体质量要求。

(8)工程结构对场地地层稳定性的要求。

(9)工程规模对场地自然环境的影响。

3)地下洞室工程建造的可行性

(1)洞室建造成洞的工程地质基础可行性评估。

(2)借鉴的同类工程经验。

(3)洞室建造诱发变形破坏灾害的风险评估。

2.3.2　大型地下洞室群室内岩石力学试验技术审查方法

大型地下洞室群室内岩石力学试验需要充分考虑其工程设计目标和工程背景，选择针对性的试验方法并考虑试验过程中的应力水平、应力路径等，需要多角度分析试验结果的可靠性和代表性，因此有必要开展技术审查分析，主要技术审查信息如表 2.2 所示。

表 2.2　大型地下洞室群岩石力学试验技术审查信息表

技术审查内容		技术审查结果
试验目标	岩石力学试验目的	
	可估计的准确性	
	采用何种方法校准及其过程	
试验背景	需要考虑的问题	
	列出问题清单	
	是否与使用过该方法的经验人员讨论过	
试验方法	单轴压缩试验、常规三轴压缩试验、真三轴压缩试验、轴压卸荷三轴压缩试验、围压卸荷三轴压缩试验、三轴压缩渗透试验等	
试验成果	应力-应变曲线	
	围岩宏观破坏模式	
	岩石试样细观破坏过程	
	卸荷速率与强度的关系	
	脆延转换以及加卸荷应力路径与强度、破坏模式等的关系	
	岩石力学参数：抗压强度、抗拉强度、弹性模量、泊松比、内摩擦角、黏聚力等	
	变形破坏机制分析：剪切破坏、拉伸破坏、混合型破坏等	
试验过程质量控制	是否有国际岩石力学学会建议方法	
	若有国际岩石力学学会建议方法，是否按照该方法进行试验过程质量控制	

	技术审查内容	技术审查结果
试验过程质量控制	若没有国际岩石力学学会建议方法，如何进行试验过程质量控制	
	如何建立试验过程质量控制，包括试样准备、试验点选取、试验环境控制、试验过程、试验成果分析等	
	试验过程质量控制是否得到验证	
试验结果误差分析	误差源	列出主要误差源	
		误差是否已经校正	
		列出潜在的主要误差	
		是否存在潜在的主要误差使岩石力学试验的目标、概念和结论失效	
	结果准确性	所有先前的问题都表明原理上岩石力学试验对于意图来说是否正确	
		如果不正确，列出存在的问题	
		是否需要校正	
		岩石力学试验方法校正后是否还需审查	

2.3.3 大型地下洞室群原位观测设计审查方法

大型地下洞室群原位监测设计是在设计目标、工程区场地特征与约束条件都基本明确基础上，相应的工程分析与初步设计策略都已开展下进行，其主要审计信息包括以下内容。

1. 大型地下洞室群现场原位综合观测试验目标和背景

1) 大型地下洞室群开挖过程现场原位综合观测试验目标
(1) 大型地下洞室群开挖过程现场原位综合观测试验目的。
(2) 可估计的准确性。
(3) 采用何方法校准及其过程。
2) 大型地下洞室群开挖过程现场原位综合观测背景
(1) 大型地下洞室群开挖过程现场原位观测试验需要考虑的问题。
(2) 列出问题清单。
(3) 列出相关分析或研究的相关文献。
(4) 与使用过该方法的经验人员讨论。

2. 大型地下洞室群开挖过程现场原位综合观测方法

结合高应力大型地下洞室群特点，针对变形和破裂问题有必要开展观测试验，如承压板试验、开挖过程围岩变形观测(多点位移计、滑动测微计、收敛变形)、岩体孔内破裂深度与程度观测(数字钻孔摄像观测、弹性波测试)、围压空间破裂的声发射实时监测、微震实时监测等。

3. 大型地下洞室群开挖过程现场原位综合观测成果

(1)压力-变形曲线。

(2)围岩宏观破坏模式。

(3)围岩破裂时效过程、裂隙演化时效过程、波速演化时效过程、微破裂演化时效过程、变形演化时效过程等。

(4)岩体力学参数：抗压强度、抗拉强度、弹性模量、泊松比、内摩擦角、黏聚力等。

(5)变形破坏机制分析：剪切破坏、拉伸破坏、混合型破坏等。

4. 大型地下洞室群开挖过程现场原位综合观测试验过程质量控制

(1)相关的国际岩石力学学会建议方法。

(2)若有国际岩石力学学会建议方法，应按照该方法进行试验过程质量控制。

(3)若没有国际岩石力学学会建议方法，如何进行试验过程质量控制。

(4)试验过程质量控制是如何建立的，包括试样准备(取样、运输、加工)、试验环境控制、试验过程、试验成果分析等。

(5)试验过程质量控制应得到验证。

5. 大型地下洞室群开挖过程现场原位综合观测试验结果的误差分析

1)误差源

(1)列出主要误差源。

(2)误差是否已经校正。

(3)列出潜在的主要误差。

(4)是否存在潜在的主要误差使岩石力学试验的目标、概念和结论失效。

2)大型地下洞室群开挖过程现场原位综合观测结果的准确性，即观测结果是否符合设计目标的要求，是否需要校正目标

(1)上述问题分析是否可以表明该分析模型在原理上符合分析目标的要求。

(2)如果不正确，列出存在的问题。

(3)是否需要校正。

(4)开挖过程现场原位综合观测试验方法校正后是否还需审查。

2.3.4 大型地下洞室群稳定性动态优化设计的数值分析审查方法

在大型地下洞室群七步流程式的动态反馈分析与开挖支护优化设计中，基于数值分析技术进行洞室群优化设计，主要技术审查信息如表 2.3 所示。

表 2.3 大型地下洞室群稳定性动态优化设计数值分析技术审查信息表

	技术审查内容		技术审查结果
数值分析目标	高应力大型地下洞室群稳定性的开挖支护优化的数值分析的目标、主要优化的措施		
数值分析概念	大型地下洞室群稳定性数值分析过程的概念	考虑采用何种岩体系统	
		主要模拟何种物理过程	
	确定大型地下洞室群模拟内容	列出物理变量	
		列出耦合过程：应力分析、渗流-应力耦合过程分析、温度-水流-应力-化学耦合过程分析	
		二维或三维计算	
		连续介质、非连续介质或连续-非连续介质	
		确定边界条件、确定初始条件、建立最终条件	
	大型地下洞室群数值分析模型输出	模型输出指标包括：应力场、位移场、塑性区、破坏度、局部能量释放率	
		模型输出结果是否匹配模型目标	
	大型地下洞室群数值分析技术	模拟输出包括：一个节点、一个数据集、一个循环、一个数值试验解	
		是否存在质量控制检查	
		输入数据是否正确	
		对已知解是否有效	
		是否可重复	
数值分析技术	使用合适的数值分析软件，如何评估软件正确运行	使用哪种数值软件	
		使用这种数值软件的依据	
		该软件来源	
		软件的可靠性检验	
	力学模型和强度准则	使用的力学模型是什么，是否能合理反映工程岩体的变形破坏机制	
		使用的强度准则是什么，是否能合理反映工程岩体的变形破坏机制	

续表

技术审查内容			技术审查结果
数值分析技术	岩体力学参数	反映开挖卸荷作用引起的岩体力学参数变化规律，如随着损伤程度的增加，围岩的弹性模量、黏聚力减小，但内摩擦角反而增加到一定值，是否建立了反映这种关系的非线性模型	
		岩体力学参数的反演，是否采用考虑力学参数演化的智能反演方法获得	
	支撑的模型数据和数据输入方法	列出边界条件的类型	
		列出输入数据的数据源，如通过考虑构造应力作用所获得的三维地应力场反演结果	
		这些数据是否适合输入	
	力学模型敏感性分析	模型的输出如何取决于输入参数的取值	
		是否进行了敏感性分析	
		如果有敏感性分析，是何种敏感性分析，过程、机制、参数、边界条件、耦合等	
	大型地下洞室群数值分析结果	是否能说明数值分析结果的正确性	
		能否表明支持数据是对岩体合理假设	
		如何表达模型结果	
		模型结果表达与模型目标是否相关联	
数值分析准确性	误差源	列出主要误差源	
		误差是否已经校正	
		列出潜在的主要误差	
		是否存在潜在的主要误差使模型的目标、概念和结论失效	
	大型地下洞室群稳定性的数值分析的准确性	上述问题分析是否可以表明该分析模型在原理上符合分析目标的要求	
		如果不正确，列出存在的问题	
		是否需要校正	
		模型校正后是否还需审查	

参 考 文 献

[1] Feng X T, Hudson J A. Rock Engineering Design. London: CRC Press, 2011.

[2] Hudson J A, Feng X T. Rock Engineering Risk. London: CRC Press, 2015.

第3章 高应力大型地下洞室群典型工程

高应力大型地下洞室群，如拉西瓦水电站、锦屏一级水电站、白鹤滩水电站，都面临一些高应力下洞室群稳定性的共性问题，如高应力诱发的岩体破裂和大变形、不利地质结构导致的围岩应力-结构型失稳。为此，本章将重点阐述书中所涉及的几个高应力大型地下洞室群典型工程的基本特点、工程地质条件和洞室群面临的主要稳定性风险与设计难题等。

3.1 白鹤滩水电站地下洞室群

3.1.1 工程概况

白鹤滩水电站地下洞室群是我国最具代表性的高应力大型地下洞室群，位于金沙江下游四川省宁南县和云南省巧家县境内，属高山峡谷地貌，河谷呈非对称的 V 形，如图 3.1 所示。白鹤滩水电站总装机容量 16000MW，是中国继三峡水电站之后的第二大巨型水电站，其地下洞室规模世界最大。地下洞室群左右岸对称布置，主要包括地下厂房、主变室、尾水闸门室、尾水调压室、引水隧洞、母线洞、尾水洞和导流洞等[1]。

引水发电系统基本对称布置于河流两侧山体内部，左右岸地下厂房各布置 8 台 1000MW 的水轮发电机，其中左岸地下厂房水平埋深 600～1000m，垂直埋深 260～330m，洞室轴线为 N20°E；右岸地下厂房水平埋深 420～800m，垂直埋深 420～540m，洞室轴线为 N10°W。白鹤滩水电站左右岸地下洞室群结构如图 3.2

左岸　　　　　　　　　　　　　　　　　　右岸

(a) 工程区非对称V形河谷

(b) 主要水工建筑物布置示意图[1]

图 3.1　白鹤滩水电站地下洞室群枢纽布置

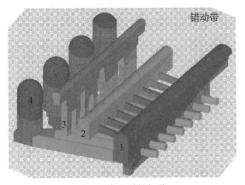

(a) 左岸地下洞室群

(b) 右岸地下洞室群

图 3.2　白鹤滩水电站左右岸地下洞室群结构

1. 主厂房；2. 主变室；3. 尾闸室；4. 尾调室

所示，地下厂房全长 453m，最大开挖高度 88.7m，岩锚梁以下开挖跨度 31m，岩锚梁以上开挖跨度 34m。地下厂房采用一字形布置，从南到北依次布置副厂房、机组段和安装场等，其中副厂房长 32m，机组段长 304m，安装场长 79.5m[1]；主变室尺寸为 368m×21m×40.5m，每 2 条尾水洞共用一个尾调室，如图 3.3 所示[1]，尾调室竖井开挖高度 57.9～93m，直径 43～48m 不等，是目前世界上直径最大的尾调室群，地下厂房总体分为 13 层开挖，如图 3.4 所示。考虑地下洞室群中多个洞室的协同开挖过程，整个洞群按 10 期开挖完成。

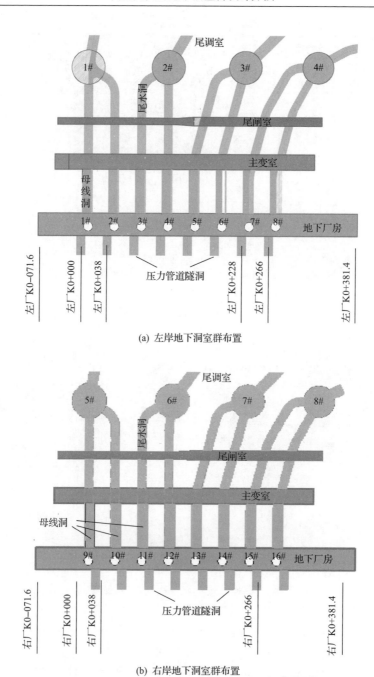

(a) 左岸地下洞室群布置

(b) 右岸地下洞室群布置

图 3.3　白鹤滩水电站左右岸地下洞室群布置及其桩号[1]

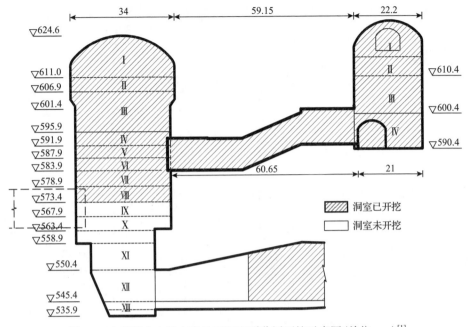

图 3.4　白鹤滩水电站左岸地下洞室群分层开挖示意图(单位：m)[1]

3.1.2　厂址区域洞室群结构特征与工程地质条件

左岸地下厂房围岩主要以 III_1 类、II 类为主，由 $P_2\beta_2^3 \sim P_2\beta_3^1$ 层新鲜的斜斑玄武岩、杏仁玄武岩、隐晶质玄武岩、角砾熔岩组成，如图 3.5 所示。左岸地下厂房内发育 f717、f720、f721 等陡倾断层，走向总体为 N40°～70°W，主要为岩块岩屑型，宽度为 5～20cm，延伸长度为 300～500m；长大裂隙有 T720 和 T721，为陡倾硬性结构面，走向为 N50°～60°W，宽度为 1～3cm；层间错动带 C2 斜穿厂房边墙中下部，产状为 N42°～45°E/SE∠14°～17°，错动带厚度为 10～30cm，为泥夹岩屑型，遇水易软化(见图 3.6)；层内错动带 LS_{3152} 斜切厂房顶拱，产状为 N45°E/SE∠15°～20°，以岩块岩屑型为主，宽约 2cm，长约 200m。裂隙主要发育 3 组，以 NW 向中陡倾角、NE 向中缓倾角裂隙为主，延伸 2～5m，少数达 10m，宽度一般小于 1cm，间距一般为 50～200cm，局部为 10～30cm。

右岸地下厂房围岩由 $P_2\beta_3^5 \sim P_2\beta_5^1$ 层新鲜的隐晶质玄武岩、斜斑玄武岩、杏仁玄武岩、角砾熔岩组成，主要为 III_1 类，局部为 III_2 类，C4 发育部位为 IV 类围岩。右岸地下厂房内发育 f720 陡倾断层，宽度约 30cm；长大裂隙有 T813，产状为 N35°E/NW∠81°，为硬性结构面，宽度为 3～5cm；层间错动带 C3 上段、C3-1 及 C4 均交切于厂房，C3 上段为岩块岩屑型，产状为 N54°E/SE∠18°，C3-1 错动不明显，为一条胶结差的结构面，产状为 N56°E/SE∠14°，厚度约 20cm；C4 厚

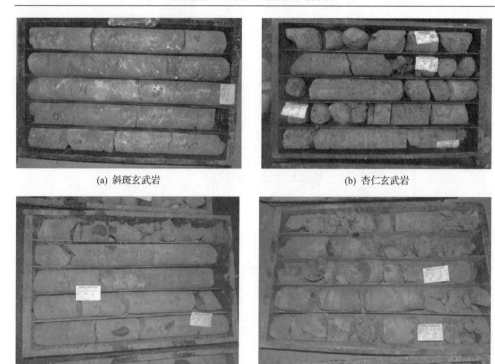

(a) 斜斑玄武岩　　　　　　　　　　　　　(b) 杏仁玄武岩

(c) 隐晶玄武岩　　　　　　　　　　　　　(d) 角砾熔岩

图 3.5　白鹤滩水电站左岸地下厂房揭露的典型玄武岩类型

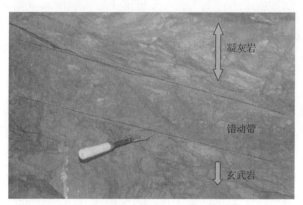

图 3.6　白鹤滩水电站典型错动带硬-软-硬复合岩体结构

40～60cm，产状为 N40°E/SE∠18°，以泥夹岩屑 A 型为主；层内错动带 RS$_{411}$ 斜切厂房顶拱，厚约 5m，产状为 N55°E/SE∠18°～25°，劈理密集发育；裂隙主要发育 3 组，以 NW 向中陡倾角、NNE 向中陡倾角裂隙为主，长度一般为 2～5m，间距一般大于 50cm，局部密集发育 20～50cm，裂隙面以闭合平直粗糙为主。地下厂房区域相互交错的断层、错动带和裂隙构成厂址区域复杂地质结构，导致岩体内部地应力场复杂多变，局部可能存在量值较大的封闭应力。

厂址区域地应力以构造应力为主，水平地应力大于垂直地应力，其中第一主应力和第二主应力基本水平，第三主应力近竖直。左岸厂址区域最大主应力为 21.6MPa，方位为 N30°～50°W，倾角为 5°～13°；右岸厂址区域最大主应力为 26.3MPa（最大实测值为 31MPa），方位为 N0°～20°E，倾角为 2°～11°，如表 3.1 所示[2]。由此可见，白鹤滩水电站地下厂房开挖尺寸大，岩体初始地应力高，洞室围岩的地质条件复杂，因此其工程支护设计与开挖施工难度大，洞室施工安全风险高。

表 3.1　白鹤滩水电站场址区域实测地应力估计值[2]

位置	主应力/MPa			应力比		
	σ_1	σ_2	σ_3	σ_1/σ_3	σ_2/σ_3	σ_3/σ_3
左岸 624.6m	21.6	16.9	10	2.16	1.69	1.00
右岸 624.6m	26.3	21.6	15	1.75	1.44	1.00

根据白鹤滩厂址区域现场和室内岩石(体)试验成果，综合分析确定各级岩体物理力学参数地质建议值，如表 3.2 和表 3.3 所示[2]。

3.1.3　导流洞室群结构特征与工程地质条件

白鹤滩水电站采用 5 条导流洞方案，左岸布置 3 条、右岸布置 2 条，由左岸向右岸依次编号 1#、2#、3#、4#、5#，如图 3.7 所示。导流洞均为城门洞形，洞身断面尺寸为 19m×24m(宽×高)。工程区主要出露岩层为二叠系上统峨眉山组玄武岩($P_2\beta$)，以岩浆喷溢和火山爆发交替为特征，为单斜地层，岩层产状为 N30°～50°E/SE∠15°～25°，表层覆盖的第四系松散堆积物(Q_4)主要分布于河床及缓坡台地上。根据现场水压致裂法和应力解除法的测试结果[2]，导流洞进、出口区位于河谷岸坡应力松弛区，主应力较小，而导流洞深埋部位属于中等～高应力区，其左岸最大主应力为 14～18MPa，方向为 20°∠180°，最小主应力为 6～8MPa，方向为 45°∠90°，右岸最大主应力为 18.4～28MPa，方向为 20°∠0°，最小主应力为 9～11MPa，方向为 70°∠90°，可以看出右岸导流洞岩体的地应力要高于左岸导流洞岩体的地应力。根据地层喷溢间断和爆发次数，工程区共分为 11 个玄武岩岩流层($P_2\beta_1$～$P_2\beta_{11}$)。其中，隧洞洞身穿过地层为 $P_2\beta_2^2$、$P_2\beta_3^3$、$P_2\beta_3$、$P_2\beta_4$、$P_2\beta_5$ 岩流层，岩性为杏仁状玄武岩、隐晶～微晶玄武岩夹角砾熔岩等，$P_2\beta_3^2$ 岩流层主要为二类柱状节理岩体(见图 3.8(a))，$P_2\beta_3^3$ 岩流层主要为一类柱状节理岩体(见图 3.8(b))。其中，左岸 3#导流洞纵向地质剖面如图 3.9 所示[2]，导流洞中柱状节理岩体分布如表 3.4 所示[2]。

表 3.2　白鹤滩水电站地下洞室群各类围岩物理力学参数地质建议值一览表[2]

围岩类别	亚类	岩体基本特征	变形模量/GPa	泊松比	抗剪断参数		抗剪参数	
					摩擦系数	黏聚力/MPa	摩擦系数	黏聚力/MPa
II	II	①隐晶质玄武岩、杏仁状玄武岩、斜斑玄武岩，微新，无卸荷状态，整体结构或块状结构；②角砾熔岩，无卸荷状态，微新，整体结构或块状结构	17~20	0.22~0.24	1.3~1.4	1.4~1.7	0.75~0.80	0
		③二类柱状节理玄武岩，微新，无卸荷状态，次块状结构	14~18 / 10~12		1.2~1.4	1.3~1.5	0.7~0.8	0
III	III₁	①隐晶质玄武岩、杏仁状玄武岩、斜斑玄武岩，微新，无卸荷状态，次块状结构或镶嵌结构；微新状态~弱风化下段，弱卸荷，块状结构或次块状结构；②角砾熔岩，微新~弱风化下段，无卸荷状态，块状结构	8~12	0.24~0.26	1.0~1.2	1.0~1.2	0.6~0.7	0
		③一类柱状节理玄武岩，微新，无卸荷状态，柱状镶嵌结构；④二类柱状节理玄武岩，弱风化下段，无卸荷状态及微新、弱卸荷状态，镶嵌结构或次块状结构	9~11 / 7~9	0.24~0.26				
	III₂	①隐晶质玄武岩、杏仁状玄武岩、斜斑玄武岩，弱风化下段，弱卸荷，弱风化上段，块状结构或次块状结构；②角砾熔岩，弱风化下段，弱卸荷，块状结构或次块状结构	6~8	0.26~0.28	0.90~1.00	0.75~0.80	0.55~0.60	0
		③二类柱状节理玄武岩，弱风化下段，弱卸荷，柱状镶嵌结构；④二类柱状节理玄武岩，弱风化下段，弱卸荷，块裂结构	7~9 / 5~7			0.75~0.80		

续表

围岩类别	亚类	岩体基本特征	变形模量/GPa	泊松比	抗剪断参数		抗剪切参数	
					摩擦系数	黏聚力/MPa	摩擦系数	黏聚力/MPa
	Ⅳ	①隐晶质玄武岩、杏仁状玄武岩、斜斑玄武岩及角砾熔岩，弱风化上段，裂隙发育夹泥、块裂结构或碎裂结构 ②一类、二类柱状节理玄武岩、弱卸荷、碎裂结构；强卸荷、块裂结构或碎裂结构 ③弱卸荷～无卸荷凝灰岩 ④构造影响带	2～4	0.30～0.32	0.55～0.80	0.40～0.60	0.45～0.55	0
	Ⅴ	强卸荷凝灰岩、规模较大的层内错动带、层间错动带、断层破碎带	0.5～2	0.34～0.36	0.35～0.55	0.20～0.30	0.35～0.40	0

注：变形模量中横线上方为水平向模量，下方为铅直向模量。

表 3.3 各类结构面力学参数建议值一览表[2]

分类	亚类	结构面类型	充填物特征	嵌合紧度	变形模量/GPa	抗剪断参数		抗剪切参数	
						摩擦系数	黏聚力/MPa	摩擦系数	黏聚力/MPa
硬性结构面	胶结型（断层、错动带）	胶结好	构造角砾岩、碎裂岩、石英脉	胶结紧密	1~3	0.75~0.94	0.25~0.30	0.70~0.79	0
		胶结一般	碎裂岩、绿帘石化角砾岩	胶结	0.5~1	0.60~0.75	0.15~0.25	0.55~0.70	0
		胶结差	不饱和无填石英脉、方解石胶结	部分胶结	0.3~0.5	0.50~0.60	0.10~0.15	0.45~0.55	0
	无充填型（错动带、裂隙）	起伏粗糙	裂隙面无充填	闭合~微张	—	0.52~0.70	0.05~0.06	0.51~0.55	0
		平直粗糙				0.46~0.52	0.05~0.06	0.45~0.51	0
		平直光滑				0.25~0.46	0.05~0.06	0.20~0.40	0
软弱结构面	层间、层内错动带、断层、有充填裂隙	岩屑岩型A	两侧岩体微新、无胞荷、带内节理化角砾化构造岩，角砾岩夹黏粒含量小于3%	紧密锤击不动	0.25~0.3	0.45~0.50	0.10~0.17	0.43~0.48	0
		岩屑岩型B	两侧岩体弱风化或胞荷、带内节理化角砾化构造岩，角砾岩夹黏粒含量小于3%	较紧密锤击松动	0.20~0.24	0.39~0.43	0.09~0.10	0.36~0.40	0
		岩屑夹泥型A	两侧岩体微新、无胞荷，以带内角砾岩为主，黏粒含量占3%~10%	泥质不连续，下盘见泥膜	0.11~0.15	0.33~0.37	0.04~0.05	0.31~0.35	0
		岩屑夹泥型B	两侧岩体弱风化或胞荷，以带内角砾岩为主，黏粒含量占3%~10%	可见0.5~2cm的泥夹岩屑条带	0.06~0.11	0.32~0.36	0.03~0.04	0.27~0.31	0
		泥夹岩屑型	两侧岩体破碎、上盘岩体松池带内角砾化构造岩，黏粒含量较高，占10%~26%	泥夹岩屑2m内连续分布，厚度大于2cm	0.05~0.10	0.22~0.25	0.01~0.02	0.21~0.23	0

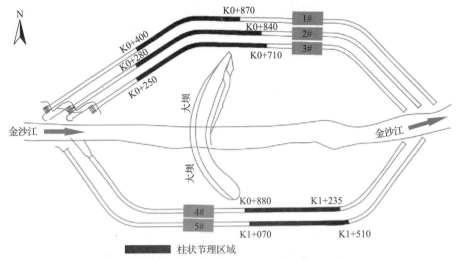

图 3.7　白鹤滩水电站导流洞布置和柱状节理岩体分布图[2]

(a) 二类柱状节理岩体　　　　　　　　　　(b) 一类柱状节理岩体

图 3.8　白鹤滩水电站导流洞开挖后边墙柱状节理岩体形态

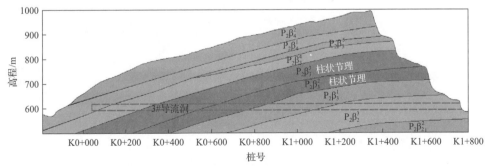

图 3.9　白鹤滩水电站左岸 3# 导流洞纵向地质剖面（$P_2\beta_3^2$ 和 $P_2\beta_3^3$ 为柱状节理岩体地层）[2]

表 3.4　导流洞中柱状节理岩体的分布[2]

导流洞编号	导流洞长度/m	柱状节理岩体		
		桩号	长度/m	比例/%
1	2009	K0 + 400~K0 + 870	470	23
2	1791	K0 + 280~K0 + 840	560	31
3	1587	K0 + 250~K0 + 710	460	29
4	1667	K0 + 880~K1 + 235	355	21
5	1946	K1 + 070~K1 + 510	440	23

3.1.4　主要稳定性风险与设计难题

白鹤滩水电站地下洞室群修建面临的岩体力学与稳定性问题前所未有，主要包括：①高应力大型地下洞室群开挖过程中围岩深层破裂、大面积片帮等破坏灾害；②高应力下穿越大型地下洞室群长大错动带的连续-非连续变形破坏问题；③高应力开挖强卸荷下柱状节理岩体大深度松弛、开裂及塌方等问题。

1. 高应力大型地下洞室群围岩深层破裂与大面积片帮防控设计优化

白鹤滩水电站的前期工程地质调查、室内基本力学试验和现场厂房洞开挖过程中的围岩片帮与剥落现象都表明，白鹤滩水电站地下厂房开挖过程中的玄武岩脆性破坏危害与安全破裂风险将是一个现实的棘手问题，存在顶拱、高边墙和中隔墙内部开裂风险和长期时效变形问题，可能会因大面积片帮剥落和大体积塌方给开挖过程中的人员和设备等带来极大的安全威胁，严重阻碍工程的正常施工，如图 3.10 所示。

(a) 围岩应力型剥落　　　　　　　　　　　　　　(b) 大体积塌方

图3.10　白鹤滩水电站地下厂房第Ⅰ层下游侧扩挖导致的围岩应力型剥落和大体积塌方(见彩图)

右岸厂址区域多条探洞围岩的片帮破坏现象突出，导流洞和左岸地下厂房中导洞开挖过程中同样出现了多处大面积玄武岩片帮、含节理/裂隙的玄武岩应力型和应力-结构型围岩破坏形式，尤其是左岸厂房地下中导洞沿轴向出现约占50%洞长的玄武岩片帮剥落和下游侧边墙扩挖过程中出现的剥落和掉块问题，均表明高应力下地下洞室群可能面临现实的脆性片帮和深层破裂破坏风险，开展厂房洞室群不同部位围岩破裂风险估计和设计优化，是洞室安全高效施工的基础。

2. 含长大错动带的超大型地下洞室群大范围错动与防控设计优化

工程区多个交通洞和厂房中导洞开挖实践表明，延展于整个工程区的层间错动带和广泛分布的层内错动带具有空间变异性，且明显破坏了工程岩体的完整性并导致局部垮塌，然而现有软弱错动带工程防治实践经验还不能满足白鹤滩巨型地下洞室群开挖施工与支护设计需求。

(1)开挖过程中长大错动带的挤出变形、大范围错动、大体积塌方等风险突出，开挖与支护设计难度大。白鹤滩水电站层间错动带的典型结构为下盘玄武岩+中间错动带+上盘凝灰岩，其中玄武岩厚度通常为几十米至数百米，错动带厚度通常为几厘米至几十厘米，而凝灰岩厚度通常为几分米至几米不等。这一复合岩体结构表明，错动带的稳定性不仅涉及错动带本身，还涉及错动带上下母岩的影响带，故开挖卸荷下可能存在变形挤出、相对错动、诱发局部塌方等围岩不稳定行为(见图3.11)，如何评价错动带影响下洞室的稳定性需要系统的理论分析与防控设计。

(a) 左岸C2错动带附近岩体塌方　　　　　(b) 右岸C4错动带岩体局部垮塌

图 3.11　白鹤滩水电站左岸导流洞内 C2 错动带附近岩体塌方和右岸地下厂房中导流洞 C4
错动带岩体局部垮塌现象(见彩图)

(2)开挖卸荷下长大错动带的针对性支护方式和参数(锚杆、锚索、置换洞等)需要多角度论证与设计优化。由于其在形成过程中和形成后经历了多次反复的张拉-剪切错动和长期蚀变作用，错动带强度低，错动带上下影响带内的母岩裂隙发育，在开挖过程中极易发生错动带的局部剪切凸出和下盘岩体拉裂破坏。白鹤滩水电站左右岸地下厂房由于错动带影响而引起的各类应力-结构型破坏现象已表明，大型厂房洞室开挖卸荷下错动带及其母岩具有发生局部垮塌的风险。因此，地下洞室群错动带出露区域的工程防治对象不仅仅是错动带，还应考虑错动带影响范围内岩体压应力下的拉破坏，如何通过优化开挖支护防控错动带变形破坏灾害是工程设计的关键技术难题。

3. 开挖强卸荷下柱状节理岩体大深度松弛破坏问题与防控设计优化

在白鹤滩水电站左、右岸导流洞前期施工过程中，从已开挖洞段所揭露的情况来看，洞内柱状节理岩体的大深度松弛破坏对施工人员的人身安全和工程进度均造成了较大程度的影响(出现多处塌方、支护返工)。相对于导流洞，地下厂房洞室尺寸更大，多个大型地下洞室开挖将对柱状节理岩体稳定产生更加显著和叠加影响，而且大范围展布的不利地质构造(如随机裂隙和层间错动带等)会对柱状节理岩体稳定产生更为不利的影响，如图 3.12 所示。

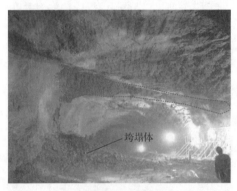

(a) 顶拱柱状节理岩体塌方　　　　　　　　　　(b) 边墙柱状节理岩体塌方

图 3.12　导流洞内柱状节理岩体段围岩破坏现象(见彩图)

因此，阐明柱状节理岩体开挖卸荷下的松弛深度、时效松弛特性、变形破坏机制，从而建立成熟和实用的地下洞室群开挖中柱状节理岩体稳定性分析方法和工程防控设计技术，是白鹤滩水电站导流洞和地下厂房工程设计中必须回答的关键问题。

3.2　拉西瓦水电站地下洞室群

3.2.1　工程概况

拉西瓦水电站位于青海省贵德县和贵南县交界处的黄河干流上，是黄河上游规划的十三个大型梯级水电站中的第二个梯级电站，枢纽布置形式为混凝土对数螺旋线拱坝、坝身泄水孔、右岸全地下厂房方案，电站总装机容量为 6×700MW、地下洞室群尺寸均为黄河流域最大。

图 3.13 为拉西瓦水电站地下洞室群布置示意图[3]。右岸地下厂房主要由主厂房、副厂房、主变室、尾调室、尾闸室、尾水洞、母线洞等结构物构成。其中主厂房开挖尺寸为 311.8m×30.0m×74.8m(长×宽×高)，轴线为 NE25°，副厂房与主厂房同轴线，位于主厂房左端，开挖尺寸为 32m×27.8m×42.0m(长×宽×高)，主变室在主厂房下游侧，与主厂房轴线平行，通过母线洞与主厂房相通，开挖尺寸为 232.6m×29.0m×53.0m；3 个水轮机合用 1 个尾调室，尾调室为圆筒形，开挖直径 32m，高度 69.3m，如图 3.14 所示。其中主厂房分 9 层开挖，主变室分 6 层开挖，其他如尾调室、母线洞、尾闸室、尾水洞等均采用分层开挖形式，如图 3.15 所示[3]。整个洞室群开挖可简化为 9 期，分期开挖方案如表 3.5 所示。

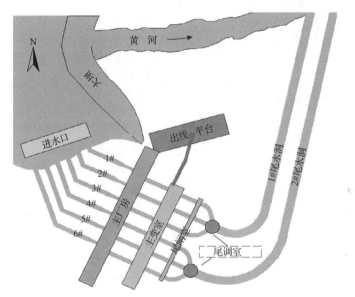

图 3.13　拉西瓦水电站地下洞室群布置示意图[3]

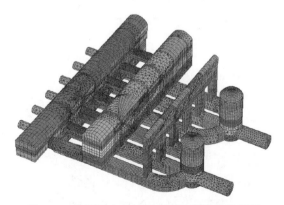

图 3.14　拉西瓦水电站地下洞室群结构示意图

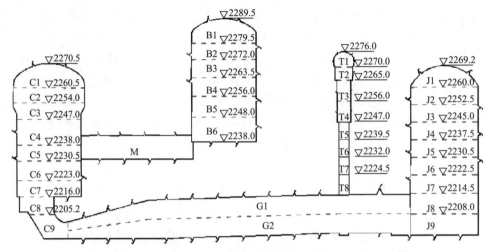

图 3.15　拉西瓦水电站地下洞室群分层开挖示意图(单位：m)[3]

表 3.5　拉西瓦水电站地下洞室群分期开挖方案

开挖期	洞室群分层开挖方案				
	主厂房	主变室	尾调室	尾闸室	其他
1	C1	—	J1	—	—
2	C2	B1	J2	T1	—
3	C3	B2	J3	T2	M1
4	C4	B3	J4	T3	—
5	C5	—	J5	T4	M2
6	C6	B4	J6	T5	—
7	C7	B5	J7	T6	—
8	C8	—	J8	T7	G1
9	C9	B6	J9	T8	G2

3.2.2　厂址区域主要工程地质条件

厂房洞室群地段峡谷山高坡陡，地形较为简单。右岸岸坡由河床至正常蓄水位高程 2452m 几乎呈绝壁状态，坡度为 65°～70°；其上 2452～2500m 高程坡度为 45°；2500～2600m 高程为青草沟地段，坡度为 30°～35°；2600m 高程以上至岸顶再次呈现基岩陡壁，坡度为 60°～65°。

经对勘探平洞统计表明[3]，裂隙产状与断层产状大致相同，以陡倾裂隙为主，可分为三组：NNW～SN 向、NNE 向、NE 向，各组裂隙分别占裂隙总数的 24.7%、26%、20%。其中 NNW 组优势方位为 NW349°，NNE 组优势方位为 NE34°，中陡倾角裂隙局部也成组或集中出现，间距变化较大。裂隙密集处间距约为 0.5m，最小 0.2m，最大达 5m，平均裂隙密度为 0.87 条/m。

地下洞室群区域出露的一些规模相对较大的结构面主要是 Hf8、HL2、Hf2、f7、f3、f11、L28 等，如表 3.6 所示[3]。

表 3.6　主要大型结构面产状[3]

编号	产状			
	走向	倾向	倾角/(°)	宽度/cm
Hf8	NW295°	SW	17	2
HL2	NW275°	SW	27	0.5
Hf2	NW330°	NE	25	2～5
f7	NE20°	SE	76	5～30
f3	SN	NE	67	3～10
f11	NW340°	NE	60	5～10
L28	EW	S	82	0.1

厂址区域花岗岩中共进行了 14 个点的三维地应力测量和 5 个点的二维地应力测量。在测试过程中发现厂址区域存在高地应力现象：①勘探及地应力测试钻孔中发现有饼状岩芯(岩饼)，最大集中分布厚度约 70cm，单块岩饼厚度为 1～2cm；②勘探洞、施工交通洞、厂房上导洞等洞壁坚硬新鲜岩石中出现片状剥落，断层带处出现板状劈裂。其特征主要呈千枚状薄片，手捏呈碎末，剥落总深度为 3～5cm，断裂带中板状劈裂则呈 2～4cm 的薄板；③隧洞开挖完成一段时间后，洞顶完整新鲜岩石地段局部发生非常明显的板状剥皮，声发射监测仪确切测出岩石中的声响，延续时间可至开挖后 2～3 年。

从实测结果可知[3]：①二维测试结果中，最大主应力 σ_1 为 16.4～22.3MPa，最小主应力 σ_3 为 11.8～13.9MPa，σ_1/σ_3 除一个点为 1.2 外，其余各点均为 1.6，σ_1 平均值为 19.88MPa，σ_3 平均值为 13.08MPa，最大主应力 σ_1 的方位在 NW341°～NE12°变化，测点高程为 2231～2250m，控制了地下厂房的中上部；②三维测试结果中，最大主应力 σ_1 为 14.6～29.7MPa，最小主应力 σ_3 为 3.7～13.1MPa，σ_1/σ_3 为 1.6～4.0，σ_1 平均值为 21.6MPa，σ_2 平均值为 15.3MPa，σ_3 平均值为 9.2MPa；③三维测试结果中，最大主应力 σ_1 的方位在 NW302°～NE26°变化，大多位于 NW350°～NE12°，最大主应力 σ_1 的倾角变化较大，但均小于 50°，总体分为两个区，其中有 7 个点倾角小于 10°，为近水平，另有 7 个点倾角为 20°～50°，多集中在 30°～40°，且均向岸外倾斜。因此，地下厂房系统位于河谷二次应力集中带向正常应力区的应力过渡带上，基本上不受河谷二次应力的影响。

地下洞室群地段岩体为花岗岩，灰～灰白色，中粗粒结构，块状构造，矿物成分以长石、石英、黑云母为主。岩石强度高，岩体致密坚硬。RMR系统中，洞室群区域Ⅰ类占7.34%，Ⅱ类占87.92%，Ⅲ类占4.74%，其地下洞室群岩体力学参数如表3.7，围岩结构面力学参数如表3.8所示[3]。

表3.7　地下洞室群岩体力学参数[3]

围岩类别	纵波速度/(m/s)	饱和岩石抗压强/MPa	饱和岩石抗拉强度/MPa	变形模量/GPa	弹性模量/GPa	弹抗系数/(MPa/cm)	泊松比	抗剪断参数	
								摩擦系数	黏聚力/MPa
Ⅰ	>5500	130	2.0	28	42	220	0.20	1.4~1.5	2.5~3.5
Ⅱ	5500~4500	110	1.5	25	38	200	0.20	1.2~1.4	1.5~2.5
Ⅲ	4500~4000	80	1.2	20	23	120	0.20	1.0~1.2	1.0~1.5

表3.8　围岩结构面力学参数[3]

结构面	黏聚力/MPa	内摩擦角/(°)
断层	0.035	24.0
节理	12.5	32.5

3.2.3　主要稳定性风险与设计难题

受高地应力环境和硬脆性花岗岩制约，拉西瓦水电站地下洞室群具有如下工程稳定性风险与设计难题。

1. 开挖卸荷下围岩开裂或片帮破坏风险

主副厂房垂直埋深225~447m；主安装间内端墙距离岸坡460m；主变室垂直埋深282~429m；操作廊道垂直埋深384~459m；1#尾调室埋深459~509m，2#尾调室埋深505~551m，实测地应力表明厂址区域最大主应力为−29~−22MPa，因此高应力下花岗岩片帮破坏风险较高，洞室前期开挖过程中围岩也确实多次出现片帮破坏，如图3.16所示。

2. 应力结构型塌方破坏风险

地下洞室群地段位于微风化块状结构花岗岩体内，岩石强度高，但花岗岩中存在较大的硬性结构面和裂隙，因此高应力开挖卸荷下具有形成应力结构型塌方或开裂，导致局部塌方的风险，如厂房中导洞开挖过程中就出现了一定体积的塌方和掉块，如图3.17所示。

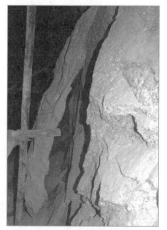

(a) 围岩片状开裂　　　　　　　　　(b) 洞室下游墙板状劈裂

图 3.16　拉西瓦水电站地下洞室群围岩大面积片帮

(a) 应力-结构型塌方　　　　　　　　　(b) 掉块

图 3.17　厂房中导洞开挖过程中边墙应力-结构型塌方与掉块

3.3　锦屏二级水电站地下洞室群

3.3.1　工程概况

锦屏二级水电站位于四川省凉山彝族自治州木里、盐源、冕宁三县交界处的雅砻江干流锦屏大河湾上，是雅砻江干流上重要的梯级电站。电站采用地下式厂房，主厂房尺寸为 352.4m×28.3m×72.2m（长×宽×高），装有 8 台 600MW 的水轮发电机组。主变洞尺寸为 374.6m×19.8m×35.1m（长×宽×高），位于主厂房下游侧 45m 处，为雅砻江流域最大的水电站地下洞室群[4]。

水电站厂址区域山体雄伟，地形起伏较大，其中 1330～1600m 高程的坡度一般可达 50°～70°，沿江形成了一系列陡壁，如图 3.18 所示。1600～1700m 高程左右斜坡相对较缓，坡度为 35°～45°。坡表冲沟较发育，多为短源高坡降的小冲沟，沟谷大多垂直于雅砻江。

图 3.18　锦屏二级水电站厂址区域河谷地貌

　　根据初步设计分析和同类工程开挖实践经验，锦屏二级水电站地下洞室群分层开挖方案和分期开挖顺序分别如图 3.19 和表 3.9 所示[4]。由此可见，主厂房总体上分 8 期开挖，其中第 I～IV 层基本上是自上往下开挖，而第 VII、VIII 层是利用事先开挖的尾水洞采用导井法开挖；主变室基本上也是自上往下开挖；高压管道开

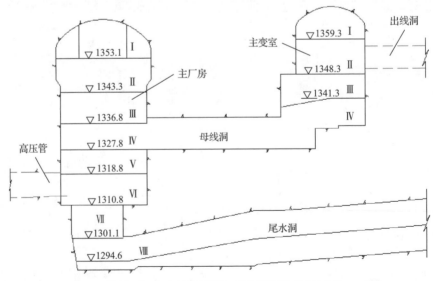

图 3.19　锦屏二级水电站地下洞室群分层开挖方案(单位：m)[4]

表 3.9　锦屏二级水电站地下洞室群分期开挖顺序[4]

开挖期	主厂房	主变室	其他洞室
1	I	—	通风兼安全洞
2	II	I	—
3	III	I	出线洞
4	IV	II，III	母线洞
5	V	IV	高压管
6	VI	—	—
7	VII	—	尾水洞
8	VIII	—	尾水洞

挖在厂房第Ⅴ层开挖前完成；母线洞利用厂房第Ⅳ层和主变室第Ⅲ～Ⅳ层开挖后形成的通道进行开挖[4]。

3.3.2　厂址区域主要工程地质条件

从大地构造上看，锦屏二级水电站位于松潘—甘孜地槽褶皱系的东南部，中生代以来受印支构造、燕山构造影响，形成一系列叠瓦状逆冲断层、A 形平卧褶皱，构成变形较强烈的地台边缘褶皱，后来的喜马拉雅构造运动使得该区域进一步出现强烈隆起、断裂活动和地层倒转。受喜马拉雅构造运动 NWW～SEE 向区域应力场控制，厂址区域形成一系列规模较大的向西倾倒的轴向 NNE 复式褶曲（见图 3.20[4]），以及 NNE 走向的高倾角压性或压扭性断层，并伴随有 NWW 向张

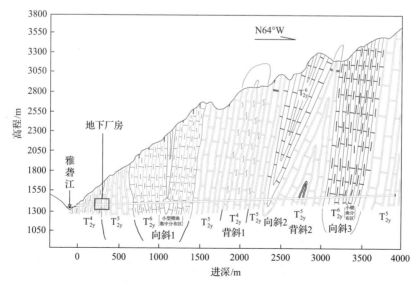

图 3.20　锦屏二级水电站厂址区域复式褶曲剖面示意图[4]

性或张扭性断层。自新生代以来，在雅砻江长期侵蚀下切作用下，逐渐形成现今典型的 V 形高山峡谷地貌。峡谷区域岩层在剥蚀卸荷作用下向临空方向卸荷回弹和应力释放，表现为顺层裂隙松弛张开和 NWW 向高倾角裂隙拉裂，使得谷坡出现一些小规模的崩塌现象。

厂址区域岩性为微风化状 T_{2y}^4 灰绿色条带状云母大理岩和 T_{2y}^{5-1} 灰黑色中厚～厚层细晶大理岩，T_{2y}^{5-1} 多为中厚～厚层块状，围岩完整性较好，且稳定条件较好；T_{2y}^4 层由于层理发育，且层面裂隙中局部见有暗色矿物形成的软弱夹层，围岩稳定条件一般。地下厂房轴向为 N35°E，置于微风化状的 T_{2y}^4 灰绿色条带状云母大理岩和 T_{2y}^{5-1} 灰黑色中厚层细晶大理岩之中。岩石均为微风化状，岩体完整性以一般为主，局部较完整或较破碎～破碎。

地下厂房区域断层构造较发育，主要有 f16、f17、f21、f24、f35、f36、f37、f56～f63、f65～f71、f77～f79 等 25 条小型断层，其总体特征是：断层宽度大多在 0.5m 以内，长度一般在 200m 以内；断裂内充填物多为碎裂岩、角砾岩或岩片、岩屑，部分存在断层泥及次生黄泥；断层性质主要为岩块岩屑型和岩块岩屑夹泥型。地下厂房区域裂隙发育，局部密集发育，共发育 6 组，如表 3.10 所示[4]。

表 3.10　地下厂房区域平洞裂隙统计表[4]

裂隙组数产状	描述
N15°W～N30°E NE(SW)～NW(SE) ∠ 70°～83°	多为顺层裂隙，平行发育间距一般为 0.5～1m，局部 10～20cm
N60°～85°W/SW(NE) ∠ 70°～85°	面波状起伏，延伸长，沿面充填铁锰质
N40°～65°E/NW(SE) ∠ 20°～50°	面平，延伸较长或断续发育，充填钙质及铁锰质
N40°～60°W/NE ∠ 60°～85°或 ∠ 35°～45°	面平，延伸较长，局部微张，充填钙质及铁锰质
EW/S ∠ 20°～45°	面平，延伸较长，充填钙质及铁锰质
SN/E ∠ 20°～30°	面平，延伸较长，充填钙质及铁锰质

前期探洞勘测表明，地下厂房区域以Ⅲ类围岩为主，占总洞长的 83.5%；部分为Ⅱ类围岩，占总洞长的 14.1%；少量为Ⅳ类围岩，占总洞长的 2.4%。主变洞无Ⅰ、Ⅴ类围岩，以Ⅲ类围岩为主，占总洞长的 87.5%；部分为Ⅱ类围岩，占总洞长的 9.7%；少量为Ⅳ类围岩，占总洞长的 2.8%。

地下厂房区域共进行了 6 个位置的三维地应力测量，如图 3.21 所示[4]。实测地应力表明，地下厂房部位最大主应力为 10.6～16.8MPa，方位角为 74.4°～159°，平均倾向为 S43.1°E，最小主应力为 4.9～9.9MPa，如表 3.11 所示[4]。

地下厂房区域属于第Ⅲ水文地质单元的第一出水段，该出水段流量稳定，季节性变化小，补给源稳定，其中 T_{2y}^4 属弱富水地层，T_{2y}^{5-1} 属强富水地层，地下水较

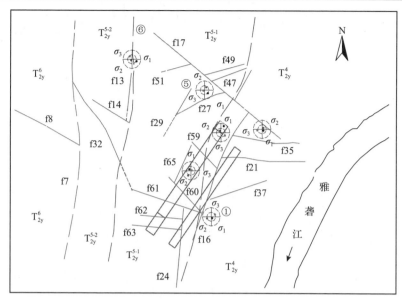

图 3.21　厂址区域断层展布及地应力测点位置平面示意图[4]

表 3.11　厂址区域实测地应力[4]

主应力		测点编号					
		①	②	③	④	⑤	⑥
σ_1	量值/MPa	11.7	11.2	15.5	16.8	11.4	10.9
	$\beta/(°)$	126	144	169	74	153	157
	$\alpha/(°)$	56	37	46	−11	−20	3
σ_2	量值/MPa	6.4	7.4	8.9	10.9	11.1	7.2
	$\beta/(°)$	42	146	20	167	30	70
	$\alpha/(°)$	−4	−40	39	−28	−62	−50
σ_3	量值/MPa	4.9	6.0	7.5	8.9	9.9	6.5
	$\beta/(°)$	134	56	84	145	80	64
	$\alpha/(°)$	−33	−1	−16	60	19	40

注：α 为倾角，向下为正；β 为方位角。

丰富。据厂支 2 探洞揭示地下厂房洞中 T_{2y}^4 出露段大部分干燥，仅有少量渗滴水，而 T_{2y}^{5-1} 出露段在 150～165m、247～278m 和 335～381m 段洞顶普遍渗滴水。

根据锦屏二级水电站现场和室内岩石(体)试验成果，综合分析确定厂址区域各级岩体物理力学参数地质建议值，如表 3.12 所示[4]。

表 3.12　厂址区域围岩及结构面物理力学参数建议值[4]

围岩类别	岩性	抗压强度/MPa		变形模量/GPa		泊松比	抗剪断参数	
		干	湿	水平	垂直		摩擦系数	黏聚力/MPa
II	条带状云母大理岩 $\left(T_{2y}^4\right)$	85~90	55~62	13.0~15.0	10.0~12.0	0.21	1.30~1.35	1.10~1.20
	中厚层大理岩 $\left(T_{2y}^{5\text{-}1}\right)$	90~95	80~85	14.0~16.0	12.0~13.0	0.21		
	中厚层大理岩 $\left(T_{2y}^{5\text{-}2}\right)$	70~80	65~73	10.0~11.0	9.0~10.0	0.22		
	泥质灰岩 $\left(T_{2y}^6\right)$	70~75	60~70	9.0~11.0	8.0~10.0	0.27		
III	条带状云母大理岩 $\left(T_{2y}^4\right)$	70~85	50~60	8.0~11.0	7.0~10.0	0.23~0.26	0.90~1.20	0.70~1.00
	中厚层大理岩 $\left(T_{2y}^{5\text{-}1}\right)$	80~90	65~80	8.0~11.0	6.0~10.0	0.23~0.26		
	中厚层大理岩 $\left(T_{2y}^{5\text{-}2}\right)$	65~75	55~65	6.0~10.0	5.0~9.0	0.25~0.27		
	泥质灰岩 $\left(T_{2y}^6\right)$	60~70	50~65	6.0~9.0	5.0~8.0	0.28~0.30		
IV	裂隙发育带或断层影响带	45~55	40~45	0.6~1.5	0.4~1.0	0.35	0.70~0.80	0.40~0.50
断层型结构面	泥夹岩屑型结构面(f7、f21、f32 等)	—	—	—	—	—	0.25~0.30	0.03~0.04
	岩屑夹泥型结构面(f35、f36、f37 等)	—	—	—	—	—	0.38~0.42	0.07~0.08
	岩块岩屑型结构面(f16、f17、f28、f41、f38 等)	—	—	—	—	—	0.45~0.50	0.15~0.20

3.3.3　主要稳定性风险与设计难题

受该区域特殊的工程地质条件影响,锦屏二级水电站地下洞室群开挖过程中面临的稳定性风险与设计难题如下。

1) 与洞轴线呈小夹角的陡倾岩层易诱发高边墙塌方风险

在洞室群布置设计时,考虑到避开厂址区域的最不利地质条件,以及地下厂房发电枢纽的规模和协调性,主厂房轴线选择为 N35°E。这一厂房轴线方位角实际上与该区域的主要发育 NNE 向构造基本一致,更与厂址区域 $T_{2y}^{5\text{-}1}$、T_{2y}^4 岩层的层面走向(N10°W~N30°E)呈不利的小夹角,如图 3.22(a)所示,而且岩层为倾角 73°~85°的陡倾层面。这样的岩层产状对厂房上游侧边墙的稳定性是不利的,开挖过程中存在层面松弛,易导致局部层面掉块与滑塌等稳定性风险。

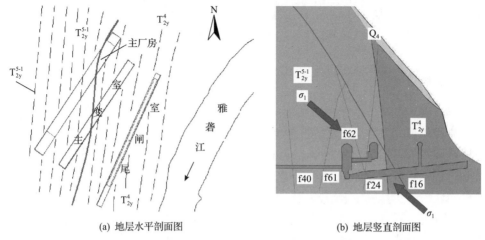

(a) 地层水平剖面图　　　　　　　　　(b) 地层竖直剖面图

图 3.22　锦屏二级水电站地下厂房枢纽洞室群以及断层、地应力与厂房轴线的关系

2)河谷应力场条件下最大主应力与洞轴线呈大夹角诱发高边墙大变形风险

主要洞室群基本位于河谷应力场中的应力升高区域，这实际上使得洞室群开挖施工面临的地应力导致围岩不稳定性的问题将比原来基于实测地应力的估计更为突出；而且厂址区域 NW 向实测地应力方位(S43.1°～47.4°E)与主要洞室的轴线方向呈大夹角，如图 3.22(b)所示。这样，在厂房和主变室开挖卸荷作用下，上游侧边墙围岩必将发生较大的应力释放，导致边墙围岩变形较大，给上游侧边墙的支护方式和支护参数设计带来了很大的挑战。

3)岩体强度应力比低诱发围岩应力型破坏风险

根据地应力测试结果和工程区岩石力学试验结果，如果取实测地应力的平均值 15MPa，大理岩单轴抗压强度取 50～80MPa，则Ⅲ类大理岩的强度应力比为3.3～5.5；如果取实测地应力的最大值 22.9MPa，则Ⅲ类大理岩的强度应力比为2.2～3.5。实际上，如果进一步考虑到开挖后围岩的劣化，洞室群围岩的强度应力比将进一步减小，具有诱发围岩应力型或应力-结构型破坏风险。

4)多条贯穿厂房与主变室的断层和软弱结构面诱发错动变形和塌方风险

前期的地质勘查表明，走向与厂房洞轴线基本一致、倾角 40°～50°的 f65 断层及其次生断层 f65-1、f65-2 和 f65-3 穿越厂房上游侧边墙、下游侧边墙和尾水洞扩散段，而且陡倾断层 f16 贯穿厂房与主变室之间的中隔墙。这两条断层蚀变泥化强烈、力学性质较差，厂房与主变室开挖的开挖扰动必然会对断层产生较大的扰动，具有导致断层错动进而危及洞室大变形的风险。

3.4　双江口水电站地下洞室群

3.4.1　工程概况

双江口水电站位于四川省阿坝州马尔康市与金川县交界处的大渡河上游，属高山峡谷地貌，河谷呈不对称的 V 形，如图 3.23 所示[5]。该工程是大渡河流域水电梯级开发的关键性工程之一。双江口水电站大坝设计为堆石坝形式，最大坝高 314m，是目前世界上最高的堆石坝，对应库容约为 28.97 亿 m^3，其水库为干流上游控制性水库，具有年调节能力。引水发电系统布置在大渡河的左岸，装有 4 台水轮发电机，每台发电机装机容量为 500MW，水电站总装机容量为 2000MW。引水发电系统地下洞室群布置在河谷左岸，主要包括地下厂房、主变室、尾调室、引水隧洞、母线洞、尾水洞等[5]。

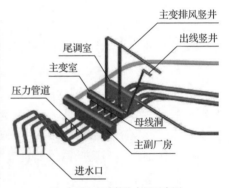

(a) 工程区非对称V形河谷　　　　　　　(b) 主要水工建筑物布置示意图

图 3.23　双江口水电站工程区河谷与地下洞室群枢纽布置[5]

引水发电系统中的 3 个大型地下洞室平行布置，依次为主厂房、主变室、尾调室。其中，主厂房水平埋深 400~640m，垂直埋深 320~500m，洞室轴向为 N10°W，主厂房与主变室的中心距为 67.15m，主变室与尾调室的中心距为 60m。地下厂房全长 132.56m，最大开挖高度 63m，岩锚梁以下开挖跨度 25.3m，岩锚梁以上开挖跨度 28.3m。地下厂房采用一字形布置，从南到北依次布置副厂房、机组段和安装场，其中副厂房长 30m，机组段长 120m，安装场长 68.4m；主变室尺寸为 116.6m×20m×25.9m，尾调室以 2 台机组并接 1 条尾水洞，共计 2 条尾水洞，1#尾调室长 48.62m，2#尾调室长 51.62m，宽度 20m，地下厂房采用传统的钻爆法进行分层开挖，一共分为 8 层[5]，如图 3.24 所示。

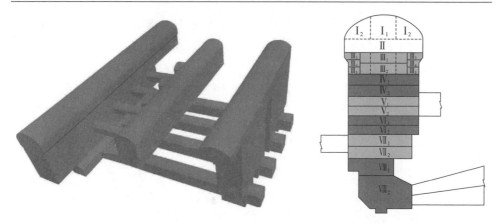

(a) 左岸引水发电系统三大洞室群   (b) 地下厂房分层开挖示意图[5]

图 3.24 双江口水电站三大洞室群布置及开挖方案

3.4.2 厂址区域主要工程地质条件

左岸地下厂房围岩以 III_1 类、II 类为主，由新鲜似斑状黑云钾长花岗岩组成，岩体致密，坚硬完整，岩性较单一，其间穿插有厚度多小于 1m 的花岗伟晶岩脉，呈脉状、带状或团块状分布，与黑云钾长花岗岩焊接接触。厂址区域无区域性断层通过，主要存在两个不良地质构造，在 2#机组断面发育一次级小断层 SPD9-f1（N79°W/SW∠48°），其走向与厂房轴线夹角为 69°，局部见 1～3mm 断层泥；在副厂房端墙部位发育一条煌斑岩脉（N35°～50°W/SW∠72°～75°），宽约 1.5m，其走向与厂房轴线夹角为 25°～40°。其余小裂隙主要有 5 组，分别为 J1（N20°～50°E/SE∠25°～42°）、J2（N5°～26°E/NW∠10°～30°）、J3（N50°～75°W/SW∠58°～75°）、J4（N60°～80°E/NW∠5°～15°）、J5（N50°～60°E/SE∠45°～65°）。裂隙发育方向以中缓倾角的 J1、J2 两组发育为主，同一部位一般只发育 1～2 组，很少同时出现 3 组，裂隙间距较大，多大于 1m，延伸长 2～3m，少数可达 5～6m 或更长，裂隙面新鲜，多起伏粗糙，闭合无充填[5]。

厂址区域地应力以构造应力为主，水平应力大于垂直应力，实测最大主应力量值为 37.82MPa，厂房段最大主应力为 20～30MPa，方位为 N3°～37°W，倾角为 20°～30°。可见，双江口水电站地下厂房开挖尺寸大、岩体初始地应力高、洞室围岩的地质条件复杂，因此其工程支护设计与开挖施工难度大，洞室围岩出现稳定性问题的风险高。

3.4.3 主要稳定性风险与设计难题

双江口水电站地下厂房最大主应力量值位居中国水电工程前列，地下厂房开挖过程中面临的岩体力学问题及稳定性问题十分严峻，主要包括：①高应力大型地下洞室开挖过程中岩爆风险；②高应力开挖卸荷下围岩大面积片帮、板裂等灾害；③高应力下不良地质构造引发的围岩应力-结构型塌方。

1)高应力大型地下洞室开挖过程中岩爆风险

双江口水电站地下厂房地应力高达 30MPa，围岩强度应力比小于 4，在可研阶段 SPD9 勘探平洞的施工中时常可听到岩石爆裂声，在主厂房中导洞开挖期间，上游侧拱脚岩爆灾害突显，约 50%洞段发育中等岩爆，从图 3.25 可以看出岩爆坑近似圆形，深度 0.5～1.0m，呈串珠状，范围较大。中导洞开挖期间，上游侧拱脚岩爆弹射、塌落时刻威胁着施工人员和设备的安全，高应力下地下洞室的开挖可能面临现实的岩爆灾害风险。合理估计地下洞室群开挖期间围岩破裂风险并进行开挖支护的优化设计，是确保地下洞室群安全高效施工的前提。

图 3.25　上游侧拱肩串珠状岩爆(见彩图)

2)高应力开挖卸荷下围岩大面积片帮、板裂等灾害

双江口水电站地下厂房一层扩挖后在上游侧拱肩及下游侧拱脚出现大面积片帮剥落，如图 3.26(a)、(b)所示。从图中可以看出，剥落坑呈 V 形，使得原本已开挖成型的洞壁表面出现大大小小的剥落坑，造成洞壁超挖，增加施工成本。岩锚梁作为地下厂房结构的重要部位，岩台开挖能否成型是施工的关键。然而，在三层岩锚梁段的开挖期间，由于高应力强卸荷的作用，围岩体出现了极为严重的卸荷板裂现象，如图 3.26(c)所示。从图中可以看出，卸荷破裂面密集发育，从上到下裂隙产状逐渐变陡，卸荷破裂面将岩体切割成厚度为 10～40cm 不等的板状。从图 3.26(d)可以看出，由于卸荷破裂面倾角较大，在岩体上开挖的岩锚梁岩台难以成型，极大地增加了施工难度。岩体卸荷破坏程度往往受开挖进尺、开挖高度等开挖参数的影响，开展高应力强卸荷下岩体片帮板裂机理的研究，进而基于机理的认识如何针对性地开展防控设计优化是地下洞室高效施工必须回答的关键问题。

(a) 第 I 层扩挖下游侧拱脚片帮

(b) 第 I 层扩挖上游侧拱肩片帮

(c) 第Ⅲ层下游侧岩体卸荷开裂

(d) 第Ⅲ层下游侧岩台难以开挖成型

图 3.26　双江口水电站地下厂房片帮及卸荷板裂现象(见彩图)

3)高应力下不良地质构造引发的围岩应力-结构型塌方

双江口水电站地下厂房中有两条较大的不良地质构造穿过,分别为 2#机组断面附近的 f1 小断层和副厂房端墙附近的煌斑岩脉,最大主方位在 N3°～37°W,其与断层 SPD9-f1(N79°W/SW∠48°)交角约 61°,呈大角度相交,有利于围岩稳定,故 f1 小断层附近围岩稳定性风险较小。但是最大主应力与煌斑岩脉蚀变带(N35°～50°W/SW∠72°～75°)呈小角度相交,且煌斑岩脉倾角较陡,倾向洞室临空面,对厂房边墙和顶拱的稳定较为不利。煌斑岩脉岩体较为破碎,如图 3.27(a)所示,开挖前在高地应力下处于压密状态,开挖卸荷后煌斑岩脉崩解成松散体,其强度近乎丧失,极易发生失稳破坏。在地下厂房一层上游侧扩挖期间,当扩挖断面接近煌斑岩脉揭露点时,扩挖体发生了塌方,如图 3.27(b)所示,给施工安全带来隐患。因此,如何评价不良地质构造对洞室稳定性的影响,如何通过开挖支护优化设计防控应力-结构型破坏是双江口水电站地下厂房洞室群需要解决的关键技术难题。

(a) 中导洞上游边墙揭露的煌斑岩脉　　　　　　　　(b) 煌斑岩脉段上游侧扩挖塌方

图 3.27　双江口水电站主厂房第 I 层上游侧扩挖导致的围岩应力-结构型塌方

参 考 文 献

[1] 中国电建集团华东勘测设计研究院有限公司. 白鹤滩水电站地下厂房洞室群第一层开挖与支护设计咨询报告. 杭州: 中国电建集团华东勘测设计研究院有限公司, 2014.

[2] 陈文华, 马鹏, 彭书生, 等. 金沙江白鹤滩水电站工程地应力测试研究分析专题报告. 杭州: 杭州华东工程检测技术有限公司, 2009.

[3] 刘钊, 万宗礼, 杨永明, 等. 黄河拉西瓦水电站工程可行性研究报告. 西安: 国家电力公司西北勘测设计研究院, 2001.

[4] 陈祥荣, 侯靖, 陈建林, 等. 雅砻江锦屏二级水电站地下厂房洞室围岩稳定与支护优化. 杭州: 中国水电顾问集团华东勘测设计研究院, 2005.

[5] 余挺, 张罗彬, 佘鸿翔, 等. 双江口水电站可行性研究报告专题报告: 专题-水工-05. 中国水电顾问集团成都勘测设计研究院, 2012.

第4章　高应力大型地下洞室群岩石力学
试验与原位测试方法

在高应力大型地下洞室群七步流程式的设计过程中，其场地特征识别、设计方法和模型选择、初步设计等都需要首先了解工程区的基本地应力环境、岩石的力学强度和特性、工程岩体的力学参数等。为此，本章重点阐述高应力大型地下洞室群室内岩石力学试验与原位测试方法。

4.1　工程区岩体三维地应力场识别方法

地壳浅层受板块运动、地形地貌、地质构造、地球引力和岩体蠕变等影响，强烈构造活动深切河谷区地应力分布特征较复杂。因此，强烈挤压构造带、深切河谷、复杂断层区等复杂工程地质区地应力场的分析必须采用三维反演方法，并结合洞室围岩应力型破坏进行识别。

4.1.1　工程区岩体三维地应力测量方法

地应力测量是目前工程中定量获得岩体地应力数据最直接的方法，常用的方法为水压致裂法和应力解除法，这两种测试方法也是国际岩石力学学会的推荐方法。

水压致裂法最早被应用于石油开采行业，后来这一方法被引用和扩展到地应力测量，其原理相对简单，即假设钻孔与中间主应力平行，此时钻孔断面上的平面主应力分别为 σ_1 和 σ_3，钻孔后在 σ_1 方向的孔壁形成的切向应力大小为 $(3\sigma_3 - \sigma_1)$，显然是孔壁上最小的切向应力。当在钻孔内注入压力为 p 的水体时，劈裂效应使得孔壁的切向应力减小，此时切向应力最小值为 $(3\sigma_3 - \sigma_1 - p)$。如果这个值与岩石抗拉强度一致，理论上该部位的岩石将会开始被拉裂，此时得到破裂开始的应力平衡方程为

$$p = 3\sigma_3 - \sigma_1 + T \tag{4.1}$$

式中，p 为注入水压力，可以在测试过程中获得；T 为岩石单轴抗拉强度，可以通过室内劈裂试验获得。

显然，上述一个方程不足以获得两个未知量 σ_1 和 σ_3，为获得这两个参数的大小，还需要从测试中获得其他信息。当孔壁破裂以后，孔内的水流会进入裂缝内

继续劈裂裂缝，即现实中孔壁破裂以后有一个发展过程，这样会有一部分水流流入裂缝中。当孔内水压力逐渐降低时，裂缝在逐渐闭合过程中也不断将裂缝内的水压入孔内。当孔壁处裂缝刚好处于闭合状态时，裂缝的法向应力与水压力达到平衡状态，而这个法向应力就是平面上的 σ_3，此时的水压力称为封闭压力。当孔内水流不渗向岩体内时，测试过程中可以通过同时记录流量变化情况可靠地获得封闭压力大小。在测量获得 σ_3 的基础上，可根据式 (4.1) 获得平面上大主应力 σ_1。

　　基于应力解除原理的测试方法有很多，最常用的是孔径应力解除法，其基本过程是先在一个小钻孔放置紧密接触的钻孔变形计，然后进行套钻，解除原来小钻孔外围岩体中的应力，出现应力变化，这种变化被变形计所记录，然后利用弹性理论换算成应力，得到全应力张量。这一方法的理论基础是弹性理论，因此要求测试段岩石满足连续、均质、各向同性、理想线弹性等方面的假设。同时，与水压致裂法相比，应力解除法要求获得测试段岩体的弹性模量和泊松比，作为从测量到的应变计算应力所需要的参数。

　　中国科学院武汉岩土力学研究所研制了 C36-2 型钻孔变形计，其结构示意图如图 4.1 所示[1]，它的基本原理是利用套钻法，使带有小孔的岩芯与周围的岩体分离，即解除周围岩体约束，释放应力，使带有小孔的岩芯产生膨胀或收缩。通过预埋在小孔中的变形计测量岩芯多个方向的径向变形后，基于测点岩体解除变形与岩体弹性模量的定量关系，反算出垂直于钻孔平面内的 2 个主应力大小和方向。

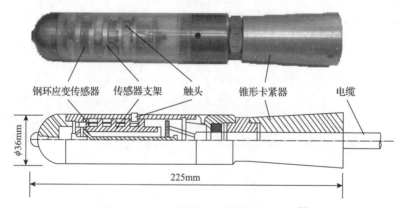

钢环应变传感器　　传感器支架　　触头　　　锥形卡紧器　　　电缆

$\phi 36\text{mm}$

225mm

图 4.1　C36-2 型钻孔变形计结构示意图[1]

　　变形计主要构件包括外壳、四个钢环应变传感器、传感器支架、触头、锥形卡紧器以及电缆。变形计与定向器、平衡箱、读数仪相连，定向器可获得变形计在小孔中的安置角度，通过读数仪连续记录变形计在解除过程中的读数，再经过标定的转换系数将读数转换为位移。

　　如图 4.2 所示，C36-2 型钻孔变形计的四个钢环应变传感器在一个平面上互成 45°, 可以测定四个方向的变形。选取三个相邻的变形值, 代入式(4.2)即可计算出垂直于钻孔轴线方向的平面应力大小, 利用式(4.3)与式(4.4)计算最大主应力的方向。

$$\sigma_1 = \left[(\delta_1 + \delta_3) + \sqrt{\frac{(\delta_1 - \delta_2)^2 + (\delta_2 - \delta_3)^2}{2}} \right] \frac{E}{4D}$$

$$\sigma_3 = \left[(\delta_1 + \delta_3) - \sqrt{\frac{(\delta_1 - \delta_2)^2 + (\delta_2 - \delta_3)^2}{2}} \right] \frac{E}{4D}$$

(4.2)

$$\tan(2\alpha) = \frac{2\delta_2 - \delta_1 - \delta_3}{\delta_1 - \delta_3}$$

(4.3)

$$\frac{\cos(2\alpha)}{\delta_1 - \delta_3} > 0$$

(4.4)

式中, α 为最大主应力与测量方向的夹角(即选定的钢环方向); σ_1 为平面最大主应力; σ_3 为平面最小主应力; δ_1、δ_2、δ_3 为 C36-2 型钻孔变形计 4 组触头中任意 3 组测量的变形; D 为钻孔直径; E 为岩体弹性模量。

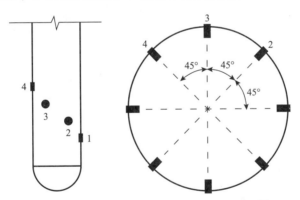

图 4.2　C36-2 型钻孔变形计触头分布示意图[1]

一次测量的数据可以进行四种组合, 将计算出的结果相互比对, 从而使得测量结果具有很高的可靠性。在计算出单个钻孔测定的主次应力后, 建立两个坐标系, 一个是以钻孔为基础的局部坐标系, 一个是大地坐标系。局部坐标系 Z' 轴平行于钻孔, Z' 轴在水平面内, Y' 轴由右手定则确定。单孔主次应力的计算公式为

$$\sigma_i = A_1\sigma_x + A_2\sigma_y + A_3\sigma_z + A_4\tau_{xy} + A_5\tau_{yz} + A_6\tau_{zx}$$

(4.5)

式中, σ_i 为计算出的单孔主次应力; A_i 为常数项, 由两个坐标系的相对方位求出。

一个钻孔中只有两个应力是独立的，即一个钻孔只能得到两个独立方程，因此只有通过相交于一点的三个不平行钻孔的孔径变形测量才能求得一点的三维应力状态。因此，可在测点位置布置 3 个测量钻孔，如图 4.3 所示。

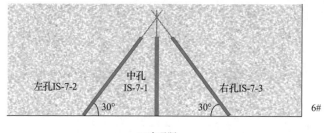

图 4.3　地应力测量的三孔交会示意图

由弹性理论可知，在求得某一点的六个应力分量后，该点的三个主应力是一元三次方程(4.6)的三个根，见式(4.7)～式(4.9)。

$$K^3 + 3q_1K^2 + 3q_2K + q_3 = 0 \tag{4.6}$$

$$q_1 = -\frac{\sigma_x + \sigma_y + \sigma_z}{3} \tag{4.7}$$

$$q_2 = \frac{\sigma_x\sigma_y + \sigma_y\sigma_z + \sigma_z\sigma_x - \tau_{xy}^2 - \tau_{yz}^2 - \tau_{zx}^2}{3} \tag{4.8}$$

$$q_3 = -\sigma_x\sigma_y\sigma_z - 2\tau_{xy}\tau_{yz}\tau_{zx} + \sigma_x\tau_{yz}^2 + \sigma_y\tau_{zx}^2 + \sigma_z\tau_{xy}^2 \tag{4.9}$$

C36-2 型钻孔变形计的安装与测量过程如图 4.4 所示。

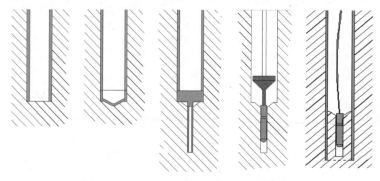

图 4.4　C36-2 型钻孔变形计的安装与测量过程

(1) 使用套芯的大直径钻头(如直径 130mm)将钻孔钻至选定的深度。取出岩芯后，仔细观察岩芯并分析岩芯揭露的岩体条件，如果有明显结构面等不利条件，再次钻进直至避开存在不利条件的岩体，到达适合试验进行的岩体部位。

(2) 用一个提前准备的特制直径 130mm 的锥形磨平工具打磨孔底，使孔底呈与大孔同心的圆锥形，保证下一步的小孔与大孔尽可能同心。两孔同心不仅是为了保证孔内设备安全，同时也是基于应力解除理论计算的必要条件。

(3) 在直径 130mm 钻孔的孔底钻出直径 36mm 小孔作为变形计放置的位置，小孔深度约 40cm。小孔中不能有打钻产生的岩屑，要确保变形计与孔壁之间接触良好。因此，在退出钻具之前需要一段时间向孔内冲水，力求小孔壁上没有残留岩屑。收集小孔岩芯，重新拼接并检查，确定岩石是否可以接受试验。岩芯应达到如下标准：①小孔岩芯应当是连续的，不存在结构面；②整个小孔段的地质条件应该是一致的，没有大的矿物结晶与岩性分界面。如果无法满足这些条件，则应当放弃这一段小孔，重新选择测点，继续加深直径 130mm 大孔，并重新打小孔。如果这些条件被满足，准备放入变形计。

(4) 变形计和送进杆与具有导向作用的定向器相连。使用导向装置将变形计固定于钻孔中心，使用送进装置将变形计送入钻孔，并推入小孔。在此之前，变形计与读数仪相连并对读数进行监视。在推入变形计之前，安装大小合适的触头，并用透明胶带包裹，保证送进过程中触头不会脱落。当变形计沿大孔底部的锥形斜面送入小孔后，后部的锥形塞与小孔口挤压使变形计固定。变形计触头与孔壁相互接触。在挤压瞬间，定向器记录此时变形计某一触头与水平方向的角度。

(5) 取出送进装置与定向器，变形计被固定在测量位置。取下定向器并记录读数仪的读数。将电缆从钻杆中心穿过后，用直径 130mm 钻头解除变形计安装段岩芯。

(6) 应力解除钻孔。解除钻孔应保持持续不断与匀速钻进，可以减少岩芯断裂的概率。解除的长度应使变形计读数基本稳定，且长于变形计的长度(35cm 左右)。在解除过程中，持续记录读数仪的读数。最后通过突然改变钻机转速等方法使岩芯断开，退出钻具，取出解除段岩芯与变形计。

(7) 对接触的岩芯开展双轴试验，获取岩芯的弹性参数。

当现场应力解除过程中因高应力岩芯饼化而导致应变测量困难时，可考虑采取措施降低岩芯饼化程度，如采用特殊锥面钻头解除钻孔。

4.1.2　工程区岩体三维地应力反演分析流程

针对一定区域范围内深切河谷区的大型地下洞室群，岩体重力和内外动力地质构造运动是控制其岩体初始地应力特征和分布的主要原因。深切河谷区工程区域现今的应力状态是在继承历史构造运动基础上，主要由最近期的内动力构造运动和地表河谷剥蚀演化所控制。因此，深切河谷区域的大型地下洞室群岩体地应力特征可从区域宏观构造应力方向分析、工程区三维主应力特征识别、三维地应力场非线性反演、三维地应力场动态复核四方面进行分析和识别，如图 4.5 所示。

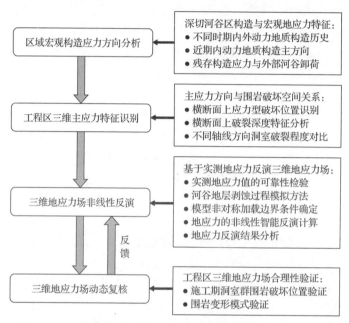

图 4.5　强烈构造活动深切河谷区域三维地应力场识别方法流程图

（1）区域宏观构造应力方向分析。通过区域大地构造历史、近现代地震信息和板块活动性等特征解译区域的地层构造历史；分析最近一次主要内动力构造活动中地层挤压/剪切/扭转构造方向及其对现今区域地应力场的影响；分析第四纪以来工程区河谷地层剥蚀历史过程，识别远古地层夷平面，构建区域内外动力地质构造主要事件的时间过程，阐明工程区现今河谷区地应力中的残存内动力地质构造应力的可能特征和外动力地质构造的卸荷效应。

（2）工程区三维主应力特征识别。硬岩的应力型破坏总是与其初始地应力密切相关，而且洞室开挖过程中硬岩因局部应力集中导致的片帮、岩爆等应力型破坏与其初始地应力的大小和方向具有一定的对应关系。因此，可基于洞室群工程区前期开挖的多条探洞、支洞等围岩应力型破坏的空间分布特征综合估计工程区岩体三个主应力的大体方向和量级。

（3）三维地应力场非线性反演。基于现场有限的实测地应力数据，在校核实测地应力合理性的基础上，采用地层剥蚀模拟、弹塑性计算和进化神经网络相结合的洞室群区域三维地应力场非线性反演方法，可有效获得工程区三维地应力的空间分布特征。

（4）三维地应力场动态复核。前期的地应力反演可能因数据有限、地质结构信息不全等因素影响而存在一定的偏差，因此在洞室群分层分部开挖过程中，可以充分利用洞室群前几层开挖过程中围岩的应力型破坏空间位置特征和监测的围岩变形模式，复核所反演的岩体三维地应力的可靠性，并根据反演结果动态微调三维地应力场反演的非线性边界条件。

（5）地应力反演结果应用。一方面，可以根据计算获得的工程区大范围的三维地应力场分布分析洞室群不同埋设与空间位置、不利地质结构体的三维地应力特征（量值、方向、变化梯度）；另一方面，也可基于边界节点应力等效原理在大三维区域地应力反演结果中提取给定小范围模型的三维应力加载边界，为小范围三维模型的洞室稳定性精细数值分析提供应力边界条件。

4.1.3　基于岩体应力型破坏的地应力特征估计方法

Hoek 等[2]、Read[3]、Martin 等[4]对加拿大 AECL 地下实验室高应力下花岗岩隧洞破坏特征开展了较详细的研究，并认为对于完整或节理不发育的花岗岩，当开挖洞壁处切向应力水平达到岩体单轴抗压强度的 80%～90%时，洞壁岩石将出现破裂现象，并表现为片状剥落的形式。对加拿大 AECL 的 Mine-by 花岗岩试验洞和 ASPO 闪长岩圆形试验洞的 V 形片帮（剥落）现象进行较详细的调查，也获得了相同的结论，即围岩脆性破坏发生在与隧洞横断面上最大主应力方向呈大夹角或近似垂直的洞周轮廓线上，如图 4.6 所示[3]。因此，根据工程区隧洞或探洞开挖后围岩的片帮破坏特征反演工程区域的初始地应力方向是合理和可行的。

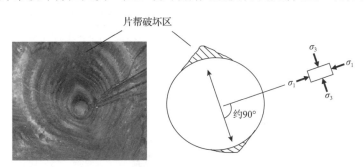

图 4.6　加拿大 AECL 的花岗岩试验洞围岩片帮位置与其初始地应力的对应关系[3]

进一步分析可知，虽然根据某一方位角纵轴线隧洞的围岩片帮可以分析垂直该隧洞轴线的平面上两个主应力方向和大小，但如果综合多条相互大角度交叉隧洞的片帮特征，就可以联合确定该区域的三维宏观地应力特征。如图 4.7 所示，首先通过沿某一方位轴线隧洞 A 的围岩片帮空间特征可以获得隧洞 A 横断面上两个主应力 σ_2 和 σ_3 的方位和大小关系，然后通过隧洞 B 围岩片帮空间特征还可以获得隧洞 B 横断面上两个主应力 σ_1 和 σ_2 的方位和大小关系，再对比隧洞 A 和 B 的片帮深度大小，就可以确定σ_1、σ_2和σ_3三者的大小关系。这样，就可以初步得到洞室群区三个主应力的空间方位和大小关系。

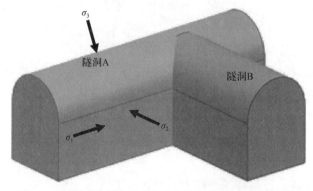

图4.7　交叉隧洞联合确定主应力方向和大小关系示意图

岩体中最大主应力是围岩片帮的根本原因，根据围岩片帮深度同样可以估计最大主应力的量级，如 Martin 等[4]对多个硬岩地下试验洞的片帮进行了调查研究，认为岩体片帮剥落的门槛应力值σ_{sm}(隧洞开挖后表层围岩中最大主应力)大体上为岩石单轴抗压强度(UCS)的 40%~60%。岩体片帮剥落应力门槛值关系式为

$$\sigma_{sm} = 0.56\text{UCS} \tag{4.10}$$

由弹性力学中各向同性均匀弹性介质的孔周应力解析式可知，洞室断面损伤片帮区洞壁表层最大切向应力为

$$\sigma_\theta \approx 3\sigma_1 - \sigma_3 \tag{4.11}$$

式中，σ_1 为原岩初始最大主应力；σ_3 为原岩初始最小主应力。

当假设工程区近竖直的最小主应力基本可按自重进行估计时，断面上岩体初始最大主应力可按如下公式估算：

$$\sigma_1 \approx \frac{\sigma_{sm} + \sigma_3}{3} \tag{4.12}$$

如果另外一些洞室断面上存在程度较轻的开裂破坏，可依据硬岩的起裂应力门槛值(CI)确定：

$$\text{CI} = 0.45\text{UCS} \tag{4.13}$$

参照式(4.12)和式(4.13)，就可以计算出工程区域岩体初始中间主应力，即

$$\sigma_2 \approx \frac{CI + \sigma_3}{3} \tag{4.14}$$

4.1.4　深切河谷区岩体三维地应力场非线性反演分析方法

1）地应力反演的非线性映射原理

在地应力非线性反演时，为建立模型边界条件（位移边界条件、应力边界条件等）和模型内部实测地应力点位置的应力值之间的非线性映射，可将待反演的边界条件与应力值之间的非线性关系用一组神经网络 $(n, h_1, \cdots, h_p, m)$ 来描述，即

$$\begin{cases} NN(n, h_1, \cdots, h_p, m) : R^n \to R^m \\ D = NN(n, h_1, \cdots, h_p, m)(P) \end{cases} \tag{4.15}$$

式中，$P = (p_1, p_2, \cdots, p_n)$ 为神经网络的输入节点表达；$D = (d_1, d_2, \cdots, d_n)$ 为神经网络的输出节点表达；$NN(n, h_1, \cdots, h_p, m)$ 为建立的多层神经网络结构，其中 n、$h_1, \cdots, h_p$、m 分别为输入层 F_x、隐含层 F_1、$\cdots$、隐含层 F_p 和输出层 F_y 的节点数。

为获得这种映射关系，可按如下步序进行：①将边界荷载条件按正交或均匀设计原理构建参数组合表，并通过 ANSYS、FLAC、ABAQUS 等数值计算软件或其他一些计算工具获得量测位置的计算地应力值信息，从而建立神经网络学习与训练的样本；②将计算地应力值作为网络的输入向量、边界荷载条件作为神经网络的输出向量训练神经网络；③在获得成熟的网络结构和训练次数时，将实测地应力点的应力值作为输入向量，通过神经网络获得的输出向量即为可采用的边界条件；④将获得的边界荷载条件代入数值计算软件做一次正向计算，可获得区域地应力场。

2）强烈挤压构造加载边界

岩体初始地应力场的形成涉及地形、岩性、构造、地温及地下水等影响因素[5,6]。大量工程实践表明，自重与地质构造作用是岩体地应力场形成的主要因素，而地温与地下水作用的影响程度相对较小，且难以量化，可忽略不计。因此，地应力反演所考虑的关键因素和施加的模型边界约束条件如下。

(1) 自重应力。

(2) X 向水平挤压构造运动（见图 4.8(a)）。

(3) Y 向水平挤压构造运动（见图 4.8(b)）。

(4) XY 平面内剪切构造运动（见图 4.8(c)）。

(5) XZ 平面内剪切构造运动（见图 4.8(d)）。

(6) YZ 平面内剪切构造运动（见图 4.8(e)）。

(7) 河流下切形成深切河谷的过程对河谷岸坡地应力场后期改造的影响。

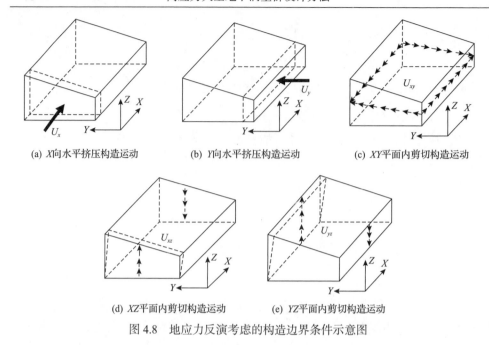

(a) X向水平挤压构造运动　　　(b) Y向水平挤压构造运动　　　(c) XY平面内剪切构造运动

(d) XZ平面内剪切构造运动　　　(e) YZ平面内剪切构造运动

图 4.8　地应力反演考虑的构造边界条件示意图

3) 地表剥蚀卸荷效应模拟

针对强烈地质作用区的地应力场模拟，地表地质作用强烈，其造成的地表剥蚀卸荷效应对地应力场分布有明显的影响，因此考虑地表剥蚀卸荷效应对正确评价区域地应力场的应力状态是必要的。高山峡谷地区河谷地应力场是在区域地应力场基础上随着河谷形成过程中地表侵蚀、河谷剥蚀等地质作用产生长期卸荷的结果，这种卸荷作用破坏了河谷形成前岩体的相对平衡状态，导致岩体内应力、应变及能量调整，并达到新的平衡状态。因此在地应力反演中，可以采用数值分析方法对其进行地表剥蚀卸荷效应的三维数值模拟分析，如图4.9所示。

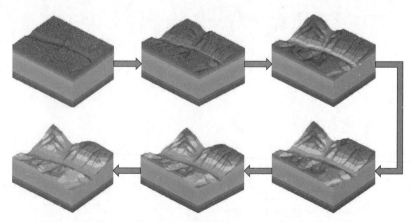

图 4.9　考虑地表剥蚀河谷下切作用的三维数值模拟过程（见彩图）

　　为考虑地表剥蚀卸荷效应的影响，可作如下假设：①假设远古时期地面是无起伏的平地；②远古时期岩体初始地应力场由岩体自重应力和区域地质构造运动引起的构造应力组成，构造运动在远古时期完成；③现有初始地应力场的形成主要是在远古地应力场条件下经过长期的地形剥蚀、冲淘引起的。

　　4) 三维地应力场非线性计算过程

　　复杂地质构造区域三维地应力场非线性计算过程如下。

　　(1) 根据所研究对象选取适当的区域，并充分考虑地形、地质构造、地层介质不均匀性等自然因素，在现有地形的基础上，以所选计算范围最高点为基准形成远古平坦地形。

　　(2) 自重应力通过修正容重的系数作为拟求的影响参数，构造应力则由在计算模型中施加位移边界实现。

　　(3) 采用弹塑性/弹脆塑性逐步开挖模拟，以计入地表剥蚀卸荷效应。

　　5) 工程区三维地应力场非线性反演分析

　　地应力场的非线性反演是基于均匀设计-人工神经网络-数值模拟的综合方法，该方法充分利用神经网络非线性映射的优势，将神经网络与数值正算程序方法有机结合起来。

　　(1) 基于均匀设计的样本构造。根据实测地应力特征和工程地质分析，采用均匀设计方法，将选择的构造边界条件和重力加速度修正系数等分为多个水平，由此构造一组学习训练样本试验组合方案用于神经网络学习、一组测试样本用于测试网络预测效果。

　　(2) 样本计算。将上述均匀设计得到的边界条件的各组样本方案代入数值模拟软件进行计算，获得每个样本 6 个测点处的应力计算值，作为神经网络的学习训练输入值，而将设定的边界条件作为对应输出值，建立测点应力分量和边界条件非线性映射关系的进化神经网络模型。

　　(3) 训练神经网络。采用样本迭代训练智能算法(如遗传算法优化神经网络)的最佳网络结构和连接权值。

　　(4) 获取边界条件。利用训练好的进化神经网络模型，输入各个测点的实测应力分量值，得到地应力场的位移边界条件和重力修正系数。

　　(5) 三维地应力场正算。将非线性反演得到的边界条件再次代入数值计算软件进行正算，并由此获得工程区三维地应力场。

　　(6) 反演结果分析。分别提取反演计算结果的三个主应力大小、方向等，分析地应力场分布规律。

　　(7) 结果检验。将各测点处地应力的计算结果与实测值进行对比分析，评估反演结果与实测地应力值之间的一致性。

4.1.5　实例分析：白鹤滩水电站右岸厂址区域三维地应力反演分析

从地质演化的角度来看，白鹤滩区域地应力场是在远古构造应力场的基础上，在深切河谷形成过程中强烈的侵蚀、剥蚀和冲淘等地质作用下长期卸荷的结果。这种成因决定了现今地应力场的分布规律，一方面取决于区域地应力场的分布，另一方面受地层侵蚀卸荷作用控制。白鹤滩水电站工程处于金沙江地形急剧变化地带，山高、谷深、坡陡，为典型的河谷地应力场。为此，本节在开展场区地应力测量的基础上，基于均匀设计、人工神经网络和地层剥蚀原理，模拟白鹤滩水电站右岸厂址区域的河谷形成和应力卸荷过程，进行厂址区域地应力场的非线性反演验证。

1. 基于交叉探洞围岩应力型破坏的厂址区域三维地应力特征估计

对厂址区域 PD62、PD62-1、PD62-2、PD62-3、PD62-4 共 5 条探洞围岩片帮进行了详细的调查，现场调查结果表明，探洞内发育的片帮是硬脆性玄武岩在较大初始地应力作用下的直接表现。同时，采用 5 分制对片帮深度进行了分级，获得了整个探洞群的片帮空间分布和程度等级特征，如图 4.10 所示。现场调查还表明，探洞内局部细微的岩体结构差异和结构面发育差异使得各个探洞的片帮并非完全连续，而现场调查测绘也只是选取探洞典型段进行片帮深度评估，但这些都无碍于认识厂址区域整个玄武岩片帮发育的基本规律。归纳上述 5 条探洞的片帮发育特点，可以得到两个基本规律。

（1）PD62-2 和 PD62-1 探洞的片帮深度最大，PD62 探洞的片帮深度也较大，而 PD62-3 和 PD62-4 探洞的片帮深度相对较小，即探洞的片帮深度关系为

$$S_{PD62-2} \approx S_{PD62-1} > S_{PD62} > S_{PD62-3} \approx S_{PD62-4} \tag{4.16}$$

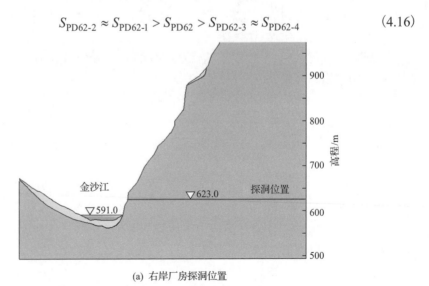

(a) 右岸厂房探洞位置

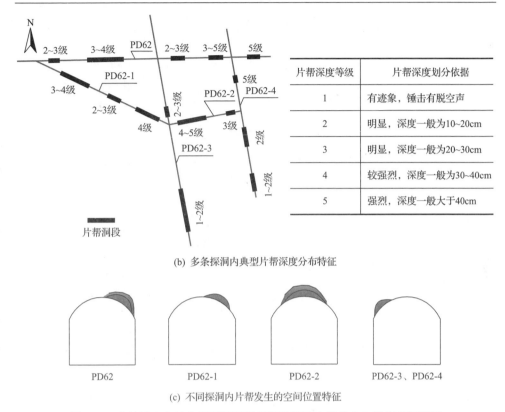

片帮深度等级	片帮深度划分依据
1	有迹象，锤击有脱空声
2	明显，深度一般为10~20cm
3	明显，深度一般为20~30cm
4	较强烈，深度一般为30~40cm
5	强烈，深度一般大于40cm

(b) 多条探洞内典型片帮深度分布特征

(c) 不同探洞内片帮发生的空间位置特征

图 4.10　白鹤滩水电站右岸厂址区域探洞片帮的空间分布和程度等级特征

(2)除 PD62-2 探洞的片帮发育区位于探洞顶拱外，其余 4 条探洞的片帮发育区一般均位于偏河谷上游侧的侧拱上。

因此，厂址区域地应力推测分析首先在阐明围岩片帮破坏的空间位置与岩体初始最大主应力关系基础上，通过 5 条探洞片帮深度的强弱关系推论三个主应力的大体方向和大小关系；然后在片帮裂纹方位角统计基础上分析最大水平主应力的方向；进而借助工程区地形特点和片帮发育区的位置估计最大水平主应力的倾角。

基于围岩脆性破坏发生在与隧洞横断面上最大主应力方向呈大夹角或近似垂直的洞周轮廓线上这一位置特征，在综合分析探洞片帮形迹的基础上，对白鹤滩水电站右岸厂址区域三维初始地应力方位作如下推断(见图 4.11)。

(1)由于 PD62-1 探洞片帮深度较大，岩体初始最大主应力方向应该与探洞 PD62-1 轴线呈大夹角或垂直，最大主应力的最佳方向如图 4.11 中 R-1 所示。

(2)由于 PD62-2 探洞片帮深度也较大，岩体初始最大主应力方向应该与探洞 PD62-2 轴线呈大夹角或垂直，最大主应力的最佳方向如图 4.11 中 R-2 所示。

(3)为满足关系式(4.16)，基于最大主应力与 PD62-1 和 PD62-2 探洞轴线尽量

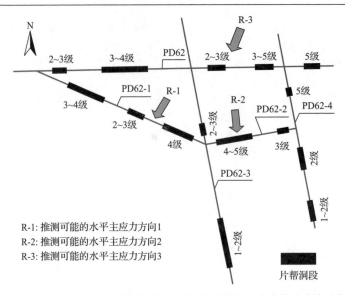

图 4.11　白鹤滩水电站右岸厂址区域探洞片帮分布与可能的最大主应力方向之间的关系分析

呈大夹角原则，并考虑探洞开挖后的围岩二次应力场中，最大水平主应力方向将会在初始最大主应力方向上发生一定程度的偏转，则最大主应力方向总体上如图 4.11 中 R-3 所示。

(4)实际上，当厂址区域最大主应力方向为图 4.11 中 R-3（NNE 向）时，该方向与 PD62 探洞轴线呈大夹角而与 PD62-3 和 PD62-4 探洞轴线呈小夹角，也可较好地解释 PD62 探洞片帮相对比较发育而 PD62-3 和 PD62-4 探洞片帮不发育的特点。

(5)如果最大主应力方向为 NNE 向（R-3），基于三个主应力正交的原则，则中间主应力应为 NWW 向；又由于第一主应力和第二主应力都近水平向才能使得片帮破坏发生在探洞顶拱，则最小主应力应大体为近竖直向。

因此，可以认为白鹤滩水电站右岸厂址区域初始地应力场中最大主应力方向为 NNE 向，中间主应力方向为 NWW 向，最小主应力以竖直向为主。

白鹤滩水电站右岸多条探洞内片帮裂纹方位角测量结果表明，厂址区域 5 条不同探洞的裂纹方位角具有一致性，走向均分布在 N20°E~N35°E，尤其集中在 N20°E~N30°E。

因此，综合多个探洞片帮空间分布特征和片帮裂纹方位角特点，可以认为厂址区最大主应力方向为 N20°~30°E，则中间主应力方向应为 N60°~70°W。进而考虑到多个探洞片帮发育区偏向河谷侧和厂址区域，是因为一定程度上受金沙江 V 形河谷地应力场影响，则最大主应力方向应以小倾角方式稍倾向河谷侧。

借鉴 Martin 等[4]对 AECL 的 Mine-by 花岗岩试验洞在 420m 水平获得片帮剥

落应力门槛值关系式(4.10)，白鹤滩水电站右岸厂址区域探洞的较强烈片帮(程度为 4 级)剥落应力门槛值约为 67.2MPa。假设工程区近竖直的最小主应力基本可按自重进行估计，根据探洞埋深可以计算出 $\sigma_3 \approx 10\text{MPa}$。令切向力($\sigma_\theta$)等于片帮剥落应力门槛值($\sigma_{sm}$)，于是白鹤滩水电站右岸探洞岩体初始最大主应力可根据式(4.12)估算，即

$$\sigma_1 \approx \frac{\sigma_{sm} + \sigma_3}{3} = \frac{67.2 + 10}{3} \approx 25.7\text{(MPa)} \tag{4.17}$$

即白鹤滩水电站右岸厂址区域初始最大主应力量级约为 26MPa。

此外，考虑到 PD62-3 和 PD62-4 探洞横断面上也有程度较轻的片帮(程度为 2～3 级)，同样采用 Martin 等[4]对 AECL 的 Mine-by 花岗岩试验洞在 420m 水平获得的起裂应力门槛值关系式(4.14)，可以计算出工程区域岩体初始中间主应力，即

$$\sigma_2 \approx \frac{CI + \sigma_3}{3} = \frac{54 + 10}{3} \approx 21.3\text{(MPa)} \tag{4.18}$$

为了检验上述白鹤滩水电站右岸厂址区域地应力估计的正确性，进一步采用数值方法进行验证分析，这里设计了三种可能的最大水平主应力方向计算工况，分别为 N15°W(NNW)(工况 1)、N25°E(NNE)(工况 2)和 N65°E(NEE)(工况 3)，三种工况的计算分析表明，只有在最大主应力方向为 NNE 向(工况 2)下，计算的探洞片帮空间位置和程度才能与实际情况较为一致(见表 4.1)，表明上述关于工程区地应力方向和量值的推测较为合理。

表 4.1　白鹤滩水电站厂址区域右岸单孔水压致裂法测量结果[7]

岸别	孔号	最大主应力 σ_1			中间主应力 σ_2			最小主应力 σ_3		
		大小/MPa	倾角/(°)	方位角/(°)	大小/MPa	倾角/(°)	方位角/(°)	大小/MPa	倾角/(°)	方位角/(°)
左岸	DK1	16.5	−27	44	10.1	32	333	5.9	−45	282
左岸	DK2	13.1	13	302	11.6	−47	17	6.7	39	43
左岸	DK3	13.4	12	325	10.0	−46	42	5.6	41	66
右岸	DK4	21.1	2	32	8.6	−13	302	5.2	77	296
右岸	DK5	21.3	8	4	14.8	−20	90	11.5	−60	278
右岸	DK6	22.9	11	30	16.1	−37	309	6.9	51	287

注：X 轴为正北向，Y 轴为正西向，Z 轴垂直向上，右手笛卡儿坐标系。

2. 白鹤滩水电站右岸厂址区域三维地应力测量

中国电建集团华东勘测设计研究院有限公司在白鹤滩水电站右岸长期探洞进行了多次地应力测量，测量结果如表 4.1 和表 4.2 所示[7]。厂址区域实测地应力值的统计表明，厂址区域实测最大主应力平均值约为 22.3MPa，最小主应力平均值约为 8.5MPa。

表 4.2　白鹤滩水电站厂址区域浅孔应力解除法测量结果[7]

岸别	孔号	最大主应力 σ_1			中间主应力 σ_2			最小主应力 σ_3		
		大小/MPa	倾角/(°)	方位角/(°)	大小/MPa	倾角/(°)	方位角/(°)	大小/MPa	倾角/(°)	方位角/(°)
左岸	CZK1	15.2	9	261	7.7	74	138	5.6	13	353
		14.7	4	91	7.8	21	182	6.4	69	351
左岸	CZK6	18.9	11	65	8.2	72	299	6.0	14	158
		14.0	18	75	7.2	59	311	4.5	24	174
左岸	CZK8	16.7	26	105	8.4	24	3	6.1	53	236
		17.9	34	82	12.0	9	178	3.7	54	280
右岸	CZK9	24.6	13	248	14.9	17	154	7.0	68	13
		22.0	5	249	15.9	29	156	9.1	60	348
右岸	CZK14	21.3	24	235	10.5	43	120	8.8	37	345
		22.3	16	236	13.1	50	126	8.8	35	338
右岸	CZK16	19.2	9	80	11.4	45	341	8.7	44	178
		21.7	17	229	13.0	49	119	9.4	36	332

注：X 轴为正北向，Y 轴为正西向，Z 轴垂直向上，右手笛卡儿坐标系。

3. 厂址区域地应力分析的三维数值模型建立

白鹤滩水电站右岸三维初始地应力场反演时首先设置分析域 X 向为正东向，Y 向为正北向，Z 向为竖直向；右岸山体实体模型尺寸为 1800m×1200m(长(Y 向)×宽(X 向))，竖直方向从高程–200m 到山顶。根据区域地形图提供的地表等高线和工程地质资料，在概化地质结构基础上建立右岸分析区域实体模型、地表剥蚀前后的分析区域网格模型(见图 4.12)，右岸地表剥蚀前的分析区域网格模型含有 655990 个单元、114879 个节点，而且模型考虑了对工程区域存在影响的 F14、F16、F19 等断层，C2、C3、C4 等层间软弱构造带，$P_2\beta_1$~$P_2\beta_{11}$ 岩层，三叠系砂岩等主要地层。

白鹤滩水电站厂址区域金沙江深切河谷岸坡是远古地表受地表剥蚀和河流侵蚀下切及地质构造运动综合作用的结果，岸坡岩体经历了不同程度的卸荷过程，此过程伴随着岩体发生不同程度的弹塑性变形，在该过程中岩体可能出现压剪和张拉破坏，故采用弹塑性计算方法模拟这种外动力作用导致浅层岩体不可逆变形。

在地应力反演分析中，其基本力学参数取值采用设计推荐值，如表 4.3 所示[7]。

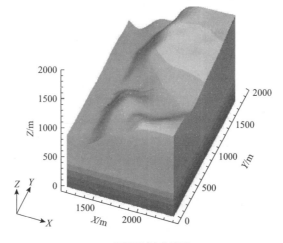

(a) 分析区域实体模型

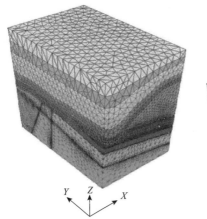

(b) 地表剥蚀前的分析区域网格模型

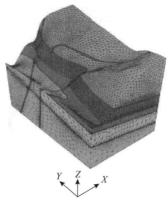

(c) 地表剥蚀后的分析区域网格模型

图 4.12　白鹤滩水电站右岸分析区域三维数值计算模型

表 4.3　岩体力学参数取值[7]

岩层	主要岩石类型	容重/(kN/m³)	变形模量/GPa	泊松比	黏聚力/MPa	内摩擦角/(°)
$P_2\beta_9 \sim P_2\beta_{11}$	凝灰岩、玄武岩	26	8.0	0.26	1.0	45
$P_2\beta_3^4$	杏仁玄武岩	27	14.0	0.25	1.0	45
$P_2\beta_3^3$	柱状节理玄武岩	28	10.0	0.24	1.0	45
C2 以下	概化隐晶玄武岩	27	20.0	0.22	1.0	45
层间软弱构造带	—	24	0.5	0.36	0.1	25
断层及其影响带	—	24	2.0	0.33	0.03	15

4. 构造神经网络非线性反演样本

根据前述地应力估计确定的应力条件范围、实测地应力特征和工程地质分析，采用均匀设计方法和小位移逐步加载方式，将白鹤滩水电站右岸山体地质模型数值计算的位移边界条件和重力修正系数共 5 个参数各分为 5 个水平(见表 4.4)，由此构造出 30 组学习训练样本(见表 4.5)和 5 组测试样本(见表 4.6)用于测试网络的预测效果。

表 4.4　白鹤滩水电站右岸地质体模型数值计算样本水平设计表

水平数	边界上施加的位移边界条件				重力修正系数
	XX/mm	YY/mm	XY/mm	YX/mm	
1	0.9	1.5	1.2	−0.1	0.9
2	1.0	1.7	1.4	−0.3	1.0
3	1.1	1.9	1.6	−0.5	1.1
4	1.3	2.1	1.8	−0.7	1.2
5	1.5	2.3	2.0	−0.9	1.3

注: XX 表示 X 面上 X 向位移, YY 表示 Y 面上 Y 向位移, XY 表示 X 面上 Y 向位移, YX 表示 Y 面上 X 向位移, 下同。

表 4.5　白鹤滩水电站右岸地质体模型数值计算神经网络学习训练样本

样本	XX/mm	YY/mm	XY/mm	YX/mm	重力修正系数
1	1.3	1.7	1.8	−0.1	1.3
2	1.0	1.5	1.6	−0.9	1.1
3	1.3	2.1	1.8	−0.9	0.9
4	1.5	2.1	1.4	−0.1	1.2
5	1.1	1.9	1.2	−0.7	0.9
…	…	…	…	…	…
30	1.3	1.7	2.0	−0.7	1.0

表 4.6　白鹤滩水电站右岸地质体模型数值计算神经网络测试样本

样本	XX/mm	YY/mm	XY/mm	YX/mm	重力修正系数
1	1.50	1.50	1.80	−0.70	1.1
2	1.00	1.70	1.80	−0.10	1.3
3	1.10	1.90	1.40	−0.90	1.3
4	1.00	1.70	1.20	−0.70	0.9
5	0.90	2.10	2.00	−0.50	1.2

5. 计算过程及结果

将上述均匀设计得到的各组样本方案中的边界条件代入数值计算软件，并设置位移加载步为 5000 步进行计算，将设定的边界条件作为神经网络的学习训练输入值，获得每个样本 5 个测点处的应力计算值作为对应输出值，从而建立边界条件与测点应力分量非线性映射关系的进化神经网络模型。在这个过程中，采用遗传算法优化神经网络的最佳网络结构和连接权值，计算得到白鹤滩水电站右岸山体模型数值计算神经网络的最佳网络结构为 5-17-25-30，即输入层为 5 个节点，中间隐含层为两层，第 I 层的节点数为 17，第 II 层的节点数为 25，最后输出层为30 个节点。利用该训练好的进化神经网络模型，输入各个测点的实测应力分量值，得到地应力场的位移边界条件和重力修正系数，如表 4.7 所示。

表 4.7　由进化神经网络模型得到的位移边界条件和重力修正系数

XX/mm	YY/mm	XY/mm	YX/mm	重力修正系数
1.15924	1.83567	1.53577	−0.63675	1.03557

将非线性回归反演得到的边界条件再次代入数值计算软件进行正算，并由此获得白鹤滩水电站右岸厂址区域地应力场的分布特征，由统计分析可知白鹤滩水电站右岸山体模型地应力的残差平方和为 36.05，复相关系数为 0.95。右岸地下厂房区域的三个主应力和三个正应力分布如图 4.13 和图 4.14 所示。依据各测点输出的 5 个应力分量计算得到三个主应力，并与实测地应力进行对比，如表 4.8 所示。可以看出，非线性回归反演结果与实测地应力之间吻合较好，在规律上保持一致性。其中，三个方向正应力的相对误差均小于 20%。而实际经验表明，实测地应力结果可能存在 20%~30% 的误差。因此，总体上来说，本次反演得到的地应力场分布结果是合理的。

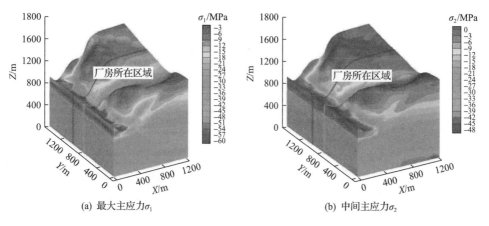

(a) 最大主应力 σ_1　　　　　　　　　　(b) 中间主应力 σ_2

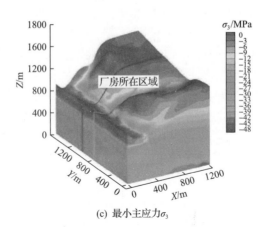

(c) 最小主应力σ_3

图 4.13 白鹤滩水电站右岸地下厂房区域主应力分布

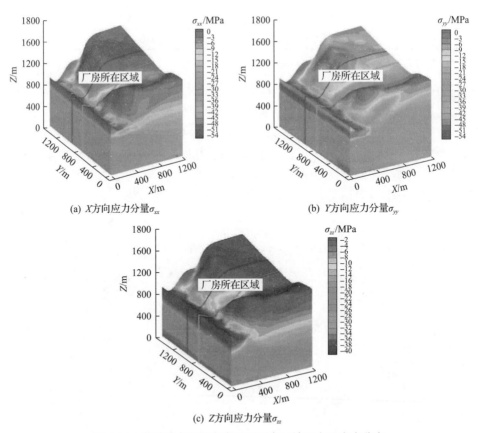

(a) X方向应力分量σ_{xx}

(b) Y方向应力分量σ_{yy}

(c) Z方向应力分量σ_{zz}

图 4.14 白鹤滩水电站右岸地下厂房区域三个正应力分布

表 4.8　白鹤滩水电站右岸实测地应力与反演获得的地应力对比

测点		σ_x/MPa	σ_y/MPa	σ_z/MPa	τ_{xy}/MPa	τ_{yz}/MPa	τ_{xz}/MPa
DK4	实测	−11.89	−17.64	−5.34	−5.68	0.06	−0.86
	计算	−11.88	−19.11	−7.21	−1.56	−0.99	−3.10
DK5	实测	−14.09	−21.00	−12.48	−0.74	1.33	1.32
	计算	−12.82	−19.84	−11.87	−1.37	−1.27	−3.06
DK6	实测	−14.42	−20.58	−10.81	−3.94	0.24	−4.97
	计算	−12.33	−19.80	−10.47	−0.99	−2.40	−5.12
PD75-1	实测	−4.55	−11.68	−6.88	−0.33	−1.88	−0.63
	计算	−4.05	−10.95	−8.41	0.71	−3.12	−3.88
PD102-2	实测	−6.59	−8.66	−8.10	−0.23	−0.91	−0.52
	计算	−5.83	−10.51	−8.75	0.01	−1.67	−7.30

注：X轴为正东向，Y轴为正北向，Z轴垂直向上(逆时针方向右手系)。

考虑地层剥蚀卸荷效应，通过三维数值计算得到白鹤滩水电站工程地下厂房区域的初始地应力场分布。白鹤滩水电站右岸厂址区域典型剖面($Y=1000$m，位于厂房所在的带状区域内)主应力云图如图 4.15 所示。可以看出，右岸主厂房区域最大主应力为 22～26MPa，中间主应力为 16～20MPa，最小主应力为 9～14MPa，且河谷区域存在较明显的应力集中现象。

6. 地应力场可靠性验证

根据白鹤滩水电站右岸地下厂房第 I 层开挖情况，洞室开挖后围岩应力型片帮破坏主要集中在厂房上游侧拱，如图 4.16 所示。这一方面表明垂直厂房轴线方

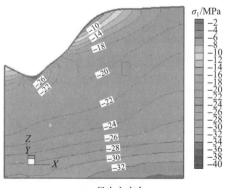

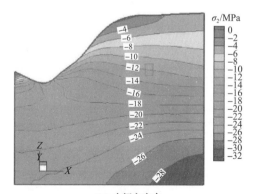

(a) 最大主应力　　　　　　　　　　　　　　　(b) 中间主应力

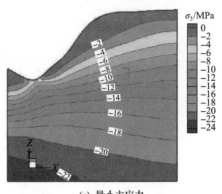

(c) 最小主应力

图 4.15 白鹤滩水电站右岸厂址区域典型剖面(Y=1000m)主应力云图

图中负值为压应力，正值为拉应力，余同

向(N10°W)是大主应力方向；另一方面也表明最大主应力方向为缓倾角方向，即右岸最大主应力方向。

白鹤滩水电站右岸地下厂房第 I 层开挖后顶拱钻孔应力剥落分布特征如图 4.17 所示。可以看出，钻孔剥落区域主要集中在 NW 向和 SE 向部位，表明该右岸地下厂房开挖后围岩的水平最大主应力方向以 NE 向为主。因此，可以直接验证右岸反演获得的初始最大主应力为 NNE 向是基本合理的。

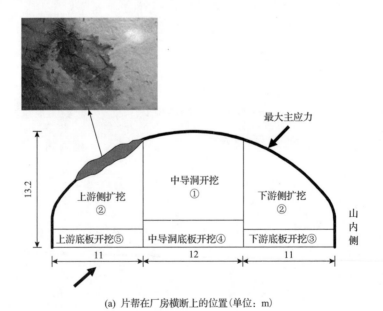

(a) 片帮在厂房横断上的位置(单位: m)

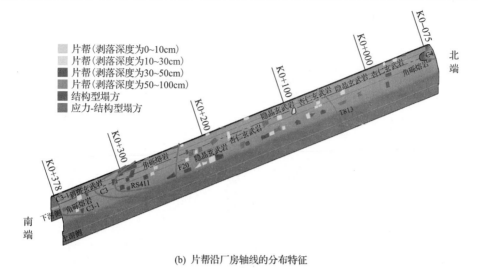

(b) 片帮沿厂房轴线的分布特征

图 4.16　白鹤滩水电站右岸地下厂房第Ⅰ层开挖后围岩应力型片帮破坏的主要分布区域

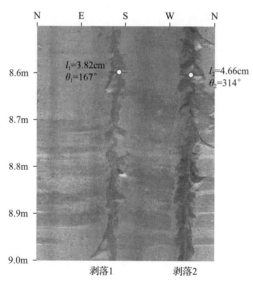

图 4.17　白鹤滩水电站右岸地下厂房第Ⅰ层开挖后顶拱钻孔应力剥落分布特征(见彩图)

4.2　高应力大型地下洞室群围岩变形破坏机制试验方法

明确工程现场开挖/扰动应力条件下围岩的破坏机制是合理评估工程围岩稳定性的基础，岩体破坏机制的研究方法以工程类比法和理论分析法较为常见。由于不同工程所处地质赋存环境差异大、岩层岩性差异明显、地质构造多样性等特点，工程类比法的应用会受到某些条件或因素的限制，理论分析法则成为评估工程围岩稳定性更为适用的方法。然而，对工程岩体破裂机制的合理性认知是建立岩体力学模型和强度准则的关键。基于常规三轴或单轴应力状态下得到的岩石变形破坏机制建立的岩石力学模型或强度准则对岩石的破裂行为关注较少，且忽略了中间主应力效应，从而不能够真实反映真三向高应力状态下岩体的破坏机制。因此，需要建立一套较完整的符合大型地下洞室群围岩变形破坏机制的认知方法，包括如何针对地下洞室群围岩进行工程现场取样、如何进行室内岩石力学试验及如何分析试验结果等。

4.2.1　高应力大型地下洞室群围岩取样方法

了解工程围岩变形破坏机制较常见的方法是现场取样进行室内岩石力学试验。大型地下洞室群工程尺寸巨大、结构复杂、穿越地层岩性和地质构造复杂多变，要想较为全面地了解洞室群围岩的变形破坏机制，就需要对洞室群围岩的破坏位置和破坏类型进行针对性取样。洞室群围岩取样之前首先应明确取样要求，即工程建设初期和中期如何针对研究问题进行取样、取样位置如何确定、复杂地质构造条件下如何选取代表性岩样、采用何种取样方法、如何保证含有软弱或节理裂隙的岩体结构不受损害、如何做到保真取样及无法做到保真取样时如何处理等。为解决上述取样面临的关键问题，本小节提出工程现场取样的基本要求，并介绍无损取样方法的基本步骤。

1. 工程现场取样的基本要求

(1)大型地下洞室群工程建设之初首先会进行工程选址和地质勘探，此时可借助地质钻孔获得的岩芯进行取样。

(2)工程场区和地址确定后，开挖初期可借助辅助探洞进行取样，但应根据场区地质条件、岩性、地层构造等选取代表性岩样。

(3)大型地下洞室群空间尺寸巨大，不可避免地会穿越复杂地质构造，如图 4.18(a)所示[8]。因此，需要根据洞室群穿越的地质构造和围岩性质等特征进行地质分区，根据地质条件划分区域，精细选取代表性岩样(地质分区可根据岩性、岩体完整程度、岩体结构等因素划分，若岩性均一，也可根据大型地质构造边界分区，如断层、错动带等)，如图 4.18(b)所示。同时，为全面了解工程区域内的围岩性质，即使岩性单一，也建议进行多个区域划分并分别获得代表性岩样。大型地下洞室群开挖过程中取样首先应根据场区地应力方位确定围岩重点关注区，在重点关注区内根据揭露地层、围岩性质、地质构造等估计可能发生的围岩破坏类型进行针对性取样；另外，随着大型地下洞室群逐层开挖，地层、岩性及地质构造等可能会产生新的出露，应随时关注取样。

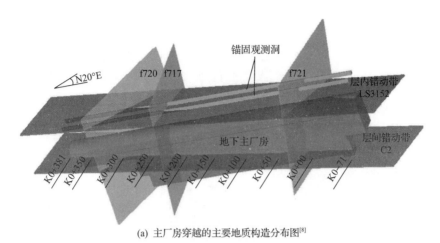

(a) 主厂房穿越的主要地质构造分布图[8]

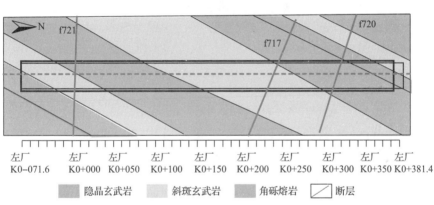

(b) 地下主厂房602.6m高程工程地质平切简图

图 4.18　白鹤滩水电站左岸地下厂房区域岩性及地质构造分布情况

（4）工程现场围岩取样应充分保真，即围岩结构（特别是包含结构面、裂隙、软弱夹层等）、孔隙率、含水率等尽量不发生改变；若不能执行保真取样，则进行室内试验前应尽量还原工程现场条件，如含水率、孔隙率及围岩结构特征等。

（5）取样位置的确定不仅要考虑围岩破坏的潜在风险区，还要考虑破坏灾害类型。高应力大型地下洞室群围岩一般以应力型或应力-结构型破坏为主，在原岩应力大小和方位较为明确的基础上，可估计工程围岩破坏风险区域，进而初步确定取样位置，如图4.19所示。另外，对工程围岩取样还要关注问题导向，即取样位置与围岩破坏类型有关。例如，岩体深层开裂的取样位置宜在围岩内部开裂区域附近，岩体片帮破坏的取样区域宜在较完整原岩区，而非扰动区。另外，对于特殊地质构造（如错动带、断层、长大结构面）区域取样，还应考虑其产状、方位与工程结构及地应力方位之间的关系。

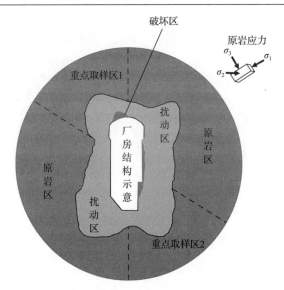

图 4.19 大型地下洞室群岩体取样位置示意图

2. 无损取样方法

(1) 无损取样区域的范围一般应选取 500~800mm。

(2) 在取样区域边界周边钻设应力释放孔，孔径以 30~50mm 为宜；同时，为避免应力释放孔对钻取岩芯位置岩体造成较大损伤，两者之间的距离宜为 3~5 倍应力释放孔直径(见图 4.20)，且应力释放孔应布设至洞室围岩弹性区(岩芯钻取深度不能超过应力释放孔的深度，以免应力释放孔失效)。

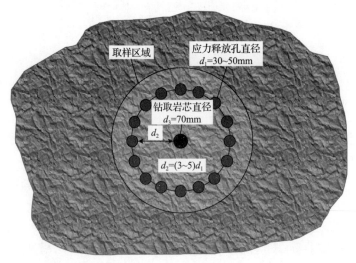

图 4.20 无损取样方法示意图(参考徐鼎平等[9]的取芯方法)

(3)应力释放孔钻设完毕后,钻取岩芯。岩芯直径一般以 70mm 为宜,也可依据试验需求及试验条件而定。

(4)应对钻取后的岩芯进行标记与编号,记录内容包括工程名称、地层代号、采样地点、采样日期、岩芯编号、岩性、岩层产状、埋深及工程问题描述等。另外,条件允许时还可记录取样环境信息,包括湿度、温度、岩芯重量及含水率等。

(5)钻取岩芯应在取样点密封处理,同时配备样品信息卡,与岩芯一起装箱封存。

(6)工程现场取样方法多样,可依据需求选取合适的取样方法。

4.2.2　高应力大型地下洞室群围岩变形破坏机制的真三轴试验方法

大型地下洞室群围岩变形破坏机制的室内试验可依据以下两步进行:首先在工程开挖初期应掌握围岩的基本物理力学性质(包括脆延性、强度、变形、破坏特征)、基本物理力学参数(弹性模量 E、黏聚力 c、内摩擦角 φ 等)及其演化特征等,并建立符合工程围岩性质的破坏准则和力学模型。围岩基本物理力学性质的认知以进行真三轴压缩试验为宜,因为这更符合工程现场的三维应力状态;进而针对工程建设过程中围岩发生的具体灾害类型,研究其变形破坏机制,应明确相关围岩破坏发生的应力路径,并进行该路径下的室内试验。大型地下洞室群围岩变形破坏一般为开挖卸荷作用所致,因此采用真三轴加卸载试验认识硬岩变形破坏机制更为合理。

大型地下洞室群中的应力型破坏和应力-结构型破坏通常见于完整或较完整硬岩中(如片帮、深层破裂等),进行硬岩真三轴试验的目的是获得工程硬岩在三维应力状态下的变形破坏机制,建立相应的破坏准则与力学模型,并嵌入数值计算软件中,为大型地下洞室群后续开挖过程中围岩的稳定性分析与预测提供理论支撑。高压硬岩真三轴试验仪器(见图 4.21[10])以能够捕获岩石完整的全应力-应变

图 4.21　高压硬岩真三轴试验仪器[10]

曲线为宜，试验过程应满足避免偏心加载、岩样与夹具之间的摩擦系数尽可能小、应力-应变测量准确等要求；同时，真三轴试验岩样的尺寸和垂直度公差也应尽可能满足要求。

1. 岩石变形破坏机制的认知方法

研究岩石变形破坏机制需要获得三维应力状态下的全应力-应变曲线(变形)、强度、破坏、脆延性、参数演化等特征。要想获取与工程围岩较为相近的变形破坏机制，最好选用能够较为真实地模拟工程现象三维应力状态的试验机，且以能够获得岩石全应力-应变过程的真三轴试验机为宜，因其有助于研究岩石变形破裂过程中的参数(黏聚力 c、内摩擦角 φ、材料参数等)演化特征，为力学模型和破坏准则的建立提供数据支撑。

1) 真三轴压缩试验

真三轴压缩试验的基本应力路径为：在保持最小主应力和中间主应力为设定目标值不变的情况下，单独加载最大主应力至岩样完全破坏。该路径为研究岩石强度、变形、破坏等特征，建立岩石强度破坏准则及力学模型的基本应力路径。真三轴压缩路径下的基本试验结果如图 4.22 所示。

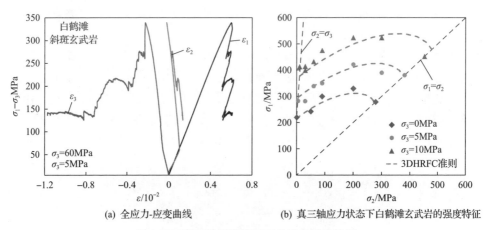

(a) 全应力-应变曲线   (b) 真三轴应力状态下白鹤滩玄武岩的强度特征

图 4.22 真三轴压缩路径下的基本试验结果

以岩石脆延性变形破坏特征为研究目的的试验一般采用均匀设计原则，即保持最小主应力不变，分别设计不同中间主应力水平下的真三轴试验，同时两个中间主应力量值之间最好保持适宜的跨度(不宜较接近)，中间主应力变量水平不宜少于 5 个；同时，在以上中间主应力水平不变的情况下，变化多组最小主应力进行试验，试验应包含岩石的脆性、延性应力条件和脆延性转化应力临界。

2) 真三轴加卸载试验

工程岩体的变形破坏特征及机制(如片帮、深层开裂等)研究需要进行与工程现场相近应力路径下的加卸载试验。该类型试验的应力路径可通过现场监测、理论力学分析及数值分析(前提是数值计算软件内嵌的力学模型和准则与现场岩体开挖下的力学响应相符或相近)等方法获得，较为常见的应力路径为：最小主应力减小，最大主应力增大或减小，中间主应力保持不变或量值较小浮动(应力路径与原岩应力方位、监测位置选取、岩体结构等因素均有关系，视具体情况而定)；另外，也包括不同卸载速率的加卸载试验。

以工程岩体变形破坏特征及机制为研究目的的试验一般以工程实际原岩应力水平为试验起始条件进行相应应力路径下的室内试验；同时，也可依据岩体在扰动应力下的应力状态进行室内试验。另外，室内试验所用岩样一般完整性较高，与工程实际岩体存在差异，也可根据原岩应力状态进行应力条件折算后再进行试验。

2. 岩石变形破坏机制分析方法

岩石的变形特征可借助不同应力状态下的全应力-应变曲线进行研究分析；破坏特征包括破坏过程和破坏结果。破坏过程可借助声发射设备、电子计算机断层扫描以及其他摄像设备等进行研究；破坏结果可通过破坏模式识别、电子显微镜扫描等手段进行研究。

4.2.3　高应力大型地下洞室群软弱构造带变形破坏机制的室内试验方法

大型地下洞室群地层中不免会遇到软弱构造带岩体，而高应力下大面积软弱构造带岩体会导致岩体层间滑移、软弱构造带塑性挤出等破坏，因此针对软弱构造带岩体的变形破坏机制研究同样十分必要。

以玄武岩地层中的软弱错动带岩体为例，介绍软弱构造带岩体变形破坏机制的室内试验方法。大型地下洞室分层分部开挖过程中，不同部位错动带应力状态会涵盖室内试验的单轴压缩、三轴压缩、单向或双向快速加卸荷以及反复加卸荷过程。因此，从试验角度来研究高应力大型地下洞室错动带力学参数的演化规律和变形破坏机制时，考虑错动带的原岩应力状态和应力加卸载效应非常重要。基于此，本小节介绍能够反映原岩应力状态的错动带室内试样制备方法和错动带三轴加卸载试验方法。

1. 反映原岩应力状态的错动带室内试样制备方法

1)制备目的

反映原岩应力状态的错动带试样制备方法需要解决三大技术难题：①反映错动带受到地质历史时期引起的超高围压作用(高原岩应力状态)；②打破因受取样环境、技术和施工扰动影响而导致原状样获取困难的瓶颈；③保证高原岩应力状态下试样的均匀性、质量及试样制备效率。

2)制备方法

反映原岩应力状态的错动带试样制备方法如图 4.23 所示。自主研发的反映原岩应力状态的错动带试样制备装置示意图如图 4.24 所示。试样制备关键环节包括：

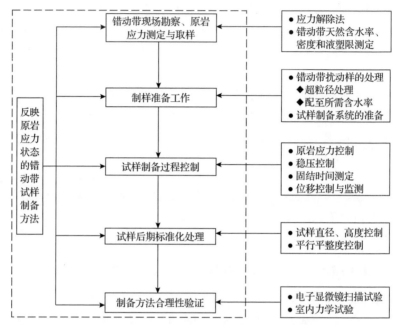

图 4.23 反映原岩应力状态的错动带试样制备方法

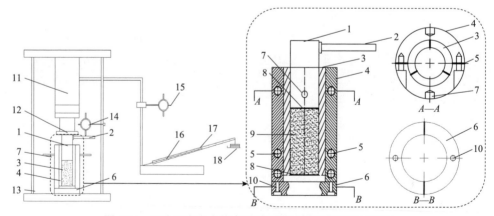

图 4.24 反映原岩应力状态的错动带试样制备装置示意图

1. 制样压头；2. 导杆；3. 制样内压力筒；4. 制样外压力筒；5. 内插水平螺栓；6. 制样底座；7. 制样筒把；8. 滤纸；9. 错动带试样；10. 内插垂直螺栓；11. 液压测力千斤顶；12. 千斤顶活塞；13. 试样反力架；14. 千分表；15. 测力表；16. 活动手柄；17. 稳压长杆；18. 加载砝码盘

（1）错动带现场勘查、原岩应力测定与取样。测定大型地下洞室取样点处错动带的天然密度、含水率和液塑限等，分析各物理参数距洞壁不同深度的变化曲线，在各参数变化均稳定处取样，将取出的错动带进行现场密封保存和编号记录后专车运回实验室。

（2）错动带取样点原岩应力的获取。利用应力解除法，通过测量应力解除前后错动带取样点附近的钻孔孔径变化计算三维地应力；建议方法为：打大孔至错动带测点，磨平孔底；打同心小孔，安装钻孔孔径变形计探头；延伸大钻孔解除应力，同时测量孔径变形；取出岩芯，测其弹性参数，进而根据胡克定律计算错动带岩体原岩应力。

（3）错动带制样预处理。将错动带扰动样风干，采用替代法对其进行超粒径处理实现缩尺配样，即用仪器容许最大粒径（本次试验仪器为 5mm）以下的粗粒部分等量替代超粒，基本保证粗、细粒组的含量比例不变；调制试样含水率至原位自然含水量；进行错动带原状样和重塑样颗粒粒度分析以初步验证替代法的合理性。典型白鹤滩水电站地下洞室错动带颗粒粒径分布曲线对比如图 4.25 所示。可以看

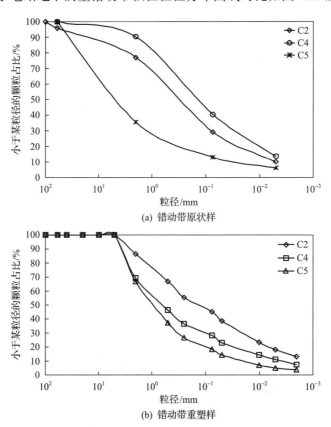

(a) 错动带原状样

(b) 错动带重塑样

图 4.25　典型白鹤滩水电站地下洞室错动带颗粒粒径分布曲线对比

出，错动带原状样和重塑样皆为级配良好的粗颗粒材料。

（4）制样准备工作。①制样内压力筒3处理:取出可开合制样压力室（见图4.24），制样内压力筒3采用三瓣结构设计，制样外压力筒4采取对中二等分设计，将制样内压力筒3内壁均匀涂抹一层凡士林，制样底座6上平铺滤纸8，在滤纸8上方涂一层薄薄的凡士林，其目的是防止错动带试样黏结内压力筒内壁。②制样外压力筒4安装:将外压力筒置于底座之上，同时利用内插垂直螺栓10固定好制样底座6和制样外压力筒4，其目的是防止预固结压力过大导致制样外压力筒4与制样底座6分离。将制样内压力筒3按顺序组合置于制样外压力筒4内，通过内插水平螺栓5用扳手将制样外压力筒4箍紧，制样外压力筒4下部平行布置两排螺栓，上部布置一排螺栓，其目的是防止制样外压力筒4下部张开。③装样:将配得的一定质量的错动带试样四等分缓缓注入制样内压力筒3中，分层击实并进行拉毛处理，其目的是保证试样的均匀性并且无分层界面；错动带试样装好后，在试样上部平铺一张50mm×100mm的滤纸8，在滤纸8上方涂一层薄薄的凡士林；将带有导杆2的制样压头1置于滤纸8之上，装样完毕。

（5）试样制备过程控制。①原岩应力控制:将制样压力室置于液压测力千斤顶11正下方，液压测力千斤顶11上连接测力表15，手压活动手柄16，观察千斤顶活塞12，待千斤顶活塞12与制样压头1接触后缓慢均匀地施加压力，实时观察测力表15的读数，待压力达到预固结压力时停止加载，预固结压力稍高于原岩应力，一方面为了克服试样与钢模内壁的摩擦，另一方面考虑到天然错动带取样后岩体限制解除，错动带卸荷回弹，实测地应力有所偏小。②固结时间与变形控制:将稳压长杆17套在活动手柄16上，稳压长杆17尾部挂上加载砝码盘18，调整稳压长杆17的位置，增删加载砝码数目直至测力表15数值稳定；将位移监测装置千分表14固定于试样反力架13上，千分表14活动表头置于制样压头1和导杆2之上，调整千分表14的读数，每隔一定时间记录千分表14的读数。绘制错动带试样9的竖向变形-时间曲线，待曲线水平时稳压时间确定，表明错动带试样9在原岩应力状态下基本稳定，可取出试样。

（6）试样后期标准化处理及制备方法合理性验证。检查试样，使试样高度、直径和表面平整度达到试验标准，并进行电子显微镜扫描。所制得的典型错动带试样如图4.26所示。典型错动带原状样与制备样内部细观结构电子显微镜扫描图片对比如图4.27所示。可以看出，二者颗粒排列规律相似，反映出其颗粒和孔隙的微观结构基本一致，验证了制备方法的合理性和可靠性。

3）制备方法的适用性

通过理论分析、计算和试验验证等途径，反映原岩应力状态的错动带试样制备方法可靠；制备装置经适当改装后，可用于制备不同尺寸和形状（圆柱形和长方

图 4.26　制得的典型错动带试样

(a) 原状样(×2000)

(b) 制备样(×2000)

图 4.27　典型错动带原状样和制备样内部细观结构电子显微镜扫描图片对比

体)的错动带试样,以满足不同力学试验的要求,制样原理和方法相同。

2. 错动带三轴加卸荷试验方法

1)试验目的

错动带三轴加卸荷试验的主要目的是通过控制加卸荷条件,尽可能模拟出开挖扰动后原有三向应力状态平衡被破坏以及洞室表层错动带及内部可能的应力状态调整和应力路径转化的过程,并在这些路径下探究高应力错动带加卸荷变形破坏机制,阐明影响错动带卸荷力学特性的多种控制因素(包括原岩应力状态和应力路径等)的控制机理,获取高应力(循环)加卸荷条件下错动带力学参数(包括强度参数、变形参数和剪胀参数等)随不可逆变形或损伤的演化规律。轴压的卸荷过程是为了获取每个循环周期内不可逆变形增量或损伤增量的大小。

2) 试验应力路径识别与选取

根据深部地下工程问题的需求，基于有效的数值分析平台及准确的力学模型，开展错动带影响下的高应力大型地下洞室群分层分部开挖数值模拟计算，获得不同出露位置和深度的表层错动带及内部可能的应力路径调整过程，将数值计算得到的应力路径合理简化后可获得错动带加卸荷试验应力路径。

以白鹤滩水电站左岸地下含错动带洞室群岩体为例，建立如图 4.28(a) 所示的三维数值计算模型(计算模型总单元数为 300 万左右)，选取错动带同时穿越主厂

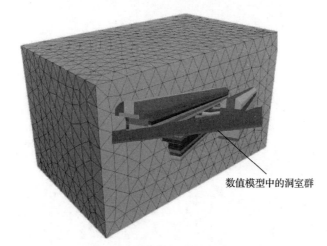

数值模型中的洞室群

(a) 三维数值计算模型

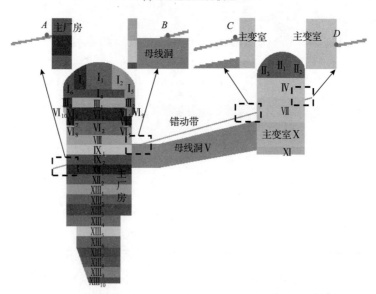

(b) 地下厂房及错动带分布模型(图中 A、B、C、D 为不同出露位置错动带测点)

图 4.28　白鹤滩水电站左岸地下厂房错动带影响区域三维数值计算模型(见彩图)

房与母线洞接口、母线洞顶拱和主变室高边墙位置处的危险截面，如图 4.28(b)所示，研究识别地下洞室群分层分部开挖过程中不同出露位置错动带岩体的应力路径演化趋势。地下洞室群(主厂房、母线洞和主变室)开挖顺序如图 4.28(b)所示。

图 4.29 给出了错动带出露于主厂房和主变室高边墙区域(A 和 D 测点)、主厂房与母线洞交叉口(B 测点)和母线洞顶拱区域(C 测点)的三大主应力随左岸地下厂房分层分部开挖的演化曲线。可以看到，在整个开挖卸荷过程中，错动带影响区域岩体第二主应力和第三主应力的变化趋势基本接近，真三轴效应并不明显，这也是侧重开展常规三轴试验的主要原因。

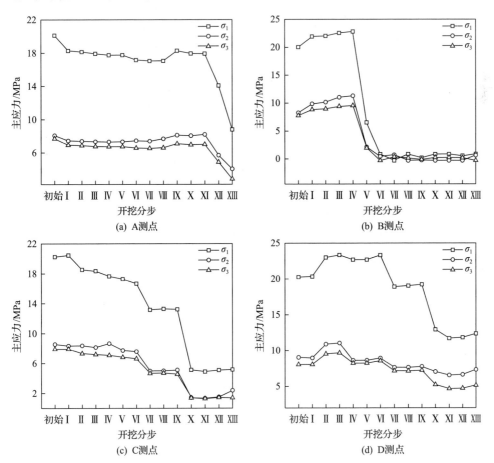

图4.29　白鹤滩水电站左岸地下厂房不同出露位置错动带岩体主应力随分层分部开挖的演化曲线

现场测试结果和室内试验结果显示，白鹤滩水电站原岩应力状态下错动带的泊松比相对较大，变化范围为 0.35～0.5，其力学性质受中间主应力的影响不大。再者，工程现场含错动带岩体以大变形破坏为主，试验过程中易产生塑性挤出变形，尤其以用于真三轴试验的矩形棱柱试样的变形特征最为明显，如图 4.30 所示。

现有的"三刚"型和"两刚一柔"型真三轴试验机均包含两个方向的刚性加载端。错动带试样在两个刚性加载端的变形很小，但在柔性加载端的变形很大，如图 4.30(a)所示；同时在"三刚"型试验机中，因夹具之间留有空白角，容易在空白角处产生塑性挤出变形，如图 4.30(b)所示。而常规三轴加卸荷应力状态下围压为柔性加载边界，变形均匀性相对较好。

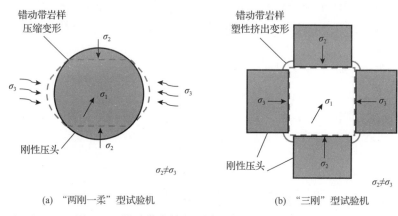

(a) "两刚一柔"型试验机　　　　　　　　(b) "三刚"型试验机

图 4.30　错动带岩样在不同试验机上的变形示意图

因此，综合地下洞室群错动带岩体随分层分部开挖的两个主应力演化过程相近、其泊松比相对较大的特征以及试验的准确性和可操作性等，认为错动带室内加卸荷变形破坏机制研究以常规三轴加卸荷试验替代真三轴试验可行。

基于图 4.29 中典型高应力大型地下洞室群分层分部开挖过程中出露顶拱和高边墙错动带的应力路径演化过程计算结果，经合理简化，建议采用如图 4.31 所示的 I～Ⅳ应力路径。其中，应力路径 I 为常规三轴压缩路径，在研究错动带的不

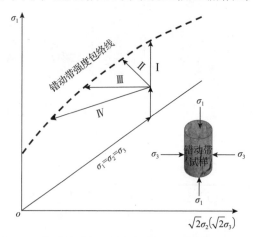

图 4.31　错动带常规三轴加卸荷试验采用的应力路径

同原岩应力状态的控制机理时，建议采用此路径；应力路径 Ⅱ 为增轴压卸围压路径，模拟地下洞室群开挖卸荷过程中最大主应力集中和最小主应力卸荷过程，如深部地下洞室掌子面后方区域错动带应力状态；应力路径 Ⅲ 为恒轴压卸围压路径，反映特定应力集中程度下错动带的卸荷过程，如深部地下洞室掌子面及其前方区域错动带应力状态；应力路径 Ⅳ 为卸轴压卸围压路径，反映开挖过程中高边墙或交叉洞室局部区域错动带双向卸荷应力状态。这四种应力路径可近似反映深部大型地下洞室开挖扰动过程中错动带所经历的路径。

3）试验内容

错动带赋存环境的差异直接影响其物理力学性质和工程特性，尤其是其在地质历史时期引起的高原岩应力状态是不容忽视的。高应力地下洞室群开挖扰动过程中错动带岩体所经历的复杂应力路径控制着其变形历史的差异，使得错动带力学机制从根本上发生转变，决定着最终的破坏形态。具体研究内容如下：

（1）错动带变形规律、强度特性、变形破坏模式等与原岩应力状态的关系，匹配电子显微镜扫描的错动带试样的宏细观破裂特征和机制。

（2）不同应力水平和卸荷应力路径下，错动带变形规律、强度特性、剪胀规律、破坏特征与应力路径的关系，匹配电子显微镜扫描的错动带试样的宏细观破裂特征和机制。

（3）循环加卸荷条件下错动带力学参数、剪胀规律的损伤演化过程和能量特征的演化规律，重点测试内容和获取的数据信息包括：常规三轴应力-应变曲线、每个循环周期内不可逆变形的量值和演化规律；匹配电子显微镜扫描的错动带试样的宏细观破裂特征和机制。

4）试验试样及设备要求

不同应力路径错动带试验的试样建议采用反映原岩应力状态的错动带试样制备方法进行制备，圆柱体直径建议采用 50mm，建议高度为 100mm，试样平整度满足国际岩石力学学会常规三轴试验建议方法的要求，端面不平整度允许偏差为 ±0.05mm，端面垂直于试样轴线，允许偏差为 $\pm0.25°$。每组试验试样数不少于 3 个。

错动带卸荷试验建议采用高压三轴仪或 MTS 电液伺服三轴高压试验系统，要求试验机应具有良好的伺服控制功能、高精度的载荷和变形控制能力，且轴向应变和环向应变测量引伸计行程需满足加卸荷条件下错动带轴向和环向大变形的要求，设备须对卸荷载荷响应要足够快，同时具有足够强的稳压性能，即在要求恒定压力载荷时，压力波动要求小于 0.1MPa。

5）试验控制方式

常规三轴循环加卸载试验中通常采用环向变形控制方式[11,12]，但考虑到该控制方式在峰后阶段环向控制不太准确，建议在错动带常规三轴循环加卸载试验中采用如下加载方式和参数：加载阶段采用线性可变差动变压器(linear variable displacement transducer, LVDT)控制，加载速率控制为 0.005mm/s；卸荷阶段采用轴向力控制，为避免轴向压头与错动带试样脱离，轴向力可卸荷至 0.2kN 左右。由于深部地下洞室岩体在开挖面形成后、发生破坏之前，岩体单元多表现为静态或准静态卸荷，即应变率范围为 $10^{-6} \sim 10^{-2} \text{s}^{-1}$。因此，错动带常规三轴卸荷试验中，卸荷速率的设定应符合上述应变率要求，并兼顾试验控制的可操作性，最终确定卸荷速率的具体量值，如对于白鹤滩水电站地下洞室群错动带，经多次试验确定围压卸载速率约为 0.25MPa/s。

4.3 高应力大型地下洞室群围岩原位破裂与松弛测试方法

区别于一般浅部工程围岩以变形为主的特征，高应力下地下工程围岩稳定性主要是由岩体破裂引起的，因此大型地下洞室群优化设计时需要侧重岩体破裂测试。常用的岩体破裂测试方法包括围岩内部破裂的数字钻孔摄像测试方法、定位岩体微破裂信号的微震监测方法。

4.3.1 高应力大型地下洞室群围岩内部破裂的数字钻孔摄像测试方法

岩体的破裂过程一般是从初始微裂纹到最终破裂张开的渐进损伤劣化和不断累积的过程，是内部微缺陷不断扩展、贯通的结果。在工程实际中，借助数字钻孔摄像对裂隙演化规律进行直接观测是最有力的手段之一。数字钻孔摄像主要可概括为两类，一类是数字光学成像系统，另一类是数字全景成像系统。中国科学院武汉岩土力学研究所研究的数字全景摄像系统的主要部件如图 4.32 所示，包括全景探头、集成控制箱、深度记录器、测试推杆、数据记录器、图像处理计算机、电缆等。

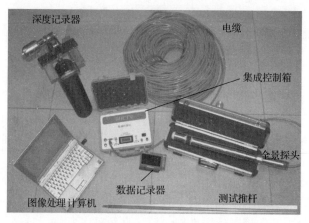

图 4.32 数字全景钻孔摄像系统主要部件

对于大型地下开挖工程中围岩破裂观测，其数字摄像钻孔的埋置主要有两种方法，即直接法和预埋法，如图 4.33 所示。直接法是在开挖面上直接向岩体内钻孔，观测岩体裂隙、破裂张开及其时效演化过程等特征。预埋法是在测试洞室开挖前，通过已开挖的洞室向测试洞室布设钻孔，钻孔长度宜穿透到主洞室边墙，可事先观测到洞室开挖前的岩体初始结构特征。

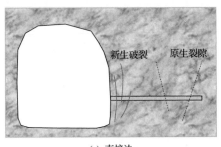
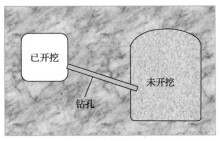

(a) 直接法　　　　　　　　　　　　　　　(b) 预埋法

图 4.33　岩体破裂观测钻孔埋设时序

大型地下洞室群围岩破裂微震观测选择一般应首先考虑围岩破裂的高风险区域，即在围岩破裂的高风险区域或不利地质构造带区域事先预埋钻孔，如图 4.34 所示，并随着开挖过程中动态观测岩体的破裂发展过程；也可在洞室轮廓线出露后尽快进行钻孔布置并开始观测，从而获得洞室当前开挖状态下围岩破裂状态和后续开挖过程中围岩破裂演化特征。

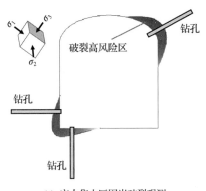
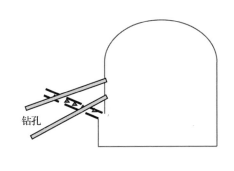

(a) 应力集中区围岩破裂观测　　　　　　　(b) 不利地质结构破裂观测

图 4.34　大型地下洞室破裂高风险区观测

在实际应用过程中，大型地下洞室群岩体内部破裂测量时，需要重点注意以下技术要点。

(1)对于高应力大型地下洞室和地下洞室群，要考虑到地下洞室开挖后各部位围岩的非对称破坏特征，首先应该通过数值模拟确定洞室分层分部开挖过程中各部位岩体破裂程度(rock fracture degree，RFD)的分布范围，在洞室围岩 RFD≥1边界距洞壁较远的部位，即岩体破裂深度较大的部位合理设置钻孔，尤其要注意洞室开挖后应力集中区，洞室间交叉口部位和关键地质构造出露延伸区域。对于主厂房，一般应在顶拱的应力集中区、一层上下游侧边墙、岩锚梁边墙、高边墙中部以及与母线洞交叉口部位设置围岩破裂观测钻孔。对于主变室，除顶拱应力集中区外，边墙部位可以设置 2～3 排钻孔。对于尾调室等，同样宜在顶拱及边墙每隔 20m 左右高度设置钻孔。对于其他洞室，可以根据 RFD 的预测结果考虑是否布置钻孔。在洞室轴线方向上尽量与多点位移计、锚杆应力计、锚索应力计和微震传感器等在同一断面附近协同布设，便于观测结果的对比分析。除常规设置外，在洞室开挖期间需根据围岩变形破坏现象动态设置岩体破裂钻孔。钻孔的布置主要包括预埋钻孔和随开挖及时钻孔两种方式，一般在大型地下洞室附近有辅助小洞室的情况下，可以考虑采用预埋的方式，当采用预埋钻孔方式时，钻孔孔底距洞室轮廓应该留一定的距离，一般取 1～2m。当没有辅助小洞室时，需采用随开挖及时钻孔方式。钻孔必须采用地质钻机钻设，进行岩芯编录。图 4.35 为高应力大型地下洞室群围岩破裂观测钻孔布置示意图。

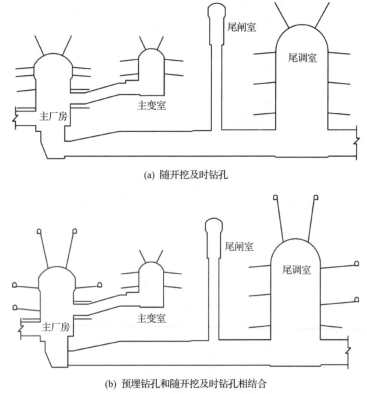

(a) 随开挖及时钻孔

(b) 预埋钻孔和随开挖及时钻孔相结合

图 4.35　高应力大型地下洞室群围岩破裂观测钻孔布置示意图

(2)高应力下围岩钻孔可能存在孔壁剥落或塌孔,岩体数字钻孔摄像前应注意钻孔清洗,确保孔壁洁净,从而更好地观测岩体破裂的裂纹。

(3)由于数字钻孔摄像观测的是孔壁 360°的图像,在测试钻孔钻进完成后,必须用清水冲洗干净,如果对该钻孔进行长期监测,需要根据孔内情况定期进行冲洗,在孔内水比较浑浊的情况下,可以在孔内投放一定量的明矾。

(4)要确保探头的推进速度小于 2m/min,并尽可能保持匀速,在重点关注的部位(如破裂区、裂隙区),宜降低推进速度至 1m/min 甚至更小。

(5)孔口装置必须进行有效固定,在探头推进过程中,时刻注意观察深度记录器的滚轮是否正常工作,不正常时应立时处理。

(6)在图像数据和分析时,每次测试数据必须进行深度校正,以正确反映结构面和裂隙所处的实际位置。

(7)为清晰获得灰黑和深黑柱状节理岩体的裂隙特征,改造了探头内的发光装置,增大了其发光亮度。

(8)数字钻孔摄像观测结果的处理不仅要识别岩体的原生结构面,更需要准确识别岩体新生破裂面的特征(位置、长度、张开度、时效发展过程)。

4.3.2　高应力大型地下洞室群围岩微破裂的微震监测方法

为了有效获得围岩宏观破坏的孕育演化过程,识别宏观破坏的前兆规律,确保高应力大型地下洞室群施工期和运营期的安全,本节根据高应力大型地下洞室群的工程特点和地质力学特征,建立一套"围岩破坏风险区域识别+围岩内部破裂精细化观测"的微震监测方法体系。

1. 大型地下洞室群围岩变形破坏风险区域识别方法

大型地下洞室群原位监测既应综合考虑大型地下洞室群的全局观测,又应突出关注局部风险区域的观测。合理的大型地下洞室群围岩破裂监测方法体系应在围岩破坏风险评估结果的基础上有序开展。因此,综合考虑大型地下洞室群的特点,本节建立的围岩变形破坏风险区域识别方法是:在获得地下洞室群初始应力场的基础上,采用数值仿真技术计算开挖卸荷下应力场集中、迁移的演化规律,同步结合大型地下洞室空间结构、地质构造特征和围岩破坏统计资料,识别大型地下洞室群围岩潜在变形破坏风险区域,如图 4.36 所示。

采用上述建立的风险区域识别方法,可以获得大型地下洞室群地应力场分布特征,并综合地质构造、开挖、支护等信息,有效识别围岩破坏高风险区域及潜在失稳破坏模式。然后,在围岩破坏高风险区域开展针对性的原位综合监测,可以更加全面、合理地阐明围岩破坏机理,为后续层开挖、支护方案的优化调整提供指导。

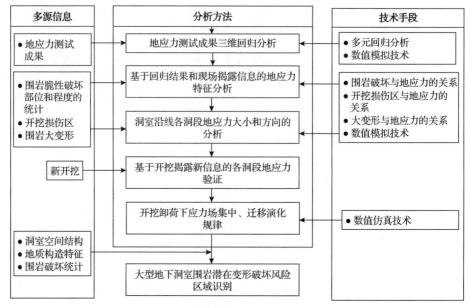

图 4.36　基于多技术手段多源信息的围岩变形破坏风险区域识别方法

2. 原位综合监测方法

合理有效的原位监测方法应能够协同观测开挖过程中围岩破裂和变形的演化信号，准确、及时地显示围岩变形破坏过程中的前兆信号和演化规律，为围岩破坏预警提供数据支撑和理论依据。大型地下洞室群原位监测方法体系由围岩潜在变形破坏风险区域识别、围岩破裂演化精细化观测和围岩变形破坏风险预警三部分组成，如图 4.37 所示，即在识别围岩潜在变形破坏风险区域的基础上，针对围岩可能发生的岩爆、塌方等工程灾害开展精细化观测，协同观测围岩破坏孕育过程中的破裂和变形响应特性。原位综合监测方案的设计应综合考虑开挖卸荷下围岩应力集中与转移规律、地质构造分布、围岩脆性破坏部位和破裂程度统计等多方面因素。

基于高应力大型地下洞室群围岩的力学特征，综合采用微震、数字钻孔摄像、多点位移计等多种手段协同监测，全面阐明开挖卸荷下高应力大型地下洞室群围岩变形与破裂的演化特征。为了获得高应力下岩体微破裂高精度试验数据，原位综合监测过程中对以下几个方面进行了控制。

(1)在大型地下洞室群典型断面对称布置多点位移计，如在机组中心线断面沿洞室轮廓面(顶拱、拱肩和边墙部位)向洞径方向均匀辐射布置，全方位监测开挖卸荷、爆破振动或支护加固等工况下围岩的变形响应行为。变形数据可作为后续岩体力学参数反演或施工方案优化设计的基础资料。

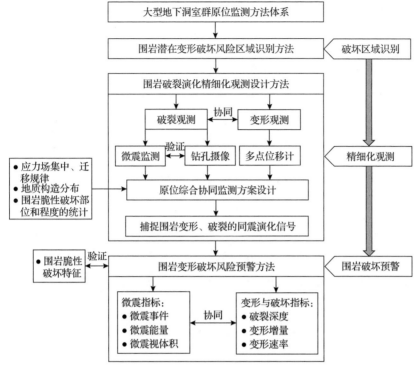

图 4.37　大型地下洞室群原位监测方法体系

（2）根据数值模拟技术显示的开挖过程中围岩应力集中与转移规律，同时针对高应力大型地下洞室群围岩几何非对称破坏的特殊性，借助预先开挖的辅助洞室向应力集中区注浆埋设微震传感器，有助于捕捉研究区域内围岩破裂释放的弹性波信号，获得围岩内部微破裂演化过程。可根据监测范围和监测目的选择传感器种类及数量，4 个及以上传感器才可以准确定位岩体微破裂位置。

（3）在破裂高风险区域开展钻孔摄像观测，可视化观测掌子面接近、经过和远离测孔过程中围岩的裂纹分布和破裂演化过程。根据掌子面与钻孔的距离动态调整观测频率，掌子面经过钻孔过程中建议 1～3 天观测一次，掌子面远离钻孔过程中建议一周或半个月观测一次。

最后，根据原位综合监测成果，建立考虑微震、变形与破坏等指标相互协同的围岩安全性预警方法。

采用上述监测方法体系，考虑到高应力大型地下洞室群的工程结构特征，构建大型地下洞室群完整岩体洞段的原位综合监测方案，如图 4.38 所示。该方案将多点位移计均匀布置在洞周（顶拱、拱肩和高边墙部位），将微震传感器、钻孔摄像观测孔布置在应力集中区域，可以有效捕捉大型地下洞室群开挖诱发的岩体变形和破裂响应信号，为高应力大型地下洞室群围岩变形破坏风险预警及施工方案优化调整提供第一手资料。

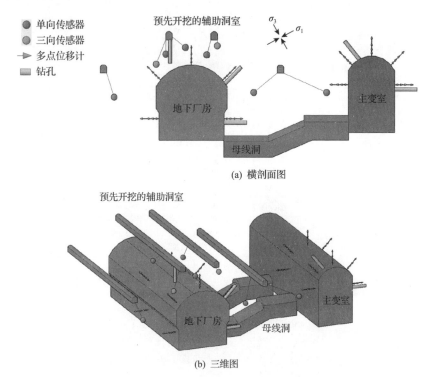

(a) 横剖面图

(b) 三维图

图 4.38　高应力大型地下洞室群围岩破裂过程监测布置示意图

3. 监测数据分析及结果表达

大型地下洞室群现场施工极易损坏监测仪器，因此大型地下洞室群原位监测需详细记录现场施工信息、检查仪器运行状态等，这些是监测数据分析的基础性工作。

开挖卸荷诱发围岩内部应力重分布过程中，可能诱发岩体内部破裂或沿原有弱面剪切错动，如沿断层或错动带发生剪切破裂。岩体破裂过程中会以振动波的形式（P 波和 S 波）向外释放能量，这些振动波穿透岩石介质被传感器接收，记录为震动图谱，即一个微震事件。岩体裂纹形成前，都会向外辐射振动波，分析振动波蕴含的丰富震源信息是微震监测的优势所在。圈定分析区域，分析掌子面推进过程中该区域内岩体破裂诱发的微震事件随时间的演化规律，如图 4.39 所示；分析该区域内岩体破裂诱发的微震事件空间分布，如图 4.40 所示，可以有效获得围岩微破裂空间分布特征及其演化规律等。

在微震监测获得围岩破裂分布特征的基础上，可进一步采用钻孔摄像精细化研究围岩内裂纹随时间的演化过程，阐明开挖卸荷下裂纹的变化情况，分析围岩内裂纹随时间的演化过程，进而阐明开挖卸荷下裂纹空间位置的变化情况及程度等。

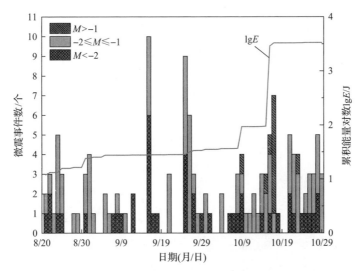

图 4.39　不同震级的微震事件随时间的演化曲线（见彩图）

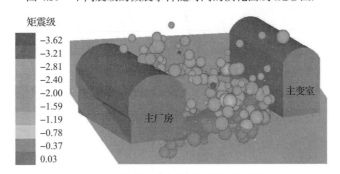

图 4.40　微震事件空间分布图（见彩图）

4.3.3　高应力大型地下洞室群围岩松弛的声波测试方法

通常，岩体松弛深度和松弛程度的声波测试系统主要由孔外控制仪器、记录处理系统和孔内换能器构成。以中国科学院武汉岩土力学研究所智能声波仪（RSM-SY5）为例，记录处理系统为便携式笔记本，内装有数据采集、存储、分析系统；为了解决收到的确实是岩体中的滑行波，利用岩体波速大于水的波速，选择发射探头与接收探头之间的合适距离，在两探头之间加上滤波器，把直达波吸收掉；在两探头之间加上低波速材料并在材料上打孔，尽量延长直达波的到达时间。

大型地下洞室开挖工程中，通常可考虑采用单孔测试或跨孔测试的方式进行岩体松弛深度和松弛程度的声波测试。单孔测试采用单发双收的孔内换能器，而跨孔测试采用单发单收的孔内换能器(孔与孔之间的距离一般控制在 1m 左右)，在钻孔内沿孔壁发射、接收声波信息。测量时将换能器下至孔底或置于孔口，按测孔点距向上或向下测试，由计算机完成波列数据采集与数据存储，室内通过回放和资料处理拾取纵波，在仪器采集的波形中根据波形起跳点确定纵波初至到时，计算纵波波速。在实际观测时，通常是将单发双收或单发单收的孔内换能器置于孔底，由下往上进行测试，遇到波速异常地段，需进行多次复检测试。单孔和跨孔的声波测试系统示意图如图 4.41 所示。

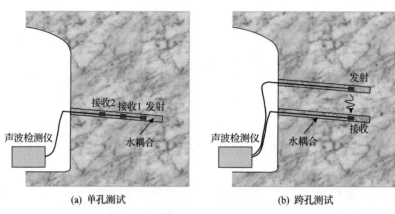

(a) 单孔测试　　　　　　　　　　　　(b) 跨孔测试

图 4.41　单孔和跨孔的声波测试系统示意图

为了获得高应力下岩体松弛深度和松弛程度的高精度测试数据，实际测试过程中应考虑以下技术要点：

(1)岩体松弛测试的部位应首先根据其他方法估计的岩体松弛或破裂高风险区域布置观测钻孔。

(2)由于高应力下钻孔可能存在塌孔或孔壁剥离风险，岩体声波测试前应先充分清洗钻孔，避免孔壁浮渣对波速传播的干扰。

(3)由于大型地下洞室开挖是一个连续过程，围岩存在反复的应力调整，岩体破裂深度和程度是不断变化的，因此岩体波速测试需要根据工程开挖进程动态调整监测频率，开挖扰动大时保持高频率测试。

(4)跨孔测试的两个钻孔在空间上应保持平行，其间距为 1~2m，如果钻孔偏斜，应在数据处理时进行相应的误差分析和补偿。

(5)跨孔测试时，两个探头在钻孔内由里向外单步退出必须保持同步，尽可能保持两个探头位于钻孔内同一孔深位置。

(6)无论单孔测试还是跨孔测试，都需要良好的水耦合环境，当监测孔遇有大的裂隙而无法实现孔内水耦合时，宜在探头上绑扎水管，通过水泵在测试过程中进行实时外部注水。

4.4 高应力大型地下洞室群围岩典型破裂模式的监测设计方法

高应力大型地下洞室群开挖过程中，不可避免地出现多种形式的破裂模式，它们采用的综合监测手段、监测重点、监测频率不同。因此，针对大型地下洞室群围岩不同的典型破裂模式，如深层破裂、片帮、软弱构造带大变形、岩体大深度松弛等，均需要进行针对性的布置设计方法。

4.4.1 高应力大型地下洞室群围岩深层破裂观测设计

高应力大型地下洞室群围岩深层破裂原位综合监测方法的主要目的在于监测其分层分部开挖过程中岩体破裂的形成及演化过程。以预测的大型地下洞室群围岩深层破裂的风险区域作为重点监测范围，综合监测应该采用数字钻孔摄像、微震、变形和支护结构受力的点-线-体-一体化形式。根据大型地下洞室群工程结构布置特点，除支护结构受力外，各监测项目宜提前布设，以便了解开挖前的岩体情况，并获得整个开挖过程中岩体破裂的时空演化特征。

考虑到剖面上围岩深层破裂位置与最大主应力方向具有较好的对应关系，数字钻孔摄像测孔宜布置在垂直洞室剖面上最大主应力方向部位，钻孔长度必须要大于预测的岩体破裂深度，且一般宜超过 1 倍洞室跨度。多点位移计也应尽量垂直于洞室剖面上最大主应力方向，数字钻孔摄像测孔和多点位移计宜布置在洞室同一断面。微震传感器安装所形成的空间阵列应尽可能覆盖大型地下洞室群围岩深层破裂风险区，以便获取反映洞室围岩深层破裂的前兆信息，如图 4.42 所示。

针对深层破裂，其工程开挖扰动较大时应保持较高的观测频率，后期开挖扰动相对较小时可适当减小观测频率。当观测到岩体深层破裂的裂隙数量和长度增长剧烈时，也需要动态地增大观测频率，为安全预警提供依据。

4.4.2 高应力大型地下洞室围岩片帮破裂观测设计

1. 观测目的与手段

高应力地下洞室硬岩大面积片帮破坏本质上是其内部开裂发展的外在表现形式。具有大跨度、高边墙特点的高应力大型地下洞室分层分部开挖使得围岩的开挖卸荷路径复杂，应力不断调整与转移，观测围岩片帮破坏过程的关键在于认识岩体开裂与片帮破坏随掌子面沿洞轴线的掘进及洞室后续逐层开挖而不断发展演化的过程，获得围岩片帮裂隙的萌生、发展及其终止全过程，并进一步确定岩体开裂与宏观失稳变形之间的演化关联性。因此，针对片帮破坏的观测应至少包含

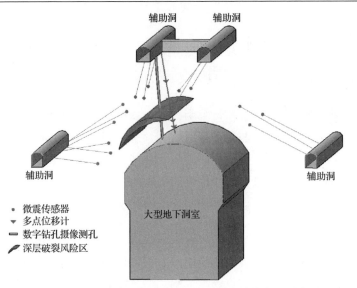

图 4.42　高应力大型地下洞室群围岩深层破裂原位综合监测布置示意图

两个方面：

(1)岩体松弛开裂与片帮过程观测。

(2)片帮区岩体变形观测(包括围岩内部与表面变形)。

钻孔摄像技术在获得浅层围岩由表及里的开裂及破坏演化过程方面具有显著优势。利用钻孔摄像可以清楚地观测到岩体内孔壁面上的裂隙分布，准确获取裂隙的位置、宽度、产状，观测到地下洞室群开挖损伤区内裂隙的演化过程。相应地，岩体变形监测是为了获得围岩表层与内部的变形破坏发展过程并分析其与内部开裂之间的关联性，可通过布设多点位移计实现。

2. 观测孔布置原则

为了保证大型地下洞室群的顺利施工及稳定安全运营，大型地下洞室周围往往分布有各类辅助的小型洞室(如锚固洞、排水廊道等)。利用这些小型洞室可以向关注的大型地下洞室设置预埋观测孔，可采用如图 4.43 所示的高应力大型地下洞室群围岩片帮渐进破坏过程的钻孔观测流程。

1)观测断面布置

洞室每一层开挖之前，可利用所建立的片帮预测方法获得洞室沿线的片帮风险分区，并基于此选取高风险区域进行片帮过程观测断面的布置。洞室开挖过程中，随着地质条件的不断更新或开挖方案的调整，应实时对前期所做的风险预测结果进行更新，以及时掌握开挖过程中可能出现的新的高风险区，并增补新的观测孔。此外，当实际片帮破坏程度高于预测结果，且破坏深度或程度还将随着洞室开挖进一步发展时，也可在该破坏区补充观测孔，用以追踪后期片帮破坏的演化过程。

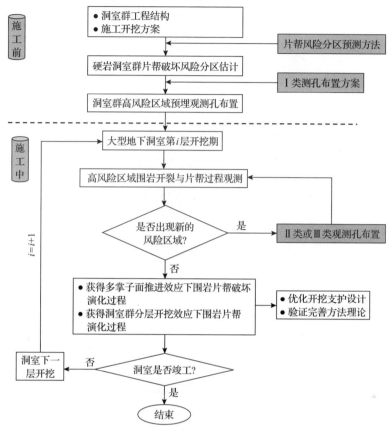

图 4.43　高应力大型地下洞室群围岩片帮渐进破坏过程的钻孔观测流程

2) 观测孔布置

可选择预埋钻孔和直接钻孔两种方式。预埋钻孔是指在关注的风险区域未开挖之前便布置好观测孔，主要有两类实现途径：一类是利用先期开挖的辅助隧洞（如大型地下洞室周围的锚固洞、排水廊道等）向大型地下洞室的片帮风险区域钻孔，如图 4.44(a) 所示的 I 类观测孔；另一类是通过洞室自身已开挖区域向后续待开挖的风险区域钻孔，如图 4.44(b) 所示的 II 类观测孔。直接钻孔是指在洞室开挖后直接在围岩片帮区域内钻孔，如图 4.44(b) 所示的 III 类观测孔。预埋钻孔的优点是可以观测到风险区域岩体开挖前后的围岩片帮破坏演化全过程，但这需要建立在对围岩破坏风险区域较为准确预判的基础上。另外，I 类观测孔还可以被用作大型地下洞室的长期观测孔，可适用于洞室整个施工及运营期；III 类观测孔则仅能观测到钻孔区域岩体开挖卸荷后的围岩片帮破坏演化过程，但该类观测孔的布置位置较为灵活，一旦洞室开挖期间有新揭露的典型片帮破坏，均可及时布置该类观测孔。需要说明的是，上述三种类型的观测孔可针对具体的工程特点进行选用, 既可以独立选择某一种或两种, 也可混合采用。

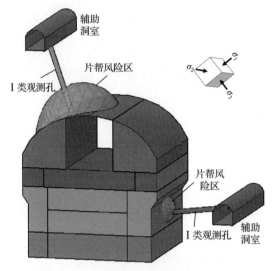

(a) 利用先期开挖的辅助洞室预埋观测孔

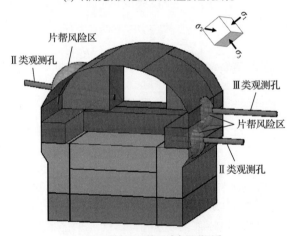

(b) 通过洞室已开挖区域布置观测孔

图 4.44 大型地下洞室施工期围岩开裂及片帮破坏观测孔布置方案示意图

3. 观测时机与频率

基本原则是: 当观测孔内可能出现片帮裂隙或裂隙扩展演化时, 应持续跟踪观测, 直至孔内无裂隙演化。一般来说, 片帮剥落发展较为剧烈的阶段往往出现在围岩应力重分布期间, 即持续的开挖卸荷活动会导致附近围岩的浅表层出现卸荷破裂, 因此当观测孔附近出现施工活动时, 应密切进行跟踪观测, 这里以 II 类观测孔为例进行说明。如图 4.45(b) 所示, 当洞室的某一开挖掌子面掘进至观测断面尚有一定距离(X)时，就开始进行观测，此后，每当掌子面往前推进，便进行相应的观测，直至掌子面通过观测断面后一定距离(Y)，围岩裂隙暂时不再发展，X 与 Y 值针对不同的工程可能有所不同，主要取决于掌子面开挖卸荷沿洞轴线方向的影响范围。需要说明的是，如图 4.45(a)所示，仅以分部开挖断面 S_2 作为一种普遍的情况为例进行说明，当后续的 S_3、S_4 等开挖断面进行开挖时，仍遵循如图 4.45(b)所示的观测时机及频率。

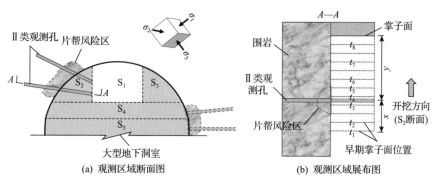

图 4.45　大型地下洞室开挖围岩浅层开裂及片帮过程观测时机及观测频率示意图

t_1～t_8 依次表示观测时机及顺序

4.4.3　软弱构造带影响下洞室围岩卸荷变形破坏原位观测设计

针对软弱构造带影响下的大型地下洞室，即在获取软弱构造带影响区段主要地质情况、地应力分布、开挖和支护方法等信息的基础上，初步预估软弱构造带岩体破坏可能的发生位置，综合分析后，布置数字钻孔摄像、声波、变形、应力、接触面错动位移和微震等主要监测设施，最大限度地获得更多的有用信息，以利于将监测设备布置于软弱构造带岩体破坏高风险区域。

大型地下洞室群分期开挖过程中，应力路径复杂，应力调整剧烈，高边墙效应明显，软弱构造带附近岩体会不断表现出各式各样的变形破坏问题。当软弱构造带这种软弱地质构造出露于顶拱上方或拱肩时，顶拱上方和拱肩附近岩体成为潜在危险区域(见图 4.46(a)、(b))，往往造成顶拱围岩坍塌和喷层剥落；当软弱构造带穿切洞室高边墙时，通常会加剧软弱构造带附近岩体的松弛，使其成为高风险破坏区域(见图 4.46(c))，造成局部岩体大变形、塑性挤出型拉伸破坏及上下盘岩体的应力-结构型塌方。因此，针对软弱构造带岩体破坏过程的数字钻孔摄像、变形、应力和微震测孔布置，为提高观测精度和仪器埋设可操作性，需在综合考虑软弱构造带岩体不同的工程部位及与临空面不同组合形式的基础上，充分借助大型地下洞室附近开挖的施工支洞或其他辅助小型洞室，分期动态监测高风险区域，如图 4.46 所示。

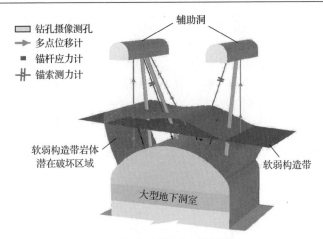

(a) 软弱构造带出露于顶拱上方

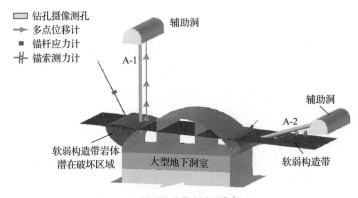

(b) 软弱构造带出露于拱肩

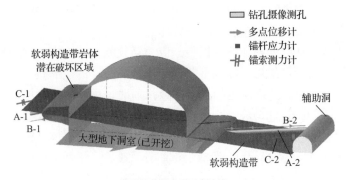

(c) 软弱构造带出露于高边墙

图 4.46 不同出露区域软弱构造带岩体破坏过程动态观测方案

1) 数字钻孔摄像测孔布置

数字钻孔摄像测孔布置主要采用预埋钻孔和后续跟进钻孔两种形式，二者皆须穿过软弱构造带潜在危险区域。当软弱构造带出露于顶拱上方时，要在顶拱危险区域未开挖之前布置测孔，即利用洞顶锚固洞、支洞和排水廊道等向软弱构造带风险区域(上下游拱肩和顶拱)钻孔(见图 4.46(a))；当软弱构造带穿切拱肩时，布孔方式与前者类似(见图 4.46(b))；若施工条件不允许，如图 4.46(b)所示的 A-2 孔可采用后续跟进钻孔形式，即在软弱构造带开挖揭露后直接在危险区域钻孔；当软弱构造带穿切高边墙时，由于其出露位置随洞室开挖而不断变化，危险区域不断揭露，为方便观测，可采用相对灵活的后续跟进钻孔(见图 4.46(c)中 A-1 测孔)，若施工条件允许，则预埋钻孔是更好的选择(见图 4.46(c)中 A-2 测孔)，这是因为预埋钻孔作为长期观测孔，可实现软弱构造带破坏过程的全过程观测，而后续跟进钻孔只可捕捉到洞室开挖后岩体的部分劣化过程。

2) 多点位移计布置

多点位移计为深部岩体工程原位观测常用的手段，仪器可在水平、垂直或任意方向的钻孔中安装埋设，可实现软弱构造带上下盘岩体任意方向不同深度测点变形的全过程自动化监测；其布置方式与数字钻孔摄像测孔相似，即有条件的情况下尽可能在关注危险区域开挖前超前预埋(见图 4.46(c)中 B-2 位移计)，或尽可能靠近危险区开挖掌子面后续埋设(见图 4.46(c)中 B-1 测孔)，以测得开挖全过程及主要变形状态和变化，且最好穿过软弱构造带潜在危险区。

3) 锚杆应力计和锚索测力计布置

锚杆应力计可实现软弱构造带附近岩体内部应力自动化监测，锚杆作为其传递杆。由于锚杆长度的局限性，为提高观测精度，应力计最好布置于距离软弱构造带较近的位置，或以一定角度穿过软弱构造带(见图 4.46)。锚索测力计荷载变化及损失率可用于评判软弱构造带附近岩体的稳定情况和锚索运行情况，布置方案如图 4.46 所示。软弱构造带出露于顶拱上方或穿切拱肩时，可布设于对穿预应力锚索上(见图 4.46(a)、(b))，此时可实现软弱构造带高风险区全过程荷载监测。当软弱构造带穿切高边墙时，为方便监测，亦可灵活布设于压力分散锚索上(见图 4.46(c)中 C-1 测力计)。

可以看出，以上三种观测方法的观测原则皆是长期跟踪动态观测，且当所关注的软弱构造带潜在危险区域观测断面附近出现施工活动(当前层和下卧层开挖或支护)时，应加强观测频率，直至数字钻孔摄像测孔内无裂隙演化、变形或应力荷载基本稳定。现场应至少选择某一种或两种观测方法，若施工条件允许，可混合采用。

以白鹤滩水电站右岸地下厂房为例，进行软弱构造带岩体变形、应力和裂隙演化监测的详细说明，为了能够实时观测白鹤滩水电站右岸地下厂房南侧高风险区洞段顶拱和下游拱肩软弱构造带变形破坏的时空演化过程，采用上述观测方法，中导洞开挖完成后在该区段布置了针对性的观测方案，观测孔位置剖面布置图和平面展布图如图 4.47 所示，其中布置 2 个数字钻孔摄像测孔，埋设 5 个多点位移计、4 个锚杆应力计和 3 个锚索测力计。

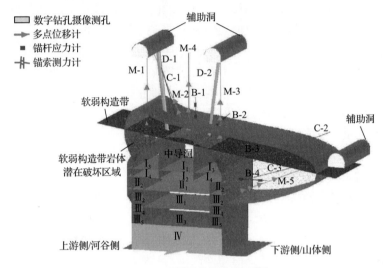

(a) 观测孔位置剖面布置图

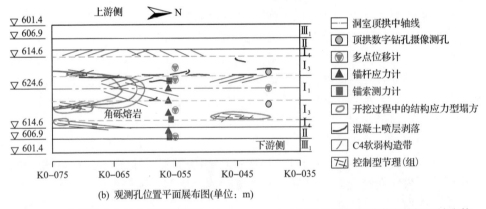

(b) 观测孔位置平面展布图(单位：m)

图 4.47　白鹤滩水电站右岸地下厂房 K0–075～K0–035 区段软弱构造带潜在破坏区域岩体观测布置方案示意图(见彩图)

D-1、D-2 数字钻孔摄像测孔及 M-4 位移计布置于 K0–040 附近，其他监测设备布置于 K0–055 附近

在数字钻孔摄像布孔方面，由于该整个区段都属于软弱构造带塌方风险区，特别是当软弱构造带距离顶拱一定高度时，一旦发生塌方，因塌方范围和深度较大，会对厂房洞室稳定性构成强大威胁。因此，中导洞开挖完成后，为避免后续开挖过程中该区段顶拱发生大规模的软弱构造带应力-结构型塌方，在距塌方位置一定距离的 K0–040 断面布置 2 个观测孔(该断面软弱构造带距离顶拱洞壁 7～8m)，即从厂顶锚固观测洞倾斜向下进行对称钻孔至上下游侧拱(见图 4.47(a)中

D-1 和 D-2 观测孔），直径为 110mm，孔深约 26.5m，孔底封闭（距离顶拱洞壁约 1.5m），既可用于钻孔摄像，亦可用于声波测试。通过上述预埋观测孔可实时观测到第 I 层到后续层开挖期间，该区段顶拱和拱肩软弱构造带岩体破坏演化特征，观测频率根据现场实际施工情况进行实时调整，当附近有施工活动时，可适当提高观测次数。

在变形监测布置方面，中导洞开挖完成后，首先在 K0–055 断面通过厂顶锚固洞向上游侧拱、顶拱和下游侧拱分别埋设多点位移计（见图 4.47 中 M-1、M-2 和 M-3 多点位移计）；由于第 I 层扩挖（I_3）期间，该区段 C4 软弱构造带下盘岩体进一步发生垮塌，故在第 I 层开挖完成后，于 K0–040 断面顶拱处进一步埋设 M-4 多点位移计；鉴于下游侧边墙脚也是软弱构造带破坏潜在风险区，且为应力调整剧烈区，因此第 II 层开挖结束后，于下游侧排水廊道向下游侧边墙埋设 M-5 多点位移计。M-1～M-4 多点位移计皆为四点式变位计（见图 4.47），M-1、M-2 和 M-3 多点位移计监测点距离洞壁的距离分别为 1.5m、3.5m、6.5m 和 11m，M-4 多点位移计测点距离洞壁的距离分别为 0m、2.5m、6.5m 和 11m。该多点位移计布置方案可较全面地监测软弱构造带破坏风险区域的变形演化过程。

在应力监测布置方面，第 I 层扩挖（I_1）结束后，在 K0–055 断面附近顶拱和下游拱肩埋设 B-1、B-2 和 B-3 锚杆应力计以及 C-1 和 C-2 锚索测力计，第 II 层开挖后进行 B-4 锚杆应力计和 C-3 锚索测力计的布置（见图 4.47）。其中，B-1、B-2 和 B-3 锚杆应力计为三点式，监测点距离洞壁的距离分别为 1.5m、3.5m 和 6.5m，而 B-4 锚杆应力计为两点式，监测点距离洞壁的距离分别为 1.5m 和 6.5m。以上锚杆应力计和锚索测力计的埋设可实现软弱构造带岩体风险区内部应力的实时自动化监测。

4）软弱构造带岩体微震监测布置

为了尽可能多地捕捉软弱构造带岩体的有效破裂信号，在进行变形、应力和钻孔摄像观测布置的基础上，综合考虑白鹤滩水电站右岸地下洞室群的空间布局，进一步选取距离母线洞较近的第 V 层排水廊道安装微震传感器。白鹤滩水电站右岸地下厂房微震监测系统布置如图 4.48 所示。现场共布置 6 个单向加速度传感器（编号为 11#～16#）和 18 个单向速度传感器（编号为 17#～34#）。加速度传感器灵敏度为 1V/g，频率响应范围为 0.1～8000Hz（±3dB）。加速度传感器埋设在 K0+260～K0+290 洞段，相邻断面间距为 15m。18 个单向速度传感器的自然频率为 10Hz，频率响应范围为 10～2000Hz。速度传感器埋设在 K0–015～K0+230 洞段，相邻断面间距为 30m。现场共布置 12 个监测断面，每个监测断面埋设 2 个微震传感器。为满足震源定位的准确性，现场微震技术人员滤波拾取同时触发 4 个及以上传感器的岩体破裂信号。通过反演推断出包含在微震事件中的破裂位置、震源机制、破裂数量（半径或密度）、辐射微震能量等震源参数，评估地下洞室围岩的劣化或损伤。

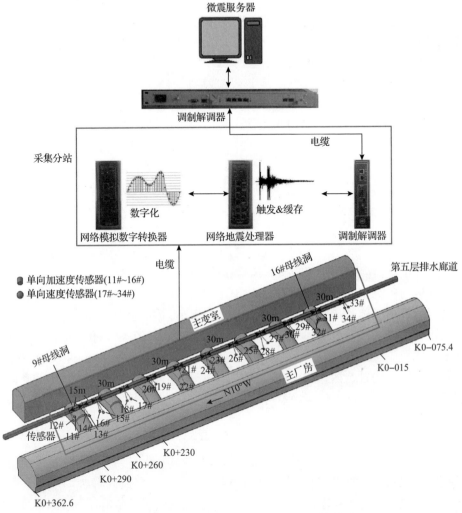

图 4.48　白鹤滩水电站右岸地下厂房微震监测系统布置

根据现场被触发的传感器坐标和到时及爆破源的坐标和时间，反演得到的 P 波平均速度为 5463m/s，S 波平均速度为 3356m/s，且研究区域定位误差小于 10m，满足工程监测要求。

4.4.4　柱状节理岩体大深度时效卸荷松弛原位综合监测设计

高应力柱状节理岩体时效松弛原位综合监测可以根据随洞室开挖的岩体破裂、位移、波速等监测结果来阐明高应力隧洞节理岩体时效松弛变形破坏规律，如图 4.49 所示。监测方法应着重体现空间和时间效应，前期重点监测节理岩体卸荷空间效应，应覆盖开挖/支护全过程，监测频率较高，后期重点监测节理岩体卸荷时间效应，监测频率较低但时间周期较长。

监测布置：
　按照数值预测结果进行，评估边墙、顶拱、底板的钻孔长度和角度区别

监测演化：
　时空演化过程
空间效应：
　掌子面附近密集观测
时间效应：
　长时间观测，1年甚至更久
监测项目：
　钻孔摄像
　声波测试
　岩体位移
　微震监测

监测结果：
　三者综合对比，已掌握节理岩体松弛深度和程度随洞室开挖/支护时空演化规律

图 4.49　高应力隧洞节理岩体时效卸荷松弛原位综合监测方案

1) 监测目的

时效卸荷松弛是高应力洞室围岩随着卸荷开挖逐渐形成的，研究柱状节理岩体时效松弛特征随开挖和支护向围岩深部的扩展演化特征意义重大，一方面可对预测规律进行验证，另一方面可优化开挖方案设计及支护长度、支护间距、支护时机等支护开挖设计参数。

2) 监测项目

数字钻孔摄像可以直观地显示不同深度节理的位置、产状和宽度等信息，尤其可以进行长时观测对比，可以分析节理张开/闭合时效特征，因此为了有效直观地观察节理岩体破裂的演化过程，应开展节理岩体破裂的数字钻孔摄像观测。原位超声波测试可以无损地获得岩体中不同方向的超声波传播速度，具有如下围岩松弛特征测试的便利：①通过在岩体内开设钻孔，不需取样也不需要移动测试对象，可以最大限度地保持岩体的原状环境；②通过测量岩体声波沿某一方向的传播速度，不损害和扰动节理岩体的完整性，具有可重复性。因此，采用声波测试方法可以方便地进行节理岩体松弛深度的观测。岩体位移监测是洞室开挖稳定性监测设计中的重要内容，开展节理岩体位移监测有助于掌握时效松弛过程中的节理岩体变形规律，并与破坏演化过程进行对比分析。微震监测技术作为一种实时原位监测技术，利用在空间上不同方位布设的传感器，捕捉岩体产生微破裂过程所发出的地震波信息，对其加以分析、处理，确定微震事件发生的时间、位置、大小及能量释放等信息，阐明节理岩体破裂全过程时空演化特征。可以看出，节理岩体时效松弛的监测项目包括数字钻孔摄像、声波测试、位移和微震监测。

3) 监测布置原则

时效松弛是高应力洞室在卸荷后逐渐发生的破坏过程，其在洞室剖面上的分布特征与剖面上最大主应力方向具有较好的对应关系，因此各监测项目也应该在隧洞时效松弛可能发生的部位针对性地布置，具体可根据数值模拟预测的节理岩体时效松弛深度时空分布特征来确定。

为了能有效地观测到节理松弛的时空演化过程，要求数字钻孔摄像观测孔轴线宜尽量垂直于洞室剖面，观测孔长度必须要大于预测的最大时效松弛深度。数字钻孔摄像观测孔、声波测试观测孔和多点位移计宜尽量布置在洞室的同一断面，微震传感器也应尽量布置在该断面附近。

4) 观测频率

观测频率是进行时效松弛观测的重点。随着洞室开挖支护施工，应及时开展数字钻孔摄像观测、声波测试和岩体位移监测。一方面，应注重空间效应观测，即特别是当掌子面距监测断面的距离小于 1.5 倍洞径时，要增加数字钻孔摄像、声波测试、岩体位移的观测频率，其中数字钻孔摄像、声波、位移的观测频率均不宜小于 1 次/天，微震监测为全时空监测；另一方面，应注重时间效应观测，随着掌子面逐渐远离监测断面，数字钻孔摄像、声波、位移的观测频率均不宜小于 1 次/周，观测时间可以年为单位，在条件允许下应尽可能延长。

5) 监测结果表达

数字钻孔摄像、声波测试、岩体位移监测、微震监测均已有国际岩石力学学会的建议方法，针对监测数据处理及基本的成果表达均有较为详细的说明。针对时效松弛，各种监测结果需要有针对性地分析处理和解读。数字钻孔摄像数据主要用于分析节理张开/闭合宽度随洞室开挖/支护的时空演化规律，声波测试数据主要用于分析节理岩体波速特征随洞室开挖/支护的时空演化规律，位移监测数据主要用于分析各测点位移随洞室开挖/支护的演化曲线。各种监测数据应综合对比分析，以便更好地了解节理岩体松弛深度和松弛程度随洞室开挖/支护的时空演化规律。

参 考 文 献

[1] 刘继光. 36-2 型钻孔变形计的组装工艺及现场使用. 岩土力学, 1983, (1): 59-66.

[2] Hoek E, Kaiser P K, Bawden W F. Support of Underground Excavations in Hard Rock. Rotterdam: A. A. Balkenma, 1995.

[3] Read R S. 20 years of excavation response studies at AECL's Underground Research Laboratory. International Journal of Rock Mechanics and Mining Sciences, 2004, 41(8): 1251-1275.

[4] Martin C D, Christiansson R. Estimating the potential for spalling around a deep nuclear waste repository in crystalline rock. International Journal of Rock Mechanics and Mining Sciences,

2009, 46(2): 219-228.

[5] 马启超. 工程岩体应力场的成因分析与分布规律. 岩石力学与工程学报, 1986, (4): 329-342.

[6] 张延新, 蔡美峰, 王克忠. 三维初始地应力场计算方法与工程应用. 北京科技大学学报, 2005, (5): 520-523.

[7] 陈文华, 马鹏, 彭书生, 等. 金沙江白鹤滩水电站工程地应力测试研究分析专题报告. 杭州: 杭州华东工程检测技术有限公司, 2009.

[8] Liu G F, Feng X T, Jiang Q, et al. In situ observation of spalling process of intact rock mass at large cavern excavation. Engineering Geology, 2017, 226: 52-69.

[9] 徐鼎平, 江权, 汪志林, 等. 一种含错动带岩体的原位岩体取样方法: 中国, CN107782578A. 2018.

[10] Feng X T, Zhang X W, Kong R, et al. A novel Mogi type true triaxial testing apparatus and its use to obtain complete stress-strain curves of hard rocks. Rock Mechanics and Rock Engineering, 2016, 49(5): 1649-1662.

[11] Martin C D. The strength of massive Lac du Bonnet granite around underground opening. Winnipeg: University of Manitoba, 1993.

[12] Lau J S O, Chandler N A. Innovative laboratory testing. International Journal of Rock Mechanics and Mining Sciences, 2004, 41(8): 1427-1445.

第5章 高应力大型地下洞室群稳定性分析与优化设计方法

针对高应力大型地下洞室群稳定性的设计难题，基于第 2 章大型地下洞室群的优化设计方法，依托第 3 章的典型工程实例和第 4 章的相关室内与原位试验方法，本章从硬岩力学理论、岩体破裂深度和破裂程度评价指标、三维数值分析方法、岩体力学参数确定方法、优化设计与动态反馈方法等方面阐述高应力大型地下洞室群围岩稳定性分析方法与优化设计方法。

5.1 高应力大型地下洞室群围岩破坏准则与力学模型

高应力硬岩破坏准则与力学模型的建立需要获取的内容包括：三维应力状态下主应力空间和八面体应力空间中岩石的破坏强度规律、三维破坏强度包络特征、力学参数(黏聚力 c、内摩擦角 φ、材料参数、塑性势函数、内变量等)演化特征、变形破裂特征及机制等。

硬岩破坏准则和力学模型建立均需进行真三轴压缩路径下的试验，还需考虑真三向应力诱导的变形各向异性特征，该特征需通过三个主应力方向上变形模量的演化来进行描述，因此需开展真三轴应力状态下的循环加卸载试验，即在岩石峰值前和峰值后进行主应力方向上的循环加卸载。

高应力大型地下洞室群围岩破裂/坏具有非对称性和拉剪破裂差异性，与中间主应力效应有关。高应力大型地下洞室群围岩破坏准则建立过程中要反映深部硬岩的非对称破坏和拉剪破裂差异性特征。以往基于岩石单轴压缩($\sigma_2=\sigma_3=0$)或常规三轴压缩($\sigma_2=\sigma_3>0$)条件建立的强度准则大多关注岩石常规三轴强度特征，忽略中间主应力效应，无法体现中间主应力作用下的非对称破坏和拉剪破裂机制差异性。

大型地下洞室群岩体受工程活动的影响，往往呈现高度非线性行为，并表现出强烈的三维应力依赖性；此外，高应力下深部工程围岩体结构特征、基本行为特性以及工程响应均发生了根本性变化，形成以破裂为主导的破坏行为。高应力大型地下洞室群围岩力学模型的建立过程中要反映变形和破坏全过程的三维应力依赖性和破裂特征。以往浅部岩体所处应力环境可采用单轴或常规三轴应力状态近似，进而可应用以位移和损伤破坏区描述为主的力学模型，然而此类力学模型未考虑深部真三向应力环境，未能揭示三维应力状态下硬岩的变形破裂全过程，从而不能准确描述和分析高应力大型地下洞室群围岩的破裂过程和机制。

5.1.1　高应力硬岩真三轴破坏准则

对于大型地下洞室群稳定性分析，应根据工程岩体性质建立与之相符的三维破坏准则。在研究真三向高应力下硬岩变形、破裂及其机制基础上，建立了能够满足真三向高应力条件下大型地下洞室群围岩非对称破坏和拉剪破裂差异性特征的硬岩三维破坏准则[1]。该准则能够为深部工程岩体稳定性的合理分析提供理论依据，其具体形式为

$$\frac{\sigma_1 - \sigma_3}{\sin\varphi_b} = \left(\sigma_1 + \sigma_3 + 2c_0\cot\varphi_0\right)^2 + a \tag{5.1}$$

式中，σ_1 为最大主应力；σ_3 为最小主应力；c_0 为常规三轴压缩下的黏聚力；φ_0 为常规三轴压缩下的内摩擦角；φ_b 为中间主应力影响下的内摩擦角；a 为强度控制参数。

$\sin\varphi_b$ 的计算公式为

$$\sin\varphi_b = \frac{\sin\varphi_0}{\sqrt{1-b+sb^2} + t\left(1-\sqrt{1-b+b^2}\right)\sin\varphi_0} \tag{5.2}$$

式中，s 为破坏差异参数，反映岩石在广义三轴压缩（$\sigma_1 > \sigma_2 = \sigma_3$）和广义三轴拉伸（$\sigma_1 = \sigma_2 > \sigma_3$）下的破坏强度差异；$t$ 为中间主应力影响参数，控制着中间主应力对岩石峰值破坏强度的影响程度；b 为中间主应力系数。

强度控制参数 a 的计算公式为

$$a = \left(\frac{\sigma_c}{\sin\varphi_b}\right)^2 - \left(\sigma_c + 2c_0\cot\varphi_0\right)^2 \tag{5.3}$$

式中，σ_c 为单轴抗压强度。

上述硬岩三维破坏准则存在四个重要参数，分别为黏聚力 c_0、内摩擦角 φ_0、破坏差异参数 s、中间主应力影响参数 t，其参数确定方法如下：

（1）黏聚力 c_0 和内摩擦角 φ_0 可依据莫尔-库仑强度准则计算常规三轴压缩状态下强度拟合曲线的截距和斜率获得。

（2）破坏差异参数 s 可通过广义三轴拉伸应力状态（$\sigma_1 = \sigma_2 > \sigma_3$）下岩石破坏

强度 σ_1 与最小主应力 σ_3 的线性关系来确定，即

$$\sigma_1 = \sigma_2 = \frac{\sqrt{s} + \sin\varphi_0}{\sqrt{s} - \sin\varphi_0}\sigma_3 + \frac{2c_0\cos\varphi_0}{\sqrt{s} - \sin\varphi_0} \tag{5.4}$$

(3) 中间主应力影响参数 t 可通过峰值强度变化趋势最高点时中间主应力系数 b、内摩擦角 φ_0 和破坏差异参数 s 来确定[2]，即

$$t = \frac{2bs - 1}{\sqrt{1 - b + sb^2}}\frac{\sqrt{1 - b + b^2}}{\sin\varphi_0(2b - 1)} \tag{5.5}$$

以白鹤滩水电站大型地下洞室群工程为例，建立玄武岩三维破坏准则。该地下洞室群开挖过程中围岩发生片帮、开裂、塌方、深层开裂等破坏，构建的三维破坏准则要能充分反映白鹤滩水电站大型地下洞室群玄武岩破坏特征，并能合理评价洞室群围岩脆性破坏诱发的稳定性。

根据上述理论，分析洞室群围岩-玄武岩在三维应力状态下的力学特性，得到了白鹤滩水电站玄武岩的三维破坏准则参数：$c_0 = 27\text{MPa}$，$\varphi_0 = 62°$，$s = 0.95$，$t = 0.91$，$\sigma_c = 220\text{MPa}$；建立了反映玄武岩的压剪破坏机制、中间主应力区间效应、拉压异性等的三维破坏准则，即

$$\frac{(\sigma_1 - \sigma_3)\sqrt{1 - b + 0.95b^2} + 0.91\left(1 - \sqrt{1 - b + b^2}\right)\sin 62°}{\sin 62°}$$
$$= (\sigma_1 + \sigma_3 + 54\cot 62°)^2 + \frac{220}{\sin 62°} - (220 + 54\cot 62°)^2 \tag{5.6}$$

5.1.2 高应力大型地下洞室群岩体弹脆塑性力学模型

结合工程实际、理论分析和大量真三轴试验，建立能够满足真三向高应力大型地下洞室群岩体三维应力依赖性和脆延性变形破裂全过程机理的三维破坏力学模型[3]，其基本框架为

$$\dot{\boldsymbol{\sigma}} = \boldsymbol{D}(\kappa)\left(\dot{\boldsymbol{\varepsilon}} - \dot{\lambda}\frac{\partial G(c(\kappa), \psi)}{\partial\sigma}\right) \tag{5.7}$$

$$F\left(c(\kappa), \varphi(\kappa)\right) \leqslant 0 \tag{5.8}$$

式中，$\dot{\boldsymbol{\sigma}}$ 为应力矩阵增量；$\dot{\boldsymbol{\varepsilon}}$ 为应变矩阵增量；$\boldsymbol{D}(\kappa)$ 为基于弹性模量、泊松比和

塑性历史的各向异性弹性刚度矩阵；$\dot{\lambda}$ 为塑性增量矩阵；G 为塑性势，其中 ψ 为剪胀角；F 为硬岩三维破坏准则[1]；κ 为模型内变量，代表据热力学第二定律的非弹性行为的不可逆发展，当取值为 1 时，代表残余状态；$c(\kappa)$、$\varphi(\kappa)$ 分别为黏聚力和内摩擦角，与塑性历史有关。

内变量 κ 的计算公式为

$$\kappa = \frac{\overline{\varepsilon^{\mathrm{p}}} \mathrm{e}^{\frac{\sigma_2}{\sigma_{\mathrm{c}}}}}{D_{\mathrm{d}} \dfrac{\sigma_3}{\sigma_{\mathrm{c}}} + D_{\mathrm{u}}} \tag{5.9}$$

式中，$\overline{\varepsilon^{\mathrm{p}}}$ 为等效塑性应变，等于残余应力处的塑性体积应变或者等效塑性剪应变；D_{d} 和 D_{u} 为反映不同岩石类型差异的材料参数，D_{u} 表示单轴压缩残余应力下的等效塑性应变，D_{d} 表示延性明显时残余应力下的等效塑性应变。

为了反映真三轴压缩条件下脆延性破坏机理，黏聚力和内摩擦角的演化应满足以下关系：

$$\begin{cases} c = c_0 - \displaystyle\sum_{i=1}^{n} w_i^{\mathrm{p}} \Delta \kappa_i (c_0 - c_{\mathrm{r}}) \\ \varphi = \varphi_0 + \displaystyle\sum_{i=1}^{n} s_i^{\mathrm{p}} \Delta \kappa_i (\varphi_{\mathrm{r}} - \varphi_0) \end{cases} \tag{5.10}$$

式中，w_i^{p} 和 s_i^{p} 分别为劣化参数和剪切强化参数，分别代表黏聚力 c 和内摩擦角 φ 在第 i 个阶段的减弱和增强比率；κ_i 为第 i 个阶段内变量的最终值；c_0、c_{r}、φ_0、φ_{r} 分别为初始黏聚力、残余黏聚力、初始内摩擦角和残余内摩擦角。

三个主应力方向变形模量 E_j 的演化规律为

$$E_j = E_0 d_j \tag{5.11}$$

式中，d_j 为表示主应力 j 方向上变形模量劣化程度的参数，其具体的演化过程与应力水平有关。

针对具体工程，应根据工程岩石性质建立与之相符的硬岩弹脆塑性力学模型并获取硬岩弹脆塑性力学模型的相关参数。硬岩弹脆塑性力学模型中五个模型参数分别为延性破坏特征参数 D_{d}、脆性破坏特征参数 D_{u}、劣化参数 w_i^{p}、剪切强化参数 s_i^{p} 以及表征变形模量劣化程度的参数 d_j、其具体的求解步骤为：

(1)延性破坏特征参数 D_{d} 可通过与工程最小主应力水平相同的常规三轴压缩

试验残余点处的等效塑性应变来计算,而脆性破坏特征参数 D_u 可通过单轴压缩试验残余点处的等效塑性应变来计算。

(2)塑性阶段的劣化参数 w_i^p、剪切强化参数 s_i^p 的计算公式为

$$
\begin{cases}
w_i^p = \dfrac{\overline{\varepsilon_f^p}}{\overline{\varepsilon_c^p}} \\
s_i^p = 1
\end{cases}
\tag{5.12}
$$

式中,$\overline{\varepsilon_c^p}$ 和 $\overline{\varepsilon_f^p}$ 分别为塑性变形阶段黏聚力完全损失时和残余阶段的等效塑性应变。

脆性跌落阶段的劣化参数 w_i^b 由单轴压缩试验结果确定,即

$$
w_i^b = \frac{\overline{\varepsilon_r^p}}{\varepsilon_r^p - \varepsilon_p^p}
\tag{5.13}
$$

式中,$\overline{\varepsilon_p^p}$ 和 $\overline{\varepsilon_r^p}$ 分别为单轴压缩试验过程中峰值应力和残余应力处的等效塑性应变。

(3)表征变形模量劣化程度的参数 d_j 可通过与工程应力水平相同的真三轴循环加卸载试验确定。根据真三轴循环加卸载试验结果,可以确定三个方向的变形模量演化过程,进而计算 d_j。

在高地应力和长期反复的开挖过程中,大型地下洞室群围岩破裂有时还会表现出时效特性,即硬岩的时效破裂发展。因此,针对大型地下洞室围岩时效破裂问题,应采用相应的硬岩时效力学模型进行分析,并考虑岩体力学参数的时效演化过程。

5.2　岩体破裂程度评价指标

5.2.1　描述岩体破裂深度与程度的破坏度指标

高应力地下工程开挖卸荷过程中,岩体应力从初始真三向应力状态向重分布真三向应力状态转移过程中,围岩自身可能不断地出现微破裂和损伤累积,为此采用真三轴试验模拟不同开挖-支护卸荷应力路径下岩石的三向应力-应变演化过程、卸荷破坏过程[4],建立考虑三向主应力的强度准则和峰后非一致卸荷本构模型是深入分析硬岩脆性破坏机制和开展高应力地下洞室稳定性优化设计的关键。

为克服一般数值计算结果只能获得屈服区/损伤区，而不能进一步反映岩体不同空间部位破裂程度的局限，在连续介质力学理论和岩石真三轴试验的应力与应变分析基础上，根据三维应力空间中 π 平面上一应力状态点在屈服时/破裂前的空间位置与其空间强度包络面和静水压力线的几何距离，以及屈服时/破裂后的等效塑性应变的大小，定义了其岩体破坏度指标。

岩体破裂程度(RFD)是一个用来评价岩体中某个局部位置破裂发展程度的指标[3]，其计算公式为

$$
\text{RFD} = \begin{cases} 1 - \dfrac{g(\theta)\sqrt{Ap^2 + Bp + C} - q}{g(\theta)\sqrt{Ap^2 + Bp + C}}, & F < 0 \\[3mm] 1 + \max\left(\dfrac{\varepsilon_V^{\mathrm{p}}}{(\varepsilon_V^{\mathrm{p}})_{\text{limit}}} + \dfrac{\overline{\gamma}}{(\overline{\gamma})_{\text{limit}}} \right), & F \geqslant 0 \end{cases} \tag{5.14}
$$

工程岩体达到材料破裂峰值荷载前($F < 0$)，$g(\theta)$ 为偏平面上的形函数，θ 为洛德角；p 和 q 分别为平均应力和等效剪应力。这里认为工程岩体达到材料破裂峰值荷载前的微裂纹演化符合 Wiebols-Cook 强度准则[5]，而 Wiebols-Cook 强度准则实际上反映的是微裂纹活动造成的剪切应变能累积相关的裂纹演化。因此 A、B 和 C 是 Wiebols-Cook 强度准则的相关系数，可以通过黏聚力和内摩擦角类比计算得到。工程岩体超过材料破裂峰值荷载后($F \geqslant 0$)；$\varepsilon_V^{\mathrm{p}}$ 和 $\overline{\gamma}$ 分别代表塑性体积应变和等效塑性剪应变，$(\varepsilon_V^{\mathrm{p}})_{\text{limit}}$ 和 $(\overline{\gamma})_{\text{limit}}$ 分别是它们的极限值，可见工程岩体破裂后 RFD 指标描述的实际上是体积和形状改变造成的破裂发展。

结合硬岩弹脆塑性力学模型和 RFD 指标，就可以直观和定量地表征岩体的破裂位置和程度，并可以合理地将岩石屈服/破裂曲线的典型阶段与工程岩体的支护优化有机结合起来，从而实现数值计算的松弛破裂区与现场实测松弛深度和围岩可视化破裂深度的统一。RFD 指标的取值范围为 0~2，RFD=0.8 对应体积应变的拐点，即损伤应力状态。当 RFD<1 时，表示峰前的破裂发展程度；当 RFD=1 时，表示峰值状态的破裂发展程度；当 RFD>1 时，表示峰后的破裂发展程度；当 RFD=2 时，表示处于残余应力状态。真三轴压缩条件下岩样的 RFD 演化过程如图 5.1 所示。可以看出，RFD 的发展与实际破裂的发展存在一定的对应关系。在实际操作中，RFD 值是根据其应力状态和塑性应变状态计算得到的。

5.2.2　岩体破裂程度应用方法

RFD 指标可以直观和定量地表征岩体的破裂位置和程度，并合理地将岩石屈服/破裂曲线的典型阶段与工程岩体的支护优化有机结合起来，从而实现数值计算的松弛破裂区与现场实测松弛深度和围岩可视化破裂深度的统一，如白鹤滩水电

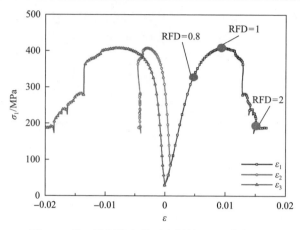

图 5.1　真三轴压缩条件下岩样的 RFD 演化过程

站左岸地下厂房中导洞开挖后边墙某水平测试孔的观测与计算结果[6]。从图 5.2 可以看出，RFD 值不仅可将洞室围岩破裂深度（RFD≥1 区域）与围岩实测波速曲线的松弛深度拐点（P 点）对应，还可将破裂程度（RFD 大小）与围岩实测波速曲线下降段（B 段）对应，即 RFD 值还可与岩体内部钻孔摄像揭示的"可见明显开裂段"和"可见稀疏开裂段"对应（钻孔摄像可见裂纹分辨率比声波测试分辨率低），如 RFD=2 意味着围岩完全破裂（围岩实测波速曲线的下降段 A），从而实现岩体松弛测试、数值计算与可视化观测的统一。

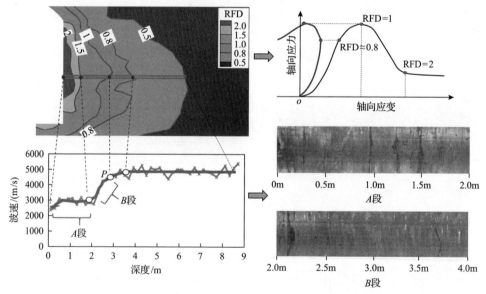

图 5.2　基于数值分析的 RFD 指标与其实测松弛特征和可视化破裂观测结果一致性对应关系[6]

A 段. 钻孔摄像可见明显开裂；B 段. 钻孔摄像可见稀疏开裂；P. 松弛深度分界点

　　RFD 可用于计算破裂位置的深度和程度。如图 5.3 所示，沿着隧道洞周均出现了不同程度和深度的破裂行为。而南侧拱肩和北侧边墙的破裂相对来说程度更大，范围更深，计算的破裂位置与实际破裂位置基本相同。

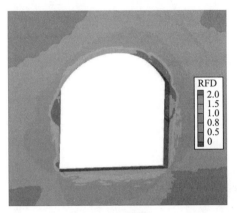 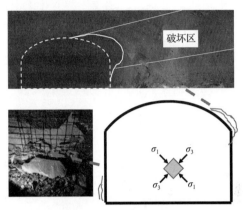

(a) RFD分布图　　　　　　　　　　(b) 洞壁破坏位置与应力方向

图 5.3　基于数值分析的 RFD 指标的围岩破坏位置与实际破坏位置对比

5.3　大型地下洞室群三维数值计算分析方法

　　大型地下洞室群数值计算分析中，首先要根据地质勘查报告和地下洞室设计资料建立三维数值计算模型。根据高地应力条件下岩体结构的破坏形式，诱发岩体破坏的地质结构可概化为非连续介质和连续介质。例如，硬性结构面可采用UDEC/3DEC、DDA 等软件中的接触面单元模拟近似无厚度的结构面，模拟不连续岩块顺着二维面发生滑移。带有填充物厚度的结构面岩体或者完整岩体可采用连续介质的方法建立三维数值模型，完整岩体或岩性过渡不明显岩体均可使用连续介质。

　　因此，高地应力洞室群开挖支护条件下工程岩体概化的基本原则是概化模型的力学性能、变形特征、破坏模式与施工现场尽量保持一致，地质结构概化模型的模拟结果能够反映地质结构对真实工程的影响。

5.3.1　高应力下复杂地质结构和大型地下洞室群三维建模概化方法

　　高应力大型地下洞室群往往处于高山峡谷地区，工程区域岩层剧烈变化、断层、褶皱、错动带等地质构造复杂，往往以水平应力占主导，有时局部异常高应力。例如，双江口水电站最大主应力 σ_1 为 38MPa（近水平），中间主应力 σ_2 为 23MPa、最小主应力 σ_3 为 17MPa（与地下厂房轴线斜交）。深部工程地质结构和地应力分布具有典型的三维特性，因此高应力大型地下洞室群数值计算需要建立三维地质模型。

由于地质结构的复杂性，几何特征千变万化，规则的几何形状不可能描述现实的地质体形状，但地质体的变化又不是完全毫无规律可循，因此按一定的原则进行地质体的概化处理符合地质行业习惯，又满足地质建模的要求。

(1) 地质结构的概化。地质结构概化按一定的地质几何、力学特征进行归类合并处理，如按同一地质结构或相似地质体的物理力学性质进行概化处理。鉴于地应力场与地表剥蚀、地质构造的关系，应该考虑地表剥蚀形成的地形地貌，如图 5.4 所示。

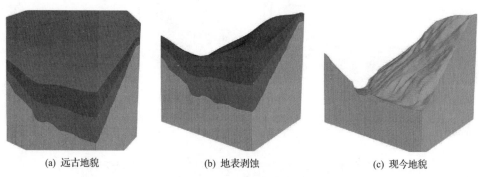

(a) 远古地貌　　　　　　　　(b) 地表剥蚀　　　　　　　　(c) 现今地貌

图 5.4　深切河谷地貌形成模拟过程

大型地下洞室群建模中，按河谷地形地貌，地层、岩性、活动断裂、硬性结构面、褶皱、岩脉、错动带、柱状节理等不同地质结构进行地质概化，如图 5.5 所示。参考地表等高线，建立地表起伏三维模型。按一定的尺度判别地质体的概化方法，高地应力条件下，当地质体的尺寸会影响到地下洞室群的稳定时，应该考虑对该地质结构进行分类建模，并提供按结构类型、力学性质的地质模型。应

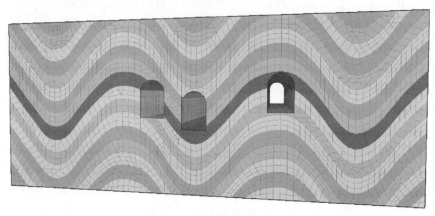

图 5.5　褶皱隧道地质模型

力场在褶皱附近发生变化，形成与区域构造应力场不一致的局部应力场，极易触发岩爆、大变形。在考虑研究区内褶皱岩体分布特征的基础上，采用理想的褶皱地质模型并进行合理的简化，要考虑褶皱层厚，以及褶皱与洞室的空间关系。岩脉与断层可采用参数弱化等效的方式模拟，宽度规模依据现场开挖揭露现象，力学参数可以依据室内试验获得。建立模型时，重点关注结构面的产状与洞室轴线的空间关系。

(2)边界条件的概化。水电站地下厂房等一般布置在 V 形深切河谷区域，地形对工程区域也有较大影响，应建立三维地质模型。大型地下洞室群几何尺寸一般具有长度＞高度＞宽度的特点，一般的模型水平方向宽度大于洞室水平最大尺寸的 6 倍，模型竖向的高度不应小于洞室竖向尺寸的 3 倍，同时洞周网格尺寸尽量保持长宽比一致。在划分网格时，兼顾计算机能力及开挖支护模拟的精细度，需对厂房开挖影响区域内的网格进行精细网格划分，对应洞周扰动应力影响较大的区域应适当加密网格，建议尺寸小于 1m。远离洞周区域可适当加大网格尺寸，从而减少网格数量，提高计算速度；对中间部分进行网格过渡，实现网格连续且无大跨度尺寸变化，使模拟结果接近实际，如图 5.6 所示。

图 5.6　由洞壁向周围网格尺寸逐渐增大

边界的位置宜与河流走向尽量一致，或小角度相交。在地表提取各点高程，根据地质钻孔读取不同深度的地质信息，建立三维地质模型，通常单元数在百万以上。数值计算分析中，计算模型的范围选取影响着计算结果的精确性，计算范围选得过小会使厂房区域受到边界效应的影响，计算范围选得过大会超出计算机的计算能力。

计算范围的确定应遵循以下三个原则：①几何范围必须包含全部工程影响区域，且适当增大，减少边界影响；②边界处的几何约束条件必须易于确定，宜将山脊线与河谷线选为边界，因其两侧地形大致对称，可假设此类边界不会在与边界线垂直方向上发生位移；③在适当增大计算范围的同时要考虑计算机的计算能力。

（3）三维地应力场的概化。考虑到高山峡谷地区现今河谷地应力场内动力地质作用后，再经过长期河谷侵切、表层剥蚀等外动力地质作用的最终结果。模型应该充分考虑地形构造应力场的影响，例如，由于河谷区应力集中，三维地质模型应该包括洞室群附近的河谷地形，有利于构造应力场的施加。为了反映工程岩体应力、应变及能量调整过程，数值计算分析中需模拟河谷地貌的逐渐剥蚀形成过程，以及伴随的地应力释放。通常情况下，三维地表大模型需涵盖整个厂房及河谷区域，故尺寸较大，一般为 1000～2000m，对于大尺寸模型，初始地应力场是地下工程建设过程中需要考虑的一个关键因素，它和地下洞室的安全性息息相关。因此，从确保地下工程施工能够安全且高效进行的角度出发，需要在数值模拟工作前，对工程所在区域建立三维地表大模型，并结合初始应力场对模型施加边界条件，模拟开挖支护方案，以获得最安全合理的设计方案。应力场受地形、构造应力场、地质结构影响，通常非均匀分布，如图 5.7 所示。

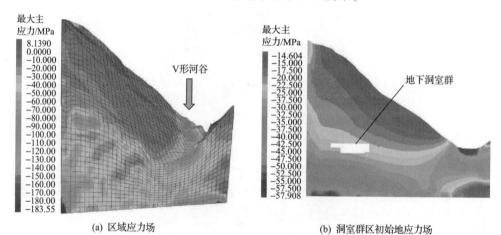

(a) 区域应力场　　　　　　　　　　　(b) 洞室群区初始地应力场

图 5.7　地下洞室群区域主应力分布云图

双江口水电站地处板块碰撞与挤压边界处，形成高山峡谷地区，以水平地应力占主导。地下厂房数值反演结果显示，开挖前最大主应力 σ_1 与厂房轴线近似平行，夹角为 20°，中间主应力 σ_2 和最小主应力 σ_3 在地下厂房横断面上，如图 5.8 所示。因此，开挖后控制洞室稳定性的是 σ_2，并不是 σ_1。

如果数值计算区域较大，计算单元过多，无法满足洞室开挖计算机的运算能力，可先建立单元尺寸较大的三维大模型，进行三维地应力场数值反演。进而，基于边界节点应力等效原理，在大三维地应力场反演结果中提取给定小范围模型

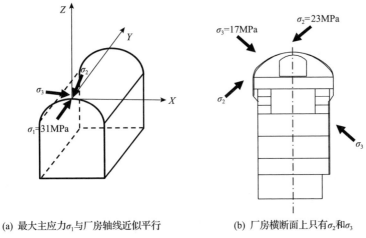

(a) 最大主应力σ_1与厂房轴线近似平行　　　　(b) 厂房横断面上只有σ_2和σ_3

图 5.8　双江口水电站地下厂房主应力与轴线的关系

的三维应力加载边界，为小三维模型的洞室稳定性精细数值分析提供应力边界条件，从而建立网格更精细化的数值模型，即在小的数值模型周边施加提取的 6 个应力分量，最后进行地下洞室群开挖支护过程的数值仿真分析。

5.3.2　大型地下洞室群岩体力学模型选择与参数赋值方法

1）地层

地层采用三维实体单元进行模拟，可表达在开挖扰动过程中的开裂、应力、变形过程。首先，在室内进行真三轴试验，确定力学模型。然后，确定力学参数，可采用实测的岩体内部变形、破裂深度和范围进行反演。

2）断层或有一定厚度的结构面

断层或有一定厚度的结构面可采用三维实体单元进行模拟，力学模型、参数选取可依据室内试验和参数反演方法。

3）软弱夹层或错动带

软弱夹层或错动带可采用三维实体单元及两侧的接触面单元模拟，接触面单元与岩体单元发生的位移不连续，以实现高地应力大型地下洞室群开挖后错动带发生相对位移。其力学模型、参数选取可依据室内试验和参数反演方法获得。

根据大型地下洞室群围岩破坏模式，其中岩体结构控制型破坏（如塌方、块体失稳等）在地下洞室群开挖中比较常见。在地下洞室群数值分析计算中，应当考虑岩体结构（如断层、破碎带、岩脉等）对地下洞室群施工稳定性的影响。对于大的断层、岩脉，可以考虑通过切割数值计算模型，对该区域材料属性进行弱化来类比此时断层、岩脉的缺陷。例如，对于弹性变形模量、非均质的缺陷处，可以认为存在

$$E = (1-\epsilon)E_0 \tag{5.15}$$

式中，ϵ 表示弱化系数，其取值范围为 $0\sim1$。ϵ 越接近 1，表示缺陷处的材料属性弱化越严重。

对于非均质的工程岩体材料，通常可以用统计学里面的随机方法加以描述。工程岩体的一些材料属性，如弹性模量、泊松比和黏聚力等，其分布大致符合 Weibull 分布，Weibull 分布的概率密度函数可以表示为

$$p(x) = \begin{cases} \dfrac{m}{x_0}\left(\dfrac{x}{x_0}\right)^{m-1}\exp\left[-\left(\dfrac{x}{x_0}\right)^m\right], & x \geqslant 0 \\ 0, & x < 0 \end{cases} \tag{5.16}$$

式中，x 表示某个材料属性，x_0 表示这个材料属性的平均值；m 为表示 Weibull 分布形状的参数，它代表的是均质性程度，最小值一般取 1.1。

5.3.3　高应力大型地下洞室群开挖与支护过程数值模拟方法

在模拟地下洞室开挖与支护之前，需对设置岩体力学模型及计算参数的三维模型进行初始地应力平衡计算，得到大型地下洞室群数值计算模型的初始地应力场。获取初始地应力场的方法有三种：通过现场实测数据分析获得，通过初始数值计算得到，通过结合现场实测数据反演分析获得。通过数值模拟获取自重产生的初始地应力场，然后把计算出的节点力设为初始条件，以平衡岩体自重产生的内部应力。这样处理可以克服岩体重力产生的变形，逼近岩体的原始应力、位移状况。

为获得岩体由开挖和支护等施工影响引起的围岩破裂及变形规律，在进行初始地应力平衡后，需要清除由地应力和重力引起的位移及变形状态，还原岩体未开挖时的初始状态。考虑到大型地下洞室群的几何特点，即大跨度、高边墙，开挖、支护的模拟方法采用分层开挖的形式，结合地下洞室的实际开挖工况，对施工区域按照各开挖高度进行分组处理。按照现场施工工艺，每层依据循环进尺开挖。每一步循环进尺开挖后，进行平衡计算，当迭代至设计值后，停止计算。开始下一循环开挖，再进行平衡计算，如此至开挖全部完成。大型地下洞室群分层开挖示意图如图 5.9 所示。

高应力条件下开挖，洞周发生应力集中现象，围岩以拉破坏为主，辅以剪切破坏。为防止高地应力岩爆、片帮、板裂现象，需要进行支护。对于长细比很大或者刚度与围岩差异较大的结构，按照支护相对洞室的实际坐标，添加结构单元模拟锚杆、锚索。采用对实体单元参数置换的方式模拟注浆、钢筋网加喷射混凝土，即改善弹性模量、泊松比、黏聚力、内摩擦角等围岩参数。掘进、支护顺序

均需与现场施工保持一致，直至模拟洞室全部开挖完成。大型地下洞室群分层开挖过程中 RFD 分布如图 5.10 所示。非对称应力引起的破坏区域集中在左拱肩、右拱脚。

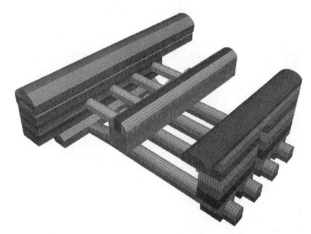

(a) 地下洞室群

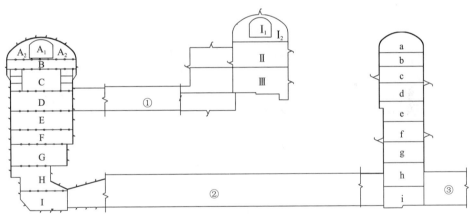

(b) 分层开挖示意图

图 5.9　大型地下洞室群分层开挖示意图

(a) 第 I 层中导洞开挖

(b) 第 II 层扩挖

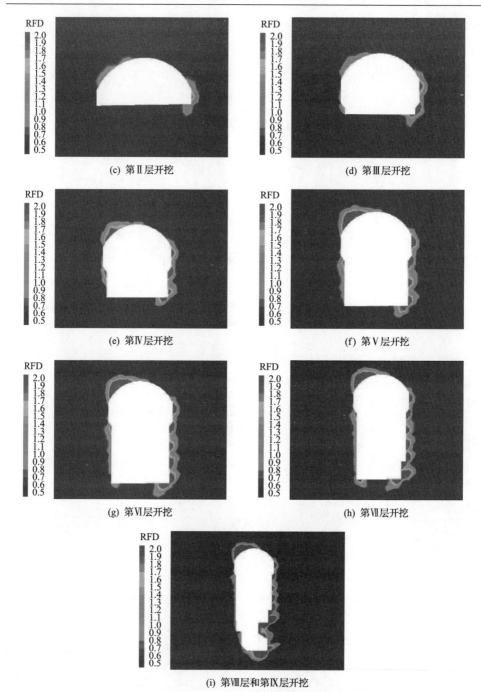

(c) 第Ⅱ层开挖

(d) 第Ⅲ层开挖

(e) 第Ⅳ层开挖

(f) 第Ⅴ层开挖

(g) 第Ⅵ层开挖

(h) 第Ⅶ层开挖

(i) 第Ⅷ层和第Ⅸ层开挖

图 5.10　大型地下洞室群分层开挖过程中 RFD 分布（见彩图）

大型地下洞室群分层开挖引起的关键部位围岩破坏深度演化曲线如图 5.11 所

示。可以看出，开挖 4 层以后，左拱肩、右边墙围岩破坏深度基本稳定，即在开挖过程中，重点关注前 4 层开挖引起的洞室群稳定性。

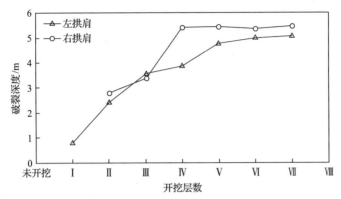

图 5.11　大型地下洞室群分层开挖引起的关键部位围岩破坏深度演化曲线

开挖支护步骤太多导致数值计算结果文件过多，考虑到计算机的储存能力有限，应每隔几个工况进行保存或仅保存具有代表性的结果文件。

结果文件只能记录某一工况完成时工程岩体所处的状态，若想实现对某一测点在开挖过程中的变形应力状态监测，可以通过历史记录模块记录计算过程中监测点位置处节点发生的变形过程。

地下洞室群支护设计流程为：首先应用工程类比设计法进行初步设计；然后根据工程实际情况，选择适当的数值分析计算方法，分析洞室围岩稳定性，验算初步设计的支护参数，制定最有利于洞室群稳定的开挖支护时序；接着在施工中对"围岩-支护体"破裂、损伤、变形、受力状态进行现场监测，同时根据实测资料开展施工期快速反馈分析研究，以综合评价洞周围岩的稳定性及设计支护的有效性；最后依据分析成果及时调整原设计和施工时序，以保证洞室开挖安全可靠、经济合理。

5.3.4　实例分析：双江口水电站地下厂房数值计算模拟分析

根据双江口水电站左岸引水发电建筑物地下厂房系统(含主副厂房、安装间、主变室、尾调室)设计方案[7]，考虑到洞室群效应，选取的计算范围为 1000m×1000m 的方形区域；垂直方向上由高程 $Z= -2000m$ 至地表。为了方便后续的计算工作，模型的 X 方向与厂房的轴线方向平行，模型的 Y 方向与厂房的轴线方向垂直，数值计算模型范围示意图如图 5.12 所示[7]。

提取数值计算模型范围内地表地形线导入数据软件，提取等高线拟合点数据，并生成可以利用网格剖分软件的编程语言进行批处理的数据点，创建空间样条线段和曲面的命令程序，最终拉伸成体，形成地表数值计算区域大模型，如图 5.13(a)

所示，其中，洞室部位网格较为精细，以避免计算带来误差。根据地下厂房布置设计方案，建立地下洞室群模型，在计算洞室群的开挖过程中，整个大模型参与计算。

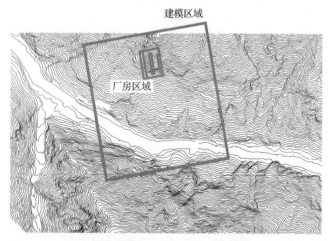

图 5.12　双江口水电站地下洞室群数值计算模型范围示意图[7]

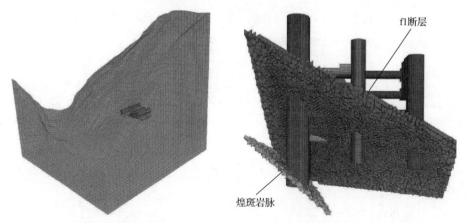

(a) 数值计算区域大模型　　　　　　(b) 断层岩脉与洞室群相互位置

图 5.13　双江口水电站数值计算模型

计算中考虑对地下洞室群稳定性起主要影响作用的地质构造，分别是 f1 断层和煌斑岩脉，f1 断层方位为 N50°～60°W/SW ∠35°～45°，主断带宽为 1.3～3.9m，延伸长度大于 700m；煌斑岩脉方位为 N50°～60°W/SW ∠70°～75°，宽 0.8～1.1m。厂房数值计算模型、厂房在模型中的位置与 f1 断层和煌斑岩脉相对于厂房的位置如图 5.13(b)所示。

数值计算中，初始地应力场可以通过岩体三维地应力场反演分析的方法确定，岩体参数可以通过大型地下洞室群岩体力学参数三维智能反演方法，准确反演岩体力学参数。在洞室群开挖计算分析中，采用能够反映高地应力下硬脆性岩体的应变硬化弹塑脆性本构模型，岩体的力学参数取值如表 5.1 所示[7]。

表 5.1　弹塑脆性本构模型岩体力学参数表[7]

类别	弹性模量/GPa	泊松比	内摩擦角/(°)	残余内摩擦角/(°)	黏聚力/MPa	残余黏聚力/MPa	密度/(g/cm³)	等效塑性应变阈值		
								$\bar{\varepsilon}_c^{\mathrm{p}}/10^{-3}$	$\bar{\varepsilon}_\varphi^{\mathrm{p}}/10^{-3}$	$\bar{\varepsilon}_E^{\mathrm{p}}/10^{-3}$
围岩	22.5	0.25	20	45	12	3	2.65	3	5	2
煌斑岩脉	8	0.28	35	—	1	—	2.2	—	—	—
断层	5	0.33	25	—	0.5	—	1.8	—	—	—

主厂房、主变室和尾调室分别分 9 层、4 层和 9 层开挖，在三大洞室第 I 层开挖时，先开挖中导洞，随后对中导洞顶部进行永久支护，两侧进行临时支护，之后再向两侧扩挖至既定位置，最后对两侧进行永久性支护。在开挖过后，先初步喷射混凝土，随后架设钢筋网喷射混凝土，之后进行系统锚杆、锚索支护，在整个过程中随时对重点部位有针对性地进行锚索加强支护。

在洞室开挖过程中，除围岩表层发生了易观察到的破坏现象外，围岩内部也可能产生裂隙的相关变化。除了最初开挖卸荷后围岩回弹产生的变形，之后围岩内部裂隙演化也是导致围岩变形的主要原因之一。对围岩内部裂隙进行观测，及时施加防护措施，以避免这些裂隙在开挖过程中不断发展，最终形成较大贯通裂隙，对围岩稳定性产生威胁。

在主厂房第 I 层中导洞扩挖前，在 K0+025 断面、K0+085 断面、煌斑岩脉附近 K0+123 断面分别钻设多个测试钻孔，具体的钻孔布置图如图 5.14 所示。主厂房拱肩部位的钻孔通过排水廊道向主厂房方向钻设，深度约 31m，下倾角度约 17°；拱脚部位的钻孔由洞壁向内部水平钻设，扩挖后钻孔剩余长度约 10m。

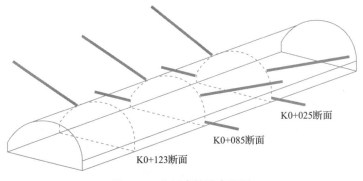

图 5.14　主厂房钻孔布置图

采用上述弹脆塑性本构模型对主副厂房进行分层开挖，模拟开挖至钻孔摄像监测日期（2019 年 3 月 4 日）所处工况，对比主厂房 K0+085 和 K0+025 断面上游侧拱肩钻孔摄像观测结果和数值计算 RFD，如图 5.15 和图 5.16 所示。

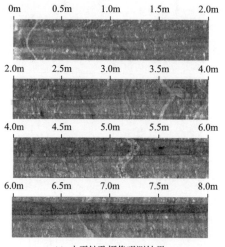

(a) 水平钻孔摄像观测结果　　　　　　　(b) 数值计算RFD

图 5.15　主厂房 K0+085 断面上游侧拱肩倾斜钻孔摄像观测结果和数值计算 RFD
（2019 年 3 月 4 日）

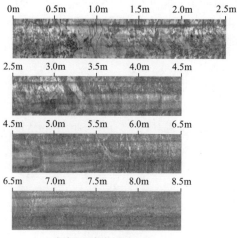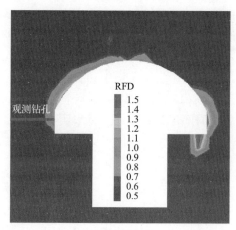

(a) 倾斜钻孔摄像观测结果　　　　　　　(b) 数值计算RFD

图 5.16　主厂房 K0+025 断面上游侧拱肩水平钻孔摄像观测结果和数值计算 RFD
（2019 年 3 月 4 日）

从钻孔摄像观测结果可以看出，围岩完整性较好，在洞室开挖后没有出现较为严重的开裂、剥落情况，所存在的裂隙绝大多数都是闭合裂隙或者宽度极小。对比 RFD 数值计算结果，RFD=0.5～1.5 时处于可见稀疏开裂段，受地应力场影响，围岩破坏主要产生在主厂房上游侧拱肩处，主洞室开挖一层后围岩裂隙产生深度范围为 0～4m，数值计算破坏位置、破坏深度和破坏程度与现场实测结果基本一致。主洞室开挖后，周围围岩内部裂隙呈现随机分布的特征，裂隙的间隔、方向、宽度等特征都是独立的，没有明显的相关性。但同时也能发现裂隙几乎是平行于洞壁轮廓的环形裂隙，沿钻孔轴线方向的水平裂隙极少。

　　主厂房位移监测布置图如图 5.17 所示。在主厂房(厂横 0～90m)每隔 30m 布置一个监测断面，选择主厂房 K0+135 监测断面，对洞室开挖一层后现场实测围岩位移与数值计算位移进行对比，如图 5.18 所示。可以看出，在距孔口较近位置，计算值略小于实测值，其他位置二者基本一致。

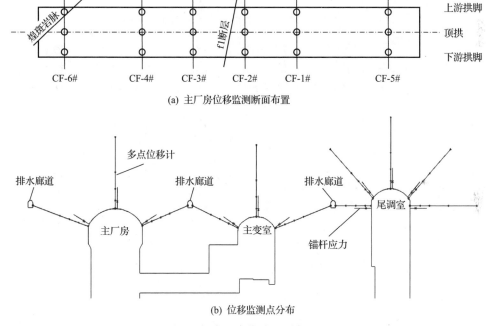

(a) 主厂房位移监测断面布置

(b) 位移监测点分布

图 5.17　主厂房位移监测布置图

　　为了确保洞室开挖后的稳定性，需要对地下洞室随开挖的变形规律和主要破坏位置进行预估，以便施工单位能够掌握其大致情况，对重点位置加强监测，确保地下工程稳定性和施工安全。

　　岩锚梁开挖后主厂房各监测断面位移云图如图 5.19 所示。可以看出，主厂房各桩号区域位移大致趋势相同，位移最大值为 24mm，底板位移较大，但对洞室的影响较小。岩锚梁位置位移约为 20mm，小桩号断面区域上游侧位移大于下游侧，大桩号区域上下游侧位移相差不大，因此在小桩号区域开挖过程中要更加注意上游侧的变化趋势，做好岩锚梁的保护工作。

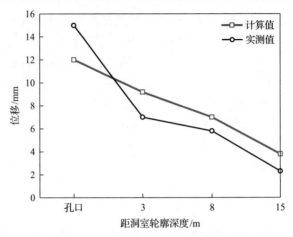

图 5.18　主厂房 K0+135 监测断面围岩位移计算值与实测值对比

另外，对三大洞室全部开挖完毕后的围岩位移进行预测，开挖完毕后主厂房各监测断面位移云图如图 5.20 所示。可以看出：①主厂房四台机组断面位置（K0+000 断面、K0+030 断面、K0+060 断面与 K0+090 断面）母线洞上部边墙明显

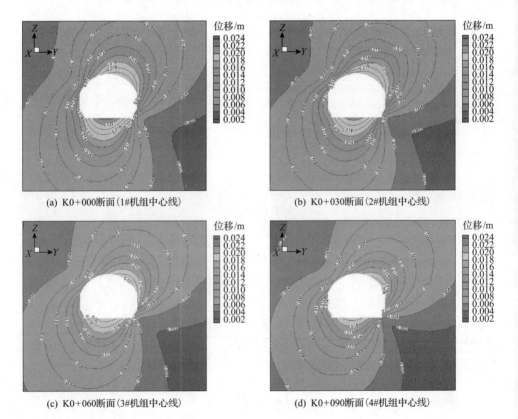

(a) K0+000断面(1#机组中心线)　　　　　　　　(b) K0+030断面(2#机组中心线)

(c) K0+060断面(3#机组中心线)　　　　　　　　(d) K0+090断面(4#机组中心线)

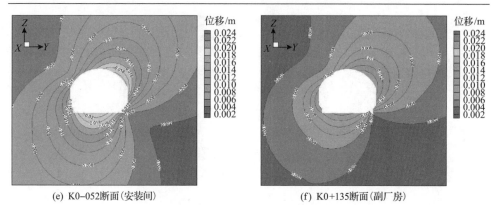

(e) K0−052断面（安装间）　　　　　　(f) K0+135断面（副厂房）

图 5.19　岩锚梁开挖后主厂房各监测断面位移云图

是各断面变形最大的部位，而且从 K0+000 断面到 K0+090 断面即从小桩号到大桩号位置，围岩位移由大向小变化，该部位是主厂房与母线洞交叉部位，两个方向围岩卸荷导致围岩变形过大，同时由大桩号向小桩号，围岩埋深越来越大；②从整体变形来看，主厂房下游侧边墙位移大于上游侧边墙，这主要是最大主应力与多洞室交叉共同作用的结果。

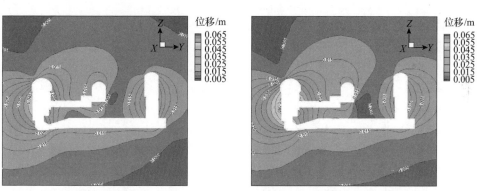

(a) K0+000断面（1#机组中心线）　　　　　(b) K0+030断面（2#机组中心线）

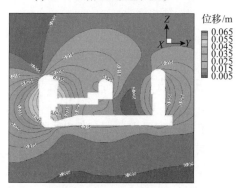
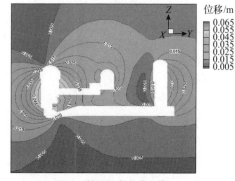

(c) K0+060断面（3#机组中心线）　　　　　(d) K0+090断面（4#机组中心线）

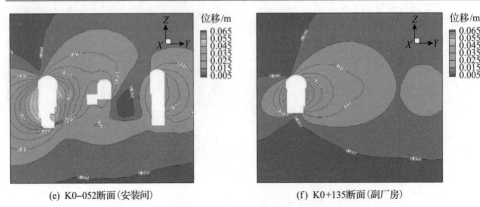

(e) K0-052断面(安装间)　　　　　　　　　(f) K0+135断面(副厂房)

图 5.20　开挖完毕后主厂房各监测断面位移云图

不同开挖工况下主厂房横断面左拱肩 RFD 面积如图 5.21 所示。可以看出，在开挖洞室前三层时，RFD 面积增加缓慢。随着开挖深度的增加，左拱肩处产生应力集中区，并且随着表层岩体的破坏，应力集中区向围岩深部转移，RFD=2 的面积逐渐增大，因此建议在洞室底层开挖时应关注主洞室左拱肩位置围岩损伤破坏情况，避免出现失稳破坏现象。

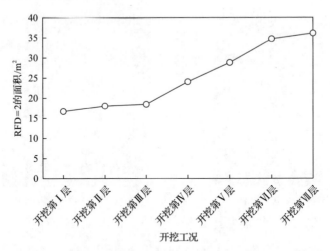

图 5.21　不同开挖工况下主厂房横断面左拱肩 RFD 面积

地下洞室群开挖完成后，提取主厂房 RFD 云图，发现主厂房破坏位置主要集中在左拱肩和右边墙，左拱肩受高地应力挤压作用形成深 V 形的剪切破坏，最大破坏深度达 7m；主变室主要破坏位置集中在右拱脚，主要为剪切拉伸共同破坏模型；尾调室由于地应力较小，未形成明显的深层破坏。经过与现场实际破坏位置进行对比，破坏位置与破坏形式基本相符。初步建议在现场施工过程中应当加强对主洞室左拱肩和右边墙的控制及主变室右拱脚的支护措施，同时加强对上述破坏集中区的监测项目和监测频率，确保地下工程的稳定性。现场实际破坏位置与数值模拟计算结果如图 5.22 所示。

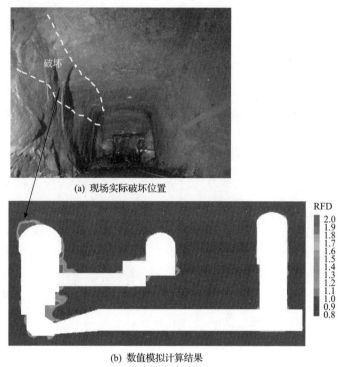

(a) 现场实际破坏位置

(b) 数值模拟计算结果

图 5.22　现场实际破坏位置与数值模拟计算结果对比 (见彩图)

5.4　大型地下洞室群岩体力学参数三维智能反演方法

由于高真三向应力下硬岩以破裂为主，而且第一、第二主应力方向和大小都对洞室围岩变形破坏有控制作用，因此大型地下洞室群岩体力学参数反演应采用考虑真三向应力的反演方法；而且高应力开挖卸荷下洞室群不同洞室、不同空间位置围岩松弛和破裂深度不一样，因此大型地下洞室群围岩力学参数还应充分考虑围岩松弛和破坏等信息；此外，由于高应力大型地下洞室围岩不同部位破裂深度和程度不同，围岩破裂特征与岩体力学参数存在明显的非线性关系，因此大型地下洞室群岩体力学参数反演方法应充分考虑反演信息的空间分布代表性、反演过程及从力学参数到围岩变形破坏的正演方法、反演方法的高度非线性和智能化。

大型地下洞室群变形破坏行为复杂、地质条件多变、监测信息繁多，待反演的参数众多，如何合理地进行岩体力学参数反演却缺乏统一的技术流程[8]。从空间上看，针对高应力大型地下洞室自上而下分层开挖的特点，可以充分利用大型地下洞室上部层开挖的监测与检测信息反演岩体力学参数，从而基于反演的参数更精准地预测洞室后续开挖过程中围岩的力学行为；从工程建设时间过程来看，首先可以利用洞室群施工前多个探洞围岩变形、破裂的测试信息进行岩体力学参数的初步反演，进而利用施工前期施工支洞、施工导洞、前期开挖层的围岩变形破坏监测信息进行逐步深入反演，并通过施工过程中的同步动态岩体力学参数反演，全面获得整个洞室群不同地层的围岩力学参数。

因此，高应力大型地下洞室群岩体力学参数反演的关键在于如何选择具有高度非线性映射能力的智能反演算法，如何合理地提取各种多元检测和监测信息，如何准确地反演岩体力学参数，这些都需要深入探讨，建立岩体力学参数的三维反演方法和基本原则，规范岩体力学参数反演流程是十分必要的。

5.4.1　多源信息融合的岩体力学参数三维智能反演原理

数值仿真分析已广泛应用于岩土工程的开挖支护方案优化设计，然而数值计算中参数取值是否合理直接决定数值模拟的成败，"参数给不准"一直是困扰国内外研究者的难题[8]。

大型地下洞室群开挖后，围岩由于地应力作用会产生变形。因此，现场监测的位移是描述围岩变形形态的一个重要物理量，已被用作岩体力学参数反演的主要依据。但是对于深部硬岩，围岩变形往往较小，岩体破裂是影响硬岩工程稳定的主要因素。通过声波测试或钻孔摄像技术获得的松弛深度数据可以直接反映围岩的完整程度，本质上更是岩体强度特征的直接体现，与岩体力学参数(弹性模量、内摩擦角和黏聚力等)的关联更为紧密。因此，大型地下洞室群岩体力学参数反演应该考虑多种观测信息和监测信息的融合。

反分析过程实质上是参数寻优的过程，合理的目标函数和强有力的参数搜索方法同样决定着反演分析的质量，而神经网络与遗传算法相结合的智能反演方法是解决这一问题的强有力工具。例如，基于遗传算法(genetic algorithm，GA)和人工神经网络(artificial neural networks，ANN)的位移反分析方法既利用了神经网络的高度非线性映射、网络推理和预测功能，又利用了遗传算法全局优化特性，在处理岩土体参数与目标变量之间无显函数表达式这一正反分析方面具有良好的适用性(详细算法可参照文献[8])。

首先，在岩体力学参数反演时，需建立融合多种实测信息的适应度函数，它规定了参数优化过程中逼近的目标方向，同时也控制了种群个体的优胜劣汰原则，如基于松弛深度和位移增量建立适应度函数，即

$$\text{fitness}(X) = \min\left[(1-\alpha)\sum_{i=1}^{n}(x_i^{\text{D}} - x_i^{\text{Do}})^2 + \alpha\sum_{i=1}^{m}(x_i^{\text{P}} - x_i^{\text{Po}})^2\right] \tag{5.17}$$

式中，α 为权系数；x_i^{D} 为神经网络映射位移增量；x_i^{Do} 为实测位移增量；x_i^{P} 为神经网络映射松弛深度；x_i^{Po} 为实测松弛深度；n 为位移测点个数；m 为松弛深度测点个数。函数中 α 反映了函数对位移增量和松弛深度的价值取向，当 α 变大时函数倾向于松弛深度，当 $\alpha=1$ 时是以松弛深度为反演目标函数；当 $\alpha=0$ 时是以位移增量为反演目标函数。

然后，构造 GA-ANN 反演算法中神经网络学习样本。一般考虑每个试验样本的均匀发散性，可采用基于稳健试验的均匀设计法构造神经网络学习样本的输入量组合，并通过数值方法计算出神经网络学习样本的输出量组合，从而建立适用于神经网络整个空间非线性映射学习的样本。

最后，在建立适应度函数和学习样本的基础上，采用智能优化算法进行岩体力学参数反演，具体过程如下：

(1)采用均匀设计构造神经网络样本输入，通过正算程序获得网络样本输出，并进行数据归一化。

(2)给定人工神经网络的隐含层数和每个隐含层的节点数的取值区间，利用样本训练网络并采用遗传算法搜索最优神经网络结构。

(3)在取得最优神经网络结构的前提下，以网络最小推广误差为终止条件获得人工神经网络的最佳训练次数，防止网络欠学习和过学习，使其具有最好的泛化能力。

(4)采用训练好的人工神经网络建立岩土参数和量测目标量之间的非线性映射，在给定适应度函数下，通过遗传算法不断搜索更新当前参数并最终获得最优参数组合。

5.4.2　大型地下洞室群岩体力学参数三维智能反演技术要点

融合位移和破裂等信息的大型地下洞室群岩体力学参数三维智能反演方法需要考虑几个原则性要点：

(1)多元测试信息动态吸收原则。在洞室未开挖前充分利用前期探洞和室内试验获得的围岩破裂和变形的相关数据，并结合经验参数进行岩体力学参数反演；洞群第 I 层开挖后充分利用当前层开挖的围岩破裂深度、破裂程度、监测变形等信息进行岩体力学参数反演；洞室群分层开挖过程中，动态利用当前开挖过程中多种监测和检测信息反演岩体力学参数；一些特殊地质结构区应针对性结合现场观测数据或室内试验测试结果进行岩体力学参数反演。

(2)识别对岩体变形破坏预测的敏感参数原则。一方面，多种岩层组合的围岩力学参数众多，无法做到每一个参数都进行反演；另一方面，部分岩体力学参数对计算变形和破裂深度准确性的影响不大且可通过前期试验获得。因此，从保证参数反演质量与效率的角度出发，宜通过参数敏感性分析筛选对岩体变形与破裂计算最为敏感的几个关键参数。

(3)待反演参数个数不大于已知输入信息个数原则。虽然采用智能算法建立实测变形与破坏数据和岩体力学参数的非线性映射模型没有一个显式表达,但也应遵循已知量个数不小于未知量个数的基本原则,才能有效减小反演获得的参数不确定性,从而获得较优的岩体等效力学参数。

(4)采用三维洞室群模型与三维地应力边界条件原则。传统岩体力学参数二维反演不能充分考虑洞室群三维几何结构导致的空间效应和洞群效应,也无法反映三维地层和地质结构分布特征,更无法考虑三维地应力场条件,因而只有采用三维洞室群几何和地质模型、三维地应力边界条件,才能更准确地反映岩体空间变形破坏特征,从而识别更为准确的岩体力学参数。

(5)采用三维空间而非平面上的变形和破裂深度的观测数据原则。岩体地质结构空间非均匀分布和洞室群的立体结构特征决定了洞室围岩变形破坏的空间非一致性,因此只有采用三维洞室群几何和地质模型、三维地应力边界条件才能体现岩体力学参数的三维特征。

(6)岩体力学参数反演算法的高度非线性和全局搜索原则。岩体力学参数与实测变形破坏之间是一个复杂的非线性关系,只有采用具有高度非线性映射能力的算法才能确保两者之间的准确映射,只有采用高效的全局搜索算法才能有效识别岩体力学参数的最优解。

(7)关注破裂深度与程度的原则。由于高应力大型地下洞室围岩主要以破坏为主,岩体力学参数反演结果是否可靠应重点对比计算和实测的围岩破裂深度与程度及其演化规律。

5.4.3　岩体力学参数三维智能反演流程

结合大型地下洞室群的工程特点,基于参数反演基本理论,总结归纳大型地下洞室群岩体力学参数三维智能反演方法主要步骤,具体如下:

(1)建立待反演参数的洞室群三维数值模型,并采用考虑真三向应力的岩体力学模型。

(2)获取反演的基本信息,如非同一平面、非同一洞室的三维空间范围内最能体现围岩卸荷变形破坏行为特征的位移(或位移增量)、围岩破裂深度(或松弛深度)等实测信息。

(3)通过参数敏感性分析,确定对岩体破裂深度、破裂程度和变形量相对最敏感的岩体力学参数。

(4)采用非线性映射和智能优化算法,如遗传算法、粒子群算法、人工神经网络、支持向量机等,构建岩体力学参数的全局反演方法,如遗传-人工神经网络法、粒子群-支持向量机法等。

(5)对比分析采用反演参数的数值预测结果与现场观测数据(如变形、应力、松弛、破裂等)在量值和发展趋势上的一致性,重点关注围岩破裂深度和程度是否一致,从而全面评估反演参数的合理性。

上述方法包括四个环节,步骤(1)和(2)为反演前数据准备,步骤(3)为反演目标函数确定,步骤(4)为参数智能反演,步骤(5)为反演结果验证。大型地下洞室群岩体力学参数三维综合反演流程图如图 5.23 所示。

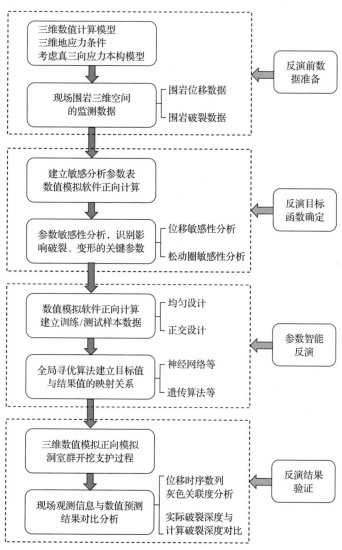

图 5.23　大型地下洞室群岩体力学参数三维综合反演流程图

5.4.4　实例分析：白鹤滩水电站左岸地下典型洞段岩体力学参数反演

在白鹤滩水电站左岸地下厂房第Ⅱ层开挖完成后，为了更好地预测洞室群 K0+020～K0+80 洞段后续开挖的力学行为，采用岩体力学参数三维智能反演原则进行岩体等效力学参数识别。

首先考虑该洞段揭露的最新地质条件和厂房洞室结构特点，建立相应的三维数值计算模型，进而对监测数据进行分析，选取 K0+019 监测断面上顶拱和上游侧拱共 2 个监测数据，同时选取边墙 2 个岩体松弛深度测试数据；选取 K0+076监测断面上顶拱和下游侧拱共 2 个监测数据，同时选取边墙 2 个岩体松弛深度测试数据。洞室群三维几何模型与监测数据选取位置如图 5.24 所示。选取的用于岩体力学参数反演的实测数据如表 5.2 所示。

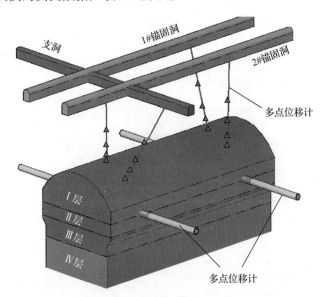

图 5.24　洞室群三维几何模型与监测数据选取位置

表 5.2　选取的用于岩体力学参数反演的实测数据

监测断面		数据类型	量值	位置特点与作用
K0+019	D1-1	监测变形量	6.24mm	顶拱，参与反演
	D1-2		10.18mm	下游侧拱，参与反演
	B1-1	岩体松弛深度	1.8m	上游侧边墙，用于检验
	B1-2		2.2m	下游侧边墙，参与反演
K0+076	D2-1	监测变形量	6.54mm	顶拱，参与反演
	D2-2		12.13mm	下游侧拱，参与反演

监测断面		数据类型	量值	位置特点与作用
K0+076	B1-1	岩体松弛深度	2.1m	上游侧边墙，参与反演
	B1-2		2.4m	下游侧边墙，用于检验

在参数敏感性分析的基础上，将斜斑玄武岩的弹性模量、初始内摩擦角作为待反演的岩体力学参数，进而采用正交设计方法，将两个参数各分为 5 个水平（见表 5.3），由此构造了 25 组学习训练样本（见表 5.4），另外，构造了 16 组测试样本用于测试神经网络的预测效果。

表 5.3　反演样本水平设计表

水平数	E_0/GPa	φ_{01}/(°)
1	12	18
2	13	21
3	14	24
4	15	27
5	16	30

表 5.4　反演神经网络学习训练样本

样本编号	E_0/GPa	φ_{01}/(°)	计算值						
			测点 1	测点 2	测点 3	测点 4	测点 5	测点 6	测点 7
1	12	18	5.09	15.91	8.21	10..33	2.1	2.5	2.4
2	12	21	5.06	15.29	7.17	14.63	2.0	2.1	2.3
3	12	24	4.89	14.95	5.39	13.42	1.9	2.0	2.2
4	12	27	4.83	15.16	4.88	13.74	1.8	2.1	2.2
5	12	30	4.72	14.79	4.68	13.06	1.6	2.1	2.1
…	…	…	…	…	…	…	…	…	…
25	16	30	3.58	10.74	4.54	10.92	1.7	1.9	2.0

利用上述正交设计得到的岩体力学参数的各组样本方案，代入数值模拟进行正算，获得每个样本的 3 个位移计算值，作为神经网络的学习训练输出值，而将待反演的岩体力学参数作为对应输入值，建立岩体力学参数和测点位移非线性映射关系的进化神经网络模型。在这一过程中，采用遗传算法优化神经网络的最佳网络结构和连接权值，得到神经网络的最佳网络结构为 7-45-22-2，即输入层为 7 个测试数据输入节点，中间隐含层为两层，第Ⅰ层的节点数为 45，第Ⅱ层的节点数为 22，最后输出层为反演出的岩体力学参数 2 个节点。利用该训练成熟的进化神经网络模型，再次使用遗传算法的优化功能，在确定要反演的岩体力学参数的

范围内搜索得到岩体等效力学参数。

　　将上述反演获得的参数代入数值计算程序进行正算，围岩位移反演值和计算值与实测值对比如图 5.25(a)所示，可以看出，两者吻合较好；此外，采用反演获得的岩体力学参数作为输入，计算获得的围岩松弛深度与实测围岩松弛深度也基本一致(见图 5.25(b))，表明该反演的参数可用于后续洞室围岩稳定性计算分析与优化设计。

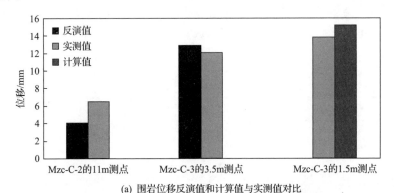

(a) 围岩位移反演值和计算值与实测值对比

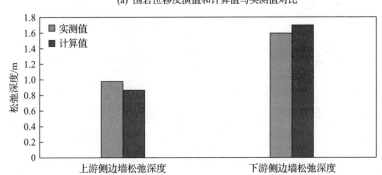

(b) 厂房第二层开挖后计算的围岩松弛深度与实测围岩松弛深度对比

图 5.25　采用反演参数计算获得的围岩位移和松弛深度与实测值对比

5.5　高应力大型地下洞室群开挖支护优化的裂化-抑制方法

　　不同于一般隧洞工程，由于高应力大型地下洞室群施工过程中多个洞室同步开挖，不仅单个大型地下洞室存在较为突出的应力强烈卸荷和重分布导致围岩变形破坏具有强烈的非弹性与非线性，洞室下部开挖对上部围岩有影响、同一洞室不同空间位置的变形和破坏模式不一样；而且相邻多个洞室开挖过程中洞室之间存在相互影响、交叉洞室围岩多向卸荷导致围岩力学行为更为复杂，存在明显的掌子面推进效应、分层分部开挖效应、交叉/相邻洞室空间效应。

因此，高应力大型地下洞室群围岩的非线性力学行为更为凸显、变形破坏模式更为复杂、工程灾害防控难度更为艰巨，因此需要突破浅部工程一般性认识，结合高应力大型地下洞室群分层分部开挖特点和硬岩卸荷破裂特殊性，针对性开展洞室群稳定性分析与优化设计。

5.5.1　高应力大型地下洞室群坚硬围岩破坏规律与特征

高应力条件下，大型硬岩地下工程分层或分部开挖不可避免将导致围岩特定区域一定深度范围内岩体存在显著的三向应力调整（σ_1、σ_2、σ_3），包括同一区域的应力集中和应力卸荷，而且这一应力集中还将随着开挖卸荷的剧烈程度和开挖空区增大而表现为应力集中值增大和应力集中区面积变大。当岩体内部集中的应力值超出岩体屈服/破裂强度时，岩体内部必然出现破坏；而当岩体内部发生剧烈的应力调整或应力集中区转移时，岩体破裂区深度必然将渐进发展，从而表现出多种与高应力相关的破坏现象。

（1）表层围岩渐进式或间歇式开裂破坏。地下洞室开挖过程中，围岩应力重分布使得洞室特定区域应力集中并导致表层岩体破裂后驱动岩体破裂逐步向深部转移，从而使得应力集中区围岩发生持续的浅层开裂并导致片帮/板裂破坏。这一岩体内部渐进式的开裂和裂隙网络扩展（宽度增大或减小）出现在多个高应力地下洞室的钻孔摄像观测中（见图5.26(a)），同样也在一些具有高应力特征的硬岩隧洞中出现（见图5.26(b)）。

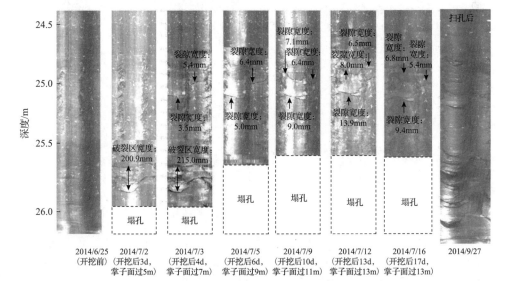

(a) 基于钻孔摄像观测的大型地下洞室中玄武岩内部渐进开裂发展过程

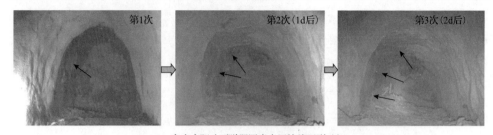

(b) 高应力驱动下隧洞围岩表层持续开裂破坏

图 5.26　高应力大型地下洞室硬岩渐进破坏现场观察实例[6]（见彩图）

（2）围岩内部深层破裂。高应力大型地下洞室群开挖过程中，卸荷开挖必然会导致岩体内部应力发生明显的空间调整和转移，岩体应力集中区空间跳跃式剧烈转移易引起岩体内部出现非连续的深层破裂（甚至突发岩爆灾害），如白鹤滩水电站地下厂房洞室第Ⅲ层一次性开挖 11m 高度台阶后，导致厂房顶拱距离轮廓线 9m 左右的位置出现突然破裂，如图 5.27 所示[6]。

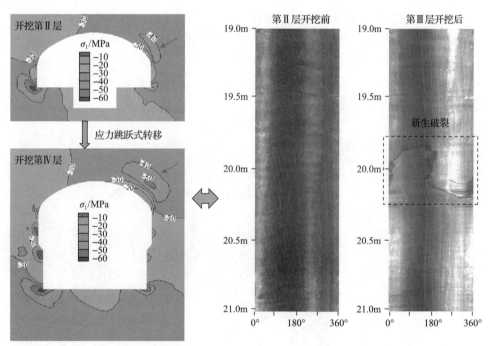

图 5.27　洞室开挖过程中围岩应力集中区跳跃式转移与诱发深层破裂[6]

（3）围岩内部分区破裂化。大型地下洞室分层开挖过程中，在初始高地应力状态下，围岩内部不断出现应力集中区及其跳跃式转移，当某一层开挖后形成的应力集中区导致岩体发生劈裂破坏后，就形成一个新的"伪自由表面"[9]，从而在下一层开挖过程中引起再一次大的应力调整时，岩体内部的临空"伪自由表面"还

将使得应力集中进一步转移到深部，产生新的破裂区。这一高应力下岩体非连续/
分区破裂现象也在多个深部工程中被观测到，如在中国锦屏地下实验室通过钻孔
摄像观测到岩体内部分区破裂现象，如图 5.28 所示[10]。

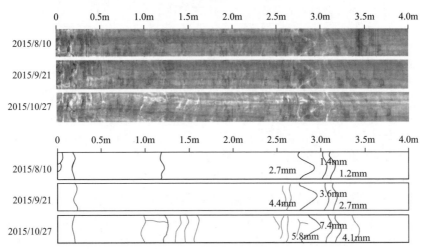

图 5.28　高应力下锦屏深埋隧洞硬岩分区破裂钻孔摄像观测结果及对应的裂纹素描结果[10]

　　高应力驱动下，洞室围岩这一空间上非均匀分布、时间上渐进发展的张开破
裂特征可以较好地解释硬岩地下工程因岩体破裂而表现出的多种非常规变形模
式，如洞室开挖卸荷后围岩因内部破裂导致其突增式的大变形，岩体内部细观裂
纹的缓慢繁衍、扩展、张开导致围岩长时效的缓慢变形，岩体内部严重开裂后形
成新的裂隙空间导致围岩内部宏观变形比外部大或近似一样大，因岩体内部原生
节理/裂隙松弛和岩体渐进开裂导致围岩实测松弛深度发展趋势与监测位移发展
趋势不同步，如图 5.29 所示。

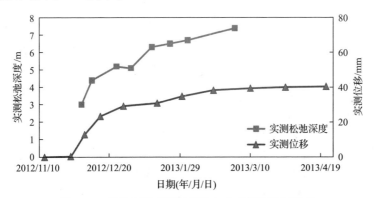

图 5.29　某导流洞观测的位移与松弛深度发展趋势

　　因此，硬岩开裂是高应力/深部工程围岩卸荷大变形与灾害性破坏的本质原因，

高应力大型地下洞室稳定性控制的基本思路应该是围岩的破裂深度和破裂程度的控制。如通过开挖方案与支护参数优化等手段来控制硬岩破裂深度的逐步发展和开裂程度的渐进劣化，就能确保洞室围岩（包括已破裂损伤围岩）的结构稳定，从而实现利用围岩结构承载并维护洞室的整体稳定。

5.5.2 大型地下洞室围岩破裂控制的裂化-抑制方法

基于岩体内部开裂是高应力地下洞室围岩变形破坏本质特征、硬岩非弹性变形是内部开裂不断累积的外在表现、洞室围岩宏观变形是其内部开裂发展到一定程度的累积结果，因此高应力大型硬岩地下洞室稳定性控制的关键在于抑制岩体内部开裂发展，当岩体内部破裂和开裂发展得到有效抑制时，也就表明围岩变形将趋于收敛。因此，施工期地下洞室群稳定性设计的主要工作是系统开展洞室（群）开挖方案优化（开挖台阶高度、开挖顺序、开挖方式），从开挖角度减小围岩破裂深度和破裂程度；系统开展支护参数优化（喷射混凝土厚度、锚杆类型与长度、锚索长度与预应力值）、支护时机优化（锚杆支护时机、锚索支护时机），从支护角度抑制岩体内部开裂发展，实现从全局设计角度上尽量减少和避免围岩开裂的规模、深度和程度，并通过主动支护抑制围岩裂化且强化松弛/破裂围岩的结构整体性，将围岩从被支护对象转为承载结构，从而实现充分调动围岩自身承载性能，达到工程稳定性设计的安全、高效和经济目标，即

$$\text{Min}(D, \text{RFD}) = f(S, P, T) \tag{5.18}$$

式中，D 为围岩破裂深度；RFD 为围岩破裂程度评价指标；S 为施工可行条件下的开挖方案（包括开挖台阶高度、开挖进尺、单洞室分部开挖顺序、多洞室之间分层开挖顺序等）；P 为施工可行条件下的支护参数（包括喷射混凝土厚度、锚杆长度、锚杆预应力大小、锚索长度、锚索锁定吨位等）；T 为支护时机（包括锚杆支护时机、锚索支护时机等）。

运用这一方法进行高应力大型硬岩地下洞室稳定性优化设计时，其核心是通过计算分析或原位测试获得围岩的破裂深度和破裂程度，其稳定性优化的手段是开挖与支护，其作用机制是通过开挖与支护设计主动抑制硬岩破裂发展，从而调动/重构/维护围岩承载结构，这就需要认识工程岩体对象的力学特性、工程地质环境与施工条件，也需要运用相关理论方法和现场测试技术获得岩体的破裂深度和破裂程度。可见，该方法建立了岩石力学基本理论与仿真分析、岩石力学特性现场观测与反馈、工程现场实践经验等多方面之间的有机联系，基本实现了理论研究、工程设计与现场施工的一体化融合。

基于裂化-抑制方法开展高应力地下洞室群稳定性的开挖与支护优化设计时，需兼容本领域多种常规和前沿观测、分析与优化技术手段，综合实现洞室群稳定

性设计的最优化，典型的技术主要包含以下几方面。

（1）岩体内部松弛/破裂测试技术。为了有效地观测洞室开挖过程中岩体卸荷和开裂劣化特点，可采用技术上较为成熟的岩体松弛孔内超声波测试和围岩破裂钻孔摄像技术。通过这些技术的灵活运用，一方面可以较准确地判断高应力大型地下洞室围岩宏观松弛破裂的深度和程度及其发展过程，为洞室开挖与支护优化提供第一手可靠的观测数据；另一方面也可根据同一部位多次测试结果的对比来评价开挖与支护优化的实际工程效果，如图5.30所示，当围岩施作支护后，其松弛深度基本不再增大，针对一些洞室开挖过程中围岩全变形量测困难且测量值偏心的问题，岩体破裂的钻孔摄像和声波测试观测更具有适用性。同时，在强调高应力下地下工程围岩破裂观测的同时，也需要重视围岩变形观测，从而实现围岩变形与破裂的协调观测与分析。

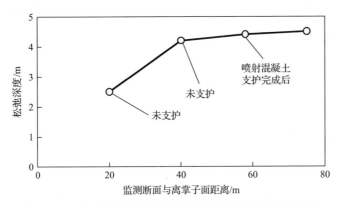

图 5.30　围岩松弛深度随开挖掌子面推进及支护的变化情况

（2）岩体破裂评价技术。高应力下地下工程开挖卸荷过程中，岩体应力从初始真三向应力状态（$\sigma_1^0 \neq \sigma_2^0 \neq \sigma_3^0$）向重分布真三向应力状态（$\sigma_1' \neq \sigma_2' \neq \sigma_3'$）转移过程中，围岩自身可能不断出现微破裂和损伤累积，为此，采用真三轴试验模拟不同开挖卸荷应力路径下岩石的三向应力-应变关系和卸荷破坏模式、建立考虑三向主应力的强度准则和峰后非一致卸荷本构模式是深入分析硬岩脆性破坏机制和开展高应力地下洞室稳定性优化设计的关键。这样，结合前述硬岩裂化力学模型和RFD指标，就可以直观和定量地表征围岩破裂位置和程度，并可以合理地将岩石屈服/破裂曲线的典型阶段与工程围岩的支护优化有机结合起来，从而实现数值计算的松弛破裂区与现场实测松弛深度和围岩可视化破裂深度的统一。

（3）洞室群开挖方案优化技术。开挖方案优化的根本目的在于找到一种/组开挖方案（开挖顺序、开挖进尺、开挖台阶高度、开挖工艺等），使得在该开挖方案下，围岩破裂深度及程度可控，避免过快/过缓或不合理的开挖方案导致围岩破裂深度显著增大或施工缓慢而延误工期。从开挖角度上看，为减小高应力大型地下洞室群围岩破裂深度和应力调整的剧烈程度，其关键是找到一种施工可行的低开挖扰动方案，通过优化大型地下洞室当前开挖层的水平进尺(与支护配合)和竖直开挖的台阶高度、优化不同洞室之间的开挖先后顺序等开挖方案，在一定程度上改善洞室围岩内部应力/集中和空间转移的路径、过程、深度及其能量释放程度，使得围岩破裂深度在工程经验或理论计算分析的可接受范围内，即

$$\text{Optimize}\{S\} = \text{Min}\{D_{\max}|_{\text{RFD}\in(0.8,1.0)}\} \leqslant \{D_{可接受}\} \tag{5.19}$$

式中，S 为开挖方案；$D_{\max}$ 为计算的围岩最大破裂深度；$D_{可接受}$ 为工程设计可接受的围岩破裂深度。

结合具体工程实际条件，通过理论计算对比分析不同开挖方案的围岩破裂深度，进而比选开挖方案，也可在工程施工前通过系统的洞室群开挖方案全局优化分析确定最优的洞室群组合开挖顺序，如某洞室合理开挖方案可有效减小洞口围岩破裂深度和范围，如图 5.31 所示。

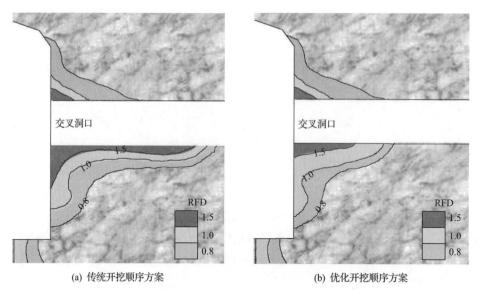

(a) 传统开挖顺序方案　　　　　　　　　　(b) 优化开挖顺序方案

图 5.31　不同开挖方案下交叉洞口围岩破裂范围对比

(4)洞室群支护优化技术。优化洞室群支护参数(喷射混凝土厚度、锚杆类型、锚杆长度、锚索长度、锚索吨位、支护方向、支护刚度等)与支护时机的目的是尽可能减少洞室围岩应力集中区转移深度和应力集中程度，降低围岩破裂深度及程度，通过支护结构联结效应维护或再造洞室围岩自身承载拱，抑制围岩破裂向深层转移，计算式为

$$\text{Optimize}\{L,P,T\} = \text{Min}\{D_{\max}|_{\text{RFD}\in(0.8,1.0)}, \text{RFD}_{\max}\} \leqslant \{D_{可接受}, 2\} \tag{5.20}$$

式中，L 为锚杆/锚索长度。

　　在洞室围岩支护参数方面，需根据围岩破损状态的实测结果（如超声波测试、钻孔摄像）或计算结果获得洞室围岩破裂深度和破裂程度，进而根据洞室重要性和支护目的确定相应的锚杆/锚索支护的长度和强度，如图 5.32 所示。①当工程开挖规模大、需要确保工程长期稳定且需要严格控制围岩的变形量和松弛深度时，需要较大的锚杆长度，使得锚杆/锚索的锚固深度超出围岩的损伤区，对应岩石典型应力-应变曲线的长期强度点或裂纹不稳定扩展点（RFD≈0.8，见图 5.32 中 A）；②当工程开挖规模较大且需要保证工程施工安全和围岩稳定时，通常需要使锚杆/锚索的锚固深度超出围岩的破裂区范围（如现场岩体声波曲线的下降段），对应岩石典型应力-应变曲线的峰值强度点（RFD=1，见图 5.32 中 B）；③当工程规模较小或只需要确保工程临时性施工安全条件时，锚杆/锚索的锚固深度通常只需要超出围岩明显松弛开裂区（如现场岩体声波曲线的下平段），即对应岩石典型应力-应变曲线的残余强度点（RFD=2，见图 5.32 中 C）。

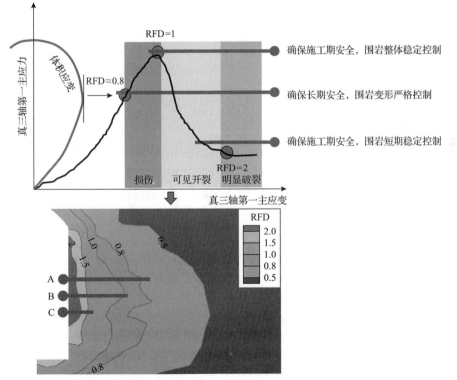

图 5.32　围岩锚杆支护参数优化与岩石强度的对应关系示意图

　　在洞室围岩支护时机方面，确定支护时机的原则应该是避免围岩发生灾害性破裂发展趋势，如图 5.33 所示。如果支护太晚（曲线①），则围岩在无约束和高应力驱动下会加剧破裂，显然会导致围岩破裂/松弛过大(类似曲线 L 发展趋势)；如果支护过早(曲线③)，则围岩弹性变形未能得到有效释放，必然会导致支护结构不能抵抗围岩弹性卸荷变形超出极限强度而断裂，最终同样导致围岩破裂/松弛出现较大突增(类似曲线 L 发展趋势)；只有支护时机合理时(曲线②)(岩体弹性变形基本释放、破裂深度可接受范围内)，进行围岩支护可有效控制围岩后续破裂和变形的发展(类似曲线 M 发展趋势)；当围岩破裂深度较大时，作为一种针对性加强支护措施(如预应力锚杆加强)(曲线④)，需要更大的支护刚度才能控制围岩破裂深度和破裂程度(类似曲线 N 发展趋势)。

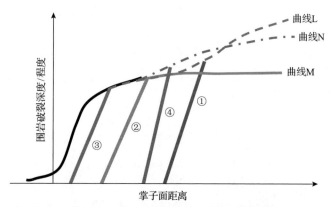

图 5.33　围岩不同支护时机及其相应的控制效果示意图

　　在上述洞室群围岩稳定性优化设计时，抑制围岩破裂和扩展的主要支护手段还是挂网喷射混凝土、砂浆锚杆和预应力/吸能锚杆、锚筋桩/大吨位锚索、水泥/化学注浆等典型手段，其组合运用方式和支护参数确定的关键是如何控制围岩破裂发展。由于高应力下洞室围岩破裂深度非连续、破裂程度存在不一致的特殊性，为控制浅表层围岩开裂扩展，其支护一般原则应挂网喷射混凝土，从而及时封闭形成表面围压与黏结效应；同时进行锚杆加固控制围岩浅层开裂扩展，提高浅层围岩的结构强度，必要时可采用预应力锚杆抑制开裂程度较大的浅层围岩破裂发展，并通过注浆直接提高开裂围岩破裂面的黏结强度；为了控制深层岩体破裂，应考虑采用长度较大的预应力锚索进行深层加固，控制岩体内部破裂的渐进发展。通过这种表层-浅层-深层联合加固方式，形成较为完整的应力承载拱，有效调动破裂/损伤围岩结构强度，充分发挥围岩自承载性能，将围岩从被支护对象转换为自承载结构并形成承载拱，有效确保工程安全并实现经济支护的目标。可见，高应力硬岩地下洞室群的裂化-抑制方法吸收了新奥法关于利用围岩承载的理念，同时也突破了新奥法未能融合岩石力学理论的唯象不足，兼容地采用计算和测试确定围岩破裂深度和破裂程度、采用开挖与支护优化控制围岩破裂发展、采用多元信息反馈优化调整工程稳定性控制的设计参数。因此，该方法进一步从硬岩灾变机制调控的角度进行洞室开挖与支护方案优化，更为合理和科学。

5.5.3 实例分析：拉西瓦水电站母线洞环向开裂抑制优化设计

在拉西瓦水电站地下洞室群开挖过程中，厂房后期开挖使得高边墙逐渐形成，且主变室的开挖进一步使得两者之间的岩墙暴露出更大的临空面。这些临空面的存在使得原处于高应力的岩体产生较大的应力释放，导致工程后期建设中围岩、喷射混凝土和衬砌混凝土表层出现一些张拉裂缝。在拉西瓦水电站地下厂房的最后几层开挖过程中，连接厂房和主变室之间的母线洞洞壁逐渐出现近似直立的典型环形裂纹，宽度一般为 0.3～0.5cm，少数为 0.5～1cm，延伸长度短则小于 1m，长则达十几米，如图 5.34 所示。

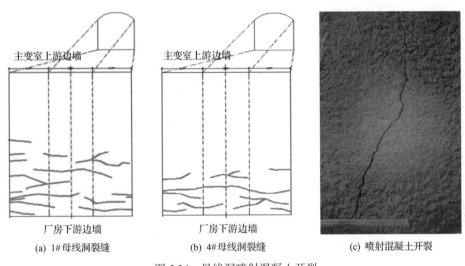

（a）1#母线洞裂缝   （b）4#母线洞裂缝   （c）喷射混凝土开裂

图 5.34 母线洞喷射混凝土开裂

采用合理的花岗岩力学模型和上述裂化-抑制方法进行洞室围岩开挖支护优化设计，具体方案如下所述。

（1）对母线洞环向开裂的现场调查表明，该环向开裂反映的是岩体深层开裂，且开裂区域主要是邻近厂房边墙 10m 范围内。

（2）通过三维数值计算反分析围岩应力演化过程，展示了洞室开挖围岩应力重分布现象，可以看出主厂房和主变室之间的岩墙三维应力发生较大改变，产生较大的拉应力松弛区，岩体发生较为明显的深层破裂；厂房逐层开挖数值模拟分析表明，后续厂房下卧开挖岩体的拉破裂区域还将进一步增大。

（3）基于控制岩体破裂进一步发展的裂化-抑制优化设计原则，首先减小厂房后续下卧开挖的分层高度（由原来 8m 减小到 5m）；进而采用长锚筋桩和锚索加固下游侧边墙围岩（见图 5.35（a）），即通过锚筋桩增加围岩浅层围压和锚索深层锚固阻止深层岩体破裂进一步扩展。典型断面计算结果进一步表明，加固厂房下游母线洞下部岩体后，母线洞区域围岩应力松弛区有一定减小(见图 5.35(b))，岩体破裂深度和范围相对于未进行抑制加固方案有明显减小，表明基于裂化-抑制方法的加固方案对控制厂房下游侧边墙母线洞区域围岩破裂扩展的效果较为明显。

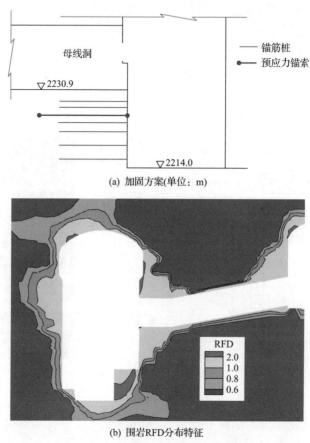

(a) 加固方案(单位：m)

(b) 围岩RFD分布特征

图 5.35　厂房下游加固方法及加固效果

5.6　高应力大型地下洞室群动态反馈分析方法

受复杂工程地质条件的制约，大型地下洞室开挖过程中围岩实际揭露的地质条件可能与前期勘查的预测结果不一致，不同位置的岩性和节理裂隙发育程度与原设计存在差别，洞室群分层高度和开挖顺序发生了改变，洞室群开挖过程中围岩变形或破坏超出前期预测结果，原系统支护后围岩欠稳定，这是由于受到多种因素的影响，如地质条件改变、未按照设计方案施工(如支护不及时、支护力度不够等)等，围岩实际破坏情况偏离了前期预测。因此，大型地下洞室群开挖过程中有必要根据施工过程中新揭露的地质条件、最新的开挖支护参数及其施工过程、实际围岩力学响应特征，动态地反馈分析围岩稳定性，动态预测洞室群后开挖围岩力学行为。

5.6.1　大型地下洞室群动态反馈分析与优化设计方法

大型地下洞室群施工期动态反馈分析以控制岩体破裂深度和破裂程度为核心，以优化洞室群开挖与支护设计、充分确保洞室群的整体与局部稳定性为目标，充分将上述理论、方法、试验有机融合在一起，注重岩石力学理论分析和具体工程稳定性优化设计相结合，是随着大型地下洞室开挖进展而同步实施的动态循环分析与优化设计的过程。大型地下洞室群施工过程稳定性的动态反馈分析与优化设计技术流程如图 5.36 所示。

在洞室群工程施工前的可行性论证研究阶段，从确保工程整体安全可行角度出发，工程区基本工程地质条件均已明确，如工程区主要地质构造分布、岩体力学特性、工程区三维地应力场、工程区水文地质条件等，从而为洞室群稳定性分析和工程优化设计奠定了基本条件。而且在洞室群施工前，还要构建整个工程区洞室群结构布置方案、洞室群开挖与支护设计方案，进行洞室群开挖稳定性的理论与数值仿真分析，并根据具体工程地质条件和数字仿真分析成果建立洞室群施工期围岩力学行为的安全监测方案，构建洞室群施工期整体稳定性的评价标准。这些洞室群工程的基本地质模型、工程结构模型、三维数值仿真模型的建立及其配套构建的洞室群安全观测网络、洞室群稳定性评价标准之间的融合，表明工程稳定性的认识深度和广度已基本成熟，具备进入工程施工建设的条件。

因此，在地下洞室群进入全面开挖前，应进行大型地下洞室群围岩破坏风险的整体评估，即根据相应的围岩变形破坏模式估计的分析方法（如经验方法、数值方法、解析方法、工程类比等），从多角度全面评估高应力大型地下洞室群可能的变形破坏模式及其程度，如基于强度应力比的岩体片帮/岩爆程度估计方法、基于数值方法的围岩深层破裂估计方法等。

在洞室群施工建设过程中，大型地下洞室群必然采用单洞分层开挖施工、不同洞室之间也需要协调开挖的先后顺序，如"立体分层、平面分区""先洞后墙"。因此，在洞室群开挖过程中，可以充分利用洞室群开挖分期的特点，遵循"开挖一期、分析一期、总结一期、预测下一期"的工作模式，进行全过程的动态反馈分析与优化设计，即当工程进展到第 i 期时（每一期开挖包含多个洞室不同层的并行协同施工），按以下步骤循环。

步骤 1：预测第 i 期围岩力学性能并优化开挖支护方案。根据洞室群第 $i-1$ 期开挖的经验和数值仿真分析，在获得相对更可靠的岩体等效力学参数、工程区地应力条件和更详细的工程地质信息的基础上，可进一步通过精细数值仿真分析预测洞室群第 i 期稳定性，即通过数值仿真计算洞室即将开始的第 i 期开挖，分析第

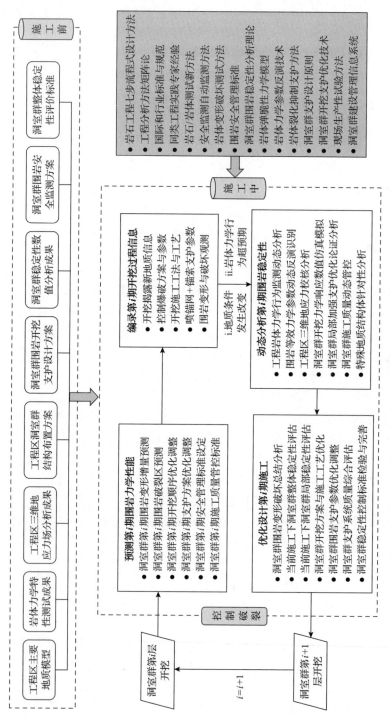

图5.36　大型地下洞室群施工过程稳定性的动态反馈分析与优化设计技术流程

i 期开挖过程中围岩变形增量特征、围岩破裂区演化特征，从而进一步建议洞室第 i 期的合理开挖顺序、合理支护参数、合理围岩安全管理标准(如变形增量、变形速率、破裂深度)；最后综合洞室群稳定性反馈分析结论、专家经验认识、参建多方(设计方、施工方、监理方、业主方、科研方等)共识，确定洞室群第 i 期开挖的具体方案。

步骤 2：编录第 i 期开挖过程信息。在洞室当前第 i 期开挖过程中，随着掌子面的推进，围岩地质条件将不断被揭露。由于实际揭露的不利地质结构一般是工程岩体灾变的关键诱发因素，因此洞室开挖过程中有必要实时编录围岩的地质信息，实现洞室群区域围岩地质模型的实时更新；合理的开挖工法与施工工艺不仅能极大地加快开挖与支护实施的进度，还能有效地提高围岩整体与局部稳定性，因此施工过程中具体工法与施工工艺参数也需要动态跟踪和优化；同样，紧随开挖后的围岩支护参数(喷射混凝土、锚杆、锚索等)、实际支护时机也应该跟踪记录；而洞室开挖必然引起围岩变形和破坏响应，实时开展围岩变形、支护结构荷载、围岩破坏等多元信息对分析和防控洞室围岩失稳风险也十分必要。可见，洞室群开挖过程中围岩工程地质条件发生改变是触发大型地下洞室动态反馈分析的关键因素之一。

步骤 3：动态分析第 i 期围岩稳定性。在感知洞室施工过程中多种信息的基础上，动态开展当前第 i 期洞室群稳定性的多角度分析。首先，开挖过程中工程岩体与洞室结构的响应行为(围岩变形、岩体破裂、锚杆应力、锚索荷载、喷射混凝土压力等)是最直观的工程稳定性表现，因此可通过综合实时监测数据，依据围岩变形管理标准进行洞室稳定性分析；为获得洞室群岩体力学参数，有必要根据监测数据并结合最新揭露的工程地质条件，反演获得岩体稳定性分析最敏感的等效力学参数(如变形模量、黏聚力、内摩擦角等)；同时也有必要根据现场围岩变形模式、破坏模式、二次应力测量结果等校核洞室群区域三维地应力；进而可根据获得的工程区地质条件、岩体等效力学参数和较为合理的工程区三维地应力场，采用考虑岩体卸荷破裂劣化的力学模型进行洞室开挖与支护过程的数值仿真分析，并根据数值计算结果获得的围岩变形、围岩应力场重分布特点(如最大主应力分布、最小主应力分布)、破裂区深度与程度、模拟支护的结构受力状态等，综合分析洞室围岩响应特征，阐明稳定性相对较差的分区区域；同时，针对洞室群开挖过程中局部变形破坏问题(如监测变形较大区域、钻孔摄像揭示破裂深度较大区域、声波测试表明松弛显著区域)，动态进行稳定性论证分析，及时提出相应的加强支护控制方案，确保安全施工。可见，洞室群开挖过程中围岩力学行为超出预期也是触发大型地下洞室动态反馈分析与优化设计的关键因素之一，包含围岩力学行为优于预期的节俭型支护优化，也包含围岩力学行为差于预期的加强型支护优化。

步骤 4：优化设计第 i 期施工。在当前第 i 期洞室群开挖过程中，可综合典型部位围岩变形破坏的观测和测试结果、洞室群整体与局部稳定性的数值分析结果，并结合此前洞室整体稳定性评价标准评估当前第 i 期开挖后洞室整体稳定性；深入分析洞室群复杂结构中一些关键部位围岩变形破坏的测试与计算结果，针对性评价洞室群围岩局部稳定性；进而全面综合优化当前第 i 期施工中开挖台阶高度、开挖进尺、开挖顺序、爆破参数、喷射混凝土参数、锚杆支护形式、锚杆间距、锚杆长度、锚索预应力、锚杆与锚索支护时机等的设计参数；根据支护结构检测结果评价支护系统质量和可靠性；并根据洞室群稳定性实际情况校核此前确定的洞室群稳定性控制标准，优化为安全管理标准与预警方法。

步骤 5：当第 i 期开挖完成并进入第 $i+1$ 期开挖后，又针对第 $i+1$ 期进行一个新的动态反馈分析，即回到步骤 1 进行下一个循环。

因此，该洞室群稳定性分析技术具有明显的闭合结构、动态分析、反馈优化、主动控制的特点。

此外，地下洞室群稳定性反馈分析与优化设计应建立业主+设计+科研+施工多方结合的管理-科研-生产协作研究模式；形成后方和现场两个研究基地，既能通过现场基地实现对工程资料收集、围岩综合测试、工程问题识别、现场反馈与跟踪分析和围岩安全预警，又能通过后方基地实现工程岩样的室内试验分析、围岩变形破坏机理深入研究和快速的大规模数值计算分析，从而实现洞室群稳定性快速动态反馈分析与优化设计。

5.6.2　实例分析：锦屏二级水电站地下厂房与母线洞交叉洞反馈分析与优化设计

锦屏二级水电站地下厂房与母线洞交叉口开挖完成后尚未观察到岔口围岩或喷射混凝土开裂，但是厂房现场观察和综合监测表明，厂房与其他支洞的交叉口已出现过喷射混凝土或衬砌混凝土开裂：①连接安装间第 I 层的 1# 施工支洞在距洞口 3～4m 的范围内出现多处喷射混凝土开裂和剥落（见图 5.37）；②在进厂交通洞也出现衬砌混凝土裂缝（见图 5.38），最新的厂房监测资料初步显示，厂房第 IV 层和母线洞开挖对厂房下游侧边墙存在较大影响，导致围岩存在较大的应力调整，如右岸地下厂房 K0+192 高程 1336.5m 的监测锚杆应力一周内从 11.2MPa 增长到 284.2MPa；③已完工的几个同类地下厂房都出现过洞室交叉口开裂问题。

为此，基于上述定性分析认为与厂房相交的母线洞口可能存在较大的卸荷开裂风险，基于裂化-抑制方法，进行该区域的动态反馈分析与优化设计。

(1) 首先基于现场工程地质分析，认为厂房区域不存在对母线洞与母线洞交叉口开挖成型产生直接不利影响的已知岩体结构面或断层等地质结构，但在母线洞、主变室和厂房开挖后会形成三面卸荷，导致交叉洞口围岩环向开裂风险高。

图 5.37　1#施工支洞洞口喷射混凝土开裂和剥落　　图 5.38　进厂交通洞混凝土裂缝

(2)数值反馈计算分析表明:

① 在厂房第Ⅳ层和母线洞开挖后，交叉洞区域围岩三向应力出现较大的调整，表现为沿母线洞洞轴线方向产生较大的卸荷(应力从 8MPa 到 1MPa)，竖直向和厂房轴线方向应力也出现小幅调整，围岩表现出向厂房临空面的卸荷变形;而当洞室全部开挖后，该区域母线洞轴线方向应力进一步减小(应力从 1MPa 到 0.04MPa，局部位置出现较小的拉应力)，而竖直向应力稍有增大，厂房轴线方向应力基本无明显卸荷，这种 YZ 平面加载而 X 向卸荷效应易使母线洞区域围岩产生环向开裂，如图 5.39 所示。

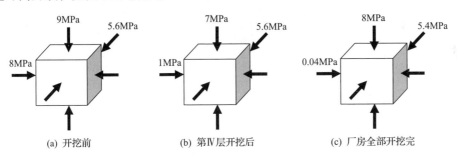

图 5.39　厂房开挖过程中交叉洞口应力调整过程示意图

② 从洞室群开挖后位移矢量图(见图 5.40)可以看出，厂房与母线洞交叉洞区域围岩卸荷变形的方向以水平向上指向厂房临空面为主，故在厂房下游侧边墙交叉洞区域施作加强支护对抑制围岩破裂和变形的效果较好。

③ 从洞室开挖后该部位的最小主应力(见图 5.41)可以看出，距厂房下游侧边墙 10～15m 深度范围内围岩应力松弛相对较明显，围岩加固深度应该超出这一范围。

④ 从洞室开挖后该区域的围岩位移(见图 5.42)可以看出，母线洞洞口上下方是厂房下游侧边墙围岩变形最大和围岩破裂深度和破裂程度最大的区域，表面宜采用预应力加固。

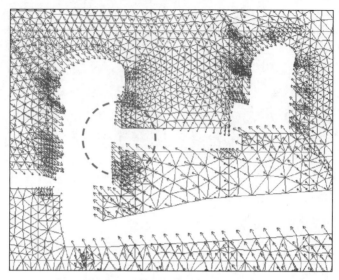

图 5.40　洞室群开挖后位移矢量图

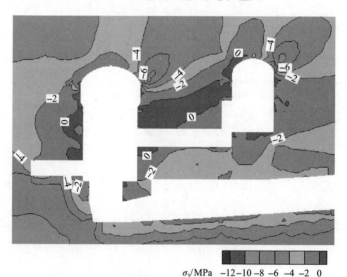

σ_3/MPa　−12 −10 −8 −6 −4 −2　0

图 5.41　厂房开挖完成后 2# 机组围岩最小主应力云图

(3)基于上述分析,为抑制厂房洞室开挖过程中厂房与母线交叉洞口开裂风险,在现有支护基础上,支护设计方案调整为:①调整 1321m 高程的锚索位置与间距,并增加一排间距为 3m、长 20m 的预应力锚索;②将下游侧边墙母线洞下方 6m 长的砂浆锚杆改为 9m 长的预应力锚杆,从而形成浅层和深度协同锚固(见图 5.43[11]),有利于控制厂房下游侧边墙与母线洞交叉口区域围岩破裂深度和破裂程度(见图 5.44)。

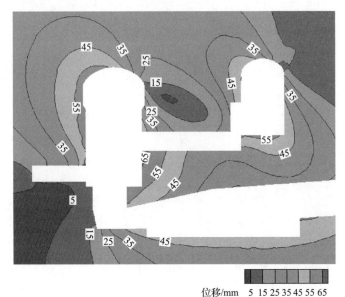

位移/mm　5　15　25　35　45　55　65

图 5.42　厂房全部开挖后 2#机组围岩位移场云图

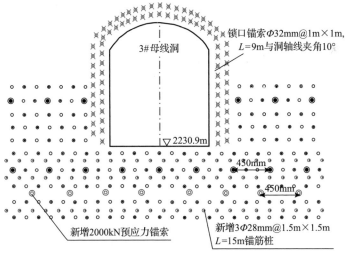

图 5.43　交叉洞口加固方案[11]

（4）为进一步监测和预警母线洞围岩环向开裂，并评估厂房侧母线洞下方围岩加固效果，同步调整监测方案，在典型母线洞下方进行钻孔摄像测试，观察厂房下层开挖过程中围岩可能存在的破裂。

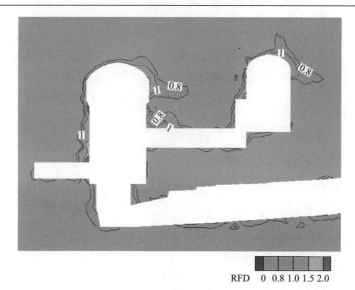

RFD 0 0.8 1.0 1.5 2.0

图 5.44 洞室围岩 RFD 分布

参 考 文 献

[1] Feng X T, Kong R, Zhang X W, et al. Experimental study of failure differences in hard rock under true triaxial compression. Rock Mechanics and Rock Engineering, 2019, 52(7): 2109-2122.

[2] Kong R, Feng X T, Zhang X W, et al. Study on crack initiation and damage stress in sandstone under true triaxial compression. International Journal of Rock Mechanics and Mining Sciences, 2018, 106: 117-123.

[3] Feng X T, Wang Z F, Zhou Y Y, et al. Modelling three-dimensional stress-dependent failure of hard rocks. Acta Geotechnica, 2021, 16: 1647-1677.

[4] Feng X T, Xu H, Yang C X, et al. Influence of loading and unloading stress paths on the deformation and failure features of jinping marble under true triaxial compression. Rock Mechanics and Rock Engineering, 2020, 53(1): 3287-3301.

[5] Wiebols G A, Cook N G W. An energy criterion for the strength of rock in polyaxial compression. International Journal of Rock Mechanics and Mining Sciences & Geomechanics Abstracts, 1968, 5(6): 529-549.

[6] 江权, 冯夏庭, 李邵军, 等. 高应力下大型硬岩地下洞室群稳定性设计优化的裂化-抑制法及其应用. 岩石力学与工程学报, 2019, 38(6): 1081-1101.

[7] 中国电建集团成都勘测设计研究院有限公司. 双江口工程可行性研究报告. 成都: 中国电建集团成都勘测设计研究院有限公司, 2014.

[8] 冯夏庭. 智能岩石力学导论. 北京: 科学出版社, 2000.

[9] 钱七虎, 李树忱. 深部岩体工程围岩分区破裂化现象研究综述. 岩石力学与工程学报, 2008,

27(6): 1278-1284.

[10] Feng X T, Xu H, Qiu S L, et al. In situ observation of rock spalling in the deep tunnels of the china jinping underground laboratory (2400m depth). Rock Mechanics and Rock Engineering, 2018, 51: 1193-1213.

[11] 陈祥荣, 侯靖, 陈建林, 等. 雅砻江锦屏二级水电站地下厂房洞室围岩稳定与支护优化. 杭州: 中国水电顾问集团华东勘测设计研究院, 2005.

第6章 高应力大型地下洞室群变形破坏预警方法

6.1 引　言

研究者围绕高应力大型地下洞室开挖诱发的围岩震动力学响应特性、围岩变形破坏前兆规律特征、围岩破坏孕育过程及机制等问题进行了系统研究，定性评估了高应力大型地下洞室岩体的震动响应特性。然而，高应力大型地下洞室群复杂地质条件下围岩变形破坏特征与风险预警研究有其特殊性和必要性。

(1)大型地下洞室群所处的高应力和复杂施工扰动环境。开挖扰动下高应力大型地下洞室群围岩的变形破裂特征十分复杂，其变形破坏特征表现出高度非线性。系统考虑高应力大型地下洞室群开挖过程中应力、破裂和变形特性，建立原位综合监测方法体系，揭示围岩内部微破裂与宏观变形或破坏之间的本质联系是高应力大型地下洞室群施工必须解决的关键科学问题。

(2)高应力大型地下洞室群围岩宏观变形破坏的前兆规律十分复杂。研究者针对高应力大型地下洞室群围岩宏观破坏发生前的微震参数演化规律开展了大量定性的研究工作，如分析微震事件数、视体积、能量指数、b 值等随时间的演化规律。基于微震参数建立高应力大型地下洞室群围岩变形破坏的定量化预警方法，是深入揭示高应力大型地下洞室群围岩变形破坏机理的重要研究工作。

(3)高应力大型地下洞室群围岩变形致灾过程迅速。相对于低应力软岩大变形工程，高应力大型地下洞室群围岩变形具有变形量小、致灾过程快等特性。围岩变形是高应力大型地下洞室群开展施工方案优化设计的重要参考资料之一，制定适用于高应力大型地下洞室群施工的围岩安全管理等级标准，基于围岩的变形响应行为评估大型地下洞室的稳定性状态，并建立合理的局部失稳变形预警方法，对于揭示高应力大型地下洞室群围岩变形致灾机理十分重要。

未充分揭示高应力大型地下洞室群围岩破裂机理背景下的现场设计和施工无法有效预警高应力地下洞室围岩的变形破坏风险，也不利于工程灾害防治策略的合理制定。因此，高应力大型地下洞室群围岩变形破坏规律是什么，怎样开展大型地下洞室群原位监测才能有效捕捉微破裂信号，围岩变形破裂与其内部微破裂之间具有什么本质关系，微震参数在高应力大型地下洞室群围岩变形破坏孕育过程中如何变化，能否利用微震参数开展围岩变形破坏预警，如何建立合理的预警方法反映工程开挖诱发的变形破坏风险等，这些都是需要回答的重要岩体力学问题。

为了回答这些问题，本章在第 4 章建立的高应力大型地下洞室群围岩变形破裂原位综合监测方法基础上，基于开挖卸荷下白鹤滩水电站大型地下洞室群围岩变形破坏机制及其力学响应行为，构建围岩变形破裂风险的微震参数预警方法和安全管理等级预警方法，最终解决高应力大型地下洞室群开挖过程中围岩稳定性预警问题，研究思路及技术路线如图 6.1 所示。

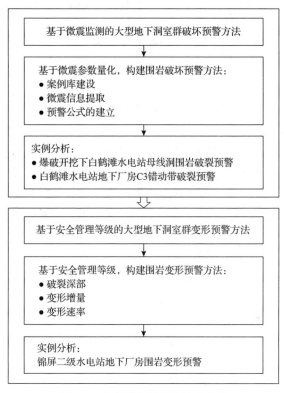

图 6.1　本章研究思路及技术路线

6.2　基于微震监测的大型地下洞室群破坏预警方法

6.2.1　基于微震参数的围岩破裂风险预警方法

1. 围岩破坏案例数据库建立

围岩破坏案例数据库是后续稳定性预警的前提和基础。通过案例数据库可以获取围岩破坏孕育过程的微震信息特征，从而研究微震信息与围岩破坏的关系，建立基于微震信息的预警公式，并检验预警方法的正确性。围岩破坏案例数据库将随着洞室开挖诱发的破坏案例而不断丰富，该数据库包含岩体破坏信息、微震信息、空间预警单元等。

(1)岩体破坏信息的记录主要包括：

①破坏发生的时间、桩号及其在洞室横剖面上的分布位置。

②破坏的程度(识别破坏区域的长度、宽度及深度)。

③地质信息(断层、软弱夹层、节理、裂隙等结构面信息)。

(2)微震信息的选取。微震系统监测岩体破裂时释放的弹性波信息，反演出微破裂的发生时间、位置、量级等信息，还可以识别出震源处岩体的视应力和非弹性变形等信息。微震信息描述应选取最基本且能表征岩体破坏孕育过程的参数。因此，用于描述岩体破坏孕育过程的微震信息可以从下列参数中选取：①微震事件数；②微震能量；③微震视体积。

(3)空间预警单元的合理确定。准确有效的围岩破坏风险预警及地下洞室群围岩稳定性评价应建立在合理的空间预警单元基础之上。空间预警单元的选取与所评估对象及其所处的施工环境密切相关。一般情况下，根据微震事件空间分布特征、微震活动空间活动规律、开挖卸荷影响范围、地质构造分布特征等信息，综合确定空间预警单元。大型地下洞室开挖卸荷扰动区主要在掌子面附近，工程实践表明，掌子面前方1倍洞宽至掌子面后方2倍洞宽范围内的微震事件较为活跃。

2. 围岩破坏微震预警公式建立

根据围岩破坏案例数据库中典型的围岩破坏案例及其微震信息，归纳、分析微震信息的特征，建立围岩破坏与微震参数之间的函数关系式，进而实现围岩破坏风险的预警。

计算典型案例中围岩破坏孕育过程的微震信息均值，将该均值记为微震特征值。监测到的微震信息与某种类型某种等级围岩破坏的微震特征值越接近，则发生该类型该等级围岩破坏的可能性越大；相反地，监测到的微震信息与某种类型某种等级围岩破坏的微震特征值差别越大，则发生该类型该等级围岩破坏的可能性越小。因此，选取微震能量作为微震预警指标，采用某种适宜的概率分布函数表达微震信息与围岩破坏的定量关系，函数关系可以表达为

$$P_{ij} = f_{ij}(E) \tag{6.1}$$

式中，P_{ij} 为基于微震信息 j(累积微震能量、微震能量释放率)的 i 等级(无风险、低风险和高风险)围岩破坏发生的概率；E 为微震能量；f 为微震信息与围岩破坏风险的函数关系。

选择预警空间单元后，可以实时获取预警单元内监测到的微震信息，从而采用围岩破坏预警公式实时计算不同等级围岩破坏发生的概率，指导工程施工。所有等级围岩破坏发生的概率范围均为0～100%，概率越大，发生该等级围岩破坏的可能性越大。每次预警，所有等级围岩破坏发生的概率之和为100%。

考虑函数的简易性，采用线性三角模糊数形式表达微震信息与围岩破坏的定量关系。参照 Feng 等[1]提出的隧洞岩爆与微震信息的关系，本节建立的大型地下洞室群围岩破坏风险与微震能量(微震信息)的函数关系表述如下。

(1)当预警围岩无破坏风险时(i 为最低等级破坏)，

$$P_{ij} = \begin{cases} 100\%, & 0 \leqslant E \leqslant m_{ji} \\ \dfrac{m_{j(i+1)} - E}{m_{j(i+1)} - m_{ji}} \times 100\%, & m_{ji} < E < m_{j(i+1)} \\ 0, & m_{j(i+1)} \leqslant E \end{cases} \tag{6.2a}$$

(2)当预警围岩有最高等级破坏风险时(i 为最高等级破坏)，

$$P_{ij} = \begin{cases} 0, & 0 \leqslant E \leqslant m_{j(i-1)} \\ \dfrac{E - m_{j(i-1)}}{m_{ji} - m_{j(i-1)}} \times 100\%, & m_{j(i-1)} < E < m_{ji} \\ 100\%, & m_{ji} \leqslant E \end{cases} \tag{6.2b}$$

3. 监测信息动态更新机制

预警方法建立及应用过程中应不断进行监测信息的更新完善，从而提高围岩破坏的预警效果。动态更新机制主要包括以下两个方面：

(1)更新微震信息及围岩破坏预警结果。首先预警单元内微震信息需要随掌子面开挖和时间及时动态更新，根据最新的微震信息不断对围岩破坏风险进行计算，实时预警围岩破坏发生的概率。

(2)更新围岩破坏案例数据库。利用所提出的预警方法对现场围岩破坏风险进行预警后，通过现场检验预警结果正确与否，并将对原有实例数据库进行动态补充更新，从而可以不断验证和完善围岩破坏预警公式。

6.2.2　实例分析 1：爆破开挖下白鹤滩水电站母线洞围岩破裂预警

1. 母线洞爆破开挖过程中围岩破裂特点

白鹤滩水电站大型地下洞室群采用传统钻爆法分层下卧开挖，主厂房Ⅳ层、主变室Ⅴ层及 10#～11# 母线洞的开挖过程如图 6.2(a)所示。主厂房与主变室掌子面平行且推进方向一致，母线洞掌子面垂直于上述两掌子面；母线洞先于主厂房、主变室开挖完成(母线洞断面尺寸为 10m×10m)。母线洞开挖实际为母线洞爆破修边扩挖，扩挖后的断面尺寸为 12m×11m，日进尺 3m；主厂房Ⅳ层开挖完成后，主厂房侧母线洞口出露。10# 母线洞采用周边孔光面爆破，具体的爆破参数如表 6.1 所示。研究区域范围及现场爆破施工信息如图 6.2(b)所示，仅有 10 月 21

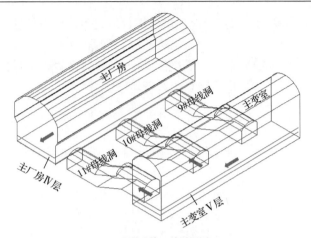

(a) 开挖方案三维透视图

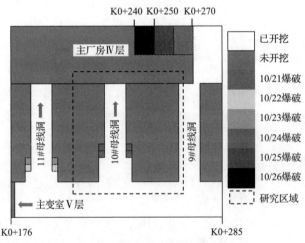

(b) 研究区域范围及现场爆破施工信息

图 6.2　白鹤滩水电站右岸地下厂房区域开挖过程示意图[2]（见彩图）

表 6.1　10# 母线洞爆破参数

炸药种类	药卷直径/mm	孔径/mm	孔深/cm	孔数	线装药密度/(g/m)	爆破方式
2#岩石乳化炸药	32	60	300	10	300	光面爆破

日和 10 月 24 日进行 10# 母线洞的爆破施工。

　　由地下洞室群空间几何关系可知，母线洞处于多面临空和多面卸荷的不利应力状态，围岩极易发生环形劈裂、片帮等卸荷破坏。频繁的爆破扰动无疑增大了围岩破裂的风险和量级。根据大型地下洞室群围岩稳定性分析方法，识别白鹤滩水电站右岸地下洞室群围岩潜在不稳定高风险区，结果显示，10# 母线洞在多次爆破开挖扰动下，其围岩发生破坏风险的可能性较高。

2. 高应力大型地下洞室群围岩破裂监测方案设计

根据围岩破坏风险区域识别结果，并结合该区域的应力场特征、洞室空间结构和地质构造特征，设计白鹤滩水电站大型地下洞室群原位监测方案。根据白鹤滩水电工程地下洞室群的空间布置，选取空间上距离母线洞较近的 RPL5-2 排水廊道安装微震传感器，可得到较佳的监测效果。针对现场岩体完整性较差、节理发育、断层及错动带分布的区域，应选择频率响应范围为几百赫兹至几千赫兹的加速度传感器；针对岩石完整性较好、岩石坚硬致密的区域，应选择频率响应范围为几赫兹至几百赫兹的速度传感器。因此，分别在 RPL5-2 排水廊道 K0+230～K0+290 洞段注浆埋设 6 个灵敏度为 $1\text{V}/g$、频率响应范围为 0.1～8000Hz（$\pm3\text{dB}$）的单向加速度传感器（编号 11#～16#），在 K0+176～K0+230 洞段注浆埋设 6 个固有频率为 10Hz、响应范围为 10～2000Hz 的单向速度传感器（编号 17#～22#）。监测断面等间距布置，每个断面安装 2 个传感器，其中加速度传感器断面间距 15m，速度传感器断面间距 30m，如图 6.3 所示[2]。

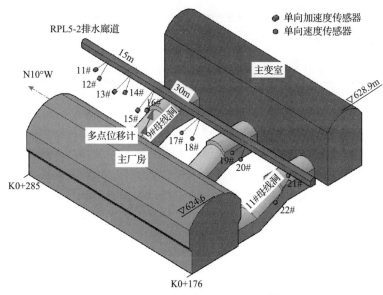

图 6.3　微震传感器空间布置图[2]

现场测量震源定位精度的方法有定点爆破、定点敲击等，即把爆破或敲击位置作为已知震源，进行反演分析。采用定点敲击洞室围岩进行定位精度的测量，图 6.4 为现场机械定点敲击围岩后，被触发的传感器记录的 P 波、S 波到达时刻与距离的关系曲线[2]。试验结果显示，被触发的传感器与震源距离和信号走时的线性拟合效果良好。定点敲击定位误差分析如表 6.2 所示，可以看出，定位误差为 6.2m，满足现场工程定位精度的要求。

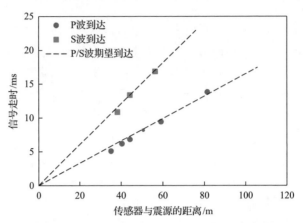

图 6.4　P 波、S 波到达时刻与距离的关系曲线[2]

表 6.2　定点敲击定位误差分析

坐标轴	敲击坐标/m	定位坐标/m	各方位误差/m	定位误差/m
X	231.2	229.4	1.8	
Y	−56.3	−59.9	3.6	6.2
Z	−28.1	−23.4	4.7	

3. 爆破开挖过程中母线洞破坏风险预警

选取累积微震能量对数作为微震信息，建立累积微震能量对数与围岩破坏风险的定量函数关系。即取微震信息 j 为累积微震能量对数 $\lg E$，P_{NE}、P_{LE} 和 P_{HE} 分别为基于微震能量的围岩破坏无风险 (N)、低风险 (L) 和高风险 (H) 的发生概率。基于微震参数量化的预警方法，计算得到母线洞围岩破坏孕育过程中的累积微震能量对数的均值分别为 1.1、2.2 和 4.2，则累积微震能量对数与母线洞围岩破坏风险的函数关系可以表示为

$$P_{NE} = \begin{cases} 100\%, & \lg E \leqslant 1.1 \\ (2 - 0.91\lg E) \times 100\%, & 1.1 < \lg E < 2.2 \\ 0, & \lg E \geqslant 2.2 \end{cases} \quad (6.3a)$$

$$P_{LE} = \begin{cases} 0, & \lg E \leqslant 1.1, \lg E \geqslant 4.2 \\ (0.91\lg E - 1) \times 100\%, & 1.1 < \lg E \leqslant 2.2 \\ (-0.5\lg E + 2.1) \times 100\%, & 2.2 < \lg E < 4.2 \end{cases} \quad (6.3b)$$

$$P_{HE} = \begin{cases} 0, & \lg E \leqslant 2.2 \\ (0.5\lg E - 1.1)\times 100\%, & 2.2 < \lg E < 4.2 \\ 100\%, & \lg E \geqslant 4.2 \end{cases} \quad (6.3c)$$

累积微震能量对数与母线洞围岩破坏风险的定量函数关系如图 6.5 所示。当 $\lg E$=3.8 时，P_{NE}=0、P_{LE}=20%、P_{HE}=80%，即发生围岩破坏无风险、低风险和高风险的概率分别为 0、20% 和 80%。

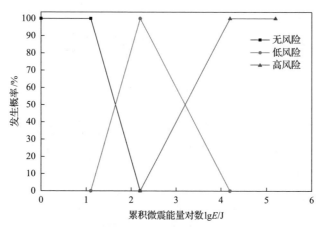

图 6.5　累积微震能量对数与母线洞围岩破坏风险的定量函数关系

因此，根据上述建立的微震预警方法，采用实测微震信息，对白鹤滩水电站工程 10#母线洞爆破开挖诱发的围岩破坏风险进行预警，其预警结果为：P_{NE}=0、P_{LE}=24%、P_{HE}=76%。预警结果表明，2016 年 10 月 21 日爆破后，10#母线洞区域发生围岩破坏无风险、低风险、高风险的概率分别为 0、24%、76%。这意味着 10 月 21 日后 10# 母线洞区域存在围岩破坏高风险。

4. 微震事件空间分布规律检验

微震事件的空间分布可在一定程度上验证预警结果的准确性[2]，即在微震事件丛集分布的区域，围岩发生破坏风险的概率要高一些。图 6.6 为爆破作用下围岩微震事件及能量释放空间演化规律。图中颜色代表微震事件发生时间，球大小正比于辐射微震能。2016 年 10 月 21 日 18 点，10# 母线洞爆破施工，微震事件在爆破后 1h 内频发并迅速丛集于掌子面附近，当日诱发 51 个微震事件，爆破开挖诱发的微震事件空间分布如图 6.6(a)所示；10 月 22 日，10# 母线洞内顶拱发生掉块，在顶拱围岩掉块发生前夕，一方面，相邻洞室的爆破扰动造成 10# 母线洞围岩发生一定程度的累积损伤，另一方面，如前面所述，10 月 21 日 18 点 10# 母线洞爆破后，充分调整后的应力集中区主要分布于掌子面前方 4～10m 范围内，因

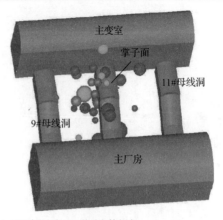

(a) 2016年10月21日微震事件频发

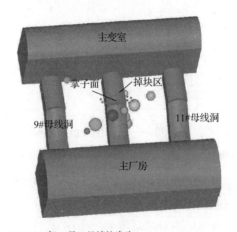

(b) 2016年10月22日掉块发生

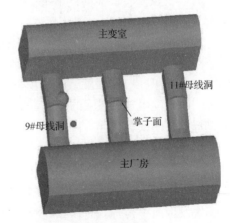

(c) 2016年10月23日岩体趋于稳定

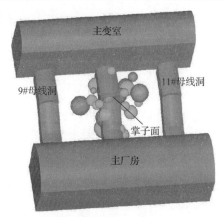

(d) 2016年10月24日微震事件频发

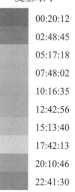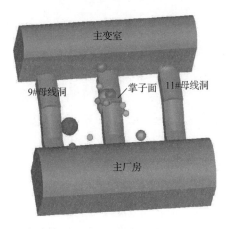

(e) 2016年10月25日微破裂事件减少

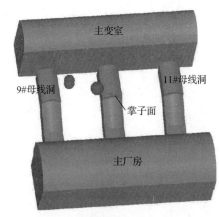

(f) 2016年10月26日岩体趋于稳定

图 6.6　爆破作用下围岩微震事件及能量释放空间演化规律[2](见彩图)

此当开挖至应力集中区时，局部区域出现应力集中加剧和能量积聚，掌子面附近偶尔发出清脆的岩石破裂声，母线洞顶拱发生掉块，破坏深度为 0.2～0.25m，岩石破裂产生的微震事件和能量释放如图 6.6(b) 所示；10 月 23 日，10# 母线洞无开挖，掌子面附近围岩应力调整趋于稳定，相邻洞室爆破扰动程度较小，围岩微破裂活动较弱，微震事件和能量释放如图 6.6(c) 所示；10 月 24 日，10# 母线洞爆破施工，围岩微破裂活动再次活跃，爆破导致围岩发生大量微震事件并释放大量微震能量，如图 6.6(d) 所示；10 月 25 日，10# 母线洞无施工，受应力调整和相邻洞室爆破扰动影响，掌子面附近发生少量微破裂事件，如图 6.6(e) 所示；10 月 26 日，10# 母线洞无施工，围岩应力调整幅度较小，围岩微破裂活动微弱，掌子面附近仅诱发 2 个微震事件，如图 6.6(f) 所示。

5. 工程实际效果

基于微震参数的围岩破裂风险预警方法成功预警了该次母线洞围岩掉块事件，未造成任何人员伤亡和设备损失，有效保障了工程安全开挖。10# 母线洞应力-结构型破坏形态如图 6.7 所示[2]。现场调查发现，掉块发生位置与微震事件丛集区域一致，掉块区域范围为 3.5m×1.7m×0.25m(长度×宽度×深度)，破坏区域分布随机节理，且节理出露处破坏深度较大，应重点关注该区域。根据微震参数预警结果，建议母线洞施工采取"爆破后及时先喷后锚，再挂网，紧复喷"的防控策略，有效抑制裂隙的进一步扩展，保证地下洞室群的整体稳定性，这是因为：①相邻掌子面开挖卸荷导致应力转移至岩柱体(即交叉洞室区域)承载，造成交叉洞室区域应力容易集中，进一步加剧了围岩损伤劣化程度，因此从减少微震事件数量及能量释放的角度考虑，应控制交叉洞室的开挖速率及爆破装药量，减少外界扰动；②切向集中应力作用下，随机节理及其附近裂隙不断向围岩内部扩展，

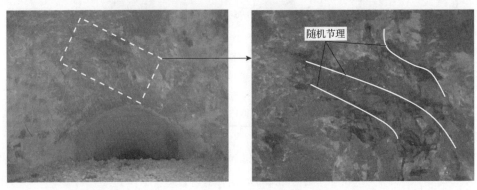

图 6.7　10# 母线洞应力-结构型破坏形态[2](见彩图)

最终形成由节理面控制的破坏边界，因此应及时喷锚支护封闭围岩，改善应力环境，抑制裂纹向围岩内部扩展；③挂网+复喷支护不仅可以有效降低开挖卸荷造成的应力调整程度及幅度，还可以有效发挥围岩体的自承载能力。

6.2.3　实例分析 2：白鹤滩水电站地下厂房区域 C3 错动带破裂预警

1. 开挖过程中地下厂房区域 C3 错动带破裂特点

地质资料显示，C3 错动带属于软弱构造带，大型地下洞室群开挖扰动下错动带的破裂风险较高。白鹤滩水电站地下厂房区域 C3 错动带岩体的破坏与岩体结构、岩体所处的应力水平、开挖卸荷、支护及错动带与临空面的空间组合关系等密切相关。现场监测结果表明，白鹤滩水电站大型地下洞室群含错动带岩体的破坏机制十分复杂，既表现出典型的脆性破坏特征，在饱水状态下也表现出柔性破坏特征。因此，开展有效的 C3 错动带破裂监测，可以为工程安全施工提供指导。本节研究主厂房Ⅳ层、主变室 V 层及母线洞开挖过程中，C3 错动带影响下交叉洞室围岩的破裂演化规律。选择的分析区域应能够反映开挖过程中错动带影响下交叉洞室围岩的破裂过程，根据这一中心原则，选取的分析区域 A 范围为 K0+210～K0+300 洞段。该区域由主厂房、主变室和 9#～10# 母线洞组成，并分布 C3 错动带。研究区域开挖信息如图 6.8 所示[4]，定义工作面桩号大于分析区域中心桩号，工作面与分析区域中心的距离为正值，反之为负值。

2. 微震监测方案及定位精度

本节微震监测方案请参照 4.4 节大型地下洞室群围岩典型破裂模式布置设计方法。微震事件的定位误差分析采用常数速度模型，即由震源辐射出的弹性波传播到不同方向传感器的速度相等。微震监测结果的解译应建立在良好的定位误差

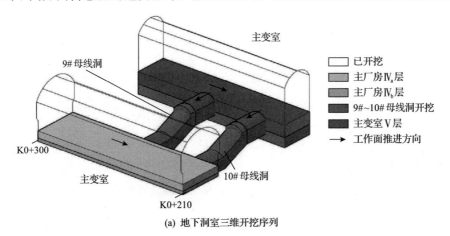

(a) 地下洞室三维开挖序列

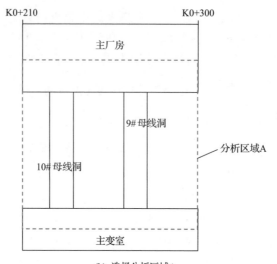

(b) 选择分析区域A

图 6.8 研究区域开挖信息[4]

基础之上。为了得到更加准确的微震源定位结果，现场每个开挖循环均采用定点爆破作为已知震源来反演纵波(P 波)和横波(S 波)的速度。根据现场被触发的传感器坐标和到时以及爆破源的坐标和时间，反演得到的 P 波平均速度为 5463m/s，S 波平均速度为 3356m/s。C-optimality 方法[3]常被用来设计传感器阵列并估计分析区域的定位误差。采用理论方法评估分析区域 A 的定位误差，即绘制不同方向的定位误差云图，如图 6.9 所示[4]。可以看出，分析区域内的定位误差多数小于10m，定位精度较高。相对于其他方向，主厂房轴向的定位精度最高。微震源距离传感器越远，定位精度越低。因此，选择传感器阵列附近区域(分析区域 A)可以有效反映岩体破裂过程的微震活动性。

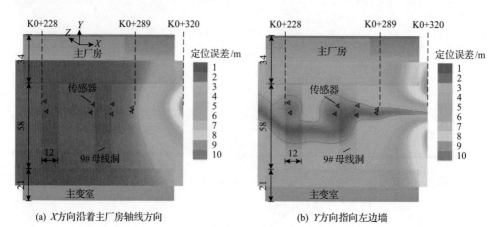

(a) X方向沿着主厂房轴线方向   (b) Y方向指向左边墙

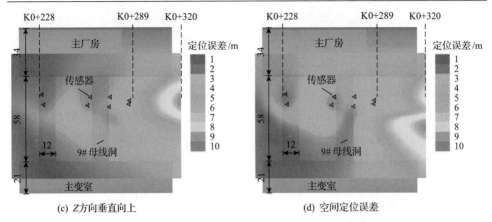

(c) Z 方向垂直向上　　　　　　　　　　　(d) 空间定位误差

图 6.9　分析区域的定位误差云图(单位：m)[4]

3. 地下厂房区域 C3 错动带破裂风险预警

选取累积微震能量对数作为微震信息，建立累积微震能量对数与 C3 错动带破裂风险的定量函数关系。即取微震信息 j 为累积微震能量对数 $\lg E$，P_{NE}、P_{LE} 和 P_{HE} 分别为基于微震能量的围岩破坏无风险(N)、低风险(L)和高风险(H)的发生概率。基于微震参数量化的预警方法，计算白鹤滩水电站大型地下厂房区域错动带破坏孕育过程的累积微震能量对数的均值分别为 0.8、1.9 和 3.8，则累积微震能量对数与错动带围岩破裂风险的函数关系可以表示为

$$P_{NE} = \begin{cases} 100\%, & \lg E \leqslant 0.8 \\ (1.73 - 0.91\lg E) \times 100\%, & 0.8 < \lg E < 1.9 \\ 0, & \lg E \geqslant 1.9 \end{cases} \quad (6.4\text{a})$$

$$P_{LE} = \begin{cases} 0, & \lg E \leqslant 0.8, \lg E \geqslant 3.8 \\ (0.91\lg E - 0.73) \times 100\%, & 0.8 < \lg E \leqslant 1.9 \\ (-0.53\lg E + 2) \times 100\%, & 1.9 < \lg E < 3.8 \end{cases} \quad (6.4\text{b})$$

$$P_{HE} = \begin{cases} 0, & \lg E \leqslant 1.9 \\ (0.53\lg E - 1) \times 100\%, & 1.9 < \lg E < 3.8 \\ 100\%, & \lg E \geqslant 3.8 \end{cases} \quad (6.4\text{c})$$

累积微震能量对数与错动带围岩破裂风险的定量函数关系如图 6.10 所示。当 $\lg E$=3.5 时，P_{NE}=0、P_{LE}=14.5%、P_{HE}=85.5%，即发生围岩破坏无风险、低风险和高风险的概率分别为 0、14.5% 和 85.5%。

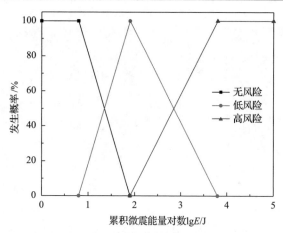

图 6.10　累积微震能量对数与错动带围岩破裂风险的定量函数关系

因此，根据上述建立的微震预警方法，采用实测微震信息，对白鹤滩水电站大型地下厂房区域错动带破裂风险进行预警，其预警结果为：$P_{NE}=0$、$P_{LE}=14.5\%$、$P_{HE}=85.5\%$。预警结果表明，白鹤滩水电站大型地下厂房区域累积开挖卸荷下造成错动带岩体损伤劣化加剧。综合分析研究区域开挖期间诱发的微震参数信息，该区域错动带发生破裂无风险、低风险、高风险的概率分别为 0、14.5%和 85.5%。这意味着开挖卸荷扰动下，软弱错动带发生大变形或宏观破坏的风险较高，需引起足够的重视。

4. 微震事件时空分布规律检验

微震事件蕴含反映错动带区域围岩内部微破裂特征的丰富震源信息，其随时间的演化可监控工作面开挖卸荷过程中围岩的微震响应。2016 年 9 月 17 日至 12 月 28 日，微震系统正常运转。滤波去除噪声信号后，实时监测到不同阶段诱发的微震事件(见表 6.3)，其随工作面推进的时间演化曲线如图 6.11 所示。多工作面开挖卸荷累积诱发 907 个微震事件，每天诱发 0～69 个微震事件，主变室 V 层开挖(MA1 阶段)累积诱发 75 个微震事件，开挖卸荷造成的围岩震动响应相对较小。随着各工作面相继开挖，围岩对各工作面开挖卸荷的微震响应差异性明显。例如，MA2 和 MA3 阶段的围岩微震活动强烈，其中 MA2 阶段发生 184 个微震事件，MA3 阶段发生 448 个微震事件。微震响应强烈意味着研究区域的应力集中，而 MA2 和 MA3 阶段进行的是洞室交叉部位多工作面同时开挖，这说明交叉部位多工作面同时开挖造成围岩损伤裂化程度严重，诱发的微震响应强烈。此外，结合地质构造分布可知，MA2 和 MA3 阶段的围岩微震响应存在明显差异性的原因在于 9#母线洞开挖揭露 C3 错动带，开挖诱发错动带附近围岩裂纹萌生、扩展或贯通，进而发生大量微震事件。MA4 阶段，系统记录到 66 个微震事件，由于没有工作面开挖，微震活动归因于围岩的时效破裂。MA5 阶段，主厂房IV$_b$层开挖诱发 134 个微震事件。总结系统记录的各个时期的微震活动，可知单工作面开挖诱发的微震活动相对平静，洞室交叉部位多工作面开挖诱发的微震活动频次较高。

表 6.3　不同微震监测阶段诱发的微震事件

微震活动阶段	日期/(月/日)	开挖的工作面	诱发的微震事件数
MA1	9/17～10/14	主变室 V 层	75
MA2	10/15～10/27	主厂房IV$_a$层和 10# 母线洞	184
MA3	10/28～11/19	主厂房IV$_a$层和 9# 母线洞	448
MA4	11/23～12/10	无开挖	66
MA5	11/20～11/22 12/11～12/28	主厂房IV$_b$层	134

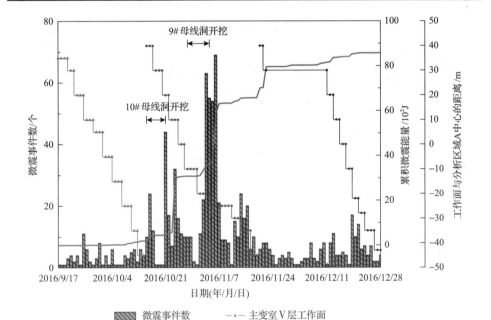

图 6.11　分析区域 A 的微震事件随工作面推进的时间演化曲线

多工作面开挖过程中，分析区域 A 的围岩震动响应(见图 6.11)显示，工作面推进至交叉洞室附近(距离分析区域 A 中心 7～17m 和 –31～–19m)，微震活动频次较高。因此，进一步研究了交叉洞室区域微震事件随工作面推进的时间演化过程。在分析区域 A 内选取主厂房侧 9# 母线洞附近区域作为分析区域 B(见图 6.12)，该区域只有主厂房开挖，可以很好地反映工作面推进过程中交叉洞室围岩的破裂过程。主厂房IV$_a$层开挖过程中，诱发的微震事件随工作面推进的时间演化曲线如图 6.12 所示[4]。可以看出，随着工作面向分析区域 B 推进，微震活动逐步增加。工作面推进至 9# 母线洞(桩号 K0+262～K0+274)附近时，微震事件数达到最大值 19。随后，工作面逐渐远离分析区域，微震事件数快速减少。工作面远离分析区域 20m 后，仅有几个微震事件发生，围岩处于稳定状态。工作面沿主厂房轴线方向推进过程中，微震事件符合三参数分布(Logistic 模型)。工作面与 9# 母线洞轴线(桩号 K0+268)间距离为(–15m，15m)时，微震活动频次较高，说明围岩发生变形和破裂的风险较大。造成交叉部位围岩微震事件较多的原因可能是，一方面，交叉洞室处于多面临空应力环境，围岩缺乏有效围压限制，极易发生卸荷松弛破裂；另一方面，开挖卸荷造成应力重分布并集中于交叉部位，造成围岩持续损伤裂化。因此，工作面推进至该区域时，应减小开挖进尺，并采取及时有效的支护措施，抑制围岩破裂。

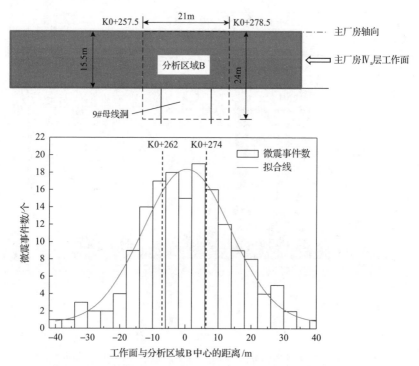

图 6.12　分析区域 B 的微震事件随工作面推进的时间演化曲线[4]

交叉洞室的微震事件空间演化规律如图 6.13 所示[4]。2016 年 9 月 17 日至 12 月 28 日，分析区域 A 在 5 个阶段累积发生的 907 个微震事件。其中球体颜色代表震级，颜色越鲜艳，震级越大，球的大小代表微震能量，球半径越大，微震能量越大。微震事件空间演化清晰地阐述了工作面开挖卸荷诱发的微震事件空间聚

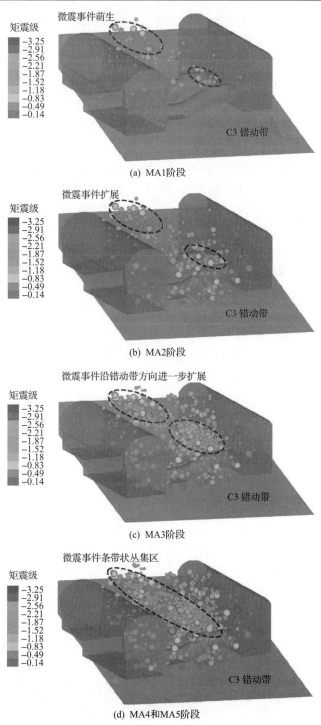

图 6.13　交叉洞室的微震事件空间演化规律[4](见彩图)

集与发展过程，其空间分布与地下洞室群的开挖卸荷密切相关。

从图 6.13(a)可以看出，MA1 阶段，微震事件离散分布于错动带附近的交叉洞口和主厂房下游拱肩，研究区域受开挖卸荷影响较小。MA2 阶段，一方面，交叉部位多工作面同时开挖导致应力发生重分布和剧烈调整，诱发微震事件丛集于 10# 母线洞底板，另一方面，微震事件呈现出沿错动带扩展和传播的特征，如图 6.13(b)所示。分析区域内分布的错动带属于软弱结构面，具有分布范围广、厚度不一、结构松散、力学强度较低且遇水易软化的特性。错动带降低了围岩变形和破坏的阈值，提供了围岩松弛破裂的通道。开挖卸荷对错动带造成扰动，导致错动带附近围岩首先发生变形和破裂。从图 6.13(c)可以看出，MA3 阶段，开挖主厂房IVₐ层与 9# 母线洞时的围岩震动响应记录的微震事件数量明显多于前两个阶段，而且微震事件沿错动带丛集扩展更加明显。开挖过程中，9# 母线洞拱肩揭露 C3 错动带。错动带和交叉洞室形成不利组合，导致围岩在集中应力和错动带的综合影响下渐进向深部发生破裂。MA4 和 MA5 阶段，微震事件继续沿错动带方向扩展并发生交汇，在空间上形成一个明显的条带状丛集区，如图 6.13(d)所示，预示着围岩微裂隙沿错动带方向发生扩展、贯通。

微震事件空间演化反映出围岩不同阶段微破裂的变化过程，而微震事件数云图和能量指数云图则可以反映围岩的破裂集中区域和演化趋势[4,5]。能量指数越大，微震事件发生时的震源驱动应力越大。2016 年 9 月 17 日至 12 月 28 日累积诱发的微震事件数云图和能量指数云图如图 6.14 所示[4]。可以看出，微震事件数和能量指数的发展趋势基本一致，即应力和事件集中范围均分布在 C3 错动带附近，集中程度由围岩浅部渐进向深部减小，这和图 6.13 所示的微震事件空间演化结果一致，说明开挖卸荷导致围岩微破裂由错动带揭露处渐进向深部扩展。

微震事件极易发生于应力集中区域，对比图 6.14(a)和(b)可知，能量指数集中区域大于微震事件数集中区域，说明部分区域的应力出现集中，但尚未达到足够诱发围岩发生微破裂的量级。如果不采取行之有效的支护加固措施，一旦应力

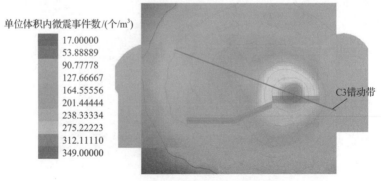

(a) 交叉洞室的微震事件受错动带C3影响

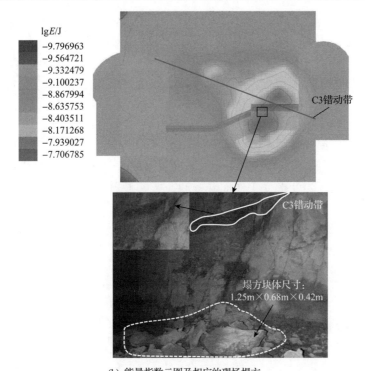

(b) 能量指数云图及相应的现场塌方

图 6.14　2016 年 9 月 17 日至 12 月 28 日累积诱发的微震事件数和能量指数云图[4]

进一步集中达到围岩破裂的临界值，极易诱发围岩内部发生大量的微破裂。现场调查发现，9# 母线洞错动带揭露处发生塌方，塌方位置与能量指数、微震事件数集中区域一致，塌落的最大块体尺寸为 1.25m×0.68m×0.42m。错动带控制塌方破坏的边界，现场围岩破坏形态如图 6.14(b) 所示。错动带自身岩体强度低，有效降低了围岩发生变形和破坏的应力门槛值。微震监测该区域能量指数出现集中，若现场支护强度不足以有效抑制受错动带影响的围岩微破裂渐进扩展，则在开挖卸荷、爆破扰动等诱因下极易诱发结构控制型塌方破坏。该破坏案例说明，除加强微震事件密度集中区域的支护外，还应该重视能量指数集中区域的支护加固工作。基于微震参数的大型地下洞室群预警方法成功预警了该次围岩失稳事件，未造成任何人员伤亡和设备损失，保障了工程安全开挖。

5. 工程实际效果

基于微震参数围岩破裂风险预警方法成功预警了白鹤滩水电站大型地下洞室 C3 错动带变形破裂风险，工程现场采取了针对性的支护加固方案。为了有效评价支护加固措施的作用效果，本节综合分析补强支护措施安装前及安装后的围岩变形和微震事件时空演化规律。围岩变形数据来自安装在主厂房下游侧岩锚梁上的多点位移计(编号为 Myc0+265-2; 厂房桩号为 K0+265)。Myc0+265-2 多点位移计和距离其较近的 11#~20# 微震传感器的空间布置如图 6.15(a)所示, 它们在断面 K0+265 上的投影如图 6.15(b)所示。由多点位移计与微震传感器的空间关系可知, 多点位移计附近分布较多的微震传感器, 也就是说多点位移计与微震系统可以有效捕捉开挖卸荷条件下地下交叉洞室围岩变形和破裂的关键演化信号。图 6.16 为围岩变形和微震事件随工作面推进的时间演化曲线[4], 其中多点位移计自 2015 年 4 月 23 日开始监测, 微震系统自 2016 年 9 月 17 日正常运转。围岩变形响应时间演化结果显示, 主厂房边墙内部 3.5m 和 6.5m 处围岩同步变形, 15m 处围岩变形相对较小。交叉洞室围岩变形受工作面开挖卸荷影响显著, 主厂房Ⅲ层、Ⅳa层开挖过程中, 围岩变形呈阶梯式快速增长, 且开挖高度越大, 围岩变形增长速度越

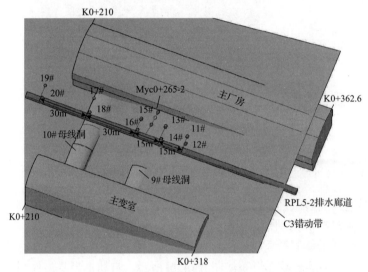

(a) 微震传感器和Myc0+265-2多点位移计的空间布置

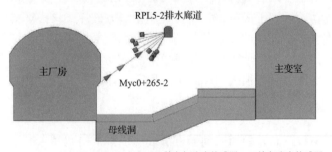

(b) 微震传感器和Myc0+265-2多点位移计在断面K0+265上的投影

图 6.15 微震传感器和多点位移计布置方式[4]

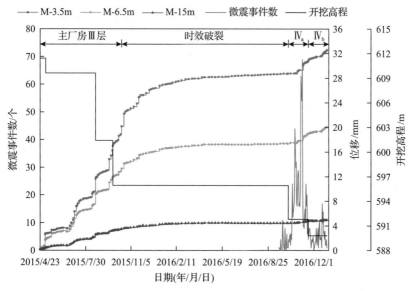

图 6.16　围岩变形和微震事件随工作面推进的时间演化曲线[4]

快。同时，工作面开挖诱发微震事件频发并丛集在研究区域内。从 2016 年 11 月开始，现场安装新增的加固支护措施，围岩变形量和微震事件数逐渐减少，说明新增支护措施逐渐发挥了补强加固作用。例如，主厂房IV_a层和IV_b层的开挖持续时间几乎一致，主厂房IV_a层的开挖量和诱发的微震事件分别是 11439m³ 和 860 个，而主厂房IV_b层的开挖量和诱发的微震事件分别是 5580m³ 和 204 个。也就是说，主厂房IV_a层和IV_b层单位体积开挖量诱发的微震事件数分别为 0.08 和 0.04。微震事件数的减少证实了提出的支护措施在一定程度上可以抑制开挖诱发的破裂。

　　对比分析微震事件和围岩变形数据发现，工作面分层下卧开挖诱发的微震事件略微提前于围岩的变形响应。研究表明，多点位移计监测的是岩体发生的大规模弹性变形位移和空腔类非弹性变形位移[6-8]，微震系统可以探测到岩体尚未发生大规模破裂前的弹性应变能信号。这意味着微震监测可以实现监测尺度更小、监测范围更广、预测预警时间更早等目标，因此局部区域的微震事件传播、积聚可以作为大型地下洞室群发生宏观变形的关键前兆信息。

6.3　基于安全管理等级的大型地下洞室群变形预警方法

6.3.1　安全管理等级的预警指标

　　高应力大型地下洞室群围岩变形预警是一个动态的反馈分析过程，而围岩局部不稳定问题实时动态反馈分析的基本思路是多次利用反分析手段，以现场多元量测信息为纽带，不断对不稳定部位岩体失稳模式进行计算评估，据此修正原设计方案，并提出针对性的施工调控措施和围岩局部加固方案(见图 6.17[9])，具体步骤如下：

(1)通过围岩监测变形持续增大、变形速率偏高、支护结构荷载突增、现场岩层开裂或错动等围岩失稳先兆，辨别出围岩局部潜在不稳定部位。

(2)结合不稳定区域局部工程地质特征，进行结构面组合搜索，分析不稳定部位是否存在潜在块体，判明围岩表现出不稳定行为的本征原因。

(3)如果是不稳定块体引起围岩表现出失稳先兆，则沿路径②进行块体稳定性计算，分析维护块体稳定所需要的锚固力。

(4)如果是围岩本身力学性质较差或围岩劣化严重引起围岩表现出失稳先兆，则沿路径①在岩体等效力学参数识别基础上，分析当前开挖状态下的围岩稳定性，

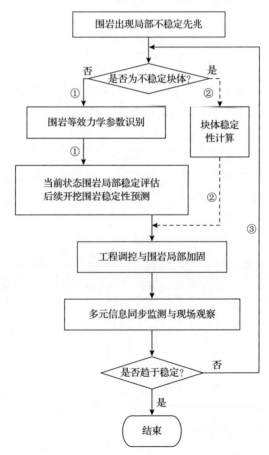

图 6.17　围岩局部不稳定问题分析思路[9]

并预测洞室后续开挖围岩力学行为。

(5)依据第 3 步或第 4 步的分析结果，提出施工调整措施和围岩局部补强加固方案。

(6)同步进行围岩变形和支护荷载等监测，加强现场观察，如果围岩趋于稳定，则分析结束，否则沿路径③返回到第 2 步继续进行动态分析。

高应力下硬岩灾变的本质因素是围岩的破裂，因此大型地下洞室围岩安全管理的关键指标应考虑岩体的破裂信息，故应将松弛深度作为围岩安全性的控制性指标。此外，《岩土锚杆与喷射混凝土支护工程技术规范》(GB 50086—2015)[10]中以变形作为主要控制量，当实测位移超出安全范围时即视为围岩不稳定。但是对于特定的地质情况，其预警的阈值缺乏。此外，岩体变形的速率也是围岩发生破裂后临界失稳状态的重要判别依据。因此，将大型地下洞室群围岩稳定性的安全管理等级预警方法的指标规定为破裂深度、变形增量和变形速率，提出大型地下洞室分层开挖过程中的围岩安全管理等级标准(见表 6.4)，将安全管理分为安全、预警和危险三级。

表 6.4　洞室围岩安全管理等级

判定指标	安全管理等级		
	安全	预警	危险
破裂深度 $D_{\text{RFD 实测}}/D_{\text{RFD 限值}}$	<1	1~1.25	>1.25
变形增量 $\delta_{\text{实测}}/\delta_{\text{限值}}$	<1	1~1.25	>1.25
变形速率 $(\Delta\delta_i/L_i)/\varepsilon_{\text{极限}}^1$	<1	1~1.25	>1.25

6.3.2　安全管理等级的使用方法

上述大型地下洞室围岩安全管理等级每一级的阈值无法完全固定不变，需要针对具体工程特点、岩性特征、施工参数等，综合工程类比、数值分析、变形监测的成果，通过多次现场反馈确定并逐步完善。基于该安全管理等级标准，工程具体响应过程可参考表 6.5 执行。

表 6.5　洞室围岩稳定性安全管理等级使用说明简表

分项	说明
应用对象	(1)大型地下洞室群 (2)当前所采用的系统支护方案和开挖方案
使用说明	(1)围岩安全管理等级主要是为大型地下洞室的整体稳定性制定的 (2)在使用围岩安全管理等级时，应首先对围岩破裂、变形等监测信息进行筛选和分析，确认其准确性和有效性 (3)安全管理等级的破裂深度一般采用岩体松弛的声波测试进行确定，亦可依据钻孔摄像观测的破裂深度确定 (4)安全管理等级的变形量为本次开挖的变形增量，虽然监测仪器埋设时间不一样，但是可通过分

分项	说明
使用说明	析某一时间段内的监测变形变化量获得 (5)安全管理等级的变形速率不计开挖瞬间导致的围岩变形释放，即一般根据开挖结束后 3～7 天内或连续多天的变形速率进行统计 (6)洞室群安全管理首要指标是破裂深度，开挖后引起围岩变形的前期宜采用变形速率作为分析围岩稳定的优先参考指标，而变形的后期宜采用变形量作为分析围岩稳定的优先参考指标 (7)从确保洞室与人员安全角度出发，以及给围岩加固预留一定的反应时间，围岩安全等级标准中的数值偏于保守，故当实际监测中局部位置围岩变形值大于标准所列的阈值时，并不完全意味着围岩将马上失稳
响应行为说明	(1)当监测数据超过安全等级值时，建议行为为给予关注，跟踪分析该部位围岩条件、施工过程 (2)当监测数据超过预警等级值时，建议行为为给予足够重视，实时深入分析该部位围岩结构、施工过程、支护情况；考虑采取相应的工程调控措施 (3)当监测数据超过危险等级值时，建议行为为采取应急加固措施
工程调控措施	(1)当到达预警等级时，应考虑进行监测数据复核、围岩结构分析、施工过程回顾，围岩局部稳定性分析，采取停工观察、加密观测等措施 (2)当到达预警等级时，应考虑暂停邻近开挖扰动，进行围岩加强支护 (3)在查清围岩稳定性潜在不稳定原因后，应依据围岩局部不稳定性的因素考虑相应的工程加固措施

6.3.3　实例分析：锦屏二级水电站地下厂房围岩变形预警

1. 地下厂房开挖过程中潜在不稳定部位围岩变形特点

锦屏二级水电站整个岩层均为陡倾～竖直的层状岩体(见图 6.18[9])，岩层走向与厂房洞轴线(N35°E)呈小夹角。这种不利的地应力条件和岩层特点易使得厂房开挖后上游侧边墙围岩松弛和层面趋于张开，围岩局部变形失稳较为突出。为此，在前述安全管理等级方法上建立锦屏二级水电站地下厂房围岩安全管理等级标准，其厂房第Ⅱ层开挖上游侧边墙围岩安全管理等级标准如表 6.6 所示。

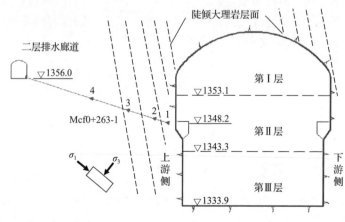

图 6.18　主厂房厂右 K0+263 多点位移计 Mcf0+263-1 位置示意图(单位：m)[9]

表 6.6　厂房第 Ⅱ 层开挖上游侧边墙围岩安全管理等级标准

标准值	安全管理等级		
	安全	预警	危险
变形增量/mm	15	20	30
变形速率/(mm/d)	0.15	0.25	0.4

自 2008 年 2 月 25 日起，位于厂右 K0+263 安装间上游侧边墙部位的预埋多点位移计 Mcf0+263-1 监测到围岩发生了明显的变形突变(见图 6.19[9])，最大变形量从原来的 12.76mm(2008 年 2 月 24 日)增大到 20.89mm(2008 年 2 月 28 日)，变形速率为 1.1～3.4mm/d，其变形量和变形速率都超出了此前制定的厂房第 Ⅱ 层开挖围岩安全等级标准的预警级别。

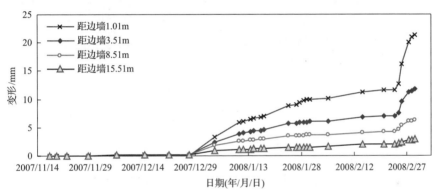

图 6.19　当前开挖状态下多点位移计 Mcf0+263-1 监测变形-时间曲线[9]

因此，根据围岩安全管理等级使用方法，首先对厂右 K0+263 局部位置的围岩结构面进行分析，发现该部位存在一组较发育的 NNE 向陡倾层面(N5°E/SE∠88°)和一组不太发育的结构面(N80°W/SW∠45°)，不存在结构面组成不稳定块体的可能(见图 6.20)，故厂右 K0+263 部位围岩稳定性分析将沿图 6.17 中的路线①进行。

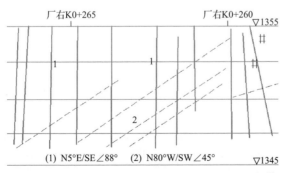

图 6.20　厂右 K0+263 区域边墙结构面产状示意图[9]

2. 反分析

为了客观地评价厂右 K0+263 部位第Ⅱ层开挖完成后的稳定性和后续开挖过程中的围岩力学行为，并为及早采取相应的工程措施优化设计提供依据，首先通过该部位变形监测数据反演了厂右 K0+263 区域围岩等效力学参数，然后以反演获得的围岩等效力学参数为输入参数，采用数值方法模拟了该断面的开挖与支护过程，最后根据变形破裂计算结果，综合分析该部位的稳定性。

分析当前开挖状态下数值仿真计算结果，可以得到以下结论：①该断面围岩变形较大部位位于上游侧，边墙最大变形约 24mm；②安装间上游侧边墙围岩塑性区厚度约 3m，下游侧边墙围岩塑性区厚度约 2m；③从安装间第Ⅱ层开挖后的二次应力场看，上游侧边墙围岩中最大主应力方向近似竖直，最小主应力方向近似水平，如图 6.21 所示[9]。这种不利应力状态的劈剪作用易导致表层围岩松弛，使得走向近似平行厂房洞轴线的陡倾结构面趋于张开，进而出现围岩大变形。

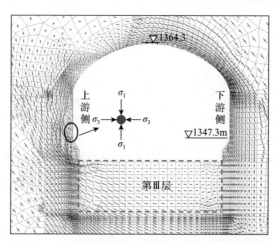

图 6.21　安装间第Ⅱ层开挖后围岩应力矢量图[9]

为确保围岩稳定，基于安全管理等级使用规则和上述反馈分析，采取如下两方面的工程调控措施：①立即停止厂右 K0+263 安装间部位的开挖施工，并加强该断面围岩变形监测频率；②立即进行 1345m 高程以上的系统锚杆支护和预应力锚索支护施工，即 1350m 高程以上间距 4.5m×4.5m 的 1750kN 预应力锚索施工和间距 1.5m×1.5m 的 6m/9m 锚杆施工。

3. 现场验证

从该部位多点位移计 Mcf0+263-1 后续监测变形来看，该部位进行锚杆加强支护后，围岩变形得到有效抑制。2008 年 4 月 3 日，最大实测变形为 36mm，而 2008 年 4 月 17 日最大实测变形为 36.6mm。这表明该部位变形速率明显降低，变形趋于收敛，围岩趋于稳定。

从安装间第Ⅲ层上游扩挖后出露的工程地质条件发现，该区域存在一条宽度 3～4m 的破碎带，破碎带岩体蚀变成红色，力学性质较差，如图 6.22 所示[9]。这一方面较好地验证了反演出的围岩等效力学参数较低的结果，另一方面也合理地解释了安装间第Ⅲ层开挖过程中围岩变形为什么表现出同步大变形。实际上，安装间第Ⅲ层开挖出露的工程地质条件和所采取的工程措施也从一个侧面充分说明了此前所制定的厂房第Ⅱ层开挖围岩安全等级标准中边墙变形预警值为 20mm 的合理性。

图 6.22　安装间厂右 K0+263 位置破碎带[9]

将开挖、反馈分析和工程调控的时间点映射到围岩监测变形-时间曲线后可以看出，多点位移计 Mcf0+263-1 的监测变形-时间曲线的波动过程正好反映了这一安全管理等级方法对围岩稳定性控制的作用效果，如图 6.23 所示[9]。

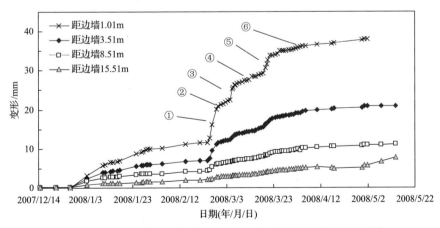

图 6.23　工程调控、开挖与 Mcf0+263-1 监测的变形时间曲线[9]

①.第Ⅱ层开挖时变形突增；②.第一次预警与调控；③.第Ⅲ层上半层开挖支护；
④.第二次预警；⑤.第Ⅲ层下半层开挖支护；⑥.围岩变形趋于收敛

参 考 文 献

[1] Feng G L, Feng X T, Chen B R, et al. A microseismic method for dynamic warning of rockburst development processes in tunnels. Rock Mechanics and Rock Engineering, 2015, 48(5): 2061-2076.

[2] 赵金帅, 冯夏庭, 王鹏飞, 等. 爆破振动诱发的地下交叉洞室微震特性及破裂机制分析. 岩土力学, 2018, 39(7): 2563-2573.

[3] Kijko A. An algorithm for the optimum distribution of a regional seismic network—Ⅱ: An analysis of the accuracy of location of local earthquakes depending on the number of seismic stations. Pageoph, 1977, 115: 1011-1021.

[4] Zhao J S, Feng X T, Jiang Q, et al. Microseismicity monitoring and failure mechanism analysis of rock masses with weak interlayer zone in underground intersecting chambers: A case study from the Baihetan Hydropower Station, China. Engineering Geology, 2018, 245: 44-60.

[5] 赵金帅, 冯夏庭, 江权, 等. 分幅开挖方式下高应力硬岩地下洞室的微震特性及稳定性分析. 岩土力学, 2018, 39(3): 1020-1026.

[6] Cook N G W. The failure of rock. International Journal of Rock Mechanics and Mining Sciences, 1965, 2: 389-403.

[7] Diederichs M S, Kaiser P K, Eberhardt E. Damage initiation and propagation in hard rock during tunnelling and the influence of near-face stress rotation. International Journal of Rock Mechanics and Mining Sciences, 2004, 41(5): 785-812.

[8] Trifu C I, Urbancic T I. Fracture coalescence as a mechanism for earthquakes: Observations based on mining induced microseismicity. Tectonophysics, 1996, 261: 193-207.

[9] 江权, 侯靖, 冯夏庭, 等. 锦屏二级水电站地下厂房围岩局部不稳定问题的实时动态反馈分析与工程调控研究. 岩石力学与工程学报, 2008, 27(9): 1899-1907.

[10] 中华人民共和国住房和城乡建设部. 岩土锚杆与喷射混凝土支护工程技术规范(GB 50086—2015). 北京: 中国计划出版社, 2016.

第7章 高应力大型地下洞室围岩深层破裂分析预测与优化设计

7.1 引　言

围岩深层破裂是指高应力大型地下洞室围岩破裂深度较大或超过支护结构深度的岩体破裂现象，主要是随着大型地下洞室群分层分部开挖应力调整逐渐向深部围岩转移，常发生于深部围岩扰动应力超过岩体起裂强度时。围岩深层破裂主要有三种模式(见图 7.1)：①分区破裂显著，主要是含结构面岩体的破裂，表现为距地下洞室轮廓不同深度处的结构面随应力集中向深部转移而逐渐张开，岩体破裂形式是非连续的，具有分区破裂特征；②分区破裂不显著，主要是地下洞室完整岩体受应力集中影响而产生的渐进破裂，应力转移导致的岩体破裂相互影响，岩体破裂逐渐向深部围岩扩展；③岩柱破裂，主要表现为两个或两个以上洞室之间的岩柱受应力集中叠加影响而出现的张开破裂[1,2]。围岩深层破裂是由于应力集中诱发的压致拉裂型破坏，其扩展方向与洞室开挖后扰动应力方向多近于平行。围岩深层破裂的产生会导致深部岩体长期变形及诱发大面积破裂扩展，给施工人员造成极大的心理恐慌，后期补强加固耗费大量工期及施工成本[3]。例如，锦屏一级水电站地下厂房围岩破裂发生在厂纵 K0+093 高程 1649m 的上游侧边墙，破裂深度达到 18.7m[4]；猴子岩水电站地下厂房围岩破裂发生在 4# 机组中心剖面高程 1711m 的下游侧边墙，表现为距洞壁约 11m 的微小裂隙张开[5]。

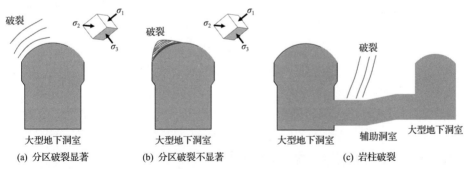

图 7.1　高应力大型地下洞室围岩深层破裂三种模式示意图

对高应力大型地下洞室围岩深层破裂的研究主要集中在其特征描述及地质力学机制分析方面[4-7]。在高应力硬岩大型地下洞室分层分部开挖多次卸荷扰动的特殊工程背景下，如何研究真三向复杂应力路径下围岩深层破裂的发生机制，如何开展大型地下洞室硬岩深层破裂的预测分析，如何有效监测围岩深层破裂随开挖支护的时空演化过程，以及如何通过开挖支护优化有效地控制围岩的破裂深度和破裂程度，都是需要进一步阐明的问题。

为了回答以上问题，本章详细介绍围岩深层破裂机制分析、预测分析、原位综合监测和开挖支护优化设计，主要内涵在于：基于七步流程式的优化设计方法，针对高应力大型地下洞室围岩深层破裂这一特殊问题，强调通过数值模拟获取高应力大型地下洞室围岩应力路径，开展围岩深层破裂应力路径下的真三轴试验，通过电子显微镜扫描揭示围岩深层破裂的破裂机制。以 RFD 为评价指标，通过数值模拟预测高应力大型地下洞室围岩破裂深度随掌子面效应和分层开挖效应的演化规律，提出合理的开挖与支护设计建议。观测洞室开挖过程中岩体破裂扩展演化特征，根据岩体破裂规律动态调整开挖与支护方案，开展长期原位监测直到洞室开挖完成。在此过程中，强调基于裂化-抑制方法，通过开挖方案和支护设计方案的优化，达到洞室安全稳定建设的目的。本章研究思路及技术路线如图 7.2 所示。

(1) 首先开展高应力大型地下洞室围岩深层破裂机制分析，即通过数值模拟计算高应力大型地下洞室分层分部开挖下深部围岩的真三向复杂应力路径，然后开展此应力路径下含声发射的真三轴试验和岩样破裂面电子显微镜扫描试验，揭示围岩深层破裂机制。

(2) 开展高应力大型地下洞室围岩深层破裂预测分析，以真三轴试验岩样峰后首次应力跌落点处的 RFD 值作为围岩深层破裂发生的破裂指标，采用精细数值模拟软件和硬岩弹脆塑性力学模型，开展大型地下洞室分层分部开挖数值模拟，预测岩体破裂深度随分层分部开挖的演化规律，提出合理的开挖与支护设计建议。

(3) 开展高应力大型地下洞室围岩深层破裂过程原位综合监测，根据地质分区及数值模拟预测的围岩深层破裂发生位置及大型地下洞室开挖特点，针对性地布置点-线-体的空间原位综合监测方案，并随着洞室群开挖进行长期原位监测，总结分析围岩深层破裂变形破坏特征与规律。

(4) 开展高应力大型地下洞室围岩深层破裂过程控制的开挖支护优化设计，基于裂化-抑制方法和围岩深层破裂发生特点，加固围岩深层破裂部位，动态优化开挖和支护设计方案，特别是预应力锚索和预应力锚杆的部位、长度、间距和支护时机，使得围岩的破裂深度和破裂程度在可接受范围内，基于全过程原位监测结果进行长期动态优化设计。

(5) 通过整个洞室开挖期的监测、动态优化设计及开挖完成时的优化设计复核，进一步总结高应力大型地下洞室围岩深层破裂的规律特点，总结其开挖设计要点。

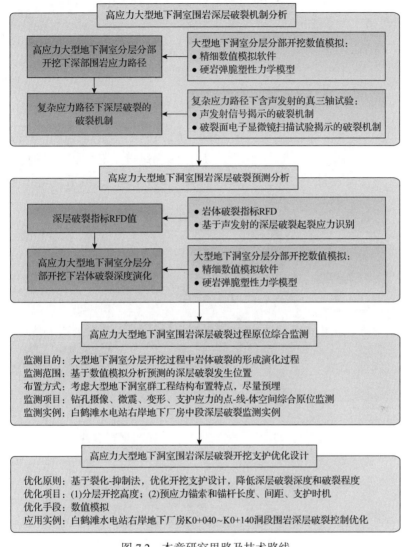

图 7.2　本章研究思路及技术路线

7.2　高应力大型地下洞室围岩深层破裂机制

基于第 2 章中高应力大型地下洞室群稳定性动态设计方法流程，首先需要阐明大型地下洞室开挖过程中复杂应力路径下岩石的变形破坏特征与机制，故需要通过数值模拟获得高应力大型地下洞室分层分部开挖过程中深部围岩的应力路径，然后开展相应应力路径下的真三轴试验和电子显微镜扫描试验，分析变形破坏特征与破裂机制。

7.2.1　大型地下洞室围岩深层破裂应力路径

通过数值计算模拟高应力大型地下洞室分层分部开挖过程，提取应力集中区距洞壁不同部位围岩在开挖过程中的应力路径，计算时本构模型采用第4章的硬岩弹脆塑性力学模型，将计算获得的深部围岩的应力路径合理简化后作为可能诱发围岩深层破裂的应力路径。

以白鹤滩水电站右岸地下洞室群为例，建立如图7.3(a)所示的三维数值计算模型，模型中包括地下厂房、主变室、尾闸室和尾调室等主要地下洞室，C4、C5、C3、C3-1等错动带，裂隙密集带RS411和f20断层。地下洞室群开挖分层

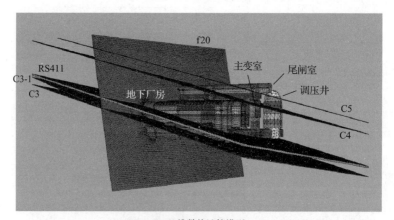

(a) 三维数值计算模型

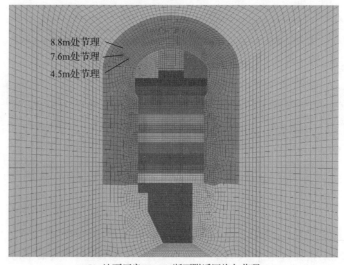

(b) 地下厂房K0+076断面附近网格与节理

图7.3　白鹤滩水电站右岸地下洞室群数值计算模型

按照设计的开挖顺序及尺寸进行,将地下厂房 K0+076 断面附近网格进行细分(见图 7.3(b)),地下厂房轮廓的网格尺寸均为 1m,向模型外围呈放射状发散。根据现场地质勘查结果,在地下厂房 K0+076 断面附近上游侧顶拱距洞壁 4.5m、7.6m 和 8.8m 设置了三条节理。

为了更好地描述地下厂房距洞壁不同深度围岩在开挖期间的应力路径变化,建立了如图 7.4 所示的 1#~6# 六个应力监测点,各监测点距洞壁分别为 2m、4.5m、6m、7.6m、10m 和 15m,其中距洞壁 4.5m 的 2# 监测点和距洞壁 7.6m 的 4# 监测点分别位于 4.5m 节理和 7.6m 节理处。图 7.5 为白鹤滩水电站右岸地下厂房上游侧顶拱各监测点主应力演化曲线。其典型特征如下:

(1)1# 监测点。最大主应力出现在厂房第 I 层开挖时,随着掌子面逐渐推进,当掌子面过监测断面 20m 时,最大主应力为 54.85MPa,之后随着掌子面继续向前推进,该单元附近岩体进入破坏阶段,最大主应力逐渐减小,中间主应力呈波动性降低;最小主应力在厂房第 I 层开挖至监测断面之后逐渐降低,掌子面过监测断面 8m 后呈先增大后减小的规律。第 II 层及后续层开挖时,三个主应力均变化不大。

(2)2# 与 4# 监测点。2# 和 4# 监测点均位于节理附近,在厂房第 I 层掌子面推进过程中,开始时最大主应力轻微增加,当掌子面至监测断面时达到峰值,之后逐渐下降,掌子面过监测断面 8m 后又逐渐上升,掌子面过监测断面 60m 时达到新的峰值,之后再次降低;中间主应力呈先轻微增长再逐渐降低的趋势,最小主应力的变化趋势与最大主应力基本一致。后续层开挖期间三个主应力变化幅度较小。

(3)3#、5# 与 6# 监测点。在厂房第 I 层及后续层掌子面推进过程中,最大主应力基本呈逐步增加趋势;中间主应力基本变化不大,最小主应力在厂房第 III 层开挖时有一定降低,之后各层开挖时变化不大。

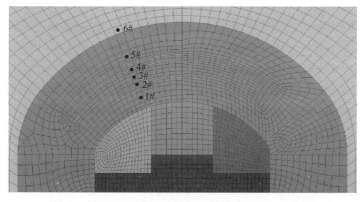

图 7.4　深层破裂数值计算模型与监测点布置示意图

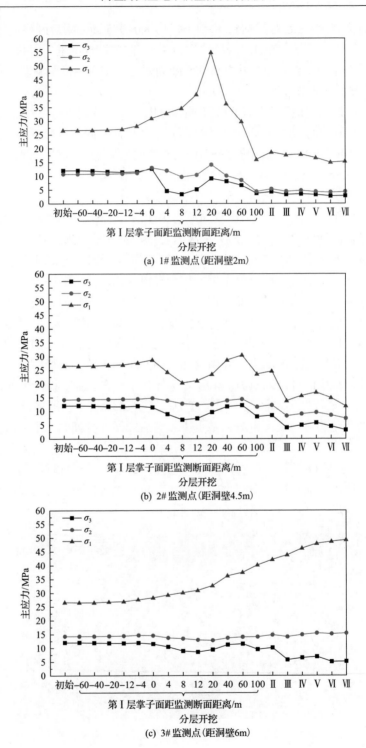

(a) 1# 监测点(距洞壁2m)

(b) 2# 监测点(距洞壁4.5m)

(c) 3# 监测点(距洞壁6m)

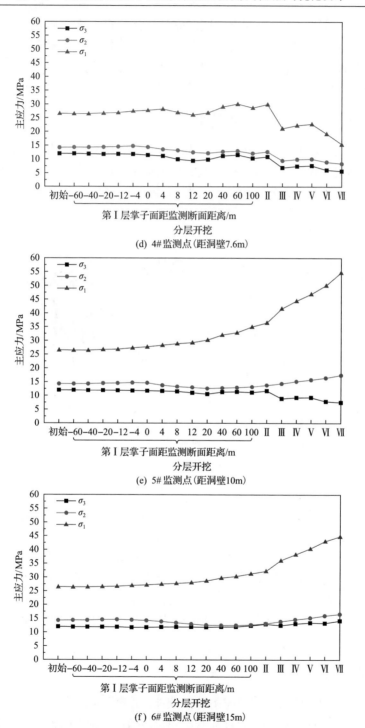

(d) 4#监测点(距洞壁7.6m)

(e) 5#监测点(距洞壁10m)

(f) 6#监测点(距洞壁15m)

图7.5　白鹤滩水电站右岸地下厂房上游侧顶拱各监测点主应力演化曲线

从图 7.5 可以看出，对邻近洞壁的完整岩体而言，最大主应力经历了先大幅度增大后迅速减小的过程；对距洞壁较远的完整岩体而言，随着厂房开挖，最大主应力均逐渐增大；对结构面位置处岩体而言，最大主应力经历了先小幅度增大后小幅度减小的过程。

7.2.2　大型地下洞室围岩深层破裂机制

现场实测和数值计算结果表明，大型地下洞室围岩深层破裂发生的位置距离地下厂房临空面较远，此处开挖引起的应力集中作用导致应力水平更高和应力差增大。因此，地下厂房玄武岩深层破裂区简化应力路径如图 7.6 所示。据此开展此应力路径下一系列的硬岩真三轴试验。

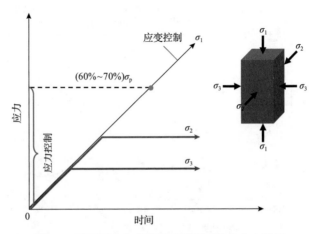

图 7.6　地下厂房玄武岩深层破裂区简化应力路径

参照白鹤滩水电站地下厂房原岩应力水平和开挖扰动应力水平进行一系列斜斑玄武岩真三轴试验，得到其全应力-应变曲线（见图 7.7），相应的岩样破坏照片如图 7.8 所示。从图 7.7 可以看出，无论在原岩应力水平还是扰动应力水平下，地下厂房斜斑玄武岩均呈弹脆性变形破坏特征。从图 7.8 可以看出，各应力条件下，地下厂房斜斑玄武岩呈宏观劈裂和剪切混合或劈裂为主的脆性破坏特征。

开展白鹤滩水电站地下厂房斜斑玄武岩应力路径下的真三轴试验，结合声发射信号特征及破裂面的电子显微镜扫描，揭示高应力大型地下洞室围岩深层破裂机制。

1. 斜斑玄武岩破裂过程的声发射表征

图 7.9(a)为斜斑玄武岩声发射特征曲线。试验开始阶段，玄武岩内原生裂隙、缺陷因受力挤压而出现一定程度的闭合，原有缺陷部位矿物颗粒之间重新产生接触摩擦，释放弹性波产生声发射现象，但声发射计数率和累积能量很低。随着应力

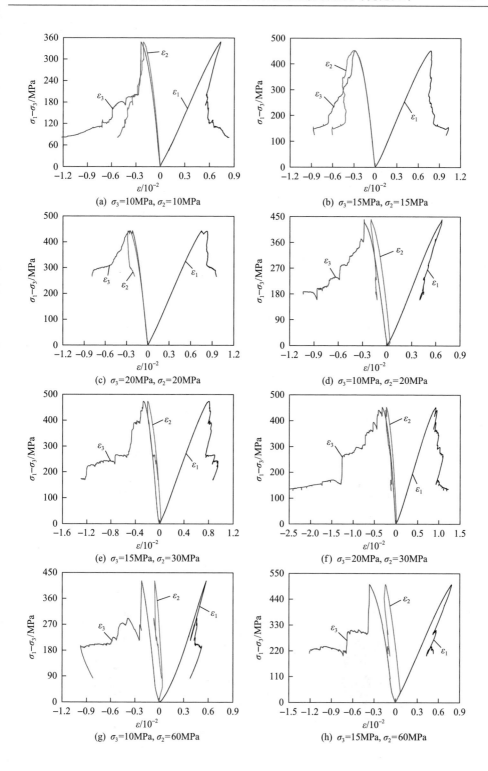

(a) $\sigma_3=10\text{MPa}$, $\sigma_2=10\text{MPa}$

(b) $\sigma_3=15\text{MPa}$, $\sigma_2=15\text{MPa}$

(c) $\sigma_3=20\text{MPa}$, $\sigma_2=20\text{MPa}$

(d) $\sigma_3=10\text{MPa}$, $\sigma_2=20\text{MPa}$

(e) $\sigma_3=15\text{MPa}$, $\sigma_2=30\text{MPa}$

(f) $\sigma_3=20\text{MPa}$, $\sigma_2=30\text{MPa}$

(g) $\sigma_3=10\text{MPa}$, $\sigma_2=60\text{MPa}$

(h) $\sigma_3=15\text{MPa}$, $\sigma_2=60\text{MPa}$

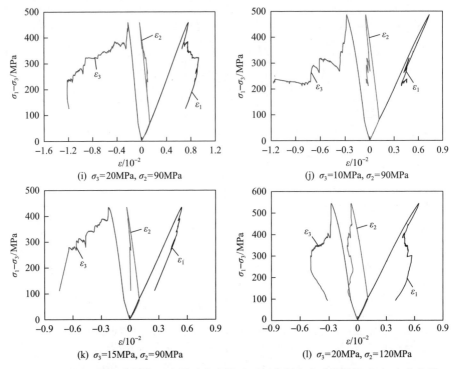

(i) σ_3=20MPa, σ_2=90MPa

(j) σ_3=10MPa, σ_2=90MPa

(k) σ_3=15MPa, σ_2=90MPa

(l) σ_3=20MPa, σ_2=120MPa

图 7.7　不同三维应力状态下白鹤滩水电站地下厂房斜斑玄武岩的全应力-应变曲线

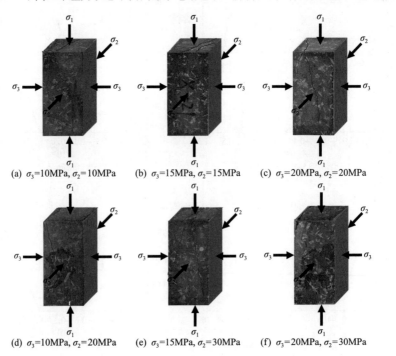

(a) σ_3=10MPa, σ_2=10MPa

(b) σ_3=15MPa, σ_2=15MPa

(c) σ_3=20MPa, σ_2=20MPa

(d) σ_3=10MPa, σ_2=20MPa

(e) σ_3=15MPa, σ_2=30MPa

(f) σ_3=20MPa, σ_2=30MPa

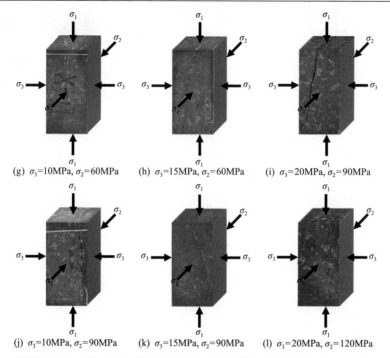

(g) σ_3=10MPa, σ_2=60MPa (h) σ_3=15MPa, σ_2=60MPa (i) σ_3=20MPa, σ_2=90MPa

(j) σ_3=10MPa, σ_2=90MPa (k) σ_3=15MPa, σ_2=90MPa (l) σ_3=20MPa, σ_2=120MPa

图7.8 不同三维应力状态下白鹤滩水电站地下厂房斑斑玄武岩岩样破坏照片(见彩图)

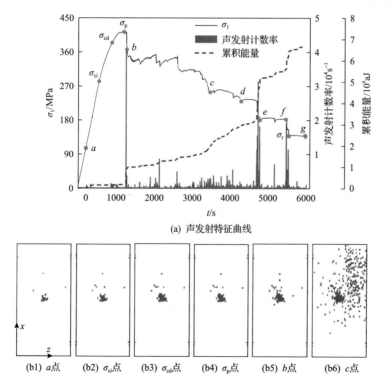

(a) 声发射特征曲线

(b1) a点 (b2) σ_{ci}点 (b3) σ_{cd}点 (b4) σ_p点 (b5) b点 (b6) c点

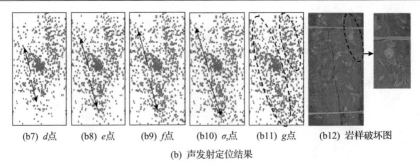

(b7) d点　　(b8) e点　　(b9) f点　　(b10) σ_r点　　(b11) g点　　(b12) 岩样破坏图

(b) 声发射定位结果

图 7.9　$\sigma_3 = 10\text{MPa}$、$\sigma_2 = 30\text{MPa}$ 应力状态下斜斑玄武岩声发射特征曲线和声发射定位结果（见彩图）

的增加，岩石进入弹性变形阶段，因原有微裂隙、缺陷已经闭合，矿物颗粒之间只产生弹性变形，小部分刚度差或存在缺陷部位因破裂产生弹性波，会引起声发射计数率的突跳，但幅值很小，声发射计数率和累积能量进入一个相对平静期。当达到裂纹起裂扩展所需应力水平 σ_{ci} 时，岩石内破裂产生的弹性波造成声发射计数率突跳，裂纹随应力的增加稳定扩展，此过程中累积能量几乎没有变化。紧接着，应力增加至裂纹的不稳定扩展点 σ_{cd}，应力达到晶粒或晶界强度极限，部分矿物颗粒开始变形破裂，在很短时间内达到峰值强度，出现宏观裂纹，声发射计数率和累积能量突然大幅度增加。最后，岩样进入峰后变形破裂阶段，此过程中玄武岩脆性破裂加剧，不断有应力降产生和声发射计数率突跳，累积能量持续明显增加，直至试验结束。

　　为了进一步揭示白鹤滩水电站地下厂房斜斑玄武岩在不同加载阶段的脆性破裂特征，采用声发射定位技术捕捉斜斑玄武岩破裂过程中声发射事件的时空演化规律，如图 7.9(b) 所示。可以看出，从试验开始至峰值强度 σ_p 的过程中，声发射事件数很少，零星分布于岩样的中上部；σ_p 点以后，声发射事件分布密度逐渐增加，在空间结构上连接或紧密排列，预示着宏观裂纹的出现。a 点为微裂隙压密阶段的终点，在此之前岩石内部原有裂隙缺陷被压密，反映在声发射事件的演化图中，只有很少的事件被记录；随应力增加至 σ_{ci} 和 σ_{cd}，声发射事件数均有不同程度的增加，但数量很少；自峰值强度 σ_p 至 c 点的过程中，声发射事件数开始大量增加，σ_1 方向应力在 b 点附近有一定程度的波动，此过程可能与玄武岩颗粒之间黏聚力的丧失引起宏观裂纹扩展有关，c 点声发射事件大量聚集于宏观破坏岩样的右上角部位，说明局部破裂优先发生（该部位对应于图 7.9(b12) 中白色椭圆形虚线区域，局部放大效果图在其右侧），此时已有一定数量的声发射事件聚集于试样左下部。随着时间的累积，自 c 点开始，经 d、e、f 到 σ_r（残余强度）的过程中，声发射事件不断在主裂纹（图 7.9(b12) 中的贯穿试样整体裂纹）方向上累积，根据声发射事件在岩样中的聚集变化趋势（图中双向箭头表示）来看，声发射事件数是从中间位置向岩样两端逐渐累积发展的。在整个加载过程中，除局部破裂产生声发射事件外，声发射事件在岩样内部整体上表现为离散式分布特征（这种大量分散或

沿 σ_1 方向主导的声发射事件分布图(图 7.9(b11))与岩石宏观破裂图(图 7.9(b12))相对应)。

2. 斜斑玄武岩的深层破裂机制

1)基于声发射参数辨别法

参照 Ohno 等[8]的推荐标准,将与断裂机制识别相关的两个声发射参数 RA(上升时间与最大振幅的比值)与 AF(平均频率)的比值作为划分玄武岩破裂机制的边界,该比值为 RA/AF=200,即比值大于 200 定义为拉破坏,反之为剪破坏。图 7.10 为基于声发射参数的斜斑玄武岩断裂机制分析。可以看出,该应力状态下,玄武岩的拉破裂占 93.28%,为拉应力主导的破坏。

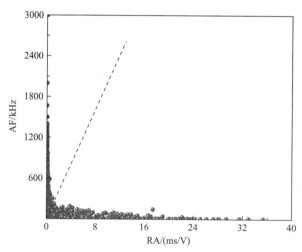

图 7.10　$\sigma_3 = 10\text{MPa}$、$\sigma_2 = 30\text{MPa}$ 应力状态下基于声发射参数的斜斑玄武岩断裂机制分析

2)基于岩样破坏面的电子显微镜扫描方法

图 7.11 为真三轴条件下斜斑玄武岩不同宏观裂纹位置处的扫描电子显微镜(scanning electron microscope, SEM)图像。可以看出,a 位置处的断口形貌显示晶粒破断形态为平行不共面的台阶状裂纹,晶面光滑平整,为穿晶断裂,且擦痕不可见,明显为拉应力作用所致。穿晶裂纹和沿晶裂纹在图 7.11(b)中均可见;沿晶裂纹产生于长石和辉石晶粒的交界处,可能为长石和辉石矿物中的穿晶裂纹连接所致。由于辉石和长石矿物的剪切模量和硬度存在差异,晶粒交界处刚度较差;加之裂纹生长总是发生在相对脆弱的位置,当长石和辉石晶粒发生穿晶断裂后,随裂纹生长便在晶粒交界处产生沿晶裂纹。c 位置处岩样的局部裂纹与 σ_1 方向平行,晶粒破断面棱角锋利鲜明,呈锯齿状分布,为明显的穿晶断裂,在晶粒断面上及侧面低洼部位有少量散落岩屑,且平行擦痕不可见,表现出明显的张拉破裂特征。d 位置处明显可见台阶状断口,晶粒断口表面棱角分明且有少量岩屑散落,

台阶状断口顶部形成 V 形结构，两个平面上矿物碎片翘起且即将脱落，表现出明显的张拉破裂特征。e 和 f 位置处为圆形破坏花样，像是经历过拉拔作用的结果，周围凹槽形态明显。如果该位置经受剪应力的作用，晶体破坏面上应有擦痕迹象或表面被摩擦的痕迹，但在图 7.11（f）的局部放大图中不可见，且晶粒破断类似于洋葱皮状卷曲，表明是经受拉应力作用所致。综上所述，白鹤滩水电站地下厂房玄武岩的破坏以脆性拉破坏为主。

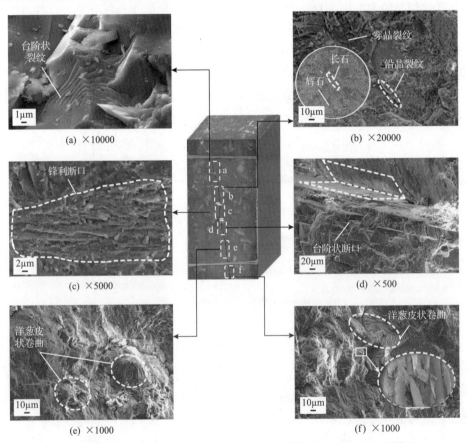

图 7.11　真三轴条件下斜斑玄武岩不同宏观裂纹位置处的 SEM 图像

3. 真三轴试验结果与围岩深层破裂的关系

高应力大型地下洞室开挖边界处径向应力降为 0，切向应力近似垂直于边墙，临空面附近应力差（$\sigma_2-\sigma_3$）相对较大；随着围岩深度的增加，切向应力逐渐减小，径向应力逐渐增大，应力差减小，此过程中伴随着主应力方向的不断改变，最终三个主应力的大小和方向与原岩应力的大小和方向一致，如图 7.12 所示。可以看出，工程现场围岩由表及里所处的应力状态（大小和方向）存在明显不一致性。根据现场观测结果，深层破裂一般发生在距洞室边界较远的岩体内部。根据数值分析结果，该种岩体破裂是应力集中程度不断增加的加荷作用所致。

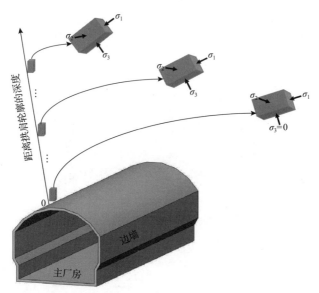

图 7.12　高应力距厂房拱肩轮廓不同深度位置围岩的三维应力状态示意图

1) 大型地下洞室围岩的深层破裂特征

图 7.13 展示了白鹤滩水电站右岸地下厂房第Ⅲ层开挖后洞室上游侧不同深度围岩破裂及其对应应力条件下的试验结果。钻孔展布图显示出岩体中夹杂有较小结构面。在距洞室顶拱 4～5m 岩体中存在一条白色石英脉(见图 7.13(c))；9～11m 岩体的完整性相对较差，10～11m 岩体存在结构面网络(见图 7.13(d))。可见，自临空面向深部发展，岩体破裂程度逐渐减小，0～2m 范围内围岩较破碎，而且岩体破裂产生的裂纹基本与钻孔方向呈垂直状态，即岩体破裂面近似平行于临空面；超过 2m 后，岩体呈局部间断破裂形态，裂纹杂乱曲折，其形态类似于开口朝临空面方向的 V 形，与钻孔方向呈较小角度发展，如图中 8.1m、8.9m 和 13.9m 处。

2) 不同应力状态下玄武岩真三轴试验结果

为了方便分析比较，在图 7.13(b)～(d)中将破坏岩样旋转至与相应围岩破裂位置受力状态一致的应力方位，并给出了相应应力状态下斑斓玄武岩试样的应力-应变曲线。可见，试验结果与钻孔摄像显示的围岩破坏结果具有较好的一致性。岩样破裂面中局部裂纹曲折程度较大，形态复杂。可以看出，岩样在较低 σ_3($\sigma_3 \leqslant$ 2MPa)和较大应力差($\Delta\sigma \geqslant 28$MPa)条件下表现为脆性劈裂破坏，破裂面中裂纹基本沿平行于最大主应力 σ_1 的方向发展，且破裂面中裂纹数量较多；在较高 σ_3($\sigma_3 \geqslant$

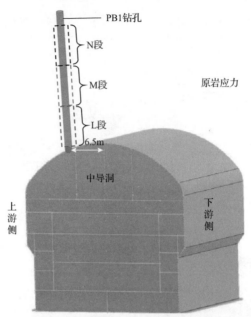

(a) 地下厂房前四层开挖结构及观测钻孔布置示意图

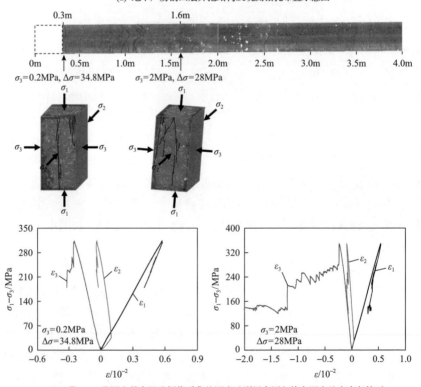

(b) L段0~4m范围内数字钻孔摄像采集的围岩破裂展布图与特定深度处应力条件下
岩样的破坏图与应力-应变关系

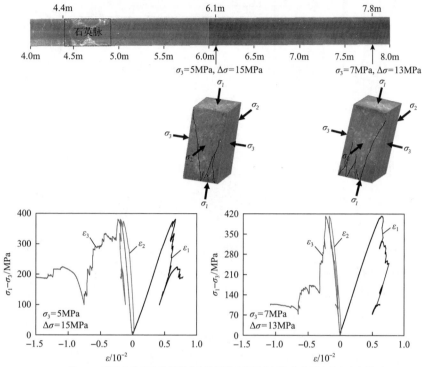

(c) M段4~8m范围内数字钻孔摄像采集的围岩破裂展布图与特定深度处应力条件下
岩样的破坏图与应力-应变关系

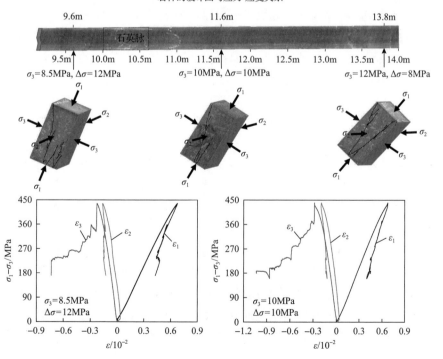

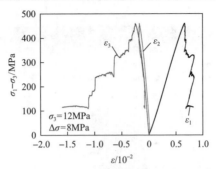

(d) N段9.5~14m范围内数字钻孔摄像采集的围岩破裂展布图与特定深度处应力条件下
岩样的破坏图与应力-应变关系

图 7.13　白鹤滩水电站右岸地下厂房第Ⅲ层开挖后洞室上游侧不同深度
围岩破裂及其对应应力条件下的试验结果

5MPa)且较小应力差(Δσ≤15MPa)条件下则表现为宏观剪切破坏,并伴有局部张拉破坏,破裂面中的主裂纹也不再沿平行于σ_1的方向发展,而是与其呈较小角度,同时破裂面中裂纹数量有所减少。

　　钻孔摄像显示的围岩破裂结果和试验结果对比表明,应力差的大小和主应力方向决定了围岩由表及里脆性破坏的差异性。就破裂形式而言,两者具有较好的一致性,主应力方向旋转是破裂扩展方向的控制因素,距洞室边界距离不断增加,围岩破裂机制随之改变。开挖边界附近围岩破坏是以开挖卸荷为主导、较大应力差作用下的脆性破坏;而围岩深层破裂是以应力集中程度不断增加为主导、加荷作用下的脆性破坏。主应力轴的偏转作用促使围岩破裂产生的裂纹偏离与钻孔垂直的方向而表现出一定的角度偏转,且绝大多数围岩破裂产生的裂纹表现为开口朝向临空面且类似于 V 形的形态,岩样破坏表现为宏观剪切破坏。

7.3　高应力大型地下洞室围岩深层破裂预测分析

　　基于第 2 章高应力大型地下洞室群稳定性动态设计方法流程,进行稳定性分析时要选择合适的力学模型、强度准则和评价指标。在进行高应力大型地下洞室围岩深层破裂预测分析时,采用第 4 章介绍的硬岩弹脆塑性力学模型及其相应准则,以 RFD 作为主要分析指标。需要说明的是,围岩深层破裂预测时地应力场和地质条件也经历了动态调整更新的过程,地应力场从依据前期地应力场三维反演结果,结合探洞片帮破坏特征推测,到最终考虑大型地下洞室前几层开挖时围岩应力型破坏特征综合分析确定。地质条件也是影响围岩深层破裂发生的主要因素,支护设计中较少考虑到的Ⅳ级结构面其实是影响围岩深层破裂发生的主要因素,在通过数值模拟分析预测时,局部的Ⅳ级结构面需要考虑在内。

7.3.1　描述大型地下洞室围岩深层破裂的力学模型与 RFD 指标

根据 7.2 节大型地下洞室围岩深层破裂应力路径下真三轴试验应力-应变曲线表现出的变形破坏特征，采用岩体力学参数数值反演方法，可以获得硬岩弹脆塑性力学模型中的力学参数。由于硬岩弹脆塑性力学模型中初始黏聚力、初始内摩擦角及强度准则中拉压各向异性参数 s、中间主应力效应参数 t 对大型地下洞室围岩破裂深度和破裂程度的影响较大，弹性模量对岩体位移的影响较为显著，这五个参数需要根据现场监测成果反演确定，硬岩弹脆塑性力学模型中的延性破坏参数 D_d、脆性破坏参数 D_u、裂化参数 w_i、剪切强化参数 s_i 和变形模量劣化参数 d_j 等可以通过真三轴试验、单轴压缩试验、常规三轴试验等确定。以大型地下洞室围岩深层破裂应力路径下真三轴试验显示的岩体起裂时的应力-应变指标计算 RFD，作为大型地下洞室围岩深层破裂起裂的判定标准。

图 7.14 为图 7.13 中观测钻孔 7.8m 深度附近应力水平下白鹤滩水电站玄武岩岩样的变形破坏特征。玄武岩峰后表现为超脆性破裂行为，因此定义峰后首次应力降结束点(图中圆点)代表围岩深层开裂的应力水平，计算该应力水平下的 RFD 值并结合数值计算方法来预估围岩深层破裂可能的位置、深度及程度。因为该应力水平处于峰后变形阶段，计算可得 RFD=1.34。

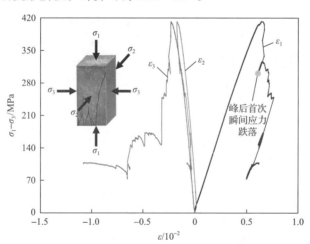

图 7.14　$\sigma_3 = 7\text{MPa}$、$\sigma_2 = 20\text{MPa}$ 应力水平下白鹤滩水电站玄武岩岩样的变形破坏特征

7.3.2　大型地下洞室围岩破裂深度随洞室分层分部开挖的演化规律

采用硬岩弹脆塑性力学模型及硬岩三维破坏准则，以 RFD≥1.4 区域作为岩体发生明显破裂的范围，分析高应力大型地下洞室破裂深度随分层分部开挖的演化规律。为了更好地体现结构面对围岩深层破裂的影响，在地下厂房上游顶拱设

置了距洞壁分别为 4.5m、7.6m 和 8.8m 的三个结构面。

1. 大型地下洞室围岩破裂演化的同层开挖掌子面效应

以数值计算模型的中间断面作为监测断面，图 7.15 为白鹤滩水电站右岸地下厂房第 I 层开挖掌子面推进过程中围岩破裂程度演化图。可以看出，当掌子面推进至距监测断面 4m 时，监测断面无明显损伤；当掌子面推进至监测断面时，监测断面岩体开始出现损伤；随着掌子面继续向前推进，岩体破裂损伤区域逐渐增大，岩体破裂程度也逐渐增加，特别是当掌子面推进至过监测断面 16m 时，洞室上游侧顶拱部分 RFD 已达到了 2；当掌子面推进至过监测断面 20m 时，洞室上游

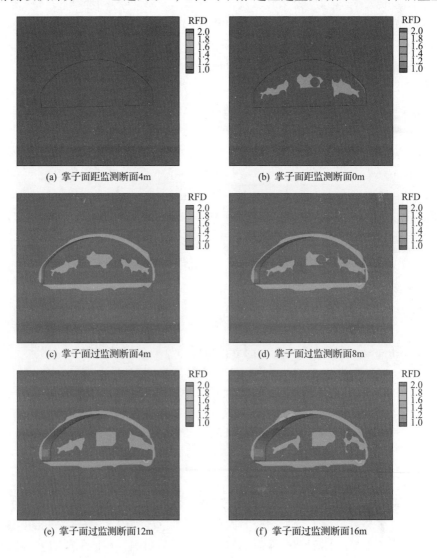

(a) 掌子面距监测断面4m

(b) 掌子面距监测断面0m

(c) 掌子面过监测断面4m

(d) 掌子面过监测断面8m

(e) 掌子面过监测断面12m

(f) 掌子面过监测断面16m

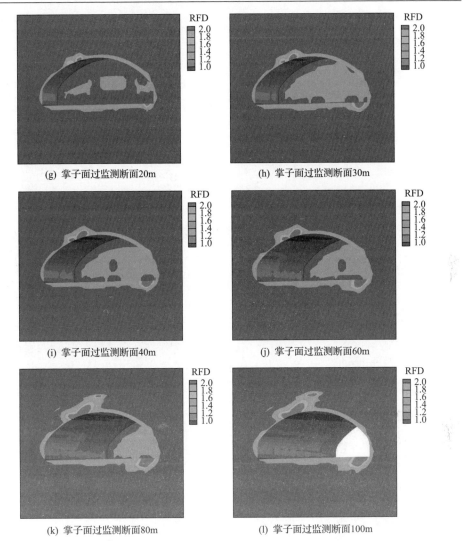

(g) 掌子面过监测断面20m　　　　(h) 掌子面过监测断面30m

(i) 掌子面过监测断面40m　　　　(j) 掌子面过监测断面60m

(k) 掌子面过监测断面80m　　　　(l) 掌子面过监测断面100m

图 7.15　白鹤滩水电站右岸地下厂房第Ⅰ层开挖掌子面推进过程中围岩破裂程度演化图

侧顶拱 RFD=2 的区域又进一步明显增大；当掌子面推进至过监测断面 30m 时，洞室上游侧顶拱 RFD=2 的区域又有一定程度的增长，之后岩体破裂深度和程度仍不断增加。

图 7.16 为白鹤滩水电站右岸地下厂房上游侧顶拱围岩破裂深度随第Ⅰ层开挖掌子面推进的演化曲线。可以看出，当掌子面过监测断面 16m 时，岩体破裂深度增加较为明显，意味着在掌子面推进至过监测断面 16m 之前，必须对监测断面岩体进行支护，也就是说洞室第Ⅰ层开挖的最优支护时机可取 12m。

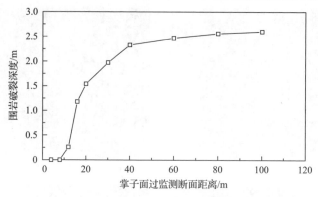

图 7.16　白鹤滩水电站右岸地下厂房上游侧顶拱围岩破裂深度随第 I 层
开挖掌子面推进的演化曲线

2. 大型地下洞室围岩破裂演化的分层开挖效应

图 7.17 为白鹤滩水电站右岸地下厂房分层开挖过程中围岩破裂程度演化图。可以看出，随着洞室分层开挖，岩体破裂深度逐渐增大，其中上游侧顶拱、下游侧边墙岩体破裂深度较大。厂房第 I 层开挖后，除上游侧顶拱轮廓附近岩体破裂程度较大外，距洞壁 4.5m 的结构面已有 RFD=2 的区域，厂房第 II 层开挖后，上游侧顶拱岩体破裂程度略有增长。厂房第 III 层开挖后，上游侧顶拱距洞壁 7.6m 结

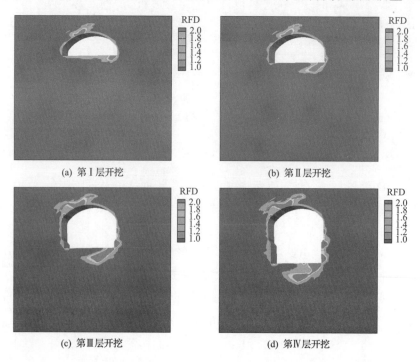

(a) 第 I 层开挖　　　　　　　　　　　　(b) 第 II 层开挖

(c) 第 III 层开挖　　　　　　　　　　　(d) 第 IV 层开挖

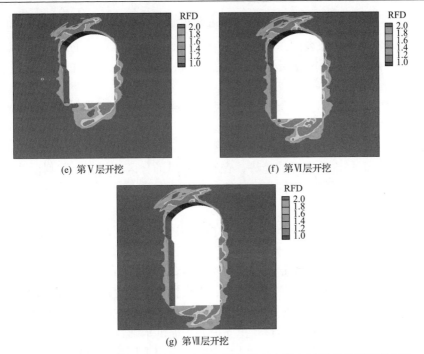

(e) 第Ⅴ层开挖　　　　　　　　　　　　　(f) 第Ⅵ层开挖

(g) 第Ⅶ层开挖

图 7.17　白鹤滩水电站右岸地下厂房分层开挖过程中洞室围岩破裂程度演化图

构面 RFD>1 的区域开始出现,并且距洞壁 4.5m 结构面岩体破裂程度进一步增强,RFD=2 的区域已与洞壁岩体 RFD=2 的区域相贯通。厂房第Ⅳ层和第Ⅴ层开挖时,距洞壁 7.6m 结构面 RFD>1 的范围进一步扩展延伸。当厂房第Ⅵ层开挖时,距洞壁 7.6m 结构面 RFD>1 的范围几乎贯通了整条结构面,距洞壁 8.8m 结构面 RFD>1 的范围也较为显著,厂房第Ⅶ层开挖后,岩体劣化趋势进一步增强。图 7.18

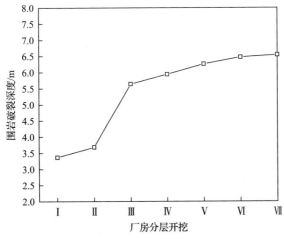

图 7.18　白鹤滩水电站右岸地下厂房上游侧顶拱围岩破裂深度随分层开挖的演化曲线

为白鹤滩水电站右岸地下厂房上游侧顶拱围岩破裂深度随分层开挖的演化曲线。可以看出，岩体明显破裂的深度已经达到 6.5m，岩体 RFD＞1 的边界距洞壁距离已经达到 11m，随着洞室分层开挖，上游侧顶拱岩体出现了显著的深层破裂现象，必须采用锚索进行岩体深部支护。

分析表明，随着洞室分层开挖，上游侧顶拱应力集中逐渐增强，而且随着洞室上游侧顶拱片帮的发生，应力集中逐渐向深部转移，上游侧顶拱中分布的闭合结构面裂纹尖端的应力集中程度更高，裂纹尖端两侧应力差增大，闭合结构面在压致拉裂作用下呈逐渐张开的趋势，表现出明显的分区破裂，上游侧顶拱岩体破裂也呈现出逐渐向深部围岩扩展的特征。

7.4 高应力大型地下洞室围岩深层破裂过程原位综合监测

基于第 2 章高应力大型地下洞室群稳定性动态设计方法流程，开展高应力大型地下洞室围岩深层破裂原位综合监测，重点把握围岩变形破裂随洞室分层分部开挖的演化特征、规律，特别是围岩深层破裂的空间演化特征，以及内部破裂诱发宏观变形的特征，为动态调整开挖支护方案提供基础数据。

根据 7.3.2 节的结果分析，白鹤滩水电站右岸地下厂房中间洞段顶拱发生围岩深层破裂的风险较高，采用钻孔摄像、微震和多点位移计等相互协同的原位综合监测设计，观测地下厂房分层分部开挖过程中岩体破裂扩展演化过程及岩体位移响应变化特征。考虑到地下厂房顶拱上方布置有 1# 锚固洞及 K0+076 连接洞，在 1# 锚固洞中斜向地下厂房正顶拱钻设两个地质钻孔，作为钻孔摄像观测钻孔，两个观测钻孔名称为 R-K0+072-0-1 孔(简称 PB1 孔)和 R-K0+090-0-1 孔(简称 PB2 孔)，分别位于桩号 K0+072 和 K0+090，孔深分别为 27.6m 和 27.2m，根据掌子面距 K0+076 断面的距离及现场监测情况动态调整观测次数。

根据地下洞室围岩特征，现场微震监测选用单向速度传感器和三向速度传感器。地下厂房两侧预先开挖的排水廊道可以作为埋设微震传感器的通道，分别在右岸 5-1# 排水廊道的 K0+070、K0+100 和 K0+130 断面安装微震传感器，每个断面安装 3～4 个；在右岸 5-2# 排水廊道的 K0+050、K0+080、K0+110 和 K0+140 断面安装微震传感器，每个断面安装 2 个。传感器安装过程中，采用注浆实现传感器和围岩的耦合，24h 连续观测。

自 K0+076 连接洞中部向地下厂房正顶拱布置一个五点式位移计 Myc0+076-2，测点距洞壁 1.5m、3.5m、6.5m、11m 和 17m。根据掌子面距 K0+076 断面的距离及现场监测情况动态调整监测频率，正常情况下每天监测 1 次；当 K0+076 断面附近有岩体破坏现象发生时，每天监测次数不少于 2 次。图 7.19 为白鹤滩水电站右岸地下厂房微震、钻孔摄像、多点位移计综合布置图，可有效实现研究区域内深层破裂的点、线、面、体的全方位监控。

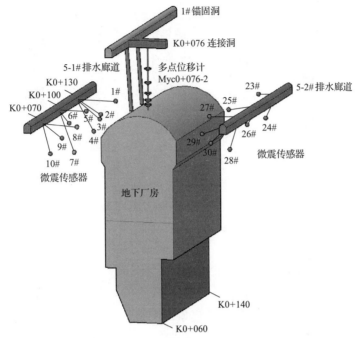

图 7.19　白鹤滩水电站右岸地下厂房微震、钻孔摄像、多点位移计综合布置图

1. 钻孔摄像观测

(1)图 7.19 中两预设钻孔的首次观测表明，PB1 孔和 PB2 孔岩性均为隐晶玄武岩、杏仁状玄武岩和角砾熔岩，岩芯的岩石质量指标分别为 62.7%、75.4%；PB1 孔内距洞室顶拱 10～11m 发育含钙质充填的节理，相互交叉形成节理网络，1.9～3.3m、18.1～18.8m 和 19.4～19.8m 的围岩孔壁存在剥落现象；PB2 孔内距洞室顶拱 4～8m 岩体中含有白色斑状石英颗粒，岩体中硬性节理发育。钻孔摄像显示的 PB1 孔和 PB2 孔结构面分布如图 7.20 所示。PB1 孔和 PB2 孔观察到的结构面特征分别如表 7.1 和表 7.2 所示。

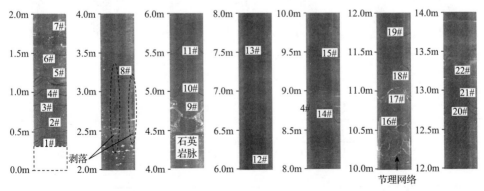

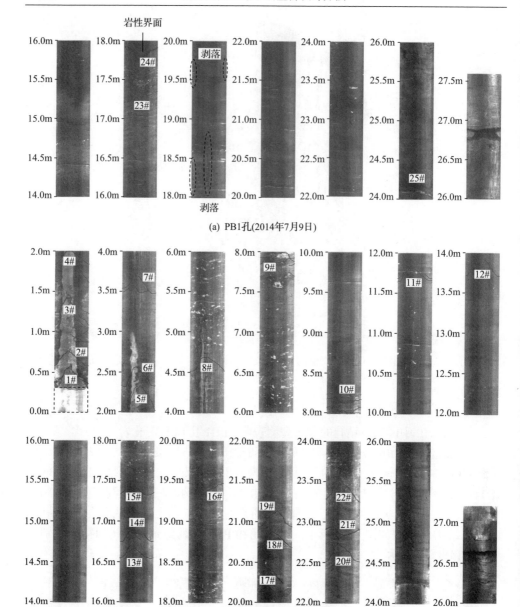

(a) PB1孔(2014年7月9日)

(b) PB2孔(2014年7月12日)

图 7.20　PB1 孔和 PB2 孔结构面分布

表 7.1　PB1 孔观察到的结构面特征

序号	类型	距顶拱距离/m	产状	填充情况
1#	裂隙	0.40	N1.1°W∠32.1°	张开、无填充
2#	裂隙	0.50	N16.5°W∠31.1°	无填充

续表

序号	类型	距顶拱距离/m	产状	填充情况
3#	裂隙	0.77	N32.4°W∠14.5°	张开、无填充
4#	裂隙	0.95	N1.4°W∠41.3°	张开、无填充
5#	裂隙	1.10	N1.4°W∠47.9°	张开、无填充
6#*	裂隙	1.50	—	张开、无填充
7#*	裂隙	1.75	—	张开、无填充
8#	裂隙	3.15	N64.2°W∠26.8°	无填充
9#	石英岩脉	4.40~4.90	—	石英填充
10#	裂隙	4.90	N9.2°W∠59.3°	铁锰质填充
11#	裂隙	5.48	N10.1°E∠58.6°	铁锰质填充
12#	裂隙	6.10	N1.4°E∠61.1°	铁锰质填充
13#	裂隙	7.55	N35.3°W∠60.5°	无填充
14#	裂隙	8.80	N0.0°E∠69.0°	钙质填充
15#	裂隙	9.40	N89.3°E∠62.6°	钙质填充
16#	裂隙网络	10.00~10.60	—	钙质填充
17#	裂隙	10.90	N38.1°E∠54.8°	钙质填充
18#	裂隙	11.23	N38.0°E∠45.7°	铁锰质填充
19#	裂隙	11.70	N2.3°W∠24.6°	铁锰质填充
20#	裂隙	12.70	N12.0°W∠62.2°	无填充
21#	裂隙	12.80	N1.5°W∠66.9°	无填充
22#	裂隙	13.15	N2.7°W∠31.3°	铁锰质填充
23#	裂隙	17.30	N0.6°W∠41.4°	钙质填充
24#	岩性界面	17.80	N0.9°W∠48.0°	张开、无填充
25#	裂隙	24.10	N0°E∠57.8°	无填充

*难以判断 6#和 7#裂隙是原生裂隙还是钻进过程中造成的损伤。

表 7.2　PB2 孔观察到的结构面特征

序号	类型	距顶拱距离/m	产状	填充情况
1#	裂隙	0.38	N2.3°W∠53.9°	无填充
2#	裂隙	0.60	N1.2°W∠56.5°	无填充
3#	裂隙网络	0.80~1.60	N2.9°W∠70.4°	无填充
4#	裂隙	1.82	N1.2°W∠64.4°	无填充

续表

序号	类型	距顶拱距离/m	产状	填充情况
5#	裂隙	2.00	N23.1°E∠71.3°	铁锰质填充
6#	裂隙	2.30	N1.2°W∠67.6°	无填充
7#	裂隙	3.55	N2.3°W∠64.5°	无填充
8#	裂隙	4.52	N2.3°W∠56.3°	无填充
9#	裂隙	7.80	N2.3°W∠58.6°	无填充
10#	裂隙组	7.90～8.30	N2.8°W∠20.4°	铁锰质填充,裂隙边界钙质填充
11#	裂隙	11.68	N55.4°W∠55.4°	无填充
12#	裂隙	13.75	N0.9°W∠61.9°	无填充
13#	裂隙	16.60	N38.8°W∠56.1°	无填充
14#	裂隙	16.80	—	无填充
15#	裂隙	17.40	—	无填充
16#	裂隙	19.40	N0.9°W∠38.8°	铁锰质填充
17#	裂隙	20.30	—	无填充
18#	裂隙	20.70	N3.7°W∠60.8°	无填充
19#	裂隙	21.00	N0°E∠64.1°	无填充
20#	裂隙	22.60	N30.5°W∠58.0°	无填充
21#	裂隙	22.80	N1.1°W∠34.6°	铁锰质填充
22#	裂隙	23.30	—	无填充

(2)图7.20中PB1孔岩体破裂演化过程观测结果显示,地下厂房第Ⅰ层开挖完毕后,距顶拱4.4～4.9m的9#石英岩脉附近岩体有破裂迹象,距顶拱6.0～6.5m处孔壁出现剥落;地下厂房第Ⅲ$_{b2}$层开挖时,距顶拱7.6m的斜穿孔壁的裂隙张开,距顶拱5.0～6.5m处形成连续的孔壁剥落;地下厂房下游侧第Ⅲ$_{c2}$层开挖时,距顶拱7.6m处破裂加重,在裂隙附近新生细小破裂且与原有裂隙贯通,距顶拱8.5～9.7m形成连续的孔壁剥落;地下厂房下游侧第Ⅲ$_{c4}$层开挖时,距顶拱8.5～13.0m孔壁剥落贯通连成一体,剥落范围扩大,剥落深度加深,且距顶拱8.8m的含钙质充填的14#裂隙因孔壁剥落严重而张开;地下厂房第Ⅳ层开挖时,距顶拱11.6m、11.9m和12.3m位置处的两剥落带之间形成细小裂隙,距顶拱11.1～11.5m处孔壁岩体碎裂掉块;地下厂房第Ⅳ层开挖完毕及第Ⅴ$_a$层开挖后,距顶拱8.5～13.0m的孔壁剥落宽度局部略有增长。各层开挖时PB1孔围岩破裂钻孔摄像观测结果如图7.21所示。

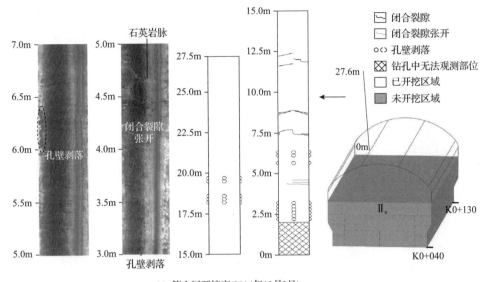

(a) 第 I 层开挖完(2014年12月2日)

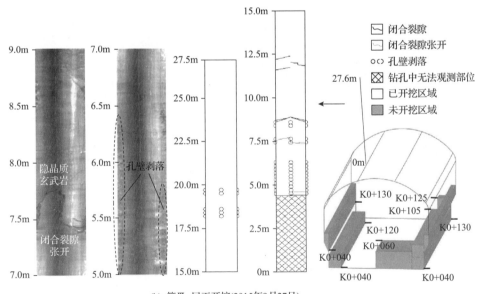

(b) 第 III_{b2} 层正开挖(2015年9月27日)

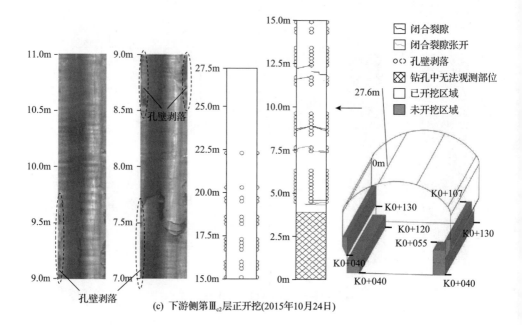

(c) 下游侧第III_{c2}层正开挖(2015年10月24日)

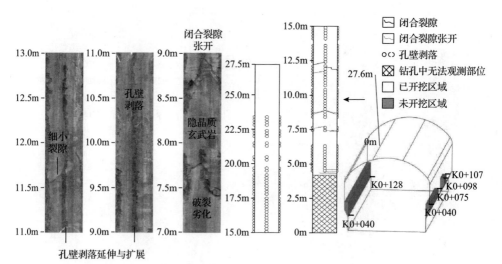

(d) 下游侧第III_{c4}层开挖(2015年11月29日)

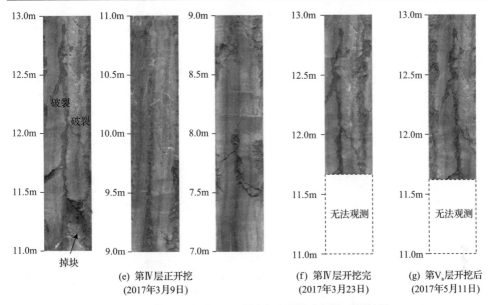

(e) 第Ⅳ层正开挖
(2017年3月9日)

(f) 第Ⅳ层开挖完
(2017年3月23日)

(g) 第Ⅴₐ层开挖后
(2017年5月11日)

图 7.21 各层开挖时 PB1 孔围岩破裂钻孔摄像观测结果

(3)PB2 孔岩体破裂演化过程观测结果显示，地下厂房第Ⅰ层开挖完毕后，距顶拱 3.5m 处原生裂隙张开；地下厂房第Ⅲ_{b1}层开挖时，距顶拱 4.5m 处孔壁岩体轻微剥落；地下厂房第Ⅲ_{b2}层开挖时，距顶拱 7.8m 的 9# 裂隙张开，并穿越石英脉，距顶拱 7.5m 处石英脉也出现张开，距顶拱 7.5～8.5m 出现孔壁剥落；地下厂房下游侧第Ⅲ_{c2}层开挖时，距顶拱 7.5～8.0m 附近岩体碎裂贯通，孔壁剥落程度加重；地下厂房第Ⅲ层开挖完毕后，距顶拱 8.0m 内岩体已无法观测，之后第Ⅳ层开挖时，距顶拱 8.5m 附近岩体仅有细小裂隙形成，后续开挖岩体破裂未再发展。各层开挖时 PB2 孔围岩破裂钻孔摄像观测结果如图 7.22 所示。

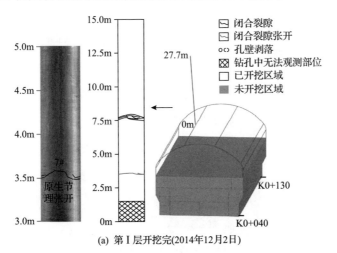

(a) 第Ⅰ层开挖完(2014年12月2日)

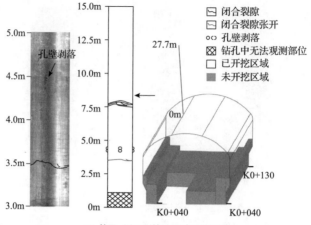

(b) 第Ⅲ_{b1}层正开挖(2015年7月29日)

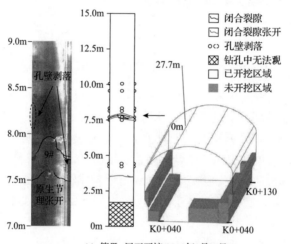

(c) 第Ⅲ_{b2}层正开挖(2015年9月27日)

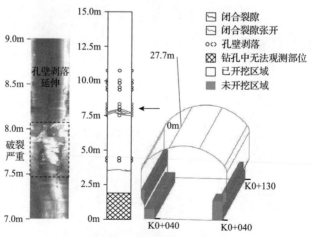

(d) 下游侧第Ⅲ_{c2}层正开挖(2015年10月24日)

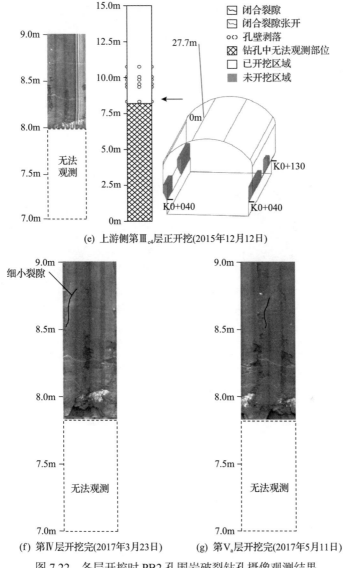

(e) 上游侧第Ⅲ$_{c4}$层正开挖(2015年12月12日)

(f) 第Ⅳ层开挖完(2017年3月23日)　　(g) 第Ⅴ$_a$层开挖完(2017年5月11日)

图 7.22　各层开挖时 PB2 孔围岩破裂钻孔摄像观测结果

　　根据两孔围岩破裂的连续钻孔摄像观测结果，围岩破坏的主要形式有岩体破裂和孔壁剥落，且岩体破裂主要表现为裂隙萌生、张开和扩展。随着洞室开挖，围岩破裂和孔壁剥落逐渐向深部发展，在地下厂房第Ⅲ层开挖期间，两孔出现了围岩深层破裂现象，破裂深度分别达到 11.6m 和 8.0m。在洞室开挖过程中，之前已破裂岩体会继续劣化，地下厂房第Ⅳ层开挖完毕后岩体破裂演化趋于稳定。图 7.23 为 PB1 孔围岩破裂深度演化过程简化示意图。在围岩深层破裂发生的同时，地下厂房 K0+040～K0+140 处上游拱肩出现了近 100m 长的连续喷层开裂与剥落。

围岩深层破裂张开特征说明其破坏机制以拉破裂为主。

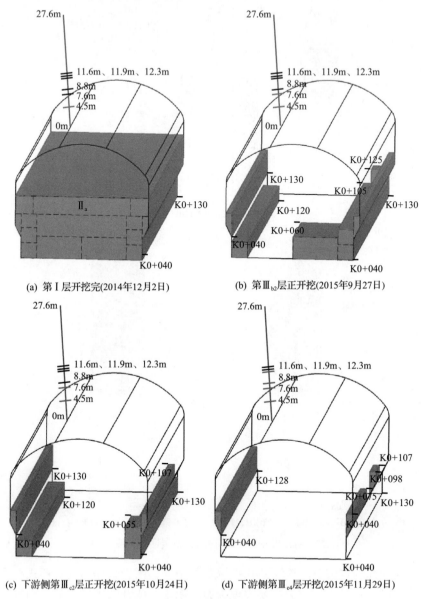

(a) 第 I 层开挖完(2014年12月2日)

(b) 第Ⅲ$_{b2}$层正开挖(2015年9月27日)

(c) 下游侧第Ⅲ$_{c2}$层正开挖(2015年10月24日)

(d) 下游侧第Ⅲ$_{c4}$层开挖(2015年11月29日)

图 7.23　PB1 孔围岩破裂深度演化过程简化示意图

2. 微震监测

1) 微震事件时间演化特征

选取主厂房 K0+050～K0+090 洞段作为研究区域，分析掌子面开挖扰动过程中微震事件随时间的演化规律。统计 2016 年 10 月 25 日～11 月 22 日期间发生的微震事件，绘制微震事件随时间的演化曲线，如图 7.24 所示。由图可知，2016 年 10 月 25 日～11 月 9 日的微震事件率相对较高，平均每天发生 6 个微震事件，11 月 9 日～11 月 22 日的微震事件率相对较低，每天诱发的微震事件维持在 4 个以下。总体而言，累积微震事件数平稳增长，近似为线性增长趋势。累积微震释放能曲线呈长期平缓状和短期阶梯式上升状特征，说明高能量微震事件对累积微震能增长的影响较大，同时说明监测时期内岩体破裂以低能量微震事件为主，高能量微震事件数量较少。累积微震视体积曲线显示，10 月 25 日～11 月 9 日增幅明显，11 月 9 日～11 月 22 日增幅相对减小。11 月 7 日的微震视体积率最大，其值接近 $350 \times 10^3 \text{m}^3/\text{d}$。

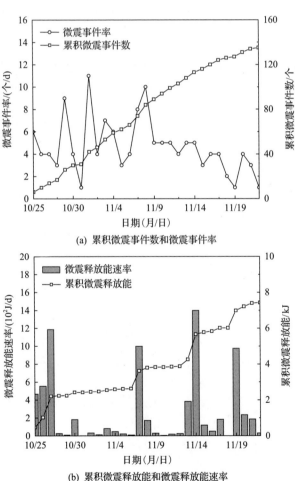

(a) 累积微震事件数和微震事件率

(b) 累积微震释放能和微震释放能速率

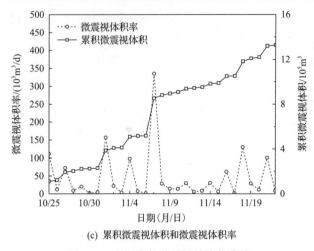

(c) 累积微震视体积和微震视体积率

图 7.24　微震事件随时间的演化曲线

对比累积微震事件数、累积微震释放能和累积微震视体积曲线发现，三者并不存在明显的相关性，说明这三个震源参数相对独立。值得注意的是，11 月 7 日的微震事件率、微震释放能速率和微震视体积率均较大，预示着该段时间内的破裂风险较高。

2) 微震事件空间演化特征

白鹤滩水电站地下厂房顶拱受工作面开挖扰动和顶拱补强加固施工的影响，累积诱发的微震事件空间演化特征如图 7.25 所示。可以看出，10 月 25 日～10 月 31 日期间，累积诱发的微震事件离散分布在主厂房顶拱洞周轮廓面附近，且以低微震释放能的事件为主，能量对数值分布在 (−2.64J, 0.59J) 区间内，4 个高能量事件分布在主厂房顶拱 K0+060～K0+080 区域内，说明此阶段施工诱发的微震事件较少，对应于岩体处于破裂萌生阶段；11 月 1 日～11 月 15 日期间，大量低能量的

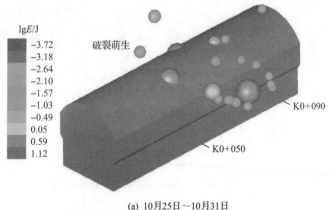

(a) 10月25日～10月31日

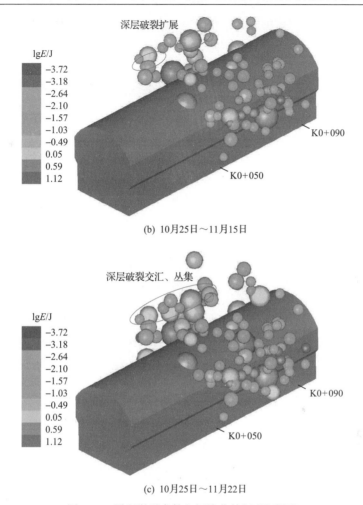

(b) 10月25日～11月15日

(c) 10月25日～11月22日

图 7.25　累积微震事件空间演化特征（见彩图）

球体半径与震级成正比，震级越大，半径越大；球体颜色与能量对数成正比，颜色越鲜艳，释放能量越大

微震事件集中分布在主厂房上游侧拱肩和下游侧拱肩，该阶段的微震事件簇群具有集中分布、低能量的特性，说明主厂房上下游侧拱肩均发生了大量微破裂，且上游侧的破裂尺寸较大，破裂呈现出进一步扩展的特征；11 月 16 日～11 月 22 日期间，微震事件进一步丛集分布于主厂房顶拱区域，包括洞周附近和距顶拱临空面一定距离的深层区域。上游侧拱肩深层区域的破裂发生交汇、丛集，形成一个条带状丛集区，这预示着主厂房上游侧拱肩围岩深层破裂范围、破裂程度进一步增大。

3）顶拱深层破裂的破裂机制分析

研究微震事件的震源机制演化规律可以有效了解岩石裂纹萌生、扩展、交汇及贯通的内部损伤演化过程和规律及其与应力之间的对应关系[8]，从而为大型地下洞室深层破裂的预测预警和防治提供重要的参考依据。采用多种手段研究震源机制，其中矩张量手段应用较为广泛[9]。

矩张量分解不是简单的数学分解，而是建立在实际的物理意义之上，如采用将矩张量分解为各向同性部分（M_{ISO}）、补偿性线性矢量偶极部分（M_{CLVD}）和双力偶部分（M_{DC}）的方法。根据剪切破裂分量所占的比例来判别大型地下洞室的破裂类型[10,11]，即

$$P_{\mathrm{DC}} = \frac{M_{\mathrm{DC}}}{\left|M_{\mathrm{DC}}\right| + \left|M_{\mathrm{CLVD}}\right| + \left|M_{\mathrm{ISO}}\right|} \times 100 \tag{7.1}$$

震源机制判定准则为

$$\begin{cases} P_{\mathrm{DC}} \leqslant 40, & \text{张拉破裂} \\ 40 < P_{\mathrm{DC}} < 60, & \text{混合破裂} \\ P_{\mathrm{DC}} \geqslant 60, & \text{剪切破裂} \end{cases} \tag{7.2}$$

累积微震事件破裂机制的时空演化特征如图 7.26 所示，左侧为上游侧，右侧为下游侧，圆球代表微震事件，圆球半径代表震级，即震级越大，半径越大，球体颜色代表不同破裂类型。10 月 25 日～10 月 31 日期间，微震事件破裂机制以张拉破裂为主，包含少量混合破裂事件，无剪切破裂事件（见图 7.26(a)）；11 月 1 日～11 月 15 日期间，受现场施工扰动的影响，岩体应力重分布和持续调整，调整过程中诱发的混合破裂和剪切破裂事件增多，但仍在总事件中占比较小，累积微震事件见图 7.26(b)；11 月 16 日～11 月 22 日期间，张拉破裂事件进一步丛集分布于主厂房顶拱区域见图 7.26(c)。综合分析微震破裂事件演化规律发现，深层破裂诱发的微震事件主要为张拉破裂机制，并伴随少量的混合破裂或剪切破裂机制。

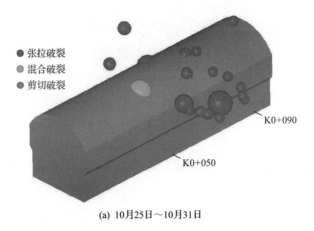

● 张拉破裂
● 混合破裂
● 剪切破裂

K0+090

K0+050

(a) 10月25日～10月31日

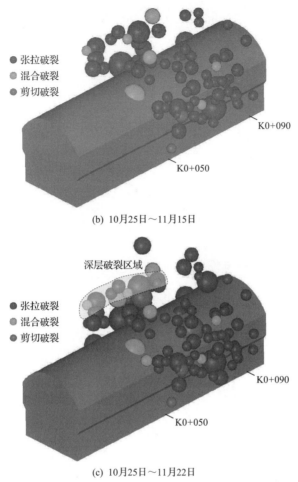

图 7.26　累积微震事件破裂机制的时空演化特征

3. 变形监测

在厂房第 I 层开挖时，多点位移计 1.5m、3.5m 和 6.5m 三个测点位移呈现台阶式增长，随开挖继续进行，三个测点保持近于同等斜率的增长趋势，11m 和 17m 测点位移无变化。当厂房第 III 层开挖距顶拱 7.6m 的闭合裂隙张开时，1.5m、3.5m 和 6.5m 三个测点位移同步突增，三日内增长了 2.3～2.8mm，此时裂隙张开宽度为 2.5～5.5mm，11m 测点位移也开始呈缓慢增长趋势。当距顶拱 11.1～11.5m 处孔壁岩体掉块和附近新生裂隙时，17m 测点位移也开始增长。在整个第 III 层开挖后，围岩位移保持每周 0.2～0.4mm 的增长趋势，直至后期补强加固施工完毕，各测点位移趋于收敛，截至 2017 年 11 月 21 日，五个测点的位移分别为 48.97mm、

58.73mm、49.30mm、35.72mm 和 37.88mm。多点位移计各测点位移和破裂深度随时间的演化曲线如图 7.27 所示。

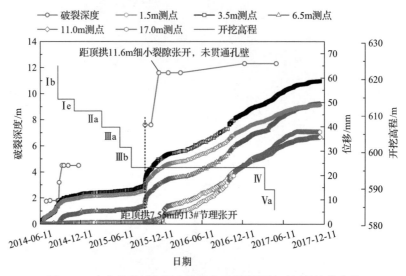

图 7.27　多点位移计各测点位移和破裂深度随时间的演化曲线

从三种原位协同监测结果可以看出，钻孔摄像观测到距顶拱 7.6m 处发生深层破裂，随后开展的微震监测也观测到该区域围岩破裂萌生、扩展、交汇、丛集成一个条带形状，进一步验证了深层开裂的产生，而距顶拱 0～7.6m 围岩变形也发生了突增。综合对比分析围岩破裂和变形观测结果可知，围岩深层破裂发生时伴随有围岩位移的突增，且位移增量与裂隙张开度在数值上较为接近。高应力硬岩大型地下洞室围岩深层破裂发生在裂隙面附近，随着洞室开挖，岩体破裂逐渐向深部扩展，岩体位移与破裂的发生时机及量值表现出明显的相关性，围岩深层破裂的宏观破裂机制以张拉破裂为主，兼有部分剪切破裂特征。

7.5　高应力大型地下洞室围岩深层破裂控制的开挖支护优化设计

基于第 2 章高应力大型地下洞室群稳定性动态设计方法流程，进行围岩深层破裂的开挖支护优化设计时，要根据大型地下洞室围岩深层破裂预测结果提出合理的锚索、预应力锚杆布置部位、长度和支护时机。根据原位监测结果和裂化-抑制方法，进行开挖支护的动态调整，形成闭环的反馈分析体系，并对最终的优化设计和监测结果进行复核。

7.5.1　大型地下洞室围岩深层破裂开挖支护优化设计

1. 开挖支护优化设计原则

由上述分析可见，大型地下洞室围岩深层破裂是随着洞室分层分部开挖导致应力调整不断增强，且逐渐向深部围岩扩展而发生的，进行开挖支护优化设计的目的在于减缓应力集中向深部围岩扩展的深度和应力集中的程度，进而降低围岩深层破裂发生的风险。对于洞室围岩的开挖支护设计，不仅要保证当前层开挖时围岩稳定，而且要确保后续层开挖时围岩的稳定性。

对于洞室每一层的开挖，在不影响施工进度的前提下，均应采取薄层开挖、优化开挖顺序、减小开挖进尺，特别是在可能导致围岩深层破裂出现的关键层开挖时，需高度关注分层高度的优化。要注意避免围岩深层破裂风险洞段有多个掌子面同时施工，降低应力调整扰动频率。

对于围岩深层破裂高风险部位，采用锚索支护的方式确保深部围岩的稳定性，预应力锚索的长度要穿过应力集中区，且锚固在更深部的稳定围岩中。在地下洞室开挖至相应层位时，应该及时施作锚索，如顶拱围岩深层破裂风险较高，在厂房一层开挖时就应该将顶拱部位锚索施作完毕。在满足施工便利性的前提下，预应力锚索的施作方向尽可能与围岩深层破裂扩展方向垂直，即最好与洞室开挖后围岩重分布最大主应力方向相垂直。在洞室开挖至相应层时，要及时挂网喷射混凝土和施作预应力锚杆，增强表层围岩的围压，减轻表层围岩片帮风险，增强表层围岩的完整性，降低围岩应力集中向深部围岩转移的速度和深度。预应力锚杆的长度一般取为 9m，间距一般不宜超过 1.2m，支护时机根据当前层开挖时围岩破裂深度随掌子面推进的演化趋势确定，一般控制在 1 倍等效洞径范围内。预应力锚索和预应力锚杆共同形成深部支护和浅部支护的协同作用体系，可以有效地增强劣化岩体完整性并减缓应力集中向深部围岩转移的趋势。另外，当围岩深层破裂高风险区具有支护施作条件时，预应力锚索和预应力锚杆均应及时支护，必要时可以适当降低洞室开挖施工进度。

如果在洞室开挖过程中，围岩深层破裂突然发生，要立即停止相邻区域内的开挖施工，通过钻孔摄像、微震和岩体位移观测，判断岩体进一步变形破裂扩展趋势。当岩体变形破裂扩展趋缓后，立即补做预应力锚索和预应力锚杆。

需要说明的是，高应力硬岩地下洞室主要的破坏形式是破裂，由于硬岩弹性模量大，在围岩破裂之前岩体位移量值较小，而一旦发生开裂，将会出现因裂隙产生和张开导致的位移突增。对于高应力硬岩大型地下洞室群，不能仅采用传统的收敛-约束方法进行地下洞室群的支护设计，而应该考虑运用裂化-抑制方法来进行地下洞室群的开挖支护设计，即以控制围岩开裂的深度和程度为目的，实现围岩变形的控制，最终实现洞室群的安全稳定控制。

2. 开挖支护优化设计思路

高应力大型地下洞室群围岩深层破裂开挖支护优化设计总体思路是：根据裂化-抑制方法，采用硬岩弹脆塑性力学模型及岩体破裂指标 RFD，在合理的洞室分层开挖高度前提下，通过数值模拟研究洞室不同部位围岩破裂深度随洞室分层分部开挖过程的演化趋势，根据洞室各部位围岩最终的破裂深度，结合洞室群结构布置，合理确定锚索长度；根据洞室群规模、地应力、围岩级别合理确定锚索间距。锚索和预应力锚杆的支护时机根据数值模拟分析的洞室当前层开挖时围岩破裂深度演化趋势确定。喷射混凝土、钢筋网片的设计等根据《岩土锚杆与喷射混凝土支护工程技术规范》（GB 50086—2015）[12]确定即可，无围岩深层破裂风险部位的支护设计也可参照《水电站地下厂房设计规范》（NB/T 35090—2016）[13]确定。整体而言，高应力大型地下洞室群的支护设计应区分围岩深层破裂高风险部位和无风险部位，分别采取对应的开挖支护措施，而非广泛采用的上下游对称支护设计。

7.5.2　实例分析

白鹤滩水电站右岸地下厂房的地应力反演结果表明，K0+040～K0+140 洞段的地应力相对较高。数值模拟分析显示，随着洞室分层分部开挖，洞室上游侧顶拱围岩深层破裂风险较高，围岩破裂深度约 10m，故该洞段上游侧顶拱应布置预应力锚索。考虑到白鹤滩水电站右岸地下厂房布置有锚固洞，结合锚固洞布置对穿锚索，锚索的长度为 26～30m，另外，在上游侧顶拱其他部位布置端头锚索，锚索长度为 25m，锚索的间距均为 4.8m，在厂房第 I 层开挖时即完成对穿锚索和端头锚索施工。同时，上游侧顶拱部位布置预应力锚杆，长度取为 9m，间距为 1.2m×1.2m，支护时机应滞后掌子面的距离不宜超过 16m。

但是在具体施工过程中，该洞段并未全部布置对穿锚索，并且上游侧顶拱采用 9m 普通砂浆锚杆和预应力锚杆间隔布置，间距为 1.2m×1.5m，正顶拱采用 9m 的预应力锚杆和 6m 普通砂浆锚杆相间布置，间距为 1.2m×1.2m，锚杆的支护时机超过 30m。厂房第 I 层开挖时，上游侧拱肩片帮较为严重，在第 III 层开挖时，该洞段上游侧顶拱发生了围岩深层破裂现象，主要表现为硬性结构面的张开，并因此导致较严重的围岩深部变形。在此情况下，根据动态调控设计方法，紧急启动了上游侧顶拱对穿锚索和预应力锚杆的施工，并且在正顶拱和下游侧顶拱围岩位移较大部位加密了端头锚索。此次顶拱围岩深层破裂的原因主要是该洞段初始地应力较高，发生围岩深层破裂的风险较高，但大家对围岩深层破裂风险的认识不足，导致围岩深层破裂可能发生部位未布置足够的锚索和预应力锚杆，且锚杆支护时机整体较晚。

基于裂化-抑制方法，通过数值模拟分析对比实际支护和优化支护两种方案下地下厂房围岩破裂深度，说明高应力大型地下洞室围岩深层破裂的支护注意事项。

实际支护方案为：在厂房第Ⅲ层开挖后施作对穿锚索，上游侧顶拱锚杆为 9m 普通砂浆锚杆和预应力锚杆间隔布置，支护时机为滞后掌子面 30m。根据裂化-抑制方法，优化支护方案为：在厂房第Ⅰ层开挖时即施作对穿锚索，厂房上游侧顶拱施作预应力锚杆，支护时机为滞后掌子面 16m，厂房全断面锚杆长度均为 9m。

为了简化计算过程，支护的作用效果采用岩体强度等效的方式模拟，岩体强度提高计算采用 Zhu 等[14]提出的加锚岩体抗剪强度提高公式。图 7.28 为两种支护方案下地下厂房分层开挖过程中岩体破裂深度演化图。图 7.29 为两种支护方案下地下厂房 K0+040～K0+140 洞段上游侧顶拱岩体破裂深度随分层开挖的演化曲线。可以看出，采用优化支护后，洞室上游侧顶拱岩体破裂深度约为 6.8m，小于

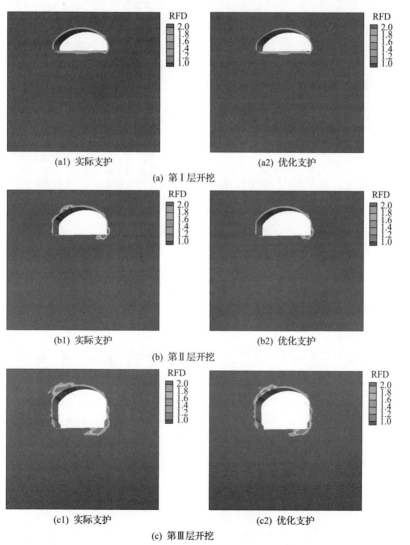

(a1) 实际支护　　　　　　　　　　　(a2) 优化支护

(a) 第Ⅰ层开挖

(b1) 实际支护　　　　　　　　　　　(b2) 优化支护

(b) 第Ⅱ层开挖

(c1) 实际支护　　　　　　　　　　　(c2) 优化支护

(c) 第Ⅲ层开挖

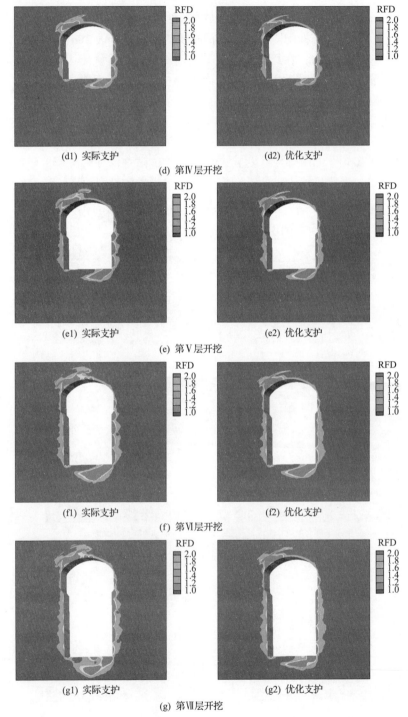

(d1) 实际支护　　　　　　　　　　　(d2) 优化支护

(d) 第Ⅳ层开挖

(e1) 实际支护　　　　　　　　　　　(e2) 优化支护

(e) 第Ⅴ层开挖

(f1) 实际支护　　　　　　　　　　　(f2) 优化支护

(f) 第Ⅵ层开挖

(g1) 实际支护　　　　　　　　　　　(g2) 优化支护

(g) 第Ⅶ层开挖

图 7.28　两种支护方案下地下厂房分层开挖过程中岩体破裂程度演化图

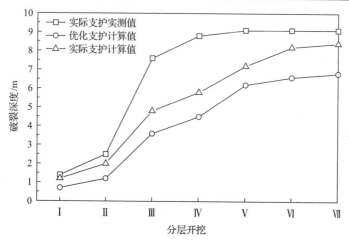

图 7.29　两种支护方案下地下厂房 K0+040~K0+140 洞段上游侧顶拱岩体破裂
深度随分层开挖的演化曲线

实际支护破裂深度 9.1m，同时也小于实际支护的计算值 8.4m。

参 考 文 献

[1] Feng X T, Pei S F, Jiang Q, et al. Deep fracturing of the hard rock surrounding a large underground cavern subjected to high geostress: In situ observation and mechanism analysis. Rock Mechanics and Rock Engineering, 2017, 50(8): 2155-2175.

[2] Feng X T, Yao Z B, Li S J, et al. In situ observation of hard surrounding rock displacement at 2400m deep tunnels. Rock Mechanics and Rock Engineering, 2018, 51(3): 873-892.

[3] 李仲奎, 周钟, 汤雪峰, 等. 锦屏一级水电站地下厂房洞室群稳定性分析与思考. 岩石力学与工程学报, 2009, 28(11): 2167-2175.

[4] 黄润秋, 黄达, 段绍辉, 等. 锦屏 I 级水电站地下厂房施工期围岩变形开裂特征及地质力学机制研究. 岩石力学与工程学报, 2011, 30(1): 23-35.

[5] Xu N W, Dai F, Li B, et al. Comprehensive evaluation of excavation-damaged zones in the deep underground caverns of the Houziyan hydropower station, Southwest China. Bulletin of Engineering Geology and the Environment, 2016, 76(1): 1-19.

[6] 张勇, 肖平西, 程丽娟. 基于岩石强度应力比的大型地下洞室群布置设计方法. 岩石力学与工程学报, 2014, 33(11): 2314-2331.

[7] Yoshida T, Ohnishi Y, Nishiyama S, et al. Behavior of discontinuities during excavation of two large underground caverns. International Journal of Rock Mechanics and Mining Sciences, 2004, 41(3): 864-869.

[8] Cai M, Kaiser P K, Martin C D. A tensile model for the interpretation of microseismic events near underground openings. Pure and Applied Geophysics, 1998, 153: 67-92.

[9] Strelitz R A. Moment tensor inversions and source models. Geophysical Journal Royal Astronomical Society, 1978, 52: 359-364.

[10] Xiao Y X, Feng X T, Li S J, et al. ISRM suggested method for in situ microseismic monitoring of the fracturing process in rock masses. International Journal of Rock Mechanics and Mining Sciences, 2016, 83: 174-181.

[11] Ohtsu M. Simplified moment tensor analysis and unified decomposition of acoustic emission source: Application to in situ hydrofracturing test. Journal of Geophysical Research, 1991, 96: 6211-6221.

[12] 中华人民共和国住房和城乡建设部. 岩土锚杆与喷射混凝土支护工程技术规范(GB 50086—2015). 北京: 中国计划出版社, 2016.

[13] 水电水利规范设计总院. 水电站地下厂房设计规范(NB/T 35090—2016). 北京: 中国电力出版社, 2017.

[14] Zhu W S, Zhang Y. Effect of supporting rocks by bolts and its application to high slope of three gorges flight lock//Proceedings of International Symposium on Anchoring and Grouting Techniques, Guangzhou, 1994: 188-196.

第8章　高应力大型地下洞室群围岩片帮破坏分析与优化设计

8.1　引　　言

　　片帮是高应力大型地下洞室群硬岩开挖中常见的一种破坏现象，常表现为与开挖面近似平行的片状(也称葱皮状)或板状破裂(见图8.1[1-5])，并呈现出渐进式或间歇式剥落的特性，这类破坏多是由较高应力条件下的脆性岩体因开挖卸荷由三向受力状态转变为双向、单向受力状态，应力快速释放导致的裂隙孕育、扩展和贯通而产生的一种破坏现象。Fairhurst 等[6]指出，硬岩片帮破坏是与延伸裂隙有关的一种破坏过程。Ortlepp[7]将片帮定义为地下开挖边界面上由压应力引起的一种平行于开挖面的破坏形式，岩石的破裂一般会沿着最大切向应力方向扩展并剥落。

(a) 拉西瓦水电站地下厂房
围岩片帮[1]

(b) 双江口水电站地下厂房
围岩片帮[2]

(c) 锦屏一级水电站地下厂房
围岩片帮[3]

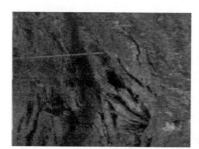
(d) 猴子岩水电站排水廊道围岩片帮[4]

(e) 白鹤滩水电站地下厂房围岩片帮[5]

图 8.1　高应力大型地下洞室群硬岩片帮破坏现象

大跨度高边墙地下洞室因其复杂的分层分部施工工序，应力反复调整，围岩的片帮破坏会逐渐由表层向内部发展，相对于小型隧道，其破坏深度与面积大、持续时间久、工程危害性强；洞室下卧层的施工会导致上部已开挖支护区域的围岩开裂松弛程度进一步加深，从而造成表层喷层开裂脱落、锚杆失效(见图 8.2(a))，威胁洞室顶拱稳定性；若与原有的节理裂隙组合、贯通，则可能演化成地下工程失稳灾变，对施工运营安全和工期威胁较大；片帮破坏会影响洞室一些关键部位岩体的成型效果(如地下厂房中作为支撑岩壁吊车梁的基座岩台、基坑隔墩等部位)，甚至造成其严重缺失，如图 8.2(b)所示。二滩水电站、拉西瓦水电站、锦屏一级水电站、官地水电站、猴子岩水电站、双江口水电站等大型水电站地下洞室群开挖期间，均出现过因岩体大面积片帮渐进破坏而导致的支护破坏、工期延误等现象[1,8-11]。高应力大型地下洞室群围岩片帮破坏的危害性已不容忽视，其防控难度要大于单一小型洞室，治理成本会显著增加。

(a) 下层开挖导致上部支护结构损坏　　　　　　(b) 片帮厂房吊车梁部位缺失

图 8.2　高应力大型地下洞室大面积片帮破坏危害

关于硬岩片帮破坏的研究主要集中在小尺寸隧道(洞)，针对高应力大型地下洞室群复杂开挖卸荷条件下的大面积片帮破坏，亟待研究的问题包括：①片帮时效渐进破坏特征、破坏发生机理及其与小型洞室的区别；②针对脆性片帮破坏原位观测的研究多集中在揭示围岩开裂深度的渐进发展特征，以及岩体片帮灾害形成的宏观地质力学机制解译，有关片帮围岩裂隙张开、闭合、扩展等时空演化规律及其与宏观失稳破坏、围岩变形之间的关联性尚不清楚；③对于大型地下洞室群硬岩片帮破坏机制的研究更多集中在单轴试验、常规三轴试验解译方面，亟须开展考虑大型地下洞室群实际开挖卸荷路径的真三轴试验；④采用传统支护设计理论进行高应力大型地下洞室群的设计已难以有效抑制大型地下洞室硬岩浅层时效破裂及片帮灾害，亟须抑制围岩时效破裂片帮的开挖支护设计方法。

为了回答上述问题，本章将以高应力大型地下洞室群围岩片帮渐进破坏发展演化过程为核心，以 3.1 节所述的白鹤滩水电站左、右岸大型地下厂房工程为依托，遵循 2.2 节所述的高应力大型地下洞室群七步流程式的设计方法，从大型地下洞室群片帮破坏的诱发机制、风险估计方法、演化过程观测方法、开挖与支护优化方法开展系统研究，并进行典型重大工程的应用研究。本章研究思路及技术路线如图 8.3 所示。

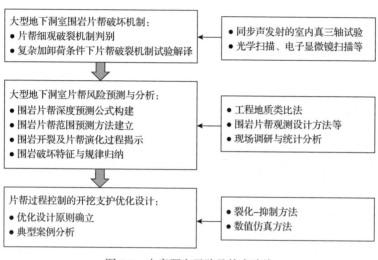

图 8.3　本章研究思路及技术路线

8.2　高应力大型地下洞室群围岩片帮破坏机制

8.2.1　基于表面扫描的片帮细观破裂机制

玄武岩片帮破坏根据其剥落厚度分为片状剥落和板状剥落。片状剥落较薄，厚度一般小于 5cm；而板状剥落厚度较大，一般超过 5cm，个别应力型板状剥落厚度达到 20cm。通过 3D 光学表面扫描仪对片帮破裂面开展细观尺度(分辨率为0.04mm)分析，切片表面模型显示片帮剥落面是具有一定粗糙度的非光滑面，且不同剖面上的起伏度具有差异，如图 8.4 所示[12]。大量玄武岩样品的测试结果表明，片帮破裂面 JRC 值不是恒定的，主要分布在 8～18，片帮破裂面粗糙度的影响因素包括多个方面，如原始缺陷会扰动裂纹扩展方向、岩性差异导致不同的随机裂缝模式等。

进一步采用 SEM 镜观察片帮岩片破裂面微观特征(微米级)，多次扫描结果显示，片帮破裂面呈阶梯状分布，断口开裂方向无规律，断面棱角锋利鲜明，也无擦痕迹线，呈现出张拉破坏的典型特征，如图 8.5 所示。

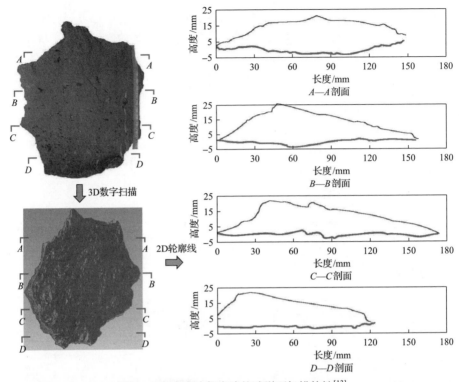

图 8.4　玄武岩片帮岩片的破裂面扫描特性[13]

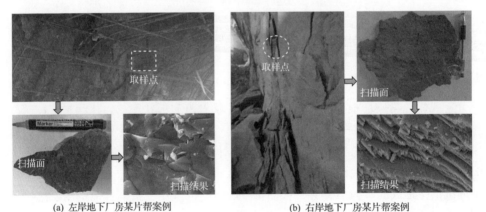

(a) 左岸地下厂房某片帮案例　　　　　　　　(b) 右岸地下厂房某片帮案例

图 8.5　白鹤滩水电站地下厂房玄武岩片帮岩片表面电子显微镜扫描结果

8.2.2　基于真三轴加卸荷试验的围岩片帮破坏机制

大型地下洞室开挖后应力调整，平行于开挖面的切向方向应力急剧增加，可看成 σ_1；洞壁围岩法向卸荷，应力急剧降低，甚至降到 0，该法向应力可看成 σ_3；平行于洞轴的应力则看成 σ_2，此应力状态会使浅表层范围内的硬脆性围岩由于压致拉裂而产生近似平行于卸荷面的张性破裂裂隙，如图 8.6 所示。对于高应力大型地下洞室，在分层分部开挖过程中，围岩应力状态持续调整与转移，导致并加剧洞室围岩开裂与片帮破坏的渐进性发展，且洞室截面上不同破坏部位对应的应力路径变化有所差异。因此，根据 2.2 节所述的高应力大型地下洞室群七步流程式的设计步骤中"大型地下洞室群稳定性分析"方法，开展真三轴试验(尤其是按照洞室分层分部开挖对应的实际应力路径的真三轴试验)对获得高应力大型地下洞室群开挖片帮破坏演化机制具有重要意义。

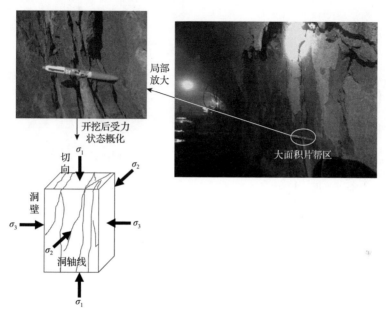

图 8.6　开挖卸荷下大型地下洞室围岩表层张拉破裂及其应力状态示意图

1. 诱发大型地下洞室围岩片帮的应力路径识别

根据 2.5 节所述的数值计算分析方法，采用硬岩弹脆塑性力学模型，开展仿真模拟，确定片帮的真三轴试验应力路径。计算模型共计 1745280 个单元、1774220 个节点。厂房边墙左右围岩各 150m，近 5 倍厂房宽度，厂房顶拱和拱底围岩厚度各 100m，采用分层分部开挖方式，厂房分层开挖步序如图 8.7(a)所示，数值计算模型如图 8.7(b)所示。

图 8.8 为白鹤滩水电站左岸地下厂房局部洞段第 I 层分部开挖工序示意图。首先，开挖中导洞 I_1，直至厂房中导洞开挖完毕，紧接着沿厂房负向开挖上游侧拱肩部位 I_2 至 K0+360。其次，下游侧拱肩 I_3(正向 3_1)和上游侧拱肩 I_2 同时相向开挖，两工作面在 K0+315 处相遇，直至上游侧和下游侧拱肩开挖结束。再次，厂房下游侧部位进行二次扩挖，即 I_5 和 I_7；在 K0+345 处，I_5 和 I_7 工作面同时

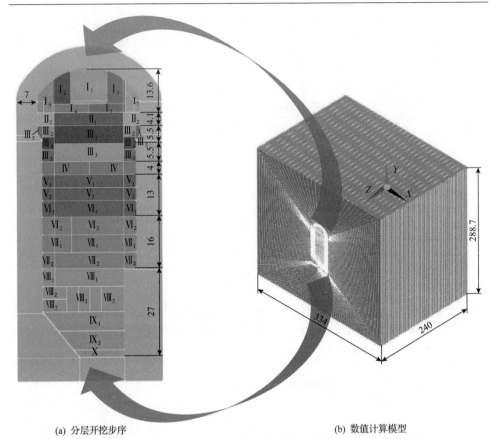

(a) 分层开挖步序   (b) 数值计算模型

图 8.7 白鹤滩水电站左岸地下厂房分层分部开挖步序和数值计算模型（单位：m）

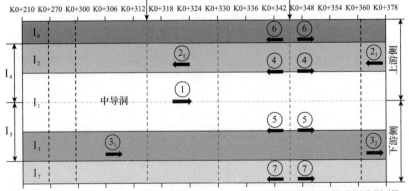

I_2和I_3在K0+315处相遇，I_5和I_7在K0+345处分别向南北两侧开挖

图 8.8 白鹤滩水电站左岸地下厂房第 I 层分部开挖工序示意图

向厂房两个方向扩挖，直至厂房下游侧二次扩挖结束。最后，在 K0+345 处二次扩挖厂房上游侧部位 I_4 和 I_6，直至第 I 层开挖结束。自厂房第 II 层开始，各分层开挖工序与 I_5 和 I_7 开挖工序相同，直至整个厂房开挖结束。

表 8.1 列出了数值计算模型中地下厂房三种玄武岩的输入参数，这些参数通过地下厂房片帮区域多点位移计监测的变形与片帮深度结果反演计算和室内试验获得，其正算结果如图 8.9 所示，这表明反演计算结果与实际监测结果吻合性较好，即岩体力学参数等效值可以进一步分析白鹤滩水电站地下厂房开挖过程中应力路径的变化情况。

表 8.1　三维数值计算模型输入参数

岩石类型	密度 ρ /(g/cm³)	弹性模量 E /GPa	泊松比 μ	黏聚力 c /MPa	内摩擦角 φ /(°)	抗拉强度 σ_t /MPa
隐晶玄武岩	2.94	20	0.22	11	25	1.4
斜斑玄武岩	2.93	17	0.23	12	21	1.4
杏仁玄武岩	2.85	13	0.25	14	20	1.2

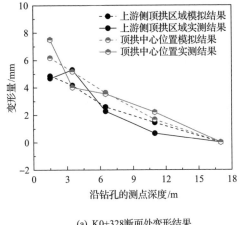
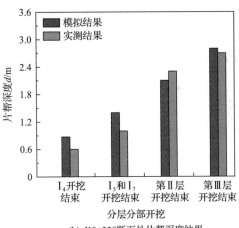

(a) K0+328断面处变形结果　　　　　(b) K0+330断面处片帮深度结果

图 8.9　现场多点位移计实测变形、片帮深度与模型计算结果对比

2. 地下厂房分层分部开挖下围岩片帮的应力路径识别

应力路径监测点设置在沿厂房上游侧拱肩 I_2 和 I_3 交界处与水平方向呈 84° 方向上的 2.8m 深度处，如图 8.10(a) 所示。图 8.10～图 8.13 为白鹤滩水电站左岸地下厂房自第 I 层至开挖结束全过程中上游侧顶拱 2.8m 监测点处围岩的应力路径特征。可以看出，当工作面距监测断面 20m 时，监测断面主应力已有轻微改变，工作面开挖至监测断面时应力急剧调整，三个主应力量值均有不同程度的改变，

如图 8.10(a)所示。当上游侧拱肩 I_2 第一次扩挖至监测断面时，最小主应力急剧下降，中间主应力和最大主应力均有不同程度的改变，如图 8.10(b)所示。厂房下游侧和上游侧二次扩挖过程中，中间主应力变化较小，最大主应力变化较为明显。厂房第 I 层开挖过程中最大主应力达到近 40MPa。自第 II 层至开挖结束，中间主应力变化特征不明显；各层开挖至监测断面 K0+330 附近，最大主应力均有不同程度的调整，如图 8.11(c)、图 8.12(a)、图 8.12(d)、图 8.13(a)和图 8.13(b)所示。可以看出，监测点处围岩破坏经历了复杂的应力调整过程。

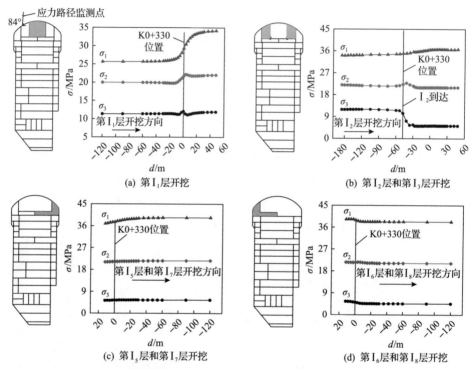

图 8.10　白鹤滩水电站左岸地下厂房第 I 层分部开挖过程中上游侧顶拱 2.8m 监测点处围岩的应力路径特征

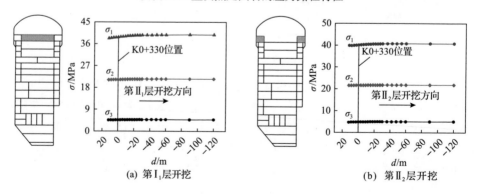

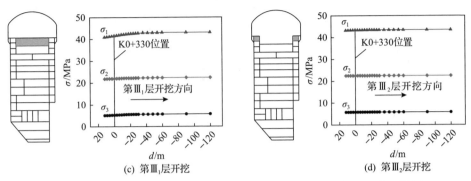

图 8.11　白鹤滩水电站左岸地下厂房第 II ～ III₂ 层分部开挖过程中上游侧
顶拱 2.8m 监测点处围岩的应力路径特征

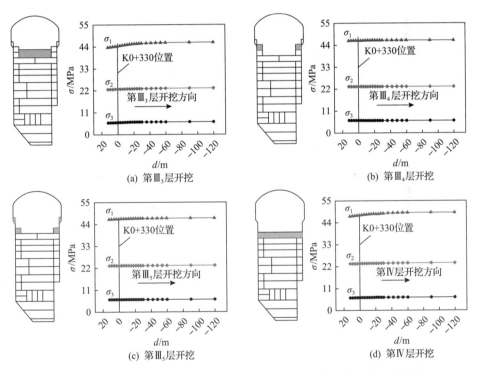

图 8.12　白鹤滩水电站左岸地下厂房第 III₃ ～ IV 层分部开挖过程中上游侧
顶拱 2.8m 监测点处围岩的应力路径特征

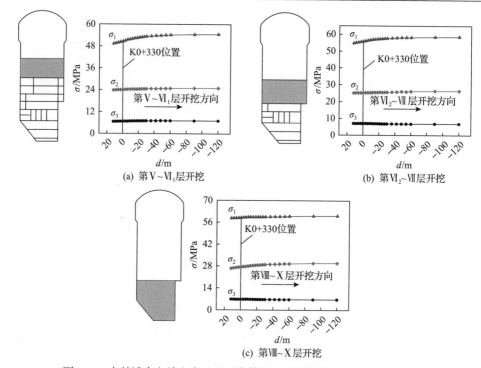

图 8.13　白鹤滩水电站左岸地下厂房第 Ⅴ～Ⅹ 层分部开挖过程中上游侧
顶拱 2.8m 监测点处围岩的应力路径特征

3. 分层分部开挖应力路径下玄武岩真三轴试验

1）片帮应力路径下玄武岩真三轴试验

根据图 8.10～图 8.13 所示的白鹤滩水电站左岸地下厂房分层分部开挖过程中上游侧顶拱片帮区的应力路径监测结果可概化出三种围岩片帮破坏的简化应力路径，如图 8.14 所示。

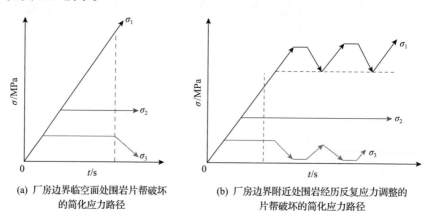

(a) 厂房边界临空面处围岩片帮破坏　　　(b) 厂房边界附近处围岩经历反复应力调整的
　　的简化应力路径　　　　　　　　　　　　　片帮破坏的简化应力路径

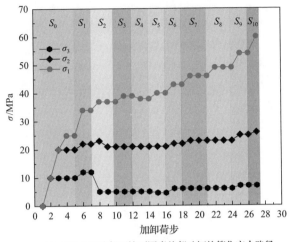

(c) 厂房分层分部开挖下围岩片帮破坏的简化应力路径

图 8.14　三种围岩片帮破坏的简化应力路径

　　图 8.15 为真三轴试验的岩样破坏与现场围岩片帮破坏对比。可以看出，该应力路径下的岩样十分破碎，岩片自岩样整体呈层状剥落，剥落岩块呈薄片状，显示为开裂破坏模式，此加卸荷路径下玄武岩的破坏结果与现场围岩片帮形貌具有一定的相似性。

　　大型地下厂房分层分部开挖过程中，厂房围岩会经历反复应力调整过程，导致应力集中程度不断改变，并致使深部围岩破裂。基于此，进行原岩应力状态下的多级加卸荷试验，试验应力路径依据图 8.14(b)进行。试验过程中，每一级卸荷结束后均停止等待约 1min，目的是采集玄武岩短时时效破裂特征。图 8.16 为 $\sigma_3 =$ 10MPa、$\sigma_2 = 20$MPa 时白鹤滩水电站地下厂房隐晶玄武岩在应力路径下应

(a) 真三轴岩样破坏

(b) 现场围岩片帮破坏

图 8.15　真三轴试验的岩样破坏与现场围岩片帮破坏对比 (见彩图)

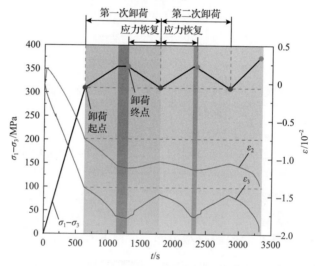

图 8.16　$\sigma_3 = 10\text{MPa}$、$\sigma_2 = 20\text{MPa}$ 时白鹤滩水电站地下厂房隐晶玄武岩在应力路径下的
应力差、最小主应力和中间主应力方向的变形与时间关系曲线

力差、最小主应力和中间主应力方向的变形与时间关系曲线。可以看出，卸荷应力保持不变的过程中，最小主应力和中间主应力方向的变形仍表现为增长特征，最小主应力方向较为明显；试验过程中玄武岩即将发生破裂时最小主应力和中间主应力方向的变形急剧增长。图 8.17 为岩样破坏后的照片，为明显开裂破坏模式。

　　选取图 8.10～图 8.13 所示的白鹤滩水电站左岸地下厂房上游侧拱肩 2.8m 监测点围岩发生片帮破坏所经历的复杂应力路径进行真三轴试验，以研究分层分部开挖复杂应力路径下围岩片帮的发生机制，其应力路径简化如图 8.14 (c) 所示。图 8.18 为 $\sigma_3 = 10\text{MPa}$、$\sigma_2 = 20\text{MPa}$ 时复杂应力路径下白鹤滩水电站地下厂房斜斑玄武岩脆性破坏过程的声发射特征曲线和岩样破坏照片。从图 8.18 (a) 可以看出，峰值前

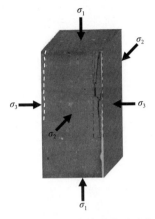

图 8.17　白鹤滩水电站地下厂房隐晶玄武岩卸荷破坏后的照片

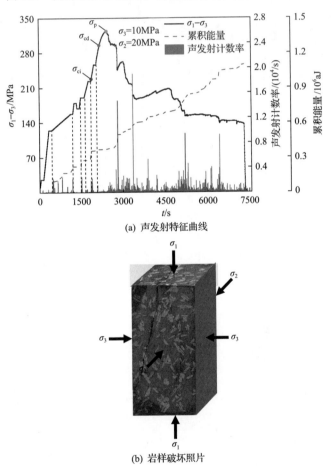

(a) 声发射特征曲线

(b) 岩样破坏照片

图 8.18　$\sigma_3 = 10\text{MPa}$、$\sigma_2 = 20\text{MPa}$ 时复杂应力路径下白鹤滩水电站地下厂房斜斑
玄武岩脆性破坏过程的声发射特征曲线和岩样破坏照片

每一级应力增加几乎都会引起声发射计数突跳和累积能量增加，表明岩样的损伤程度增加，直至岩样达到峰值而破坏。从图 8.18(b)可以看出，由于距洞壁 2.8m处围岩最小主应力不为 0，岩样宏观破裂面没有呈现明显的开裂破坏形式，破裂面角度具有一定偏转，但破裂面中依然存在平行于最大主应力方向的裂纹。

2)片帮应力路径下玄武岩破裂机制

图 8.19 为不同应力路径下玄武岩破坏岩样破裂面的 SEM 图像。根据应力条件对岩石破裂过程的不同作用，可分为拉伸裂纹、剪切裂纹和拉伸-剪切耦合裂纹。同时，裂纹也可以根据其延伸发展位置的不同划分为穿晶裂纹和晶间裂纹，

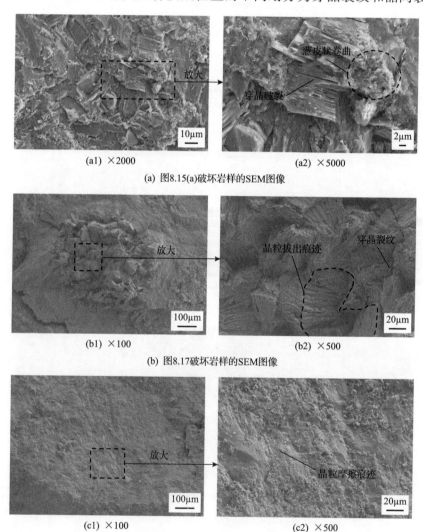

(a1) ×2000　　(a2) ×5000

(a) 图8.15(a)破坏岩样的SEM图像

(b1) ×100　　(b2) ×500

(b) 图8.17破坏岩样的SEM图像

(c1) ×100　　(c2) ×500

(c) 图8.18(b)破坏岩样的SEM图像

图 8.19　不同应力路径下玄武岩破坏岩样破裂面的 SEM 图像

而穿晶裂纹是岩石脆性破坏的表征。

从图 8.19(a) 可以看出，破坏后岩样断口表面锋利无岩屑，穿晶破裂特征明显，从其局部放大图中可见葱皮状卷曲，明显是受拉应力作用所致。从图 8.19(b) 可以看出，玄武岩破断岩样局部表面凹凸不平，其局部放大图中晶粒边界锋利无岩屑，破断面表面可见拉应力作用导致的晶粒拔出痕迹，穿晶破裂特征明显。从图 8.19(c) 可以看出，破断岩样表面局部区域附着大量散落岩屑，晶粒破断表面受剪应力作用产生的晶粒摩擦痕迹明显。上述观测结果表明，表层围岩片帮为拉应力作用下的破坏形式，而围岩内部破裂是拉应力主导、混合剪应力作用下的破坏形式，但均为拉应力主导的脆性破坏。

8.3　高应力大型地下洞室片帮风险预测与分析

在大型地下洞室破坏机制认知的基础上，本节根据 2.2 节所述的高应力大型地下洞室群七步流程式的设计步骤中"大型地下洞室群稳定性分析"方法，构建片帮风险预测方法，并将其应用至白鹤滩水电站左右岸地下洞室群工程中，针对厂房开挖高风险洞段采用 4.4.2 节建立的片帮破裂观测设计方法并结合现场统计开展一系列同步观测与调研，对白鹤滩地下厂房开挖期间围岩片帮的发育特征、演化过程、控制因素等进行系统研究。

8.3.1　高应力大型地下洞室围岩片帮风险预测

1. 片帮风险预测方法

1) 片帮深度预测公式

片帮深度估计公式源于一般小型隧道工程实践[13,14]，其对于高地应力下高边墙大跨度地下厂房的片帮深度估计存在一定局限性，因此在研究大量深部工程片帮破坏案例的基础上，结合室内真三轴试验结果，提出了考虑地下工程岩体赋存三维应力状态、岩石裂纹扩展能力、开挖高跨比的大型地下厂房片帮深度预测公式，即

$$d_s = r\left[0.75\frac{(a\sigma_2 - \sigma_3)\ln(H/D) + (\sigma_1 + \sigma_2 + \sigma_3)}{(1 - I_P)\sigma_{ci}^{3D}} - 0.2 + b\right] \tag{8.1}$$

式中，a 为应力修正系数，当 $\sigma_2 = \sigma_3$ 时，$a = 1.1$，否则 $a = 1.0$；d_s 为片帮深度；H 和 D 分别为厂房已开挖部分的高度和跨度；r 为有效半径；σ_1、σ_2、σ_3 为原岩应力大小；I_P 为岩石裂纹扩展能力指标[16]；σ_{ci}^{3D} 为原岩应力状态下岩石的室内起裂应力；b 为修正系数，$b = \pm 0.15$，当地应力的最大主应力方向与隧洞轴线近垂直或成大夹角或存在有利片帮发展等条件时，修正系数在 $(0, 0.15]$ 取值；当地应力的最大主应力方

向与隧洞轴线成小夹角或存在不利片帮发展等条件时，修正系数在[−0.15,0]取值。

2) 围岩开裂及片帮风险分区预测方法

根据厂址区域地质条件、地应力、围岩强度特性等信息，利用式(8.1)可对不同区域围岩开裂及片帮风险进行预测，从而获得整个洞室区域的片帮风险分区。针对不同的片帮风险水平，风险应对对策有所差异，为了满足工程条件下安全、快速和高效施工的客观需求，将片帮严重程度等级划分为高、中、低3个等级(见表8.2)，服务于工程设计和施工防治。由于片帮剥落深度容易受到开挖爆破、施工扰动的影响，以围岩开挖损伤区内宏观开裂深度作为片帮等级划分的依据。

表 8.2　大型地下洞室片帮破坏等级划分

片帮破坏等级	片帮深度/m
低	0
中	0~1
高	>1

由式(8.1)可知，片帮风险与围岩完整性(或裂纹扩展能力评价指标 I_P)、开挖后的最大切向应力 σ_{max} 以及特定应力状态下完整岩样的起裂应力 σ_{ci}^{3D} 等影响因子密切相关，因此片帮破坏范围的预测应该建立在洞室沿线地质分区、二次应力分区的基础之上，其预测方法如图 8.20 所示。

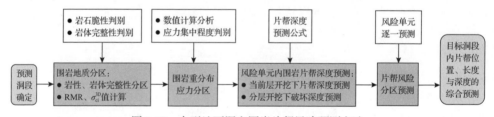

图 8.20　大型地下洞室围岩片帮风险预测方法

(1) 确定片帮预测洞段。

(2) 划分地质区块。地质区块划分主要根据两个因素：岩性与岩体完整性，即依据岩石脆性指标(如压拉强度比、全应力-应变曲线特征等)确定岩性分区，依据岩体完整性系数(如基于波速、体积节理数等)确定完整性分区。根据上述两个因素，将片帮预测洞段浅层围岩体划分为不同的地质区块，如区块 A、B、C、D 等(同一区块内的岩性/岩体完整性接近一致)，并计算各个地质区块的岩体完整性(或裂纹扩展能力评价指标 I_P)、岩石的三维起裂应力 σ_{ci}^{3D}。

(3) 划分围岩应力重分布分区。开展数值模拟分析，获得浅层围岩体的应力分布，在此基础上，根据应力集中程度，将上述地质分区进一步划分为不同的应力区块，同一应力区块内的最大切向应力 σ_{max} 基本接近，如区块 A1、A2、B1、B2、

C1、C2、D1、D2，这些区块可作为片帮风险预测的基本单元。对同一风险单元而言，由于其岩体完整性、岩性、应力集中程度等特征基本接近，可认为其具有相同的片帮风险水平。

(4)开展片帮风险分区预测。在各个风险单元内岩体完整性或裂纹扩展能力指标 I_P、σ_{max} 与 σ_{ci}^{3D} 确定的基础上，利用提出的片帮深度预测公式(8.1)，逐一计算风险单元内可能的片帮深度，最终形成预测洞段内的片帮风险区划图。在进行片帮风险预测时，不但要关注当前层开挖时的片帮风险水平，而且需考虑后续分层分部开挖条件下片帮风险的演化趋势。

由于地下洞室为自上而下分层分部开挖完成且随着开挖的不断进行，洞室围岩地质条件揭露越来越多，应用上述风险预测方法时可分阶段实施，主要包括两个阶段。

①开挖前风险预测。洞室每一层开挖前，可根据前期勘查或邻近已开挖层揭露的地质条件进行地质分区，从而利用上述方法预测该层整体的片帮风险分区。

②开挖过程风险预测。洞室每一层开挖过程中，根据当前层开挖揭露的最新地质条件，更新此前确定的地质分区，并动态预测掌子面附近的片帮风险分区。

(5)片帮位置、长度与深度的综合预测。根据片帮风险分区结果，对照表 8.2，可计算目标洞段内片帮低、中、高风险区域的位置、长度、深度与面积。

2. 实例分析

1)片帮深度预测实例

依托白鹤滩水电站右岸地下厂房典型案例对上述所建片帮深度预测公式进行验证，工程实例基本信息如下。

白鹤滩水电站右岸地下厂房呈"一"字形布置，长 453m，高 88.7m。厂房区最大主应力量值为 22~26MPa，最小主应力量值为 9.0~14.0MPa，中间主应力量值为 14~21MPa，属中高地应力区。厂房揭露岩性主要为杏仁玄武岩、隐晶玄武岩(微晶质玄武岩)、角砾熔岩等，如图 8.21 所示[15]。片帮深度计算厂房轴线 K0+100

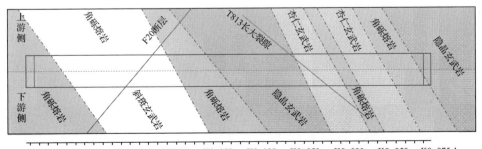

图 8.21　白鹤滩水电站右岸 602.6m 高程沿厂房轴线岩性分布示意图[15]

附近隐晶玄武岩区域。

地下厂房第Ⅰ层跨度为34m，第Ⅲ层局部和第Ⅳ层在岩锚梁下方，跨度为31m，厂房弧形顶拱有效半径 r=20.8m，第Ⅰ层高度为13.2m。根据右岸厂房工程地质条件，确定最大主应力 σ_1=25MPa，中间主应力 σ_2=20MPa，最小主应力 σ_3=10MPa。通过对地下厂房 K0+100 区域隐晶玄武岩取样进行室内真三轴试验，获得厂址区域原岩应力水平下隐晶玄武岩的起裂应力 σ_{ci}^{3D}=289MPa，裂纹扩展能力指标 I_P=0.2。将地下厂房第Ⅰ层开挖结束后的相关参数取值代入片帮深度预测公式(8.1)，计算可得，地下厂房第Ⅰ层开挖结束后桩号 K0+100 区域附近顶拱围岩最大片帮深度为 2.04m。该片帮深度包括厂房边界片帮剥落深度和钻孔摄像观测的地下厂房附近内部较破碎围岩开裂深度。该区域附近实际表层围岩片帮剥落深度约0.5m，钻孔摄像显示围岩内部开裂深度约1.3m，共计约1.8m，如图8.22所示[16]。

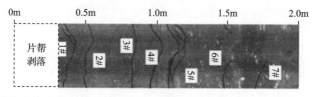

图 8.22　白鹤滩水电站右岸地下厂房第Ⅰ层开挖结束后桩号 K0+100 隐晶玄武岩区域上游侧顶拱岩体内部的钻孔摄像照片[16]

2)片帮风险分区预测实例

2014 年 6 月 29 日，白鹤滩水电站左岸地下厂房上右侧第Ⅰ层第一序扩挖掌子面(I_3)推进至 K0+340 时，厂房的开挖断面图如图 8.23(a)所示，掌子面开挖进度平面图如图 8.23(b)所示，根据上述的风险评估单元选取原则，将上游侧 K0+320～K0+340 洞段拱肩部位作为风险评估单元，该洞段地质条件如图 8.24 所示，基本信息如下。

(1)岩性：斜斑玄武岩(室内试验所得原岩应力水平下的起裂应力为 190MPa)。

(2)岩体结构：块状结构，拱肩洞壁节理面基本不发育。

(3)根据室内试验结果，该单元岩体裂纹扩展能力评价指标 I_P 取值为 0.3。

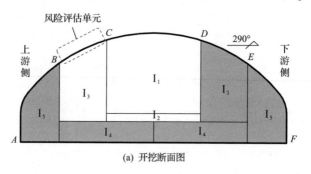

(a) 开挖断面图

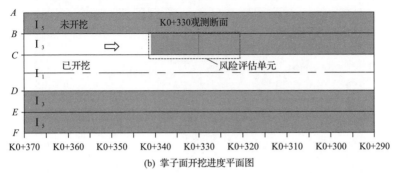

(b) 掌子面开挖进度平面图

图 8.23　白鹤滩水电站左岸地下厂房第 I 层开挖过程中片帮风险评估单元选取示意图

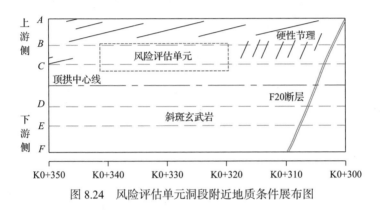

图 8.24　风险评估单元洞段附近地质条件展布图

(4) 开挖爆破方案：轮廓面光面爆破。

(5) 洞段开挖分层高度：10.1m；开挖进尺：2~3m/天。

(6) 重分布应力信息：通过三维数值模拟计算获得。

计算模型采用玄武岩弹脆塑性力学模型，计算参数参见表 8.3。通过模拟获得 K0+330 断面围岩的应力分布情况，如图 8.25 所示。可以看出，上游侧拱肩围岩重分布最大主应力为 50~55MPa，主要集中在 I_1 与 I_3 开挖交界处。采用提出的片帮深度预测公式(8.1)进行计算，该区域片帮最大深度预测值为 3.0m，由表 8.2 可以看出，属于片帮高风险区。

表 8.3　白鹤滩水电站左岸地下厂房 K0+330 洞段岩体计算参数取值

参数类型	反演参数			未参与反演参数				
	变形模量 E_0/GPa	初始内摩擦角 φ_0/(°)	初始黏聚力 c_0/MPa	劣化变形模量 E_d/GPa	残余黏聚力 c_d/MPa	劣化内摩擦角 φ_d/(°)	等效塑性应变 $\varepsilon_c^p/10^{-3}$	$\varepsilon_\varphi^p/10^{-3}$
计算取值	15.3	16.9	21.0	13.0	1.0	42.0	3.0	4.0

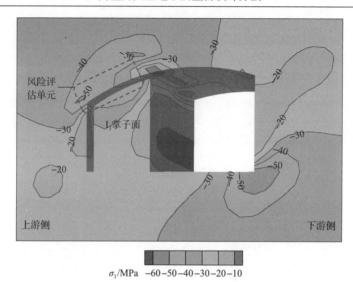

σ_1/MPa −60−50−40−30−20−10

图 8.25 上游侧掌子面扩挖后 K0+320～K0+340 典型洞段围岩应力重分布云图（见彩图）

I_3掌子面扩挖后，拱肩片帮破坏主要集中在中导洞与扩挖交界部位，如图 8.26 所示。钻孔摄像观测结果表明，片帮破坏深度在 2.78m 以内，与风险预测结果较吻合。

图 8.26 风险评估单元内实际片帮破坏形态

8.3.2 高应力大型地下洞室围岩片帮演化过程分析

白鹤滩水电站左右岸地下厂房开挖期间，采用 4.4.2 节所述的围岩片帮破裂观测设计方法对高风险洞段进行长期观测，获得大型地下洞室分层分部开挖期间围岩开裂与片帮演化过程。

1. 实例分析(一)

1) 观测方案

白鹤滩水电站左岸地下厂房第Ⅰ层中导洞开挖期间，K0+300～K0+350 洞段顶拱围岩出现了大量的片帮剥落，中导洞完成后，对该区域洞室顶拱后续开挖可能面临的片帮风险进行了初步估计，结果显示，K0+300～K0+350 洞段在厂房第Ⅰ层扩挖及后续层开挖过程中依然可能是围岩开裂与片帮破坏的高风险区域，因此中导洞开挖完成后在该洞段布置了针对性的观测方案(见图 8.27)，方案要点如下：

通过厂房上方的锚固观测隧洞倾斜向下钻孔至洞室扩挖区顶拱(I_3)，观测孔直径 110mm，孔深约 26.5m，布置了 2 个观测断面(K0+320 和 K0+330)，共 4 个观测孔。需要说明的是，该类观测孔并没有穿透顶拱围岩，观测孔底端距离厂房顶拱洞壁尚余 1.2m 左右。除此之外，还分别在厂房两侧拱脚部位布设了水平缓倾钻孔，即由中导洞边墙钻孔穿过厂房第Ⅰ层扩挖区域(I_3 与 I_5)直至围岩内部，如图 8.27(a)所示，观测孔直径 110mm，孔深约 22m，也布置了 2 个观测断面(K0+319 和 K0+321)，共 4 个观测孔，平面展布图如图 8.27(b)所示。以上观测孔均对称布置，是为了对比分析洞室上、下游侧的围岩开裂情况，其中，受厂房断面上不对称初始最大主应力的控制影响，厂房上游侧顶拱与下游侧拱脚部位的观测孔(即 K0+XXX-0-U 和 K0+XXX-1-D)位于片帮破坏高风险部位。

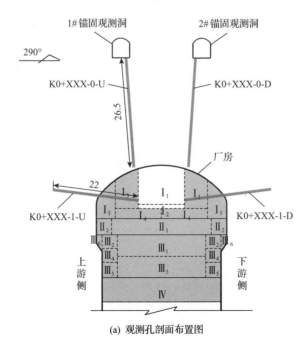

(a) 观测孔剖面布置图

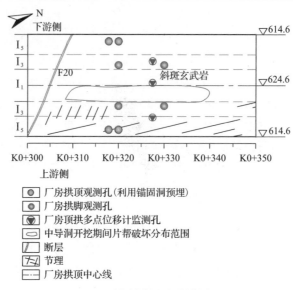

(b) 观测孔位置平面展布图

图 8.27　白鹤滩水电站左岸地下厂房 K0+300～K0+350 洞段顶拱围岩观测孔布置示意图(单位：m)

K0+XXX-0-U 为观测孔编号，其中，K0+XXX 指观测断面桩号，-0 指顶拱，

-1 指拱脚，- U 指上游侧，-D 指下游侧

　　通过上述预埋钻孔不仅能够实时观测到洞室顶拱开挖期间 K0+300～K0+350 洞段围岩开裂及片帮演化特征，也可以观测到后续下卧层开挖对顶拱围岩开裂及稳定性的影响。

　　2) 观测结果

　　(1)大型地下洞室围岩片帮破坏演化过程的掌子面效应。

　　图 8.28 为左岸地下厂房第 I 层开挖期间 K0+330-0-U 观测孔钻孔摄像结果[17](其中，I_3-U 表示距离观测孔最近的开挖面为上游侧 I_3 掌子面，U 指厂房上游侧，D 指厂房下游侧)。观测孔附近围岩的片帮破坏过程如图 8.29 所示，观测孔附近围岩开裂及破坏随开挖支护的演化曲线如图 8.30 所示[17]。其中，–5m 表示观测孔附近最近开挖掌子面距离 K0+330 观测断面尚有 5m，且正向观测断面方向掘进。

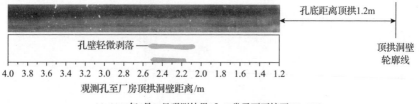

(a) 2014年6月25日观测结果(I_3-U掌子面开挖至K0+335)

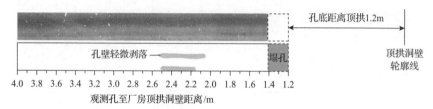

(b) 2014年6月29日观测结果(I₃-U掌子面开挖至K0+329)

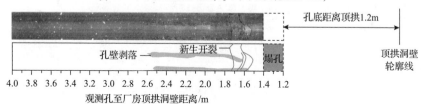

(c) 2014年7月2日观测结果(I₃-U掌子面开挖至K0+325)

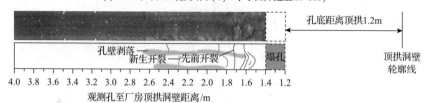

(d) 2014年7月3日观测结果(I₃-U掌子面开挖至K0+323)

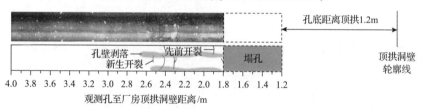

(e) 2014年7月9日观测结果(I₃-U掌子面开挖至K0+319)

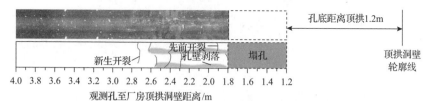

(f) 2014年7月16日观测结果(I₃-U掌子面开挖至K0+317)

(g) 2014年8月3日观测结果(I₃-U掌子面开挖至K0+308，重新清孔并延伸至洞壁)

(h) 2014年9月2日观测结果(I$_3$-D掌子面开挖至K0+360)

(i) 2014年9月18日观测结果(I$_3$-D与I4-D掌子面均开挖至K0+335)

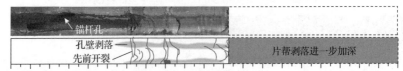

(j) 2014年10月3日观测结果(I$_4$-D掌子面开挖至K0+305，I$_5$-D掌子面开挖至K0+310)

图 8.28　白鹤滩水电站左岸地下厂房第 I 层开挖期间顶拱 K0+330-0-U 观测孔钻孔
摄像观测结果[17]（见彩图）

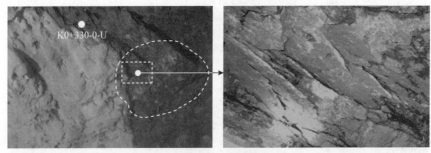

(a) 2014年7月2日

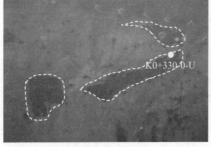

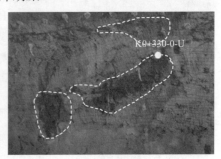

(b) 2014年8月7日　　　　　　　(c) 2014年8月25日

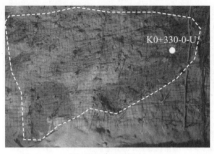
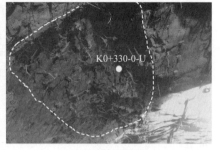

（d）2014年9月18日　　　　　　　　　　（e）2014年10月3日

图 8.29　白鹤滩水电站左岸地下厂房第Ⅰ层开挖期间 K0+330-0-U 观测孔附近围岩片帮破坏过程

2014 年 6 月 25 日，上游侧扩挖掌子面（I_3-U）由北向南开挖至 K0+335，距离 K0+330 观测断面尚有 5m。当天的 K0+330-0-U 钻孔摄像观测结果（见图 8.28（a））显示，孔内岩体呈完整结构，孔壁无任何原生裂隙。

2014 年 6 月 29 日，I_3-U 掌子面开挖至 K0+329，过 K0+330 观测断面 1m，观测孔附近的洞壁开挖成型较好。当天钻孔摄像观测结果如图 8.28（b）所示，钻孔底部约 0.2m 范围（即 1.2～1.4m）无法观测，是孔底产生破裂掉块所致。由此可推断，距离洞壁 0～1.4m 的表层围岩受到开挖卸荷而产生了破裂。

2014 年 7 月 2 日，I_3-U 掌子面开挖至 K0+325，已过 K0+330 观测断面 5m，钻孔摄像观测结果显示围岩开裂深度增加至 1.75m，由图 8.28（c）可以看出，孔底的新生裂隙明显，混凝土初喷支护之前，K0+327～K0+330 区域出现了岩体片

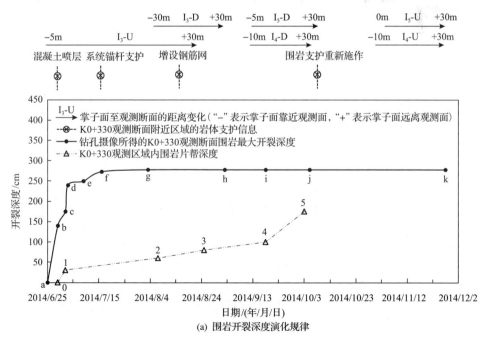

（a）围岩开裂深度演化规律

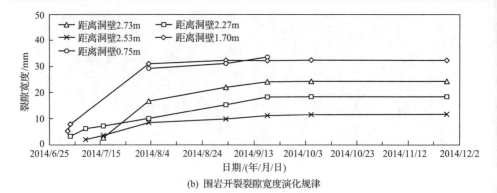

(b) 围岩开裂裂隙宽度演化规律

图 8.30　白鹤滩水电站左岸地下厂房上游侧顶拱层 K0+330-0-U 观测孔附近围岩开裂及
破坏随开挖支护的演化曲线[20]

图中 a～j 对应图 8.28 中观测结果序号, 1～5 对应图 8.29 中照片序号 a～e

帮剥落现象, 剥落深度约 30cm。

2014 年 7 月 3 日, I_3-U 掌子面开挖至 K0+323, 过 K0+330 观测断面 7m, 由图 8.28(d)可以看出, K0+330-0-U 观测孔围岩开裂深度大幅增加至 2.40m, 相较于上一次观测结果, 孔壁 2.2～2.4m 段内新生了几条半贯通裂隙。

2014 年 7 月 9 日, I_3-U 掌子面缓慢推进至 K0+319, 过 K0+330 观测断面 11m, 围岩开裂深度增加至 2.56m, 如图 8.28(e)所示。其中, 孔底因掉块堵塞而无法观测的长度增加到约 0.6m。

2014 年 7 月 12 日之后, I_3-U 掌子面暂停开挖, 重点对掌子面后方区域施作系统的预应力锚杆支护(支护参数为: $\Phi32$, L=9m, @1.2m×1.2m), 至 2014 年 7 月 16 日锚杆支护基本完成, 之后观测到围岩的开裂深度增速减缓, K0+330-0-U 观测孔测得的围岩开裂深度依然有小幅增加, 约 2.73m。如图 8.28(f)所示。

2014 年 8 月 3 日, I_3-U 掌子面开挖至 K0+308, 过 K0+330 观测断面 22m, 考虑到 K0+330-0-U 观测孔底部分无法观测而对其进行洗孔, 处理孔底堵塞段并延伸测孔, 使钻孔深度达到顶拱洞壁表面, 当天的钻孔摄像观测结果显示(见图 8.28(g)), 围岩开裂深度增加至 2.78m, 孔壁的裂隙十分发育, 尤其是靠近洞壁表面的岩体较为破碎, 总体上, 岩体的破裂方向平行于开挖面, 同时, 部分裂隙的宽度较前期观测结果也有了明显的增长, 如图 8.30 所示。另外, 裂隙的相互贯通导致孔壁多处出现小型掉块。2014 年 8 月 7 日, K0+330～K0+337 范围的围岩出现了新的片帮破坏, 如图 8.29(b)所示, 片帮深度约 0.6m, 部分围岩支护遭到破坏, 锚杆垫板脱落, 锚杆失效。

2014 年 8 月 16 日, 对观测孔附近关注区域施作了钢筋网支护, 此时上游侧扩挖掌子面开挖至 K0+290, K0+330 关注区域距离该掌子面已有 40m, 受其影响相对减小, 但此时附近下游侧第一序扩挖掌子面(I_3-D)开挖至 K0+320, 逐渐接近 K0+330 观测断面, 使得 K0+330-0-U 观测孔附近表层围岩的开裂程度持续加剧,虽然开裂深度保持不变,但开裂宽度仍持续增大(见图 8.30),至 8 月 25 日,观测孔附近围岩片帮深度增大至 0.8m,如图 8.29(c)所示,与此前相比,该区域岩体浅表层岩体多处出现宏观破碎现象,粗糙不平。

2014 年 9 月 2 日,下游侧第一序扩挖掌子面(I_3-D)开挖至 K0+360,K0+330-0-U 观测孔测得的围岩开裂深度依然保持在 2.78m(见图 8.28(h)),但观测孔内的裂隙宽度仍小幅度增加。

2014 年 9 月 16 日,厂房下游侧底板(I_4-D)从 K0+325 断面开始向厂房南北两侧开挖,下游侧第二序扩挖掌子面(I_5-D)紧随着 I_4-D 掌子面向两侧开挖,此后,受到附近多个掌子面开挖的影响,K0+330-0-U 观测孔附近的围岩开裂程度进一步加剧,9 月 18 日钻孔摄像观测结果(见图 8.28(i))显示,开裂裂隙宽度进一步增加,现场调查显示,围岩的片帮破坏深度已增加至 1m,观测孔附近洞壁围岩多处破坏,"兜"住破碎岩体的表层钢筋网因受到不断挤压而向临空面方向发生明显内鼓。

2014 年 10 月 3 日,钻孔摄像观测结果(见图 8.28(j))显示,岩体的开裂深度仍然保持在 2.78m。现场观察发现,观测孔附近区域的表层围岩已普遍破碎,围岩支护系统遭受到一定程度的损坏,存在局部失稳脱落的风险,为了保障施工安全,施工单位采取了相关措施对该区域破碎岩体及损坏的锚杆等进行清除,被清除岩体的深度约达到 1.8m,清除后的照片如图 8.29(e)所示,围岩表层仍然可见"羽状"开裂。此后,对该区域重新施作了高强度的系统支护(锚杆支护参数为 $\Phi32$,L=9m,@1.2m×1.2m;钢筋挂网参数为 $\Phi8$mm@15cm×15cm;混凝土喷层厚度为 20cm)。从图 8.30 可以看出,重新支护之后,围岩开裂深度不再增长,片帮破坏停止。

厂房第 I 层后续底板开挖期间(I_4-U 与 I_5-U),开挖速率降低(循环进尺为 2～3m/炮),且现场及时支护后,K0+330-0-U 观测孔附近区域围岩再无新生开裂出现,围岩稳定,至 2014 年 11 月底,厂房第 I 层开挖基本结束,随后顶拱进行了对穿锚索支护及二次混凝土复喷,观测孔附近围岩开裂深度保持不变。可以看出,上游侧 K0+330-0-U 观测孔附近围岩的开裂及片帮破坏受邻近不同掌子面开挖作用而表现出显著的渐进发展过程。为了更好地理解围岩的片帮破坏与附近各掌子面施工开挖之间的对应关系,基于对现场调查、测量统计及钻孔摄像观测结果的推断分析,通过对前面所述的不同时间节点的观测与调查结果进行概化,形象直观地给出洞室上游侧拱肩 K0+330-0-U 观测孔附近围岩开裂及片帮破坏随开挖支护的演化过程,如图 8.31 所示。

(2)大型地下洞室围岩片帮破坏演化过程的分层开挖效应。

截至 2016 年 8 月,厂房前四层开挖基本完成(K0+300～K0+350 洞段总高约 35m,分四层开挖),分层开挖以来,K0+330-0-U 观测孔附近的围岩开裂及浅层破坏进一步发展,图 8.32 为左岸地下厂房分层开挖上游侧拱肩 K0+330 断面围岩钻孔摄像观测结果，根据钻孔摄像观测结果，获得该区域围岩开裂程度随分层开挖的发展演化规律，如图 8.33 所示。

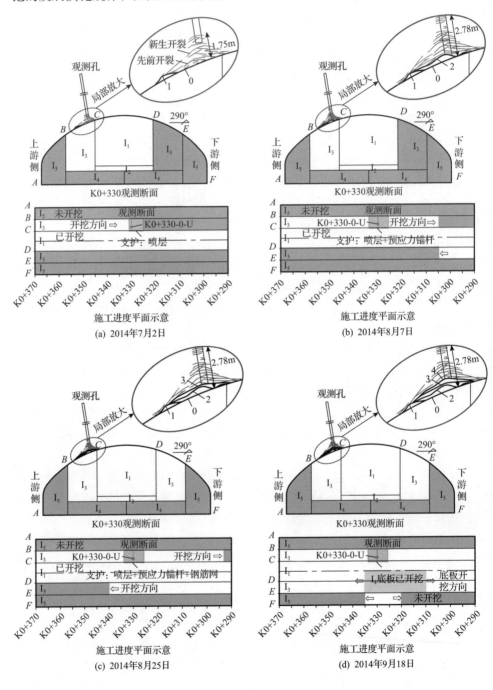

(a) 2014年7月2日

(b) 2014年8月7日

(c) 2014年8月25日

(d) 2014年9月18日

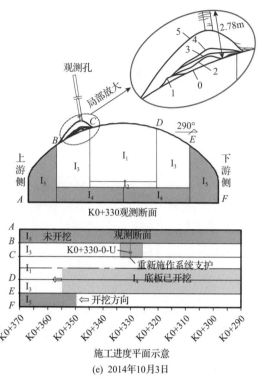

轮廓	日期(年/月/日)	K0+330观测断面破坏深度/m
0	2014/6/29	0
1	2014/7/2	0.30
2	2014/8/7	0.40
3	2014/8/25	0.45
4	2014/9/18	0.60
5	2014/10/3	1.75

(e) 2014年10月3日

图 8.31　K0+330-0-U 观测孔附近围岩开裂及片帮破坏随开挖支护的渐进演化过程

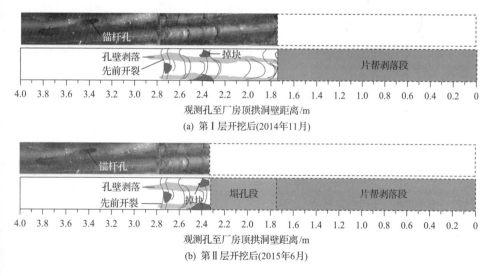

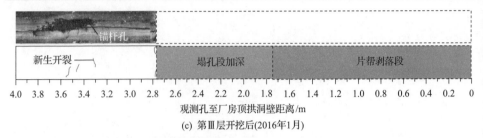

(c) 第Ⅲ层开挖后(2016年1月)

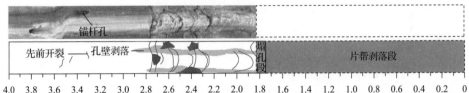

(d) 第Ⅳ层开挖后(2016年8月，重新清孔后进行观测)

图 8.32 白鹤滩水电站左岸地下厂房分层开挖上游侧拱肩 K0+330 断面围岩钻孔摄像观测结果

截至 2015 年 6 月，厂房第Ⅱ层开挖完成，钻孔摄像观测结果显示，顶拱 K0+330 区域的开裂深度依然保持不变，为 2.78m，如图 8.32(a)、(b)所示，但孔底出现了堵塞，堵塞段距离顶拱洞壁 1.75～2.3m。

至 2016 年 1 月，厂房第Ⅲ层开挖完成，钻孔摄像观测结果显示，孔底堵塞段增加，观测孔内已有裂隙的宽度出现了增长(见图 8.33)，同时，距离厂房洞壁 3～3.5m 段的孔壁上还出现了几条细小的非贯通裂隙，如图 8.32(c)所示。现场调查发现，观测孔附近 K0+325～K0+335 洞段出现了轻微的喷层开裂，如图 8.34 所示，厂房第Ⅲ层开挖期间，上游侧顶拱 K0+330 断面附近围岩的开裂程度进一步加大，为保证现场施工安全，及时对厂房上游侧拱肩至顶拱区域进行了二次挂网支护。

截至 2016 年 8 月，厂房第Ⅳ层开挖完成，钻孔摄像观测结果显示，孔底堵塞段长度比之前减小(见图 8.32(d))，这是由于先前孔壁上的小块体掉落至孔底，可以看到孔壁局部因裂隙的贯通而出现了新的掉块。该层开挖期间，观测孔内裂隙

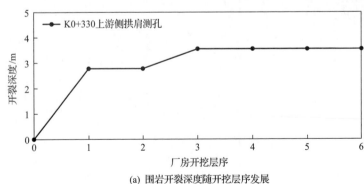

(a) 围岩开裂深度随开挖层序发展

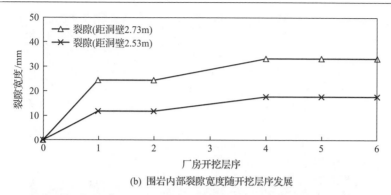

(b) 围岩内部裂隙宽度随开挖层序发展

图 8.33 白鹤滩水电站左岸地下厂房 K0+330 断面围岩开裂程度随分层开挖的演化规律

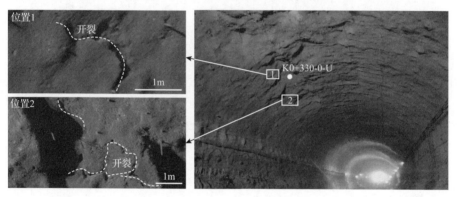

图 8.34 白鹤滩水电站左岸地下厂房第Ⅲ层开挖期间上游侧拱肩至顶拱 K0+325～K0+335 洞段喷层开裂现象

的宽度继续增加 (见图 8.33)。现场调查发现，观测孔附近的喷层开裂严重程度及规模增大 (见图 8.35)[17]，喷层开裂范围扩展至 K0+310～K0+340，局部位置出现了喷层的剥落、掉块。

2. 实例分析(二)

1) 观测方案

白鹤滩水电站右岸地下厂房顶拱中导洞开挖期间，K0+180～K0+200 洞段硬脆性玄武岩出现了大量的片帮剥落现象，采用 8.3.1 节的预测方法对该洞段扩挖期间的围岩片帮破坏进行预测分析，结果显示，上游侧拱腰部位岩体存在高等级的片帮剥落风险。因此，在顶拱扩挖之前，针对该洞段布置围岩片帮开裂过程的观测断面(K0+190 和 K0+191)，观测围岩内部变形、围岩内部开裂、表层围岩破坏等。图 8.36 为右岸地下厂房 K0+190 观测断面观测孔布置示意图，其中，多点位移计布置在 K0+189 断面，由早期开挖的厂顶锚固观测洞分别向厂房上游侧拱肩、顶拱与下游侧拱肩部位进行钻孔安装；钻孔摄像观测孔布置在开挖诱导应力集中

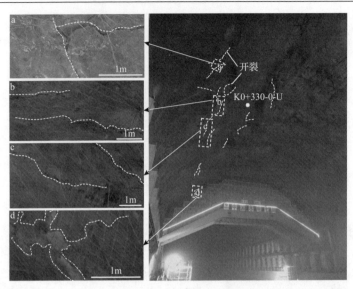

图 8.35 白鹤滩水电站左岸地下厂房第Ⅳ层开挖期间上游侧拱肩至顶拱 K0+310~K0+340 洞段喷层开裂现象[17](见彩图)

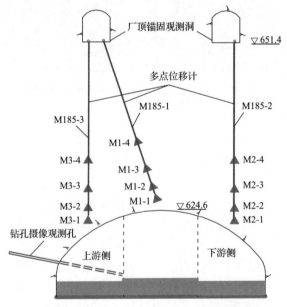

图 8.36 白鹤滩水电站右岸地下厂房 K0+190 观测断面观测孔布置示意图(单位:m)

的洞室上游侧拱肩部位,通过已开挖的中导洞边墙进行钻孔布设,以观测后续扩挖条件下围岩开裂与片帮渐进破坏过程。

2)观测结果

厂房顶拱扩挖过程中,开展了长达 8 个月的连续多次观测,图 8.37(a)展示

了 K0+185~K0+195 洞段围岩内部时效开裂及大面积片帮破坏形貌发展过程
(其中 CW 表示裂隙宽度，单位为 mm)，图 8.37(b)归纳总结了 K0+190 断面观
测孔围岩松弛开裂深度及附近围岩片帮开裂深度随时间的演化规律，图中标注了
不同时间节点相关掌子面开挖进度情况及 K0+190 关注区域内的支护信息。综合
分析可知：

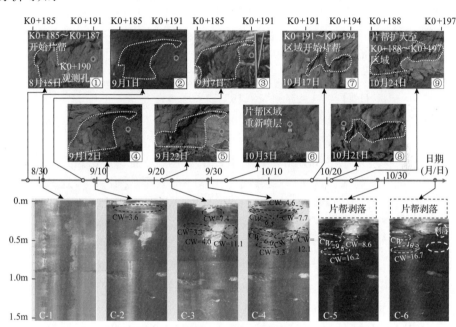

(a) 右岸厂房K0+185~K0+195洞段硬岩内部时效开裂及大面积片帮破坏形貌发展过程

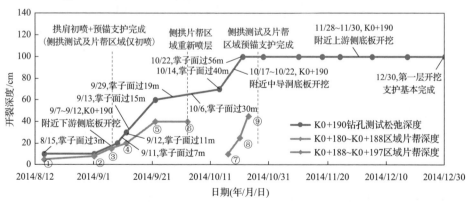

(b) K0+190断面观测孔围岩松弛开裂深度及附近围岩片帮开裂深度随时间的演化规律

图 8.37　白鹤滩水电站右岸地下厂房上游侧 K0+180~K0+200 洞段围岩片帮随掌子面开挖演化
规律(见彩图)

2014 年 8 月 15 日，上游侧扩挖掌子面推进至 K0+193，此时掌子面后方拱肩

K0+185～K0+187 区域围岩出现了轻微片帮(见图 8.37(a)中①)，深度约 5cm，片帮区域附近 K0+190 断面观测孔当日测得的围岩松弛开裂深度约 10cm(见图 8.37(a)中 C-1)。

2014 年 8 月 15 日～9 月 11 日，上游侧 K0+193 扩挖掌子面停止推进，但这段时间内厂房下游侧 K0+190 附近底板进行开挖，上游侧 K0+185～K0+187 区域片帮受其影响小幅度扩大(见图 8.37(a)中②与③)，围岩松弛深度也有小幅增长，9 月 11 日增至 20cm。这期间虽然 K0+190 关注区域拱肩以上完成了预锚支护，但侧拱片帮及测试区域为喷层支护，钻孔摄像观测结果表明钻孔孔壁出现了平行于洞壁的开裂面(见图 8.37 中 C-2)。

2014 年 9 月 11 日起，上游侧 K0+193 掌子面重新推进，9 月 11～13 日，扩挖掌子面持续推进，测试围岩松弛深度迅速增大，K0+185～K0+187 区域片帮破坏也进一步扩大(见图 8.37(a)中④)；9 月 13 后，扩挖掌子面再度停止推进，但围岩松弛开裂深度依然持续增加，至 9 月 22 日，测试松弛深度已达到 60cm，钻孔摄像显示围岩开裂向内部发展(见图 8.37 中 C-3)，片帮范围已扩展到 K0+180～K0+188 区域，片帮深度增加至 40cm。

2014 年 9 月 22 日～10 月 14 日，上游侧扩挖掌子面继续推进，掌子面至 K0+190 观测孔的距离由 15m 推进至 40m；这期间钻孔摄像显示，围岩开裂深度不断向内部发展(见图 8.37(a)中 C-4)，且裂隙宽度不断增加，钻孔松弛深度由 60cm 增加到 70cm；K0+180～K0+188 区域片帮范围出现轻微扩大(见图 8.37(a)中⑤)，且于 10 月 3 日重新喷层而被覆盖(见图 8.37(a)中⑥)。

2014 年 10 月 14 日起，上游侧扩挖掌子面超过 K0+190 断面 40m，且距离越来越远；但之后 K0+190 关注区域便受到附近中导洞底板开挖的影响，围岩松弛深度再次迅速增大，10 月 22 日达到 100cm；这期间观测孔附近的 K0+191～K0+194 区域于 10 月 17 日开始出现新的片帮，深度约 10cm；片帮持续扩展(见图 8.37(a)中⑦→⑧→⑨)，10 月 24 日片帮范围已扩展至 K0+188～K0+197 区域，破坏深度达到 45cm；钻孔摄像显示，观测孔孔壁出现剥落(见图 8.37(a)中 C-2)，测孔内部开裂深度及裂隙宽度进一步增大。

2014 年 10 月 27 日，K0+190 关注区域内施作了预应力锚杆，完成系统支护，之后该区域围岩松弛深度始终保持 100cm，片帮过程停止，直至 11 月底 K0+190 上游侧底板开挖时，该区域围岩松弛深度也未受其影响。

上游侧拱肩多点位移计记录了 K0+185 断面上游侧拱肩岩体片帮过程中围岩变形发展规律，如图 8.38 所示，M3-1、M3-2、M3-3、M3-4 测点分别距洞壁 1.5m、3.0m、6.5m、11m。从图中可以看出围岩变形与片帮开裂之间的响应规律。

(1)变形深度。上游侧拱肩围岩卸荷变形主要发生在 3m 深度范围内，M3-1 测点记录的围岩变形明显大于其他测点，主要是因为该测点所记录的变形既包括

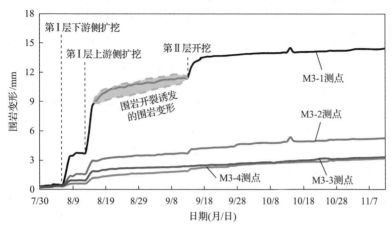

图 8.38　厂顶 K0+185 断面上游侧拱肩岩体片帮过程中围岩变形发展规律

卸荷回弹变形，也包含围岩破裂导致的非连续变形，而 M3-2、M3-3 和 M3-4 测点主要记录岩体的弹性变形信息。因此，根据该监测数据可以估算出开挖引起的片帮开裂主要发生在距离临空面 3.0m 范围内。

（2）开挖诱发变形。多点位移计能够精确地捕捉到开挖引起的变形响应，监测曲线表明，上游侧扩挖会引起附近围岩变形出现大幅突增，而下游侧扩挖及底板开挖同样会诱导上游侧拱肩围岩变形出现小幅增加，图 8.38 也显示下游侧开挖会引起上游侧拱肩围岩片帮开裂进一步增大，可以看出变形和片帮之间具有一致对应性。

（3）片帮诱发变形。数字钻孔摄像表明，硬脆性玄武岩的开挖损伤表现为开裂加宽（见图 8.38），所记录的上游侧拱肩开挖过程中围岩变形的时间序列与上述片帮剥落时间序列吻合得很好。因此，可以认为 8 月 18 日～9 月 10 日期间，该洞段记录的变形增量是由该区围岩的片帮破坏诱发的。

8.3.3　高应力大型地下洞室围岩大面积片帮破坏特征与规律分析

1. 片帮案例数据库构建及破坏特征统计

厂房开挖初期建立了白鹤滩水电站地下厂房围岩片帮剥落破坏案例动态数据库，片帮破坏案例的数量随着厂房开挖而不断丰富，图 8.39 展示了白鹤滩水电站地下厂房开挖期间围岩大面积片帮破坏位置分布。

通过对片帮破坏实例数据库进行统计分析，可获得以下规律：

（1）片帮的剥落厚度包括片状剥落与板状剥落两类，片状剥落的厚度较薄，不大于 3cm，板状剥落的厚度较大，一般大于 3cm，个别甚至超过 10cm。厂址区域四种类型的玄武岩中（隐晶玄武岩、斜斑玄武岩、杏仁玄武岩与角砾熔岩）均有片帮现象发生，现场调研表明，相对而言，斜斑玄武岩与隐晶玄武岩中更易出现片帮。

（2）片帮属于围岩的浅表层破坏，现场多次多断面测试结果表明，白鹤滩水电

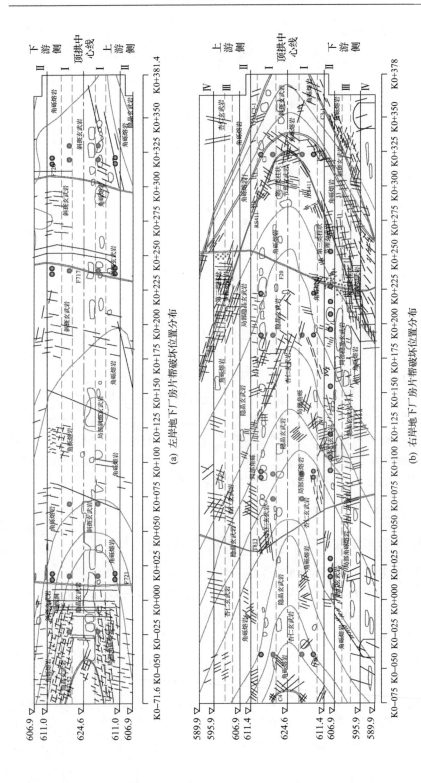

图 8.39　白鹤滩水电站右岸地下厂房开挖期间围岩大面积片帮破坏位置分布 (单位：m)

站左、右岸地下厂房顶拱围岩的松弛开裂深度一般在 3～4m，而片帮剥落深度小于松弛开裂深度，统计发现，大多数片帮破坏深度小于1m，局部严重洞段片帮剥落深度超过 2m。

(3)片帮剥落一般在开挖后数小时内发生，并且随着时间的推移，围岩由表及里渐进松弛开裂、剥落，片帮破坏深度及范围逐渐增大，破坏可以持续数天或更长时间，如上述两个典型片帮过程观测实例所述。

(4)片帮一般发生在开挖掌子面附近，图 8.40 为白鹤滩水电站地下厂房片帮滞后于开挖掌子面的距离分布，需说明，这里片帮发生以围岩出现宏观剥落为准，开挖掌子面以空间上最靠近片帮区域的掌子面为准。75%的片帮发生在爆破掌子面 12m 影响范围内，93.2%的片帮发生在爆破掌子面 25m 影响范围内，还有极少部分片帮滞后掌子面较远，最远达 70m。

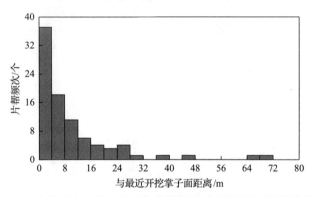

图 8.40　白鹤滩水电站地下厂房片帮滞后于开挖掌子面的距离分布

(5)片帮沿厂房轴线大面积发育，且在开挖断面上的分布位置具有规律性，即主要分布在厂房上游侧拱肩至顶拱以及每一层开挖的厂房下游侧边墙墙脚部位，如图 8.41 所示。

(6)片帮区域围岩支护薄弱，图 8.42 的统计结果显示[5]，77%的片帮区域围岩以无支护或仅初喷(喷层厚度约 5cm)为主，这对围岩应力状态的改善作用微弱，难以有效地抑制围岩的后续开裂、剥落。

2. 大型地下洞室围岩片帮破坏控制因素分析

1)地应力与浅层开裂及片帮破坏的关系

白鹤滩水电站地下厂房片帮破坏的发生位置与厂房区域最大主应力方向具有明显的空间对应关系(见图 8.43)[7]，即片帮破坏发生在与地下厂房洞室横断面上最大主应力方向呈小夹角或近似平行的洞周轮廓上，左、右岸地下厂房第Ⅰ层开挖沿洞轴线上游侧拱形规整度明显要差于下游侧(受错动带、断层等地质构造影响

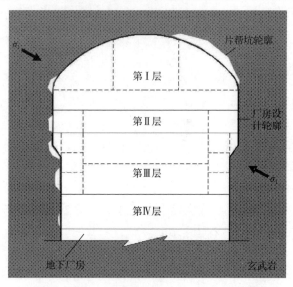

图 8.41　白鹤滩水电站地下厂房施工期片帮剥落发生的断面位置示意图

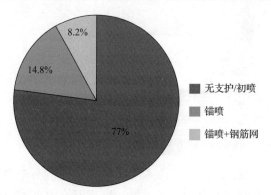

图 8.42　不同类型支护力度下片帮频次所占比例分布[5]

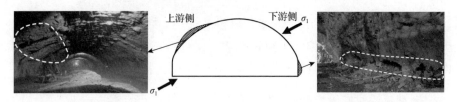

图 8.43　白鹤滩水电站地下厂房第 I 层开挖应力型片帮破坏与主应力的对应关系[5]

的洞段除外) 的现象有力地说明了这一点。

　　通过数值计算分析白鹤滩水电站地下厂房开挖断面围岩的应力集中位置及程度, 图 8.44 为右岸地下厂房第 I 层开挖后 K0+076 断面围岩重分布应力云图, 其中模拟开挖顺序根据现场实际情况而定; 计算模型采用能够反映高应力硬岩特点的玄武岩真三维弹脆塑性力学模型, 计算参数取值如表 8.4 所示。为保证计算结果的可靠性,对敏感性较强的岩体力学参数采用5.4节所述的三维参数智能反演方法进行动态智能识别,其余力学参数依据室内试验结果取值。该断面上的应力分布规律在左、右岸地下厂房具有普遍性,总体来看,地下厂房第Ⅰ层开挖后,表层围岩卸荷明显,顶拱岩体重分布最小主应力为 2~4MPa,重分布最大主应力(切向应力$\sigma_{\max}$)集中部位主要位于上游侧拱肩至侧拱及下游侧拱脚,大小为 40~50MPa(若采用弹性模型,可达到 60MPa),已达到式(8.1)中片帮破坏的临界应力条件。地下厂房后续层开挖时,随着应力集中区的转移,下游侧边

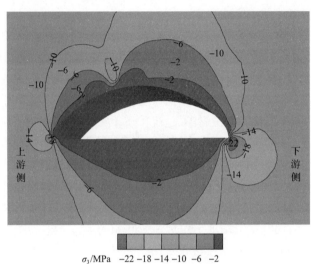

σ_3/MPa　　-22 -18 -14 -10 -6 -2

(a) 最小主应力分布云图

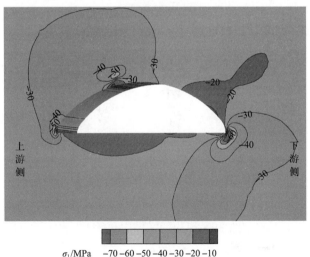

σ_1/MPa　　-70 -60 -50 -40 -30 -20 -10

(b) 最大主应力分布云图

图 8.44　白鹤滩水电站右岸地下厂房第Ⅰ层开挖后 K0+076 断面围岩重分布应力云图

表 8.4　右岸地下厂房典型断面(K0+076)计算参数取值

反演参数			未参与反演参数				
变形 模量 E_0/GPa	初始 黏聚力 c_0/MPa	初始 内摩擦角 φ_0/(°)	劣化 变形模量 E_d/GPa	残余 黏聚力 c_d/MPa	劣化 内摩擦角 φ_d/(°)	等效塑性应变	
						ε_c^{p}/10^{-3}	ε_φ^{p}/10^{-3}
16.3	15.1	23.8	12.2	1.0	42.0	3.0	4.0

墙墙脚成为片帮破坏发生的主要部位。

2) 岩体结构与片帮破坏的关系

片帮发生在完整或较完整岩体中,围岩以Ⅱ、Ⅲ类为主。其中,不同级别的结构面对片帮破坏的控制尺度及影响程度不同。从整体上看,错动带、断层、长大裂隙等Ⅱ、Ⅲ级结构面的出露部位与片帮分布位置具有一定的对应关系。从图 8.39 可以看出,厂房内层间或层内错动带软弱地质构造揭露部位片帮破坏较少发育,这类软弱地质构造部位岩体往往较为破碎,以岩体结构控制型的破坏模式更为常见,如塌方或掉块等;而在硬性的断层及长大裂隙出露部位或距离Ⅱ、Ⅲ级结构面附近一定区域内片帮破坏较为聚集,由于这类地质构造对应力场具有一定影响,地质构造带附近区域往往出现应力增大现象,更容易导致片帮破坏。

另外,发育普遍而延伸较短的结构面对围岩片帮破坏的特征也有一定影响。统计调查表明,白鹤滩水电站地下厂房片帮区域内单位体积节理数多为 0~6(见图 8.45)[5],结构发育组数一般不多于 2 组,为硬性无充填的Ⅳ级结构面,延伸几米,且断续延伸。

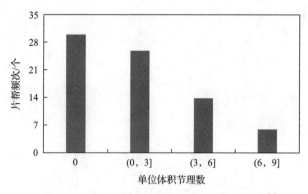

图 8.45　结构面发育程度对应的片帮频次分布[5]

由图 8.45 可以看出,约 39%的片帮区域岩体完整,几乎无结构面发育,剩余片帮均发育在含硬性结构面的较完整岩体中。对这些片帮区域内的结构面进行统计分析,如图 8.46 所示[5],其中横坐标表示结构面走向与洞轴线的夹角,纵坐标表示结构面与片帮区域开挖洞壁面的夹角,由结构面产状及片帮区域在厂房断面上的所在部位换算所得，图中每一个数据点表示片帮区域内某一组结构面的位置关系。可以看出，80.4%的片帮区域内揭露的结构面与洞轴线及开挖洞壁的夹角大于 45°，属于非优势结构面，不易在切向应力集中作用下张裂形成破裂面(否则就是沿优势节理面的劈裂剥落破坏)，然而这类结构面可能会构成片帮破坏的边界，影响片帮坑的形态，如图 8.47 所示，图中片帮区域内结构面均以大角度与开挖洞壁相交，其中某一组硬性结构面构成了片帮破坏区域的顶部边界[5]。

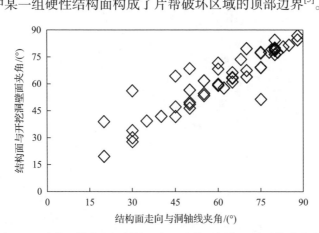

图 8.46　片帮区域内Ⅳ级结构面与洞室的空间位置关系统计分布[5]

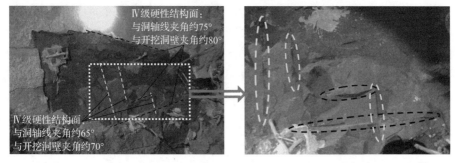

图 8.47　片帮区域内发育的与洞轴线及开挖洞壁呈大角度相交的Ⅳ级结构面[5]

　除上述常见的Ⅳ级结构面外，隐晶玄武岩中发育普遍但分布隐蔽以致肉眼难以观察到Ⅴ级隐节理(见图 8.48[5])，它对围岩的片帮破坏也有一定影响，这种节理分布隐蔽、离散、方向无规律性、延伸极短(几厘米至数十厘米)且闭合。室内试验表明，4 种类型玄武岩中，隐晶玄武岩平均强度最高，但受隐节理的影响，该类岩石的强度呈现出较大的离散性，为 100～300MPa 不等，现场该类岩性中发育片帮的频次所占比例却不低，占 28%，当该类隐蔽短小的隐节理大量分布时，一定程度上降低了原位岩体的强度，切向应力作用下可能会成为形成岩石破裂的潜在弱面。因此，在后续风险估计时，隐晶玄武岩的强度取值不应该取平均值，而取低于平均值的岩石强度更为适宜，这是因为现场大尺寸的原位岩体中隐节理是普遍存在的。

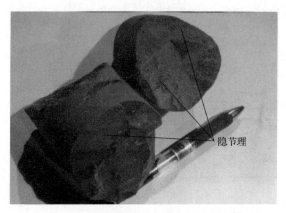

图 8.48　隐晶玄武岩中发育的隐节理[5]

3) 施工因素与片帮破坏的关系

如果将地应力、岩性及岩体结构看成围岩破坏的内因，那么施工就是诱发围岩破坏的外因。施工是影响洞室施工期安全稳定至关重要的因素，涉及开挖方式、支护方式、支护强度与支护时机等。

厂房的开挖卸荷与隧洞不同，厂房断面尺寸大，需采用分部开挖的方式。多个具有一定间隔的掌子面同时开挖，使围岩应力反复调整。一方面，围岩在开挖后短时间内因应力调整剧烈容易出现局部破坏现象；另一方面，前期开挖区域应力调整恢复平静时，又在后期受到来自邻近掌子面开挖的影响，使得该区域围岩再度出现应力调整而导致破坏，如图 8.49 所示[5]，图中横坐标表示厂房第Ⅰ层开挖片帮滞后于原开挖掌子面(即经过此片帮区域的掌子面)的距离，纵坐标表示片

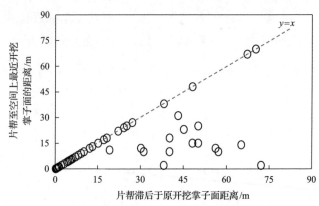

图 8.49　白鹤滩水电站左、右岸地下厂房开挖期间片帮与附近掌子面的空间距离分布[5]

帮与空间上最靠近片帮区域的开挖掌子面之间的距离。因此，对于部分片帮案例（约 18%）来说，这两者的距离并不总是相等的，这部分片帮破坏滞后原开挖掌子面已具有较大距离，受其影响相对较小，但却受到附近其他更近掌子面开挖的影响而发生。另外，围岩长时间受到来自多个掌子面爆破扰动的影响，不断累积损伤，也会促进围岩破坏。

开挖爆破的断面尺寸对围岩破坏的影响明显。表 8.5 为白鹤滩水电站左、右岸地下厂房第 I 层开挖期间片帮段占洞长百分比。其中，中导洞开挖期间，左岸地下厂房片帮段占洞室全长百分比明显高于右岸（左、右岸地下厂房中导洞尺寸相同、开挖循环进尺与支护策略接近）。而在地下厂房第 I 层扩挖期间，右岸地下厂房片帮发育比例反而高于左岸（左、右岸地下厂房扩挖循环进尺及支护策略接近），主要是左岸地下厂房采用两序扩挖到位（6m+5m），右岸地下厂房则一次扩挖到位（11m），右岸地下厂房的一次扩挖断面尺寸远大于左岸（见图 8.50[5]），并且地下厂房扩挖期间，右岸地下厂房下游侧也出现少量片帮破坏，而这在左岸地下厂房中未出现。说明除受两岸地应力差别的影响外，开挖爆破断面尺寸也直接影响开挖卸荷强度与应力调整速度，进而影响围岩片帮破坏的严重程度。

表 8.5　白鹤滩水电站左、右岸地下厂房第 I 层开挖期间片帮段占比分布

开挖部位		左岸地下厂房片帮段占比/%	右岸地下厂房片帮段占比/%
中导洞开挖		41	16
上游侧扩挖	第一序扩挖，	31	39
	第二序扩挖，	4	
下游侧扩挖	第一序扩挖，	0	5
	第二序扩挖，	0	

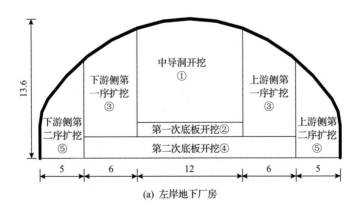

(a) 左岸地下厂房

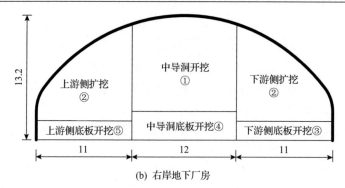

(b) 右岸地下厂房

图 8.50　白鹤滩水电站地下厂房第 I 层断面分部开挖示意图(单位：m)[5]

开挖顺序：①→②→③→④→⑤→⑥

围岩破坏与现场支护方式、支护强度及支护时机也具有较大的关联性，以上统计结果显示，围岩破坏部位支护强度普遍偏薄弱。从支护角度上应该尽量恢复围岩的围压，改善围岩卸荷后的应力状态，因此开挖后及时且具有一定厚度的喷混凝土支护才能形成"壳"效应而有助于抑制围岩后续开裂。例如，左岸地下厂房第二序扩挖时，受到第一序扩挖现场多次大面积片帮破坏的防控经验，及时初喷且加大厚度，后续支护也及时跟进，片帮洞段相比第一序开挖大幅减少，见表 8.5。

3. 片帮破坏模式分类

高应力、硬脆性岩性、岩体结构是地下厂房围岩片帮破坏的基本地质环境因素；地应力方向是洞室上、下游侧围岩破坏差异的主要因素；施工开挖方案及进度是形成二次应力进一步集中的促进因素。

片帮既可以发生在不含结构面的完整岩体中，也可以发生在含少量硬性无充填结构面的较完整岩体中。这两类情况的片帮形成与发生过程大致相同，但对应的破坏形态有差别，据此可将片帮破坏模式细分为两个亚类，其对应的形成条件及破坏过程如下所述。

1) 完整岩体片帮破坏模式

随着掌子面的不断推进，应力的调整、集中与释放以及能量的聚集、耗散与释放也随之变化，掌子面的开挖和向前推进又进一步加剧能量的聚集，张拉裂隙随着切向应力增加和法向应力卸载进一步发展开裂成板状(见图 8.51(a1))，岩板在切向应力与围岩法向支撑力的共同作用下逐渐向临空方向发生内鼓变形，当内鼓至一定程度时，在岩板内鼓曲率最大处出现径向水平张裂缝(见图 8.51(a2))，随着径向张裂缝的逐渐扩张，岩板折断失稳并在重力作用下从母岩脱离、自然滑落或在爆破扰动下剥落(见图 8.51(a3))，随着应力的不断调整或附近累积爆破扰动的影响，岩板由表及里渐进折断、剥落，最终形成片帮坑(见图 8.51(a4))。

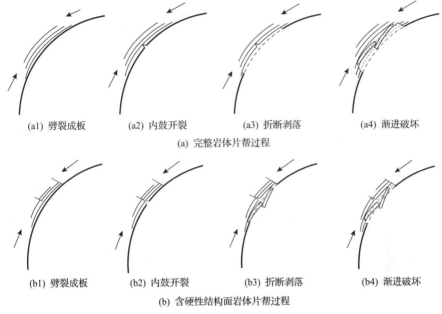

(a1) 劈裂成板　　　(a2) 内鼓开裂　　　(a3) 折断剥落　　　(a4) 渐进破坏

(a) 完整岩体片帮过程

(b1) 劈裂成板　　　(b2) 内鼓开裂　　　(b3) 折断剥落　　　(b4) 渐进破坏

(b) 含硬性结构面岩体片帮过程

图 8.51　硬脆性岩体片帮破坏模式示意图

2) 含硬性结构面岩体片帮破坏模式

含硬性结构面岩体片帮发生区域的岩体完整性依然较高，破坏区域揭露的结构面主要为Ⅳ级无充填的硬性结构面，发育条数有限，延伸不长，且多与洞轴线及洞壁大角度相交。结构面的存在对围岩破裂及片帮剥落的形成过程具有一定影响。

同样，洞室开挖后围岩应力调整，洞壁围岩法向卸荷而切向应力集中，首先造成浅表层范围内的硬脆性围岩产生近似平行于开挖卸荷面的张拉裂隙，并随着切向应力增加和法向应力卸载进一步发展开裂成板状，与完整岩体中破裂成板有所不同的是，由于结构面的切割作用，围岩的开裂往往止于结构面而不穿过（见图 8.51(b1)），因此形成了多段短小的岩板，在切向应力与围岩法向支撑力的共同作用下，岩板逐渐向临空方向发生内鼓变形，且沿着内鼓曲率最大处附近的硬性结构面首先延伸张开，出现径向水平张裂缝（见图 8.51(b2)）。随着径向张裂缝的逐渐扩张，岩板之间开始分离，最终在重力作用下从母岩脱离、自然滑落或在爆破扰动下剥落（见图 8.51(b3)）。随着应力的不断调整或附近累积爆破扰动的影响，岩板由表及里渐进地沿硬性结构面分离、脱落，最终形成片帮坑（见图 8.51(b4)），且硬性结构面构成了片帮破坏的边界。需要说明的是，压致拉裂产生的近似平行于开挖卸荷面的开裂岩板更易发生折断、剥落，因此这类硬性结构面的存在可能会降低片帮破坏的应力门槛值。

8.4 大型地下洞室围岩片帮过程控制的开挖支护优化设计

8.4.1 开挖支护优化设计原则

由上述片帮机理及其渐进破坏过程观测结果可知,大型地下洞室围岩浅层破坏防控的关键在于控制损伤区内围岩的开裂发展,抑制围岩开裂深度与程度。对此,遵循 2.2 节所述的高应力大型地下洞室群七步流程式的设计步骤中"大型地下洞室群稳定性动态反馈分析与开挖支护优化设计"方法,利用 5.6 节所述的裂化-抑制方法,针对洞室施工过程中围岩片帮高风险区域进行针对性的开挖与支护方案优化设计,达到减少围岩渐进开裂与扩展的目的。

开挖优化设计方面:包括分层开挖高度、开挖顺序、循环进尺等,以此达到减缓开挖卸荷、改善围岩应力路径、减少扰动、降低损伤区范围等目的。在不影响施工进度的前提下,应尽可能采取薄层开挖、减少开挖进尺、采用合理开挖顺序,避免高风险洞段多个掌子面同时施工的情况,减少围岩因强烈卸荷而导致的大面积片帮,同时也有利于毛洞围岩的及时封闭。

支护优化设计方面:包括支护参数与支护时机等,从而达到提高围岩强度、改善受力状态、抑制开裂发展的目的。抑制围岩破裂繁衍和片帮依然采用挂网喷混凝土、砂浆锚杆和预应力/吸能锚杆等典型支护手段,其组合运用方式和支护参数确定的关键理念是如何控制围岩浅层开裂发展。为控制围岩浅层开裂扩展,一般应挂网喷射混凝土进行及时封闭形成表面围压与黏结效应;同时实时进行锚杆(包括随机锚杆与系统锚杆)加固控制围岩浅层开裂和片帮,提高浅层围岩的结构强度,必要时可采用预应力锚杆抑制开裂程度较大的浅层围岩破裂发展,如图 8.52

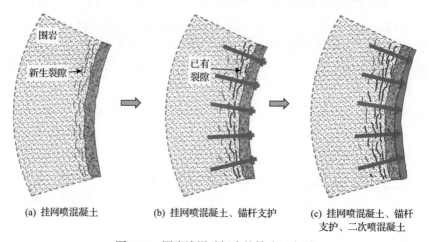

(a) 挂网喷混凝土　　　　(b) 挂网喷混凝土、锚杆支护　　　(c) 挂网喷混凝土、锚杆支护、二次喷混凝土

图 8.52　围岩浅层破坏支护策略示意图

所示。对于系统锚杆，应考虑其支护时机，过早或过晚都将影响其支护效果。

片帮破坏过程的开挖支护优化设计方法是：基于裂化-抑制方法，首先通过现场岩体开裂与破坏典型案例反演分析，确定描述岩体开裂与破坏的 RFD 阈值；在此基础上，通过数值模拟研究洞室不同开挖方案（分层开挖高度、开挖顺序与循环进尺）与不同支护方案（喷层厚度、锚杆长度和支护时机）等对围岩大面积片帮深度和范围的影响规律，并进行高风险洞段开挖与支护优化设计，以确保围岩开裂和片帮等级处于工程允许范围。

8.4.2　实例分析

1. 实例背景

2014 年 6 月下旬，厂房上游侧 K0+300～K0+350 顶拱进入第 Ⅰ 层第一序扩挖阶段（Ⅰ₃），逐渐接近早先预埋的 K0+330-0-U 观测孔。图 8.53 给出了 2014 年 6 月 25 日左岸地下厂房上游侧扩挖掌子面开挖进度及片帮区域选取示意图，随后，随着厂房第 Ⅰ 层及后续分层的开挖施工，K0+330-0-U 观测孔附近出现了较为剧烈的围岩开裂及片帮破坏，如图 8.54 所示。该区域岩体相对较为完整，地质条件如图 8.55 所示。

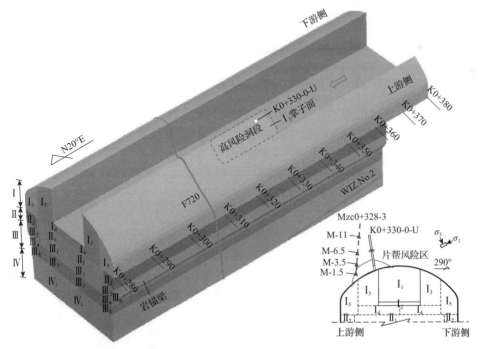

图 8.53　2014 年 6 月 25 日白鹤滩水电站左岸地下厂房上游侧扩挖掌子面开挖进度及片帮区域选取示意图

图8.54 白鹤滩水电站左岸地下厂房K0+300～K0+350洞段顶拱开挖轮廓与片帮破裂区面貌

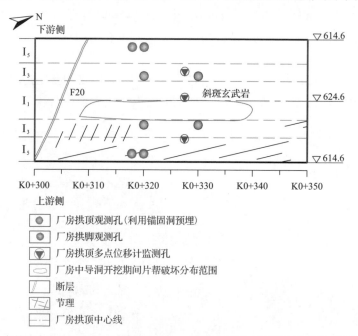

图8.55 白鹤滩水电站左岸地下厂房K0+300～K0+350洞段大面积片帮关注区域地质条件展布图(单位：m)

2. 初步设计存在的问题

K0+330断面开挖之后，围岩片帮开裂深度为1.4m，随着掌子面(I_3)的持续推进，K0+330断面片帮开裂深度不断增加，4天之后增加至2.4m。在系统支护完成之后，片帮开裂深度维持在2.78m不变，但片帮范围内围岩的开裂程度不断加深，如图8.56所示。最终在7月16日，支护结构因受到大面积片帮破坏而严重损毁，并在之后重新支护。现场开挖进度较慢，由现场开挖观测及破坏调查综合分析来看，造成片帮开裂深度与程度持续增大的主要原因是系统支护时机过晚（实际支护滞后掌子面约 13m，滞后时间约 19 天），虽然系统支护施作完成后，围岩片帮开裂深度的发展过程得到了明显减缓，但由于其支护过晚，浅层围岩大面积片帮破坏过于严重而难以有效控制，最终引起长约 20m 范围内围岩大面积破碎剥落及支护结构损坏。

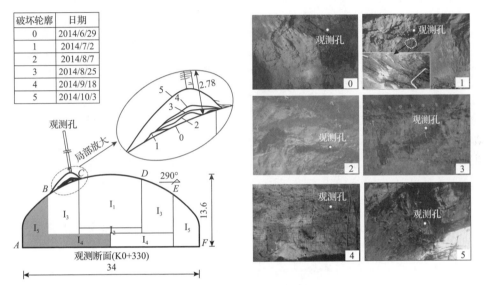

破坏轮廓	日期
0	2014/6/29
1	2014/7/2
2	2014/8/7
3	2014/8/25
4	2014/9/18
5	2014/10/3

图 8.56　研究洞段大面积片帮破坏随开挖的演化过程（单位：m）

3. 裂化-抑制方法应用分析

针对该案例支护时机过晚的问题，利用裂化-抑制方法进行分析，具体做法为：构建三维数值模型（见图 8.57），基于第 5 章提出的玄武岩力学模型及力学参数智

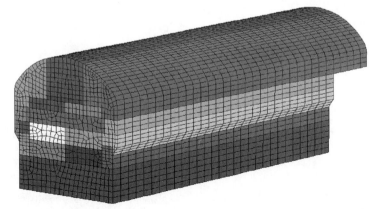

图 8.57　白鹤滩水电站左岸地下厂房 K0+270～K0+370 三维数值网格模型

能反演方法，针对现场实际开挖支护方案进行三维数值仿真模拟，获取厂房分层分部开挖过程中关键部位（上游侧拱肩）围岩片帮开裂深度与程度的定量化演化规律；同时，开展支护时机优化分析，获得了优化支护时机条件下围岩片帮开裂深度与程度的演化规律，并与实际情况进行对比分析说明裂化-抑制方法的适用性。

以左岸地下厂房 K0+330 观测断面围岩开挖响应结果为例进行分析，图 8.58

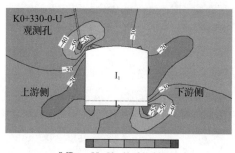

σ_1/MPa　−55−50−40−30−20−10

(a) 2014年6月25日，上游侧 I_3 掌子面为K0+335，过观测断面−5m

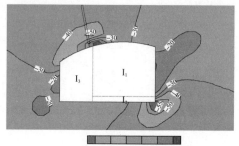

σ_1/MPa　−55−50−40−30−20−10

(b) 2014年7月2日，上游侧 I_3 掌子面为K0+325，过观测断面+5m

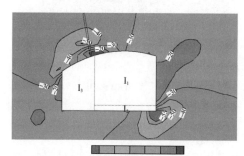

σ_1/MPa　−55−50−40−30−20−10

(c) 2014年8月3日，上游侧 I_3 掌子面为K0+308，过观测断面+22m

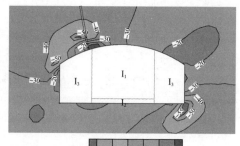

σ_1/MPa　−55−50−40−30−20−10

(d) 2014年8月25日，上游侧 I_3 掌子面，过观测断面+50m

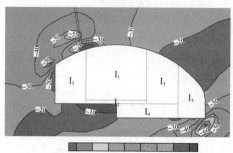

σ_1/MPa　−65−60−55−50−40−30−20−10

(e) 2014年9月27日，观测断面附近下游侧 I_4 与 I_5 区域开挖后

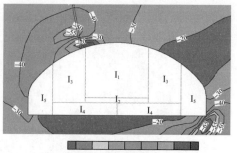

σ_1/MPa　−65−60−55−50−40−30−20−10

(f) 2014年12月15日，观测断面附近上游侧 I_4 与 I_5 区域开挖后

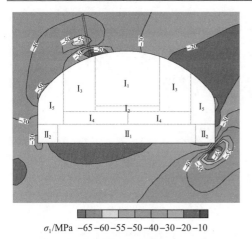

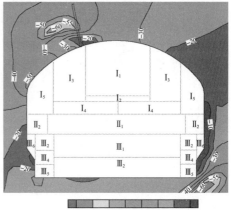

σ_1/MPa　−65−60−55−50−40−30−20−10

(g) 2015年6月30日，厂房第Ⅱ层开挖后

σ_1/MPa　−65−60−55−50−40−30−20−10

(h) 2016年1月15日，厂房第Ⅲ层开挖后

图 8.58　白鹤滩水电站左岸地下厂房 K0+330 观测断面围岩重分布最大主应力随现场开挖支护的演化规律

为该观测断面围岩重分布最大主应力随现场开挖支护的演化规律。可以看出，上游侧顶拱至拱肩区域为应力集中部位，应力量值为 50～60MPa，随着厂房第Ⅰ层各掌子面的推进及下卧各层的开挖，上游侧顶拱至拱肩部位的应力呈增长的趋势，增幅为 5～10MPa，且应力集中的部位逐渐向围岩深部转移，相应地，该部位的围岩松弛开裂深度也逐渐增加，进一步给出地下厂房 K0+330 断面上游侧拱肩围岩片帮范围演化规律，如图 8.59 所示。可以看出，厂房上游侧顶拱至拱肩区域始终是围岩片帮严重的部位，该部位围岩开裂深度(对应 RFD=1)随着厂房开挖逐渐加深。

将上游侧拱肩 K0+330-0-U 观测孔围岩开裂深度的三维数值模拟结果与前述钻孔摄像观测结果进行对比，如图 8.60 所示。可以看出，数值模拟基本与现场钻孔摄像观测的围岩开裂深度演化规律接近，说明三维数值仿真是可靠的，在此基

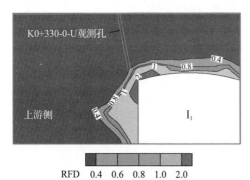

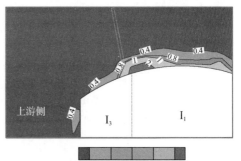

RFD　0.4　0.6　0.8　1.0　2.0

(a) 2014年6月25日，上游侧 I_3 掌子面为K0+335，过观测断面−5m

RFD　0.4　0.6　0.8　1.0　2.0

(b) 2014年6月29日，上游侧 I_3 掌子面为K0+329，过观测断面+1m

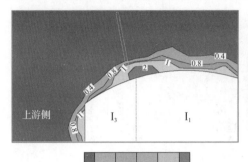

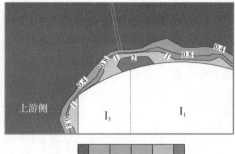

(c) 2014年7月2日，上游侧 I_3 掌子面为K0+325，过观测断面+5m

(d) 2014年7月16日，上游侧 I_3 掌子面为K0+317，过观测断面+13m

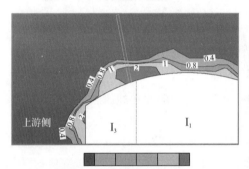

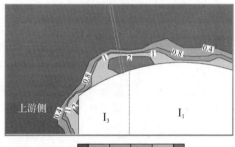

(e) 2014年8月3日，上游侧 I_3 掌子面为K0+308，过观测断面+22m

(f) 2014年8月25日，观测断面附近下游侧 I_3 掌子面开挖后

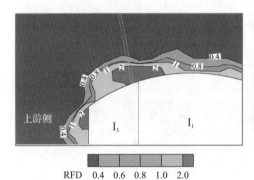

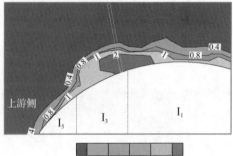

(g) 2014年9月27日，观测断面附近下游侧 I_4 与 I_5 区域开挖后

(h) 2014年12月5日，观测断面附近上游侧 I_4 与 I_5 区域开挖后

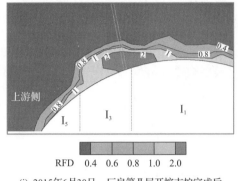
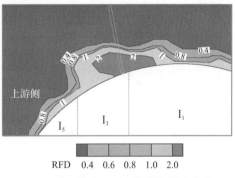

(i) 2015年6月30日，厂房第Ⅱ层开挖支护完成后　　　　(j) 2016年1月15日，厂房第Ⅲ层开挖完成后

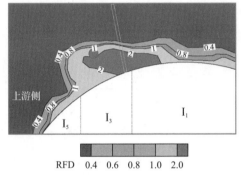

(k) 2016年4月30日，厂房第Ⅳ层开挖支护完成后

图 8.59　白鹤滩水电站左岸地下厂房 K0+330 观测断面上游侧拱肩围岩片帮范围演化规律
（RFD=0.8 为片帮开裂阈值）

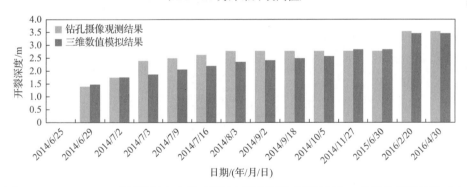

图 8.60　K0+330-0-U 观测孔围岩片帮开裂深度钻孔摄像观测结果与三维数值模拟结果对比

础上开展该洞段围岩支护时机的优化分析，得出不同支护时机下上游侧拱肩扩挖
区域围岩片帮开裂深度分布情况，如图 8.61 所示。对于 K0+300～K0+360 洞段，
系统锚杆的支护时机控制在 6～9m 范围内是比较合理的，此时围岩扩挖完成后的
最大片帮开裂深度比实际支护时机工况下（滞后 13m）减小 18%～25%。

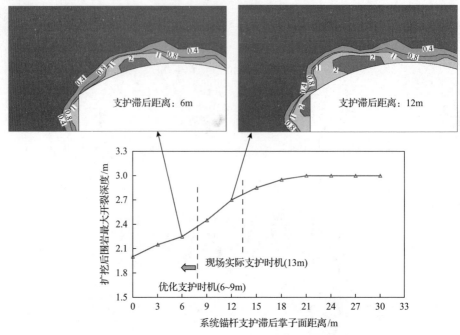

图 8.61　K0+300～K0+360 洞段不同支护时机下上游侧拱肩扩挖区域围岩片帮开裂深度分布

　　为了进一步获得合理支护时机下围岩片帮开裂深度/程度的发展过程及其效果，提取 8m 支护时机下的模拟分析结果，并与实际支护时机下围岩片帮开裂演化规律进行对比，如图 8.62 和图 8.63 所示，相对于滞后掌子面 13m 的锚杆支护时机，滞后掌子面 8m 的支护时机能显著减少围岩片帮的开裂深度和开裂程度。

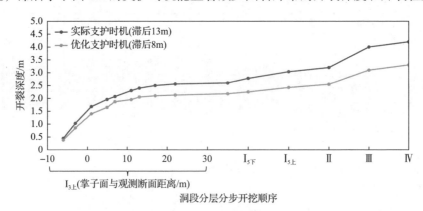

图 8.62　实际支护时机与优化支护时机下观测断面围岩片帮开裂深度演化规律对比

　　通过总结以上分析结果，进一步得到裂化-抑制方法在左岸地下厂房 K0+330 断面的应用效果曲线，如图 8.64 所示，图中展示了三种工况下上游侧拱肩围岩片帮开裂深度的演化曲线。

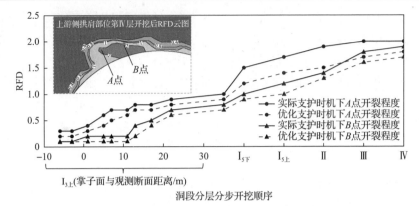

图 8.63　实际支护时机与优化支护时机下关注断面围岩片帮开裂程度演化规律对比

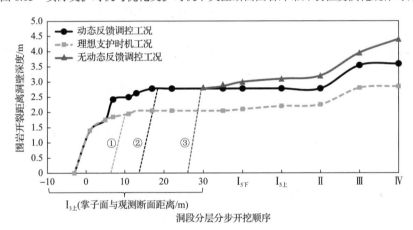

图 8.64　白鹤滩水电站左岸地下厂房 K0+330 断面顶拱片帮区域裂化-抑制方法应用效果曲线

理想支护时机工况表示按照图 8.62 和图 8.63 所得的优化支护时机（系统支护滞后掌子面 8m，对应图中虚线①）施工工况，该工况下，围岩片帮深度可控，随着锚喷支护的完成，围岩片帮深度基本维持在 2m 左右，直至第 I 层开挖结束。由于片帮开裂深度与程度均不大，围岩局部整体稳定性较好，洞室后续层开挖（II、III、IV）仅引起该区域围岩片帮开裂深度产生轻微增幅，约 0.5m（见图 8.64 中理想支护时机工况曲线），也就是说，若按照施工前优化的滞后 8m 的支护时机，K0+330区域上游侧拱肩围岩片帮开裂深度最终可控制在 2.5m 以内。

现场锚喷系统支护（见图 8.64 中虚线②，对应动态反馈调控工况）滞后掌子面13m，但滞后时间约 19 天，锚喷支护时围岩片帮开裂深度已经超过 2.5m 且开裂程度严重，锚喷支护完成后的一段时间内，片帮渐进破坏再次发生，并引起支护结构产生越来越严重的损坏，因此利用裂化-抑制方法对其进行动态调整，给出治理措施与二次支护参数，通过局部爆破处理上游侧片帮破坏严重部位并重新施作锚喷支护，围岩片帮的开裂深度和开裂程度得到了较好的控制（见图 8.64 中动态反馈调控工况曲线），洞室后续层开挖期间，该区域的围岩片帮开裂深度最大约为3.5m，钻孔摄像显示新增围岩开裂较少，且未贯通观测孔，片帮开裂程度基本保持不变，表明针对该区域的动态反馈调控效果较好，及时控制住了围岩片帮的演化发展。若无动态反馈调控（见图 8.64 中虚线③），计算可得该区域围岩片帮开裂深度与程度将进一步发展，并在洞室后续层开挖之后开裂深度超过 4m 且持续增大（见图 8.64 中无动态调控工况曲线），将威胁洞室局部稳定性。

参 考 文 献

[1] 江权, 冯夏庭, 向天兵, 等. 大型地下洞室群稳定性分析与智能动态优化设计的数值仿真研究. 岩石力学与工程学报, 2011, 30(3): 524-539.

[2] 张頔, 李邵军, 徐鼎平, 等. 双江口水电站主厂房开挖初期围岩变形破裂与稳定性分析研究. 岩石力学与工程学报, 2021, 40(3): 520-532.

[3] 黄润秋, 黄达, 段绍辉, 等. 锦屏 I 级水电站地下厂房施工期围岩变形开裂特征及地质力学机制研究. 岩石力学与工程学报, 2011, 30(1): 23-35.

[4] 李志鹏. 高地应力下大型地下洞室群硬岩 EDZ 动态演化机制研究. 北京: 中国地质大学, 2016.

[5] 刘国锋, 冯夏庭, 江权, 等. 白鹤滩大型地下厂房开挖围岩片帮破坏特征规律及机制研究. 岩石力学与工程学报, 2016, 35(5): 865-878.

[6] Fairhurst C, Cook N G W. The phenomenon of rock splitting parallel to the direction of maximum compression in the neighborhood of a surface//Proceedings of the First Congress of the International Society of Rock Mechanics, Lisbon, 1966: 687-692.

[7] Ortlepp W D. Rock fracture and rockbursts: An illustrative study. Johannesburg: The South African Institute of Mining and Metallurgy, 1997.

[8] 程志华, 尹大芳, 尹建辉, 等. 二滩水电站工程总结. 北京: 中国水利水电出版社, 2005.

[9] 李仲奎, 周钟, 汤雪峰, 等. 锦屏一级水电站地下厂房洞室群稳定性分析与思考. 岩石力学与工程学报, 2009, 28(11): 2167-2175.

[10] 魏进兵, 邓建辉, 王俤剀, 等. 锦屏一级水电站地下厂房围岩变形与破坏特征分析. 岩石力学与工程学报, 2010, 29(6): 1198-1205.

[11] 张勇, 肖平西, 丁秀丽, 等. 高地应力条件下地下厂房洞室群围岩的变形破坏特征及对策研究. 岩石力学与工程学报, 2012, 31(2): 228-244.

[12] Jiang Q, Feng X T, Fan Y, et al. In situ experimental investigation of basalt spalling in a large underground powerhouse cavern. Tunnelling and Underground Space Technology, 2017, (68): 82-94.

[13] Kaiser P K, Mccreat D R, Tannant D D. Canadian rockburst support handbook. Sudbury: Geomechanics Research Centre, 1996.

[14] Martin C D, Christiansson R. Estimating the potential for spalling around a deep nuclear waste repository in crystalline rock. International Journal of Rock Mechanics and Mining Sciences, 2009, 46(2): 219-228.

[15] Liu G F, Feng X T, Jiang Q, et al. In situ observation of spalling process of intact rock mass at large cavern excavation. Engineering Geology, 2017, 226: 52-69.

[16] Han Q, Feng X T, Yang C X, et al. Evaluation of the crack propagation capacity of hard rock based on stress-induced deformation anisotropy and the propagation angle of volumetric strain. Rock Mechanics and Rock Engineering, 2021, 54(12): 6585-6603.

[17] Feng X T, Pei S F, Jiang Q, et al. Deep fracturing of the hard rock surrounding a large underground cavern subjected to high geostress: In situ observation and mechanism analysis. Rock Mechanics and Rock Engineering, 2017, 50: 2155-2175.

第9章 高应力大型地下洞室群错动带变形破坏分析与优化设计

9.1 引 言

深部大型地下洞室群所处地质力学环境特殊(高应力、复杂地质条件、大跨度、高边墙、卸荷强扰动)[1-5],岩体往往因遭遇各种地质结构而丧失完整性和连续性。特别地,当大型地下洞室群开挖遭遇到大规模缓倾角错动带时,由于错动带工程地质性质的特殊性,其影响下的岩体力学响应变得更为复杂,主要体现在以下方面:

(1)错动带既不同于具有结晶联结的致密坚硬岩石,又有别于各种沉积类型的土,它是岩体在构造应力作用下沿软、硬岩层接触带或软岩内部发生层间剪切错动,后受到多期构造作用和地下水物理化学作用而形成的具有独特组分结构和裂隙的薄层带状岩土系统[6,7],如图9.1所示。其力学响应受到物理性质(如微观矿物组成、组分结构和颗粒分布等)和赋存环境条件(如原岩应力状态、地下水流动等)等因素的多重影响。

(a) 工程区出露的大规模错动带台面   (b) 揭露的典型错动带

图9.1 工程区出露的典型错动带

(2)错动带分布范围很广,延展性强,基本为单斜构造,厚度为0.1~1m,已建成和在建的多个大型地下洞室群(如溪洛渡水电站、向家坝水电站、白鹤滩水电站和官地水电站等)均遭受到了多条错动带的影响[7-9]。相比于深埋隧道,这一大规模缓倾角错动带不可避免地会与洞群临空面、洞室轴线及结构面等形成复杂的空间拓扑关系，如图 9.2 所示，大规模开挖卸荷扰动使得洞室群不同部位处于初始三维应力状态的错动带岩体经历复杂的应力路径，甚至达到破坏极限而失稳。当错动带出露于洞室顶拱上方或拱肩时，往往造成顶拱和拱肩围岩大范围坍塌和支护结构失效（见图 9.3(a)）；当错动带穿切洞室高边墙时，通常会加剧错动带附近岩体的松弛，进而造成塑性挤出型拉伸破坏、上下盘岩体的应力-结构型塌方以及局

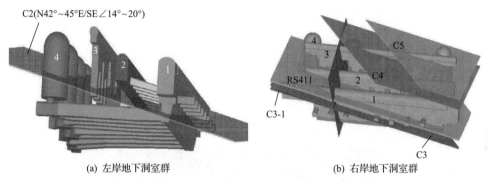

| (a) 左岸地下洞室群 | (b) 右岸地下洞室群 |

图 9.2　典型深埋地下洞室群布置及错动带空间拓扑关系图

1. 主厂房；2. 主变室；3. 尾闸室；4. 尾调室

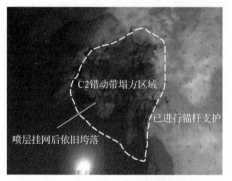

(a) 大规模结构应力型塌方

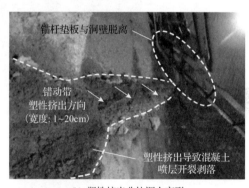

(b) 塑性挤出非协调大变形

(c) 剪切滑移破坏[10]

图 9.3　受错动带影响的深部大型地下洞室岩体变形破坏

部岩体剪切错动(见图 9.3(b)、(c))。当错动带出露于交叉洞室时，多工作面的开挖扰动会导致错动带处于不利的多面临空和多面卸荷应力环境，极有可能会发生含以上三种破坏模式的复合型破坏。

(3)开挖前，错动带经受了长期的高围压作用和剪切作用，这使得错动带得到充分的固结，内部结构高度压密，具有一定强度；而洞室开挖卸荷强扰动后，错动带遇水极易软化或破碎(见图 9.4)，承载力往往迅速降低，在较大卸荷构造应力作用下，错动带和坚硬母岩中会继续产生密集卸荷裂隙，而地下水在裂隙中的渗流促使黏粒矿物活性增强[7]，在一定程度上加剧了错动带的软化和泥化，使得错动带发生塑性挤出型拉伸破坏、应力-结构型塌方及再次错动滑移的概率和频率进一步增加，从而严重影响到大型地下洞室群的建设和运营安全，增加洞室群支护成本，甚至造成工程延误。

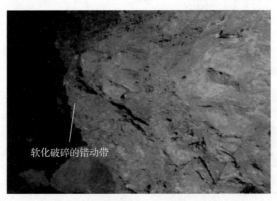

软化破碎的错动带

图 9.4　揭露的典型软化破碎的错动带

然而，现有对于错动带变形破坏的研究多基于浅部岩体工程低法向应力水平下的错动带剪切试验、常规三轴应力状态下压缩试验和蠕变试验来模拟单一扰动应力路径或某种因素变化对其瞬时和长期剪切力学行为的影响，进而建立相关力学模型，对于错动带影响下的洞室围岩破坏研究仅有破坏模式的简单分类和机理的简要论述。局限性在于：①错动带试验应力条件和应力路径仍过于简单，忽视了复杂应力路径和错动带自身性质协同控制错动带破坏机制的本质特征，细观结构测试方法仍相对简单，所获取的关于错动带岩体的细观破坏机制研究成果缺乏理论深度；②模型尚不能直接反映深部错动带在复杂应力路径下揭示的非线性变形、卸荷体胀及参数劣化特征等，因而不能满足深部受错动带影响的大型地下洞室群稳定性预测与分析的客观需求；③尚缺乏针对大型地下洞室群开挖期间错动带岩体破坏形成和发展过程(包括岩体破坏与开挖支护的关系、错动带附近岩体裂隙演化与破坏发展的对应关系等)的有效观测方案和防治调控方法。这种背景下的现场设计和施工防碍了错动带岩体变形破坏风险的准确预测和评估，更阻碍了工程灾害防治策略的合理制定。

因此，高应力大型地下洞室群错动带宏细观变形破坏规律与机制究竟如何，室内加卸荷试验如何开展才能有效模拟现场复杂扰动应力路径下深部错动带的开挖卸荷过程，其加卸荷力学性质(包括强度、变形、黏聚力、内摩擦角、变形模量和剪胀等参数)如何变化，卸荷试验成果如何指导深部错动带本构模型的建立，如何采用合理的数值模拟分析方法反映工程开挖过程和关键控制因素，并利用合理指标预测错动带岩体的变形破坏风险，错动带影响下的大型地下洞室群岩体卸荷破坏的时空演化规律如何，如何完成错动带影响下的大型地下洞室群开挖和支护动态优化设计，这些都是本章回答的关键岩体力学问题。

为此，本章遵循 2.2 节高应力大型地下洞室群七步流程式的设计思想，结合大型地下洞室群错动带岩体工程地质性质的特殊性和力学响应的复杂性，确定大型地下洞室群错动带岩体的变形分析预测与优化设计目标。基于 4.2.3 节建立的高应力错动带常规三轴加卸荷试验方法，以白鹤滩水电站地下洞室群揭露的错动带为背景，阐释其变形破坏机制与力学行为；构建反映复杂加卸荷路径影响并考虑其自身力学性质的错动带力学模型，采用有效的数值分析方法并结合岩体破裂程度评价指标对错动带岩体变形破坏风险进行预测预警；基于 4.4.3 节提出的软弱构造带影响下洞室围岩卸荷变形破坏原位观测设计方法，揭示错动带岩体破坏时空演化过程；基于 5.5～5.6 节裂化-抑制方法支护理念和闭环反馈分析方法对错动带影响下的大型地下洞室群开挖与支护进行动态优化设计，最终解决读者或设计人员最常见的、也是工程中常遭遇的软弱不利地质体问题的设计难题。本章研究思路及技术路线如图 9.5 所示。

9.2　高应力大型地下洞室群错动带变形破坏规律与机制

遵循 2.2 节大型地下洞室群七步流程式的设计步骤 2，岩体的力学性质、强度与变形特征以及开挖卸荷后的变化、可能存在的不良地质体等都将给大型地下洞室群的稳定性带来风险。因此，基于 4.2.3 节提出的反映原岩应力状态的错动带室内试样制备方法，制备不同初始赋存状态(不同原岩应力状态和结构特点)的错动带试样；基于 4.2.3 节提出的错动带常规三轴加卸荷试验方法，开展白鹤滩水电站错动带不同原岩应力状态下的常规三轴压缩试验、三轴卸载应力路径试验以及反复加卸荷试验。试验错动带试样取自白鹤滩水电站左岸地下厂房，该错动带属于颗粒级配良好的岩土材料，黏粒含量介于 10%～20%，砾粒含量介于 10%～30%，

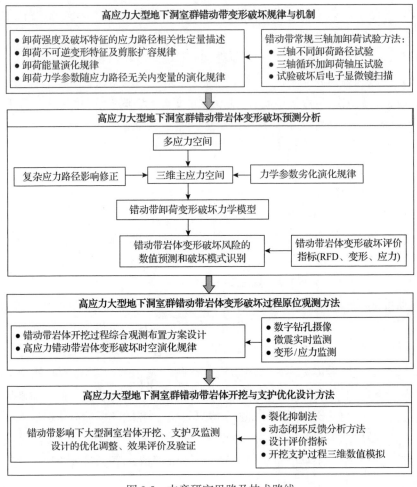

图 9.5　本章研究思路及技术路线

属于泥夹碎屑型，即肉眼所见碎屑颗粒含量较多，但碎屑之间被泥充填包裹，碎屑呈棱角状和片状，局部定向排列，通常情况下处于可塑状态，其物理力学参数如表 9.1 所示。

表 9.1　白鹤滩左岸地下厂房错动带的物理力学参数

$w/\%$	$\rho/(\text{kg/m}^3)$	G_s	e	K_u	K_c	黏粒含量/%	粗粒含量/%
13.5	2.20	2.73	0.502	100.91	2.57	13	26.8

注：(1)依据《土的工程分类标准》(GB/T 50145—2007)，黏粒是指颗粒粒径小于 0.005mm 的错动带颗粒，粗粒是指颗粒粒径大于 2mm 的错动带颗粒。

(2) w、ρ、G_s 和 e 分别表示天然含水量、天然密度、比重和孔隙率。

(3) K_u 和 K_c 分别表示错动带的不均匀系数和曲率系数。

9.2.1　高应力卸荷下错动带变形破坏规律与机制

1. 不同原岩应力状态下错动带变形破坏规律与机制

1) 不同原岩应力状态下错动带应力-应变关系和宏观破坏特征

图 9.6 为不同原岩应力错动带试样应力-应变曲线[11]。图 9.7 为相同围压下不同原岩应力状态错动带试样体积应变-轴向应变曲线。图 9.8 为不同围压下错动带典型常规三轴压缩破坏照片。综合研究可得到如下规律性认识：

(1) 不同原岩应力不同围压下的错动带试样应力-应变曲线随围压升高均由应变软化型逐步向塑性流动或有剪胀行为的应变硬化型过渡 (见图 9.6)，错动带强度均随围压和初始应力的增加而增大，且原岩应力越大，强度增加越明显。一般而言，较高围压下错动带从受荷至最终破坏过程中，应力-应变曲线表现出四阶段特

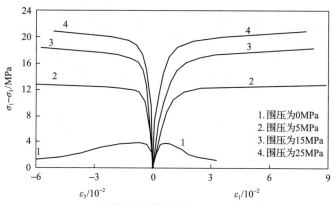

(a) 相同原岩应力状态下不同围压应力-应变曲线

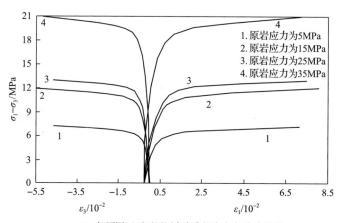

(b) 相同围压下不同原岩应力状态应力-应变曲线

图 9.6　不同原岩应力错动带试样应力-应变曲线[11]

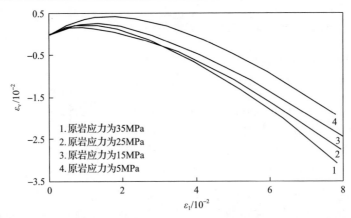

图 9.7　相同围压下不同原岩应力状态错动带试样体积应变-轴向应变曲线

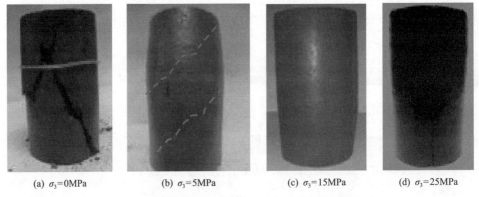

(a) $\sigma_3=0$MPa　　　(b) $\sigma_3=5$MPa　　　(c) $\sigma_3=15$MPa　　　(d) $\sigma_3=25$MPa

图 9.8　不同围压下错动带典型常规三轴压缩破坏照片

征：压密、弹性变形、屈服和应变硬化阶段。在压密阶段，随轴向应力的增加，轴向变形和横向变形也增加，但轴向变形大于横向变形，体积应变减小，体积收缩，推测其原因是错动带试样中的颗粒间隙被压密、大颗粒逐步破碎充填孔隙；在屈服阶段，随着轴向位移的增加，塑性变形增大，逐渐由体缩向体胀转变；在应变硬化阶段，曲线无明显的峰值强度，分析其原因主要是较高围压剪切条件下，颗粒排列更加紧密，同时片状粗颗粒破碎后形成的小颗粒极易滑动而不断填满颗粒间的空隙，使得试样的密度增加，因而呈应变硬化型。

(2) 从图 9.7 可以得出，随着轴向应变的增加，不同围压下错动带体积应变均从体缩现象向扩容过渡，表现为腰鼓形破坏(见图 9.8)，相对于较低围压状态，高围压状态错动带体积应变增加更为显著，同时较高原岩应力下错动带更早进入扩容阶段。这是因为相对低原岩应力初始状态，高原岩应力错动带颗粒和孔隙变小，结构更致密，故更早达到扩容点。

(3)从图 9.8 可以看出，低围压下更容易出现宏观破裂面(0MPa 和 5MPa)，破坏时多出现一个或两个共轭的断裂面，高围压下则表现出腰鼓形破坏。这是由于轴压增加在一定程度上使得错动带破坏面上的正应力增加，从而提高了摩擦力，而且稳定的围压有效限制了剪切面的开展，错动带试样在试验结束前的某一应力状态下已经破坏，后期应力增长主要来源于破坏面的颗粒破碎及颗粒错动、滑移、摩擦和定向排列。

2)不同原岩应力状态下错动带力学参数特征分析

不同原岩应力状态下错动带变形参数变化特征如图 9.9 所示。可以看出，错动带变形模量随着围压的增大近似线性增长，且其明显受到原岩应力状态的影响，随原岩应力的增加而增大，高原岩应力状态下颗粒间相互嵌入导致颗粒排列更加紧密，颗粒位置不易发生调整，增大了抵抗变形的能力；泊松比则随围压的增大近似呈抛物线增长，当围压达到 25MPa 时，错动带泊松比甚至超过 0.5(弹塑性材料极限泊松比为 0.5)，此时错动带试样在受荷条件下会发生剪胀，泊松比已经不再是一般意义上的材料特性。相同围压条件下，原岩应力状态的增大使得错动带泊松比整体略呈减小趋势，但敏感性不大。

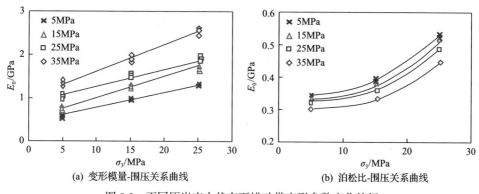

(a) 变形模量-围压关系曲线　　　　　(b) 泊松比-围压关系曲线

图 9.9　不同原岩应力状态下错动带变形参数变化特征

不同原岩应力状态下错动带强度参数变化特征如图 9.10 所示[11]。从图 9.10(a)可以看出，天然含水率的错动带试样破坏应力随围压的增大而增大，且受原岩应力状态的影响更明显，在原岩应力状态从 5MPa 增大到 25MPa 的过程中，5MPa 围压下错动带的破坏应力约增加 5MPa，25MPa 围压下错动带的破坏应力约增加 14MPa。可以看出高围压下错动带试样破坏应力受原岩应力状态的影响更敏感。从图 9.10(b)可以看出，错动带黏聚力和内摩擦角则随原岩应力状态的增大出现一定程度的劣化效应，黏聚力随原岩应力状态的增大而递减，同时内摩擦角随原岩应力状态的增大呈线性递增趋势。

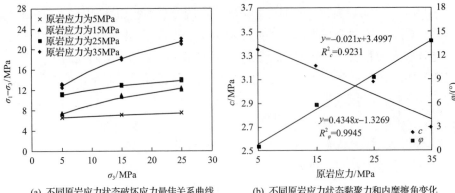

(a) 不同原岩应力状态破坏应力最佳关系曲线　　(b) 不同原岩应力状态黏聚力和内摩擦角变化

图 9.10　不同原岩应力状态下错动带强度参数变化特征[11]

3) 不同原岩应力状态下错动带细观结构分析

对试验前后不同原岩应力状态下的错动带进行电子显微镜扫描，并结合 MATLAB 软件对 SEM 图像进行数字图像处理，获得相关错动带结构单元体和孔隙的细观结构参数，实现对破裂面细观结构(颗粒排列、破碎情况和孔隙变化等)的定性和定量综合分析。其中，定量分析采用平面孔隙率、颗粒的平均面积、颗粒的各向异性率三个基本定量参数，其中各向异性率计算公式为

$$I_{n} = \frac{R-r}{R} \times 100\% \tag{9.1}$$

式中，R 为颗粒长轴长度；r 为颗粒短轴长度。

当 $I_{n}=0$ 时，表明颗粒随机分布，表现为各向同性；当 $I_{n}=100\%$时，表明颗粒高度定向，且同一方位分布，表现出很强的各向异性。

将颗粒等效成等面积的椭圆，利用 MATLAB 图像处理工具，采用 OSTU 法(最大类间方差分析法)对颗粒进行对比度调节、颗粒边缘钝化处理，求取分割的最佳门限。错动带典型 SEM 图像灰度处理对比如图 9.11 所示。

不同原岩应力状态错动带试样试验前后的 SEM 图像对比如图 9.12 所示。定性观察破坏微观特征可知：①错动带中泥质部分主要为不规则的弯曲薄片，这些薄片有的呈杂乱分布，有的呈"花朵"状结构，直径多在 0~20μm，少数超过 20μm；片状矿物之间多为边-边、边-面连接，大体可称为散凝结构和絮凝结构；②相同原岩应力下，常规三轴不排水剪切试验后试样孔隙变小，颗粒面积相对变小，颗粒尖端受力破碎，细颗粒也向孔隙处填充，提高了试样密实度，这在一定程度上解释了错动带应力-应变曲线为应变硬化型且强度随围压升高而增大的力学特性；③相同围压下，原岩应力状态增大，导致单元体和孔隙变小，结构越密实，更多颗粒变化为以面-面接触为主，定向性越来越明显，即颗粒位置发生调整，其扁平表面向沉积层面方向转动，即片状颗粒产生了一定的定向排列。

(a) 处理前　　　　　　　　　　　　　　　(b) 处理后

图 9.11　错动带典型 SEM 图像灰度处理对比

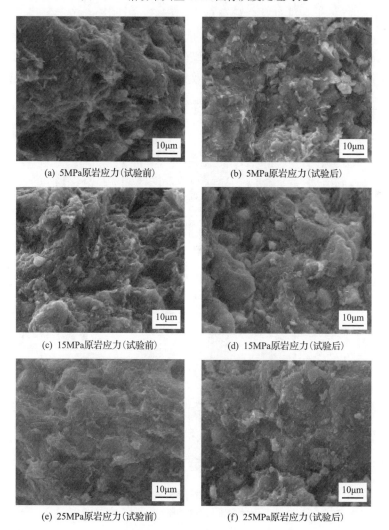

(a) 5MPa原岩应力(试验前)　　　　　　　(b) 5MPa原岩应力(试验后)

(c) 15MPa原岩应力(试验前)　　　　　　(d) 15MPa原岩应力(试验后)

(e) 25MPa原岩应力(试验前)　　　　　　(f) 25MPa原岩应力(试验后)

(g) 35MPa原岩应力（试验前）　　　　　(h) 35MPa原岩应力（试验后）

图 9.12　不同原岩应力状态错动带试样试验前后的 SEM 图像对比

图 9.13 为错动带微观参数与原岩应力状态的关系[11]。可以看出：①错动带未加载试样孔隙率较大，施加竖向静荷载和围压后，其平面孔隙率减小，且随原岩应力状态的增大，其平面孔隙率有减小的趋势；②将颗粒等效成面积相等的椭圆，颗粒面积减小，表明有一定程度的颗粒破碎现象发生。随着原岩应力的增大，错动带颗粒平均面积逐渐减小，颗粒的等效直径逐渐减小。这说明在先期固结过程

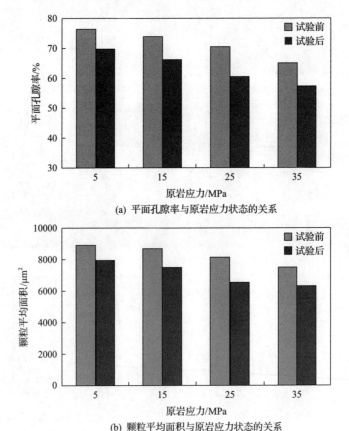

(a) 平面孔隙率与原岩应力状态的关系

(b) 颗粒平均面积与原岩应力状态的关系

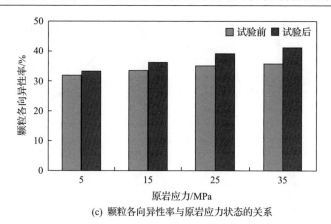

(c) 颗粒各向异性率与原岩应力状态的关系

图 9.13 错动带微观参数与原岩应力状态的关系[11]

中及高围压状态下，较大的颗粒集合体逐渐被压扁甚至压碎，或集合体之间联结断裂形成很多较小的颗粒；③对不同原岩应力状态下错动带试样各向异性率统计结果表明，加载后颗粒的各向异性率明显增大，孔隙趋于椭圆化，定向排列更加显著。因此，不同原岩应力状态错动带微结构定量化研究结果和定性分析总体是一致的，颗粒破碎和定向排列会剧烈地改变错动带试样的内在结构，从而影响其强度和变形特性。

2. 不同卸荷应力路径下错动带宏细观变形破坏规律与机制

错动带卸荷试验研究采用 4.2.3 节给出的增轴压卸围压路径 II、恒轴压卸围压路径 III 和卸轴压卸围压路径 IV，试验步骤为：①采用轴向冲程位移控制，试验采用以 0.05MPa/s 的加荷速率同步施加围压及轴压至预定静水压力状态，并稳压 5min；②稳定围压，以 0.005mm/s 的轴向剪切速率增大轴压至错动带试样破坏前某一应力状态，即升高至试件峰值强度（最大主应力差）的 70%（对应体积应变拐点）；③对于恒轴压卸围压路径 III，保持轴压恒定的同时，按 0.25MPa/s 速率卸围压，直至试样破坏或达到位移限值。增轴压卸围压路径 II 满足 $\Delta\sigma_1 : \Delta\sigma_3 = 2:1$，卸轴压卸围压路径 IV 则满足 $\Delta\sigma_1 : \Delta\sigma_3 = 1:2$。

1）卸荷变形特征

图 9.14 为卸荷条件下错动带试样典型应力-应变曲线[12]，图中虚线为卸荷起始点。实际工程中，错动带在长期的压力差作用下，岩土体加荷部分变形已经完成，因此可假设错动带加荷引起的变形从 0 开始，重点研究卸荷过程中引起的变形。可以看出：

（1）卸荷条件下，无论是增轴压卸围压、恒轴压卸围压还是卸轴压卸围压，较高围压（25MPa 初始围压）条件下，卸荷开始后，随着偏应力的增大，错动带试样快速进入破坏状态，应力-应变曲线无明显下降段，基本呈塑性流动状态；而 5MPa

和 15MPa 初始围压条件下，错动带表现出一定程度的应变软化特性，表明错动带卸荷特征与初始围压相关性很大。

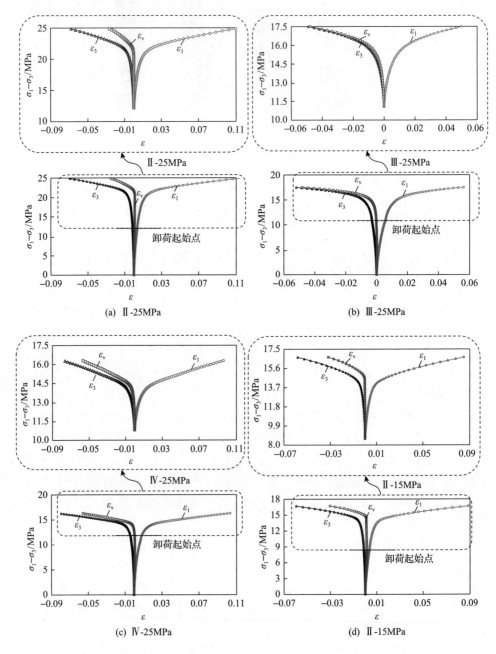

(a) Ⅱ-25MPa 　　　　　　　　　　(b) Ⅲ-25MPa

(c) Ⅳ-25MPa 　　　　　　　　　　(d) Ⅱ-15MPa

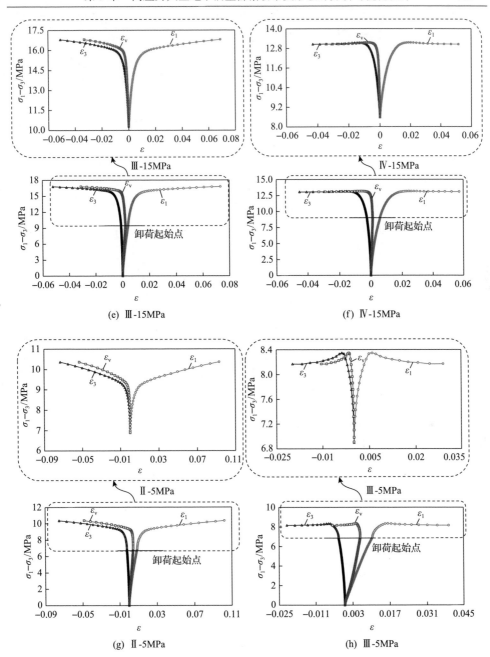

(e) Ⅲ-15MPa

(f) Ⅳ-15MPa

(g) Ⅱ-5MPa

(h) Ⅲ-5MPa

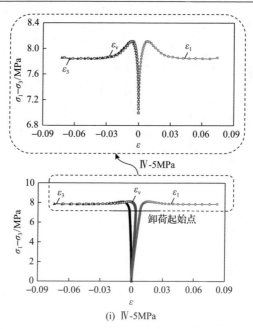

图 9.14　卸荷条件下错动带试样典型应力-应变曲线[12]

　　(2)与常规加荷试验相比，不同初始围压条件下，3 种卸荷路径卸围压前后错动带试样的变形规律均出现了显著变化。轴向应变曲线斜率突然增大，说明轴向压缩变形增速减慢；横向应变曲线斜率稳步变小，表明横向变形加速增长；体积应变曲线斜率左拐，说明错动带试样从体积压缩迅速转为体积膨胀，且错动带试样从卸围压开始即表现出剪胀现象。这些特征在不考虑初始压缩变形的卸荷阶段表现更明显，在卸荷初始阶段，轴向变形不如横向变形大，以横向变形为主，表现在应力-应变曲线上，横向应变曲线较为光滑，并迅速向左发展，表明横向变形一直处于加速增长状态。在临近破坏状态时，围压很小的变化都会引起较大的横向变形与轴向变形，即塑性流动。而整个卸荷过程中，体积应变曲线比较光滑，其变化规律主要取决于错动带横向应变发展规律。

　　(3)相同初始围压下，卸荷应力路径下错动带体积应变比常规加荷路径 I 大得多，从卸荷点开始，错动带试样即出现扩容，卸轴压卸围压应力路径侧向扩展变形表现更为显著。图 9.15 为卸荷过程中错动带试样的变形特征，即围压-应变曲线，表明错动带试样向卸荷方向的回弹变形比较强烈，造成扩容现象显著，出现横向张拉裂纹，逐步表现出应变软化破坏特征。推测其主要原因是卸荷应力状态实际上相当于在原来的应力状态上叠加一个侧向拉应力使错动带试样表面产生张剪型裂纹，同时宏观上试样表现出明显的侧向扩容，后期的应力增长主要来源于错动带颗粒的破碎、摩擦力和翻滚。

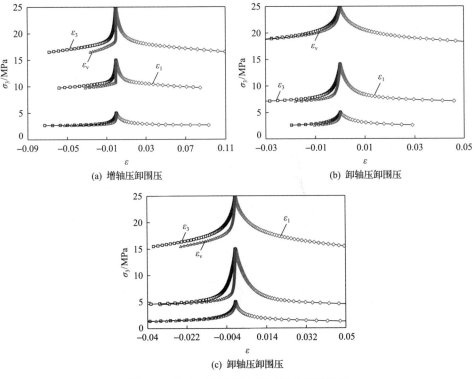

图 9.15   卸荷过程中错动带试样的变形特征

2) 卸荷极限强度特征

相同初始围压作用下，卸围压条件下的峰值强度均低于常规加载峰值强度，这表明卸荷应力路径造成了错动带的强度劣化，具体为：常规加载路径 I ＞增轴压卸围压路径 II ＞恒轴压卸围压路径 III ＞卸轴压卸围压路径 IV（见图 9.16[12]），这与现场观察到的高地应力开挖卸荷条件下错动带岩体更容易遭到破坏现象一致。

3) 卸荷破坏特征和机制

图 9.17 为常规加荷和卸荷条件下错动带试样最终宏观破坏形态。可以看出：

(1) 错动带试样在常规三轴压缩、卸荷条件下都没有出现类似岩石般的破碎状态，仍然为较完整的圆柱体，以腰鼓形破坏为主，部分存在张剪裂纹。

(2) 对于 3 种卸荷应力路径，错动带试样表面都出现了张拉/剪切裂纹，在初始围压较高的情况下，卸轴压卸围压路径 IV 条件下错动带试样表面出现环向/横向裂纹，这是因为在双向卸荷时，错动带在此卸荷方向也会出现张拉裂纹。

(3) 与加荷条件相比，错动带在常规三轴卸载试验条件下剪胀扩容现象更加显著，并具有一定的张性破坏特征，产生的张拉/剪切裂纹如图 9.17 和图 9.18 所示[12]。这充分说明错动带在常规加荷和卸荷三种应力路径下的力学响应是不同的，在增轴压卸围压、恒轴压卸围压和卸轴压卸围压过程中，错动带试样向卸荷方向的卸

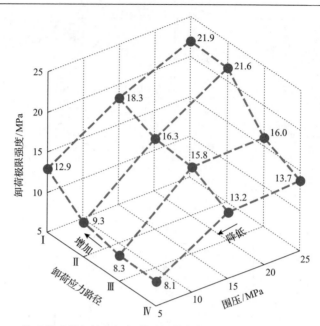

图 9.16　错动带试样三轴常规加荷和卸荷条件下极限承载强度对比分析[12]

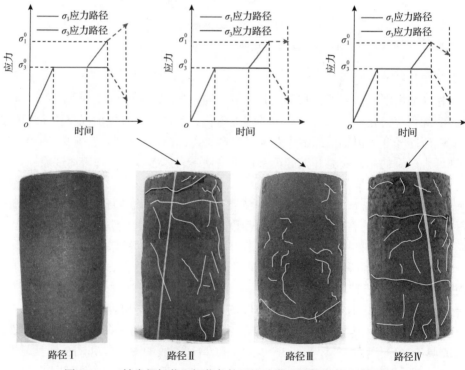

图 9.17　三轴常规加荷和卸荷条件下错动带试样最终宏观破坏形态

图 9.18　三轴卸轴压卸围压路径下错动带试样的宏细观破坏形态[12]

荷回弹变形比较强烈，造成扩容现象显著，破坏主要是错动带试样向卸荷方向的强烈扩容所致，同时也进一步说明错动带破坏特征与卸荷应力路径密切相关。

4) 卸荷变形参数劣化规律

对于错动带，其在常规加荷条件和卸荷条件下的求解与单轴试验不同，卸荷过程中横向变形显著，只考虑轴向应变显然不准确，因此在考虑轴向应变和横向应变的同时，也需要考虑轴压和围压的影响，可求得卸荷过程中每一应力状态下错动带的变形参数，即

$$\begin{cases} \Delta\varepsilon_1 = \dfrac{\Delta\sigma_1 - 2\mu\Delta\sigma_3}{E} \\ \Delta\varepsilon_3 = \dfrac{\Delta\sigma_3 - \mu(\Delta\sigma_1 + \Delta\sigma_3)}{E} \end{cases} \tag{9.2}$$

对于常规试验，$\sigma_2 = \sigma_3$，对式 (9.2) 进行变换后，得到变形模量和泊松比的表达式，即

$$\begin{cases} E = \dfrac{\Delta\sigma_1 - 2\mu\Delta\sigma_3}{\Delta\varepsilon_1} \\ \mu = \dfrac{\Delta\sigma_3 - \dfrac{\Delta\varepsilon_3}{\Delta\varepsilon_1}\Delta\sigma_1}{\Delta\sigma_1 - \left(\dfrac{2\Delta\varepsilon_3}{\Delta\varepsilon_1} - 1\right)\Delta\sigma_3} \end{cases} \tag{9.3}$$

考虑到错动带变形参数的劣化规律受卸荷初始围压和卸荷程度的双重影响，提出一个描述变量——围压卸荷比 H，即特定时刻的围压卸荷量与卸荷初始围压之比，可表示为

$$H = \frac{\sigma_3^0 - \sigma_3}{\sigma_3^0} \tag{9.4}$$

图 9.19 为不同应力路径下错动带变形参数变化特征。可以看出：

(1)对于错动带的 3 种卸荷路径，卸荷过程中错动带的变形模量随围压卸荷比的减小而逐渐降低，基本呈线性递减，劣化效应十分明显；初始围压越高，卸荷过程中变形模量劣化越明显；卸荷应力路径 Ⅱ 对变形模量的削弱作用最为明显。

(2)卸荷过程中，泊松比的增大过程与变形模量的变化趋势基本类似，在卸荷初始阶段，随着围压的降低，泊松比增长较为缓慢，后期增长较快，整体呈近似抛物线递增趋势；卸荷应力路径 Ⅱ 对泊松比影响最为明显，且初始围压越低，泊松比劣化越显著。在卸荷至一定程度后，错动带泊松比量值超过 0.5(弹塑性材料极限泊松比)，甚至增大到 0.7～0.8。从图 9.17 和图 9.18 可以看出，在卸荷条件

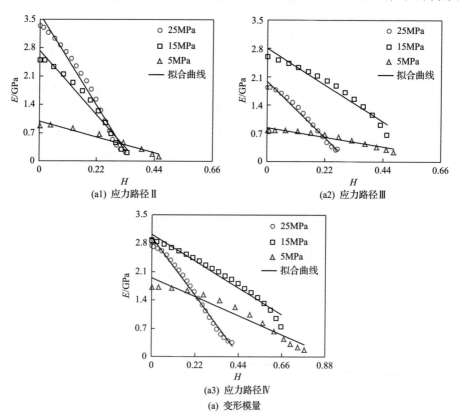

(a1) 应力路径Ⅱ　　　　　　(a2) 应力路径Ⅲ

(a3) 应力路径Ⅳ

(a) 变形模量

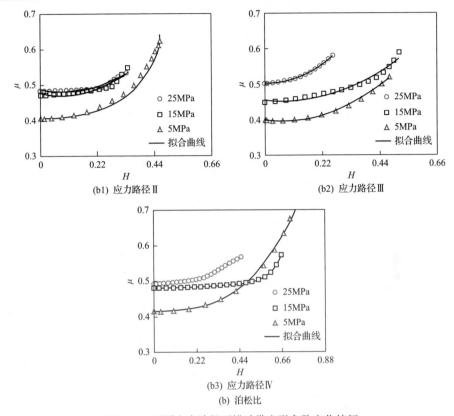

(b1) 应力路径 Ⅱ

(b2) 应力路径 Ⅲ

(b3) 应力路径 Ⅳ

(b) 泊松比

图 9.19　不同应力路径下错动带变形参数变化特征

下，错动带试样除测试到明显的卸荷扩容变形外，还在其表面观察到明显的裂纹，这表明卸荷条件下引起错动带强烈扩容的原因除材料自身体积变形外，还包含了试样内部裂隙的扩展和张开，同时错动带裂隙的方向基本垂直于卸荷主方向，而导致侧向变形剧增，因此测得的泊松比已不是一般意义上的材料基本属性参数，会出现大于 0.5 的情况。因此，本质上错动带卸荷应力路径下的变形破坏是显著剪胀扩容的过程，也是变形参数随其扩容而不断劣化的过程。

5) 卸荷强度参数劣化规律

不同应力路径下错动带强度参数变化特征如图 9.20 所示。可以看出，错动带卸荷内摩擦角比常规加荷试验得到的内摩擦角要高，黏聚力则显著降低；而卸轴压卸围压路径比增轴压卸围压路径劣化更显著。这是因为错动带在卸荷过程中的破坏是向卸荷方向的强烈扩容所致，而在加荷过程中以压剪腰鼓形变形为主，因此卸荷破坏更严重，且破坏面的粗糙度要更高一些。而且应力路径 Ⅲ 中的试样在轴压和围压同时减小时，会使得破裂面张开更为明显，从而得到较低的黏聚力和较高的内摩擦角。

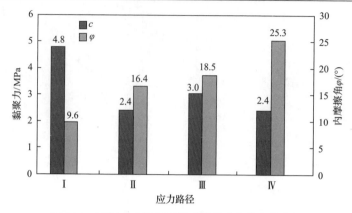

图 9.20　不同应力路径下错动带强度参数变化特征

3. 历次循环荷载下错动带的变形破坏特征和力学参数演化规律

1)卸荷再加荷变形规律和强度劣化特征

单调加荷和循环加卸荷作用下错动带典型应力-应变曲线如图 9.21 所示[13]。可以看出,相比错动带单调加荷,循环加卸荷作用下错动带应力-应变曲线表现出明显的记忆性特征,即在超过上一级卸荷载荷时,其应力-应变曲线上升趋势与原来的单调加载曲线相近,且最终仍基本表现为塑性流动或者应变硬化型。错动带卸荷和再加荷曲线路径并不重合,不同围压下均有明显的滞回环产生,且随卸荷应力水平的增高,表现更加明显。历次循环作用造成错动带试样的多次累积损伤,试样内部原生裂隙和新生裂隙逐渐扩展,从而造成试样抵抗外力作用的结构力逐步损失,宏观上表现为峰值强度的明显降低及力学参数(黏聚力和内摩擦角)的弱化行为,如图 9.22 所示。

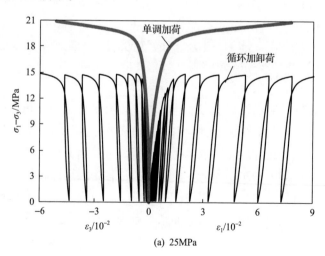

(a) 25MPa

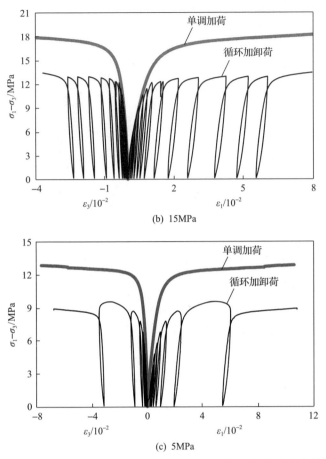

(b)　15MPa

(c)　5MPa

图 9.21　单调加荷和循环加卸荷作用下错动带典型应力-应变曲线[13]

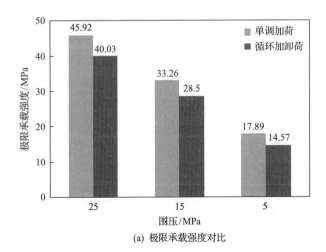

(a)　极限承载强度对比

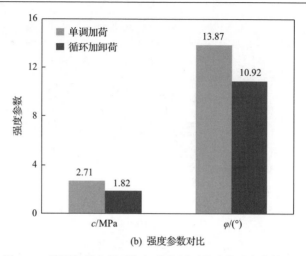

(b) 强度参数对比

图 9.22　单调加荷和循环加卸荷作用下错动带强度参数对比

2) 卸荷再加荷扩容剪胀机制

引入卸荷应力水平 s，深入研究不同围压下错动带历次循环卸荷体胀量随应力水平的变化情况。卸荷应力水平 s 可表示为

$$\begin{cases} s = \dfrac{\eta}{\eta_{\mathrm{f}}} \\[2mm] \eta = \dfrac{q}{p} \\[2mm] q = \dfrac{\sqrt{(\sigma_1 - \sigma_2)^2 + (\sigma_2 - \sigma_3)^2 + (\sigma_3 - \sigma_1)^2}}{\sqrt{2}} \\[2mm] p = \dfrac{\sigma_1 + \sigma_2 + \sigma_3}{3} \end{cases} \tag{9.5}$$

式中，η 为试验过程中的应力比；η_{f} 为试样破坏时的应力比。

整理后的试验结果如图 9.23 和图 9.24 所示[13]，其中正值表示体缩，负值表示体胀。可以看出，历次循环卸荷下，错动带表现为明显的卸荷体胀，且所表现出的卸荷体胀趋势和程度受卸荷应力水平和围压的影响和控制，卸荷应力水平增加至 0.6~0.8 时，错动带试样卸荷体胀量达到最大。历次循环卸荷过程中，较高的初始围压会使得错动带环向发生更大的弹性压缩变形，从而延迟了错动带扩容初始点，即较高围压 (25MPa) 下，错动带体胀程度略弱，但仍表现出较强的体胀趋势，如图 9.24 所示。这是因为应力水平较低时，加荷引起的错动带骨架结构的变形较小，错动带粗颗粒会在初始位置附近向孔隙处做微小调整，细颗粒也将向孔隙处填充，一旦卸荷，骨架颗粒间的弹性变形和颗粒结构部分恢复到初始状态变形，会使骨架结构的变形表现为卸荷体积膨胀；后随应力水平的提高，颗粒之间的相对位移逐渐增大，开始相互嵌入，在这种条件下卸荷，颗粒重新寻找稳定位置，但已不能恢复到原来的状态，而且加载中出现的颗粒尖角受力处的破碎在卸荷时将会脱离原颗粒进入孔隙中，进而引起卸荷轻微体缩现象的发生。

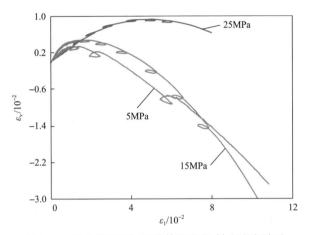

图 9.23　错动带循环加卸荷体积应变-轴向应变关系

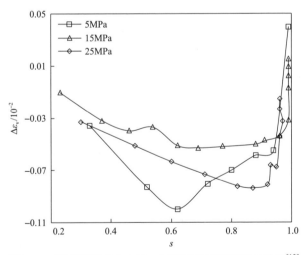

图 9.24　循环卸荷应力水平 s 与错动带体积应变的关系[13]

在连续介质理论中，最广泛用来衡量扩容和控制岩土材料体积变化的参数是剪胀角。在塑性理论中，通常用剪胀角 ψ 来表征非弹性体积变化，描述岩石扩容过程。根据 Vermeer[14]的建议，剪胀角 ψ 表述为

$$\psi = \arcsin \frac{\dot{\varepsilon}_v^p}{-2\dot{\varepsilon}_1^p + \dot{\varepsilon}_v^p} \tag{9.6}$$

式中，$\dot{\varepsilon}_v^p$ 和 $\dot{\varepsilon}_1^p$ 分别为体积塑性应变速率和轴向塑性应变速率。对于常规三轴试验，围压作用在岩样整个圆周，即 $\varepsilon_2 = \varepsilon_3$。式(9.6)可表示为

$$\psi = \arcsin \frac{\dot{\varepsilon}_1^p + 2\dot{\varepsilon}_3^p}{-\dot{\varepsilon}_1^p + 2\dot{\varepsilon}_3^p} \tag{9.7}$$

式中，$\dot{\varepsilon}_1^p$ 为轴向塑性应变速率；$\dot{\varepsilon}_3^p$ 为环向塑性应变速率。

根据 Zhao 等[15]提出的算法计算不同围压下错动带历次循环对应的平均剪胀角，绘制各循环剪胀角随轴向塑性应变的变化，如图 9.25 所示。可以看出，随轴向塑性应变的增大，剪胀角总体上从负值缓慢增长至正值，随后保持缓慢上升或者基本不变。

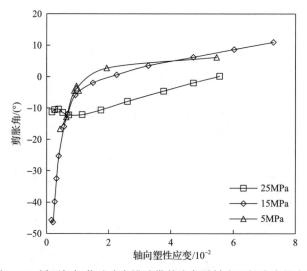

图 9.25　循环加卸荷试验中错动带剪胀角随轴向塑性应变的变化

在整个循环加卸荷过程中，错动带试样整体一直呈体胀趋势，低围压下的体胀现象更明显。这是由于轴压的大幅卸除造成错动带轴向限制瞬时解除，应变能迅速释放，试样损伤程度迅速增加，而环向变形对卸荷的响应相对缓慢，导致轴向塑性应变速率大于环向塑性应变速率，从而造成剪胀角快速增长。而后裂隙的扩展、相互贯通以及颗粒的翻滚破碎消耗了释放的应变能，损伤过程变得缓慢，剪胀角增长逐步缓慢，增长至一定水平后基本保持不变。

3）卸荷再加荷能量演化机制

岩土材料在加卸荷过程中的屈服、破坏、损伤及宏观破裂面的产生和发展等都是能量耗散的过程，从热力学观点来看，能量耗散是单项和不可逆的，但能量释放是双向的，一定条件下是可逆的[16,17]。错动带试样的循环加卸荷过程实际上

是试验机与错动带试样互相做功的过程，荷载所做的功一部分用于引起错动带试样弹性变形能的增大，一部分将以其他形式被耗散掉，这部分耗散掉的能量反映在应力-应变曲线上就是塑性滞回环，如图 9.26 所示。

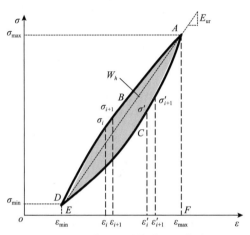

图 9.26　典型错动带滞回环曲线

在单个滞回环曲线中，加载过程中的应力-应变曲线与应变轴所围成的面积为一个循环中的加载功，如图 9.26 中 *ABDEF* 面积，记为 W_l，错动带试样卸荷过程则是试样储存的弹性能释放对试验机做功的过程，同样把试样卸荷过程中应力-应变曲线与应变轴所围成的面积（见图 9.26 中 *ACDEF* 面积）记为 W_u；加卸荷曲线的面积之差则为塑性功，即塑性滞回能 W_h，即

$$W_h = W_l - W_u = \frac{1}{2} \sum_{\varepsilon_i=\varepsilon_{\min}}^{\varepsilon_{\max}} (\sigma_i + \sigma_{i+1})(\varepsilon_{i+1} - \varepsilon_i) - \frac{1}{2} \sum_{\varepsilon_i'=\varepsilon_{\min}}^{\varepsilon_{\max}} (\sigma_i' + \sigma_{i+1}')(\varepsilon_{i+1}' - \varepsilon_i') \qquad (9.8)$$

式中，$\varepsilon_{\max}$ 为滞回环最大应变；$\varepsilon_{\min}$ 为滞回环最小应变。

不同围压和卸荷应力水平下错动带试样塑性滞回能变化规律如图 9.27 所示[13]。从总体上看，错动带试样的塑性滞回能随着围压的增加而增大，且随着卸荷应力水平的增大而逐级增加，但当应力-应变曲线越过峰值进入塑性流动阶段后，即当卸荷应力水平基本接近 1%时，塑性滞回能逐步保持稳定。这是由于错动带自身的缺陷和非线性，颗粒之间存在大量微观的孔隙和裂隙，在循环加卸荷初期和弹性变形阶段，主要是组成错动带的颗粒的弹性变形，卸荷时弹性能释放较多，因此消耗的能量相对较少。随着卸荷应力水平的提高，错动带逐步进入屈服阶段，此时错动带内部颗粒进一步滑移甚至破碎，且其中的微裂隙进一步发育、扩展、汇合，损伤逐步累积，储存的可释放弹性能逐渐减少，而相应的颗粒破碎和裂隙扩展所需的表面能增大，需要消耗较多能量，同时颗粒相互摩擦也消耗一定的能量，塑性滞回能耗散越来越大，直至最终达到基本稳定状态。

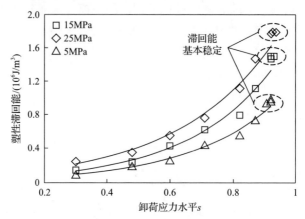

图 9.27　不同围压和卸荷应力水平下错动带试样塑性滞回能变化规律[13]

9.2.2　高应力大型地下洞室错动带岩体变形破坏机制分析

从工程角度讲，开挖后洞室表层错动带岩体基本处于低围压应力环境，上述不同类型的围压卸除试验和循环加卸荷试验近似模拟了现场环境下错动带的力学行为。由于室内试验开展的是小尺寸错动带试样的卸荷力学特性研究，与大型地下洞室群错动带在尺度上存在差异，无法将室内试验中确定的力学参数的绝对量值直接应用于工程，但试验所揭示的规律性可推广并指导现场错动岩体变形破坏机制的理解。从上述宏细观研究中可总结出如下规律：

（1）各加卸荷应力路径和循环荷载下错动带皆表现出强烈卸荷回弹和剪胀扩容现象。

（2）常规三轴应力状态下压缩、卸荷下都以腰鼓形破坏为主，但三轴卸载条件下错动带会在更短的时间内更快地进入破坏状态，且表面出现张/张剪裂纹，表现出一定的脆性破坏特征，其中卸轴压卸围压路径Ⅳ破坏最为强烈。

（3）卸荷条件下变形参数和强度参数的变化规律是随着错动带的扩容而不断劣化的过程；错动带卸荷极限承载强度皆低于加荷峰值强度。

（4）错动带塑性变形和破坏主要来源于颗粒破碎、颗粒定向排列及原有裂隙和新生裂隙的逐步发育扩展和损伤的逐步累积。

在高应力大型地下洞室分层分部开挖过程中，由于不同出露位置的错动带经历的应力路径调整不同，其变形破坏程度、深度和破坏模式存在差异，需给予的关注程度以及开挖与支护优化设计方案亦不相同。这些规律对解释大型地下洞室错动带塑性挤出破坏和应力-结构型塌方具有重要的指导意义。

图 9.28 为大型地下洞室高边墙错动带塑性挤出机制示意图。通常情况下，高

地应力对洞室围岩破坏具有控制作用,且最大初始地应力方向与岩体破坏具有一定的对应关系[18]。洞室第Ⅲ层开挖后,如图 9.28(a)所示的初始地应力作用下,围岩应力重分布使得塑性挤出破坏部位平行于开挖面的应力 σ_θ 急剧增加,而垂直于临空面的法向应力急剧卸荷,使得错动带在集中应力 σ_θ 下产生压缩的同时会发生侧向膨胀,产生膨胀应力 σ_s(见图 9.28(b))。压缩应力 σ_θ、膨胀应力 σ_s 的双重作用使得错动带往临空面发生塑性挤出成为可能。同时,在未开挖前的长期地质过程中,错动带在上覆岩体和构造应力的三维高压下呈密实状态,积蓄了弹性应变能 σ_e,开挖面的卸荷使得弹性应变能得以释放,也会促使软弱错动带挤出。而且,错动带岩体属于软硬互层岩体,其本身与坚硬母岩变形不协调,软层大,硬层很小,进一步诱发了错动带向临空面内挤出进而导致支护破坏。因此,高地应力开挖卸荷引起的压缩力、侧胀力和弹性能释放成为错动带塑性挤出破坏的先决条件,而这与室内试验所揭示的规律也是基本一致的。

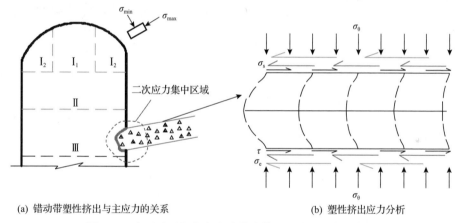

(a) 错动带塑性挤出与主应力的关系　　　　　(b) 塑性挤出应力分析

图 9.28　大型地下洞室高边墙错动带塑性挤出机制示意图

选取开挖面附近基本保持原状结构的错动带和发生塑性挤出破坏的错动带进行室内 SEM 观测,从细观角度分析该塑性挤出破坏的破坏机理。大型地下洞室高边墙错动带塑性挤出前后的 SEM 图像如图 9.29 所示[7]。可以看出,错动带发生塑性挤出破坏后,其基本结构单元大多变为以面-面叠聚体为主的黏土基底式结构,单元体和孔隙也相较原状错动带变小,结构越来越密实,且大部分面-面叠聚体的定向排列也越来越明显,这种定向排列对错动带膨胀有很大影响。同时,观察图中放大 5000 倍的错动带 SEM 图像可以看出结构单元台阶状和鱼骨状花样拉伸断口,这是由于晶胞存在缺陷,在解理时,不仅沿着一个晶面,而是沿着一簇相互平行的位于不同高度的晶面发生穿晶断裂。这与试验揭示的规律二和规律四是对应的。

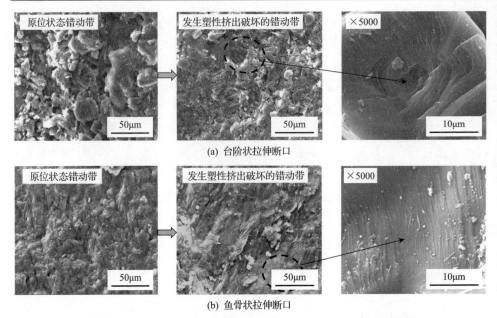

(a) 台阶状拉伸断口

(b) 鱼骨状拉伸断口

图 9.29　大型地下洞室高边墙错动带塑性挤出前后的 SEM 图像[7]

　　图 9.30 为右岸地下洞室顶拱错动带应力-结构型塌方机制示意图,并显示了塌方与二次重分布应力方向的空间关系。厂房开挖临空面的暴露使得出露于顶拱和拱肩的错动带岩体附近应力急剧调整,一方面,平行于缓倾角错动带方向二次重分布应力的急剧增加,使得错动带与母岩接触面首先破坏,造成黏结强度进一步降低;另一方面,垂直于缓倾角错动带的二次重分布正应力急剧卸荷,使临空面附近错动带破碎岩体失去了围压的约束。因此,洞室开挖后,在错动带/母岩接触面黏结强度降低、围压卸荷以及重力影响的三重作用下,错动带下盘破碎岩体难以自稳,不仅会伴随着裂隙面的局部强烈松弛,甚至造成裂隙面的继续贯通张开滑移,从而使得错动带及下盘岩体不断向临空面发生塌方。其中,错动带与母岩接触面位置构成了塌方的主要控制边界,同时塌方块体也呈现出受接触面和破碎岩体裂隙面控制的楔形体特征。

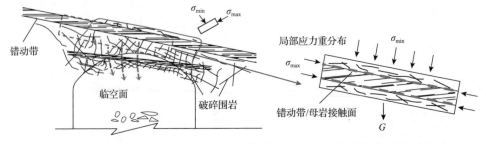

图 9.30　白鹤滩水电站右岸地下洞室顶拱错动带应力-结构型塌方机制示意图

如图 9.31 所示,当错动带出露于洞室高边墙和母线洞时,一方面,错动岩体承受着上覆岩层的自重,另一方面,主厂房、主变室和母线洞等工作面开挖扰动导致洞室边墙法向卸荷,这会导致相邻母线室之间的岩柱处于不利的多面临空和多面卸荷应力环境,此时含错动带岩体更易发生破坏,如岩体沿错动带弱面发生剪切滑动、错动带揭露处上盘或下盘岩体发生塌方、错动带加剧地下交叉洞室的环向开裂程度等。

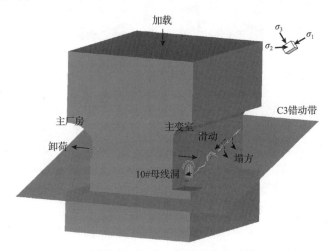

图 9.31　错动带出露于交叉洞室时的破裂模式和形态

将大型地下洞室错动带塌方块体破裂面进行电子显微镜扫描,观察错动带塌方块体破裂断口宏观和微观形貌。从图 9.32 可以看出,其细观破坏力学机制主要有两类,即剪切破坏和张拉破坏。塌方剪切破裂面主要位于错动带/母岩接触面附近,在细观上主要表现为沿晶擦断、切晶擦断以及两者的组合作用引起的破裂,断口具有阶步形貌,界面有擦痕和晶棱被磨的剪切痕迹,并有岩粉堆积于错断隙间,如图 9.32(a)所示,较好地反映了塌方部分破裂面的剪切破裂机制。除此之外,

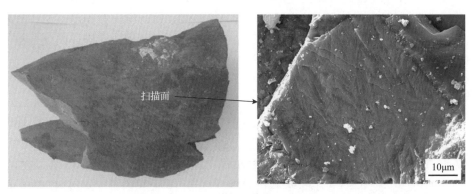

(a) 剪切破裂面

(b) 拉伸破裂面

图 9.32　白鹤滩水电站右岸主厂房南侧 C4 错动带结构应力型塌方典型 SEM 图像

一些塌方块体破裂面呈现出张拉破坏特征，如图 9.32(b) 所示，扫描破裂面十分新鲜，呈阶梯状花样，矿物颗粒呈针状或柱状，颗粒沿着矿物边界断开，而且矿物本身发生一定程度的颗粒破碎，即具有穿晶断裂和沿晶断裂复合特征，为张扭性断裂。因此，错动带岩体应力-结构型塌方破坏具有明显的张裂和剪裂特征，同时伴随着剪切面的错动以及裂隙面的张开贯通与滑移，最终克服了岩体的黏结力和内摩擦力，使得错动带岩体破坏急剧向临空面发展，造成破碎岩体与围岩整体脱离，从而产生塌方掉块，这与试验揭示的基本规律对应。

9.3　高应力大型地下洞室群错动带岩体变形破坏预测分析

遵循 2.2 节大型地下洞室群七步流程式设计步骤 3 和步骤 4，设计受软弱不利地质体影响的大型工程结构，不仅需要评价洞室当前层开挖后的错动带岩体的破裂深度和破裂程度，而且需要预测后续分层开挖过程中错动带岩体的破裂深度和破裂程度的演化。因此，需构建典型的错动带影响下大型地下洞室三维数值网络模型，开发和建立错动带卸荷变形破坏力学模型，嵌入合理的数值分析平台，进行数值计算分析，结合岩体破裂程度指标，实现错动带影响下大型地下洞室分层分部开挖过程中错动带岩体的潜在破坏位置、程度、破坏模式和破坏演化过程的直观定量表征、识别和预测。

9.3.1　错动带卸荷变形破坏力学模型

前述复杂应力路径下的宏细观常规三轴加卸荷试验得到错动带在不同加卸荷应力路径和高初始应力状态下具有显著非线性、扩容剪胀、参数劣化和变形应力各向异性特征，这是建立合理本构模型必须考虑的关键问题。为此，建立考虑高应力复杂加卸荷应力路径下错动带非线性体胀和劣化的力学模型，即 NDDM 模型(non-linear dilation and deterioration model of ISZ under complex loading and unloading)。该模型是建立在增量弹塑性理论基础上的[19]，将应变增量分为可恢复的弹性应变增量和塑性应变增量，前者由弹性增量理论求解，后者由塑性增量理论计算，建立屈服函数、塑性势函数、加卸荷条件以及硬化-软化规律。

1. 卸荷弹性本构关系

1) 弹性本构关系基本假设

错动带加卸荷本构模型服从以下三点基本假设：

(1)错动带自静水压力加载至卸荷前，均可视为各向同性线弹性材料。

(2)在不同应力路径的卸荷剪切过程中，错动带变形参数(弹性模量、剪切模量等)的劣化各向异性体现在平行于最大主应力方向和垂直于最大主应力方向的变形参数劣化程度存在一定差异。

(3)错动带各向异性劣化方向分别与平行于最大主应力方向和垂直于最大主应力方向一致，且二者存在一定的函数对应关系。

2) 错动带弹性本构关系的构建

根据 9.2.1 节所示的错动带加卸荷过程中的典型应力-应变曲线，将其简化为线弹性加荷段和非线性卸荷劣化段来表示，如图 9.33 所示。错动带的本构关系构建将从错动带加卸荷应力-应变曲线的卸荷前线弹性加载段和卸荷后非线性劣化段两个阶段进行。

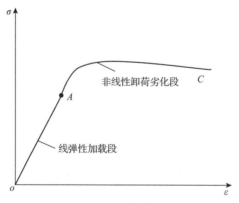

图 9.33　错动带两线段弹塑性本构模型

(1)线弹性加载阶段(卸荷前)。

错动带在静水压力状态以及卸荷之前的线弹性加载阶段可视为各向同性线弹性介质，线弹性加载段增量应力-应变关系为

$$\Delta\varepsilon = D\Delta\sigma \tag{9.9}$$

式中，$\Delta\varepsilon$ 和 $\Delta\sigma$ 分别为错动带的应变增量和应力增量；D 为相应的柔度矩阵，具

体表达形式为

$$\boldsymbol{D} = \begin{bmatrix} \dfrac{1}{E} & -\dfrac{\mu}{E} & -\dfrac{\mu}{E} & 0 & 0 & 0 \\[2mm] -\dfrac{\mu}{E} & \dfrac{1}{E} & -\dfrac{\mu}{E} & 0 & 0 & 0 \\[2mm] -\dfrac{\mu}{E} & -\dfrac{\mu}{E} & \dfrac{1}{E} & 0 & 0 & 0 \\[2mm] 0 & 0 & 0 & \dfrac{E}{G} & 0 & 0 \\[2mm] 0 & 0 & 0 & 0 & \dfrac{E}{G} & 0 \\[2mm] 0 & 0 & 0 & 0 & 0 & \dfrac{E}{G} \end{bmatrix} \tag{9.10}$$

式中，E 为错动带的弹性模量；G 为错动带的剪切模量；μ 为错动带的泊松比。

将式(9.9)和式(9.10)转换为主应力空间的表达形式，即

$$\begin{bmatrix} \Delta\varepsilon_1 \\ \Delta\varepsilon_2 \\ \Delta\varepsilon_3 \end{bmatrix} = \begin{bmatrix} \dfrac{1}{E} & -\dfrac{\mu}{E} & -\dfrac{\mu}{E} \\[2mm] -\dfrac{\mu}{E} & \dfrac{1}{E} & -\dfrac{\mu}{E} \\[2mm] -\dfrac{\mu}{E} & -\dfrac{\mu}{E} & \dfrac{1}{E} \end{bmatrix} \begin{bmatrix} \Delta\sigma_1 \\ \Delta\sigma_2 \\ \Delta\sigma_3 \end{bmatrix} \tag{9.11}$$

继续变换后可得

$$\begin{bmatrix} \Delta\varepsilon_1 \\ \Delta\varepsilon_2 \\ \Delta\varepsilon_3 \end{bmatrix} = \begin{bmatrix} \dfrac{1}{E} & -\dfrac{1}{E}\dfrac{E-2G}{2G} & -\dfrac{1}{E}\dfrac{E-2G}{2G} \\[2mm] -\dfrac{1}{E}\dfrac{E-2G}{2G} & \dfrac{1}{E} & -\dfrac{1}{E}\dfrac{E-2G}{2G} \\[2mm] -\dfrac{1}{E}\dfrac{E-2G}{2G} & -\dfrac{1}{E}\dfrac{E-2G}{2G} & \dfrac{1}{E} \end{bmatrix} \begin{bmatrix} \Delta\sigma_1 \\ \Delta\sigma_2 \\ \Delta\sigma_3 \end{bmatrix} \tag{9.12}$$

式中，$\Delta\varepsilon_1$、$\Delta\varepsilon_2$、$\Delta\varepsilon_3$ 和 $\Delta\sigma_1$、$\Delta\sigma_2$、$\Delta\sigma_3$ 分别为错动带三个主应力方向相应的应变增量和应力增量。

(2)非线性卸荷劣化阶段。

在卸荷阶段，错动带的变形是高度非线性的，假设该应力-应变曲线卸荷阶段起点处(弹性阶段的终点位置)的剪切模量为 G_e，即与弹性阶段终点对应的错动带剪切模量。

$$G_e = \frac{E}{2(1+\mu_e)} \tag{9.13}$$

式中，E 为错动带弹性段的变形模量；μ_e 为错动带弹性段的泊松比。

从微观力学机制上讲，岩土体的塑性主要来源于裂隙的萌生、发展和聚集以及颗粒的摩擦、滑动、翻滚和破碎，进一步卸荷会引起岩土体的劣化和各向异性，特别是在各种卸围压应力路径中，较高的偏应力会增加新的损伤，而使得各向异性增加。Okur 等[20]曾指出，剪切模量增量的变化能够较好地反映岩土体材料变形引起的各向异性损伤的发展过程。从错动带的各类室内试验可以看出，错动带非线性加载中，其剪切过程伴随着错动带变形模量的劣化以及各向异性的产生。

由上述错动带试验结果分析可知，该非线性卸荷劣化阶段与最大主应力方向一致的不断劣化的剪切模量 G_{p1} 和该阶段起点处的剪切模量 G_e 基本满足如下关系：

$$G_{p1} = \left[1 - a\left(\frac{q - q_u}{q_f - q_u}\right)^2\right]G_e \tag{9.14}$$

式中，G_{p1} 为该非线性卸荷劣化阶段与最大主应力方向一致的劣化剪切模量；q 为错动带在该阶段劣化过程中不同时刻的广义剪应力（偏应力）；q_f 为错动带卸荷破坏强度对应的广义偏应力；q_u 为错动带卸荷初始点（弹性加载段终点）的广义剪应力；a 为应力-应变曲线修正系数，其范围一般为 $0 < a \leqslant 1$。

同理，基于对剪切模量变化的基本假设，该非线性卸荷劣化阶段与最大主应力方向垂直的剪切模量 G_{p2} 和卸荷起始点（弹性加载段终点）处对应的剪切模量 G_e 的关系为

$$G_{p2} = \left[1 - a\left(b\frac{q - q_u}{q_f - q_u}\right)^2\right]G_e \tag{9.15}$$

式中，G_{p2} 为该非线性卸荷劣化阶段与最大主应力方向垂直的剪切模量；b 为反映错动带变形参数弱化各向异性的参数，其范围一般为 $0 < b \leqslant 1$，当 $b = 1$ 时，$G_{p1} = G_{p2}$，此时错动带相当于各向同性材料。而在复杂卸荷应力路径下，$G_{p1} \neq G_{p2}$，在这种情况下，错动带已成为各向异性材料。

由上述对错动带在卸荷应力路径下的变形模量的分析研究可知，错动带的变形模量随着最小主应力（围压）的不断卸荷而逐步劣化，根据试验分析结果，二者关系满足如下关系式：

$$E' = E - m \lg \frac{\sigma_3}{\sigma_{3u}} \tag{9.16}$$

式中，E' 为该非线性卸荷阶段不同时刻的变形模量；E 为错动带卸荷初始点（弹性加载段终点）处的弹性模量；σ_3 为该非线性卸荷阶段不同时刻的卸荷最小主应力；σ_{3u} 为错动带卸荷初始点（弹性加载段终点）的围压；m 为表征卸荷过程中错动带变形模量劣化过程的参数。

因此，通过对错动带非线性卸荷过程中变形参数劣化过程的分析，结合式(9.12)将错动带在主应力空间的应力-应变本构方程表达为

$$\begin{bmatrix} \Delta\varepsilon_1 \\ \Delta\varepsilon_2 \\ \Delta\varepsilon_3 \end{bmatrix} = \begin{bmatrix} \dfrac{1}{E'} & -\dfrac{1}{E'}\dfrac{E'-2G_{p1}}{2G_{p1}} & -\dfrac{1}{E'}\dfrac{E'-2G_{p1}}{2G_{p1}} \\ -\dfrac{1}{E'}\dfrac{E'-2G_{p1}}{2G_{p1}} & \dfrac{1}{E'} & -\dfrac{1}{E'}\dfrac{E'-2G_{p2}}{2G_{p2}} \\ -\dfrac{1}{E'}\dfrac{E'-2G_{p1}}{2G_{p1}} & -\dfrac{1}{E'}\dfrac{E'-2G_{p2}}{2G_{p2}} & \dfrac{1}{E'} \end{bmatrix} \begin{bmatrix} \Delta\sigma_1 \\ \Delta\sigma_2 \\ \Delta\sigma_3 \end{bmatrix} \tag{9.17}$$

式中，$\Delta\varepsilon_1$、$\Delta\varepsilon_2$、$\Delta\varepsilon_3$ 分别为该非线性卸荷阶段的最大、中间和最小主应力；$\Delta\sigma_1$、$\Delta\sigma_2$、$\Delta\sigma_3$ 分别为该非线性卸荷阶段的最大、中间和最小主应变增量。

进一步地，通过式(9.17)结合相关弹性理论，计算得到错动带卸荷过程中的膨胀体积应变 $\Delta\varepsilon_v$。

$$\Delta\varepsilon_v = (\Delta\varepsilon_v)_p + (\Delta\varepsilon_v)_s = \frac{\Delta p}{K_p} + \frac{\Delta q}{K_s} \tag{9.18}$$

$$\begin{cases} K_p = \dfrac{E'}{9 - \dfrac{2E}{G_{p1}} - \dfrac{E}{G_{p2}}} \\ K_s = \dfrac{9G_{p1}G_{p2}}{\sqrt{2}(G_{p1} - G_{p2})} \end{cases} \tag{9.19}$$

式中，$(\Delta\varepsilon_v)_p$ 和 $(\Delta\varepsilon_v)_s$ 分别为卸荷阶段应力球张量引起的体积应变膨胀量和应力偏量引起的体积应变膨胀量；K_p 和 K_s 分别为该非线性卸荷阶段的等效弹塑性体积模量和等效压硬模量；Δp 和 Δq 分别为错动带相对于卸荷初始点的平均应力增量和广义剪应力增量。

式(9.9)～式(9.19)所示的加卸荷弹性本构关系对于错动带单调加荷下的应

力-应变关系描述同样适用，仅 E 和 G 的参数取值上略有变化，但基本形式相似，可以采用。

3）错动带加卸荷弹性本构关系特点

（1）改进后的本构模型可模拟不同卸荷应力路径下应力-应变关系。

（2）可以较好地反映错动带在卸荷过程中引起的体积扩容变形，而这在各向同性线弹性中是无法考虑和描述的。

（3）该模型中，如果 $G_{p1} \leqslant G_{p2}$，则反映出剪胀各向异性；如果 $G_{p1} > G_{p2}$，则可反映出材料的剪缩性，该参数可反映出力学模型较强的灵活性和适用性。

（4）该模型中，错动带在加荷和卸荷应力路径中可以采用合适的强度准则，并以此确定响应的强度参数，因此其细致地考虑了错动带在加荷和卸荷过程中力学特性的差异。

2. 破坏准则、塑性势函数及硬化规律

1）破坏准则

岩土的性质和本构关系与应力-应变状态的变化过程有关，即与岩土材料达到破坏时的应力路径有关，错动带亦不例外。卸荷应力路径、卸荷初始围压以及卸荷速率等的不同，必然造成岩体强度、力学变形参数等方面的不同，进而引起强度准则的差异。基于不排水三轴卸载试验结果，评价不同数学形式强度准则的适用性，最终确定可描述错动带加卸荷力学特性的修正破坏准则。

规定拉应力为正、压应力为负，修正剪切屈服强度准则可表达为

$$f^s = \tau_{oct} + q_\varphi \sigma_{m,2} - k_\varphi \tag{9.20}$$

$$\begin{cases} \tau_{oct} = \sqrt{\dfrac{2}{3}J_2} = \dfrac{1}{3}\sqrt{(\sigma_1 - \sigma_2)^2 + (\sigma_2 - \sigma_3)^2 + (\sigma_3 - \sigma_1)^2} \\ \sigma_{m,2} = \dfrac{1}{2}(\sigma_1 + \sigma_3) \end{cases} \tag{9.21}$$

式中，f^s 为错动带剪切屈服函数；τ_{oct} 和 $\sigma_{m,2}$ 为八面体剪应力和有效中间应力；φ 为错动带的内摩擦角；q_φ 和 k_φ 为错动带的材料参数，与错动带的黏聚力和内摩擦角有关。

以广义剪应力和平均应力形式（p-q 形式）表示莫尔-库仑强度准则的关系式见式（9.22），规定拉应力为正、压应力为负。

$$p \sin\varphi + \left(\cos\theta_\sigma - \frac{1}{\sqrt{3}}\sin\theta_\sigma \sin\varphi\right)\frac{q}{\sqrt{3}} - c\cos\varphi = 0 \tag{9.22}$$

式中，p 为平均应力；q 为广义剪应力，c 为岩土材料的黏聚力；φ 为内摩擦角；θ_σ 为应力洛德角，该参数可以反映材料不同的受力状态。

为了便于后期进行塑性势函数的选取和偏微分求取，需将屈服函数表达式(式(9.20))变换到 (p,q) 空间进行研究，即

$$f^s = q_\varphi p + \beta_\varphi q - k_\varphi = 0 \tag{9.23}$$

经推导，可获得与莫尔-库仑强度准则对应的 q_φ、k_φ、β_φ 参数表达式分别为

$$q_\varphi = \frac{\sqrt{2}\sin\varphi}{\sqrt{3}\cos\theta_\sigma} \tag{9.24}$$

$$k_\varphi = \frac{\sqrt{3}c\cos\varphi\left(\dfrac{\sqrt{2}}{3} - \dfrac{\sin\theta_\sigma}{3}\dfrac{\sqrt{2}\sin\varphi}{\sqrt{3}\cos\theta_\sigma}\right)}{\cos\theta_\sigma - \dfrac{1}{\sqrt{3}}\sin\theta_\sigma\sin\varphi} \tag{9.25}$$

$$\beta_\varphi = \frac{\sqrt{2}}{3} - \frac{\sin\theta_\sigma}{3}q_\varphi \tag{9.26}$$

应力洛德角 θ_σ 取不同角度时可以反映错动带在不同加卸荷应力路径下不同的受力状态(受拉、受压和受剪)。

对于错动带的拉伸强度准则，可将其修正为

$$f^t = \sigma_{m,2} - \sigma^t = 0 \tag{9.27}$$

式中，σ^t 为错动带的抗拉强度。

以 $p\text{-}q$ 形式对错动带的拉伸强度准则进行变换表达，则有

$$f^t = p - \frac{\sin\theta_\sigma}{3}q - \sigma^t = 0 \tag{9.28}$$

错动带在偏应力空间的拉剪复合强度准则如图9.34所示。这里沿用理想弹塑性力学模型[21]中两条强度包络线夹角平分线的定义，则所获得的修正后的剪切破坏准则和拉伸强度准则的交点坐标为 $(\sigma^t, k_\varphi - q_\varphi\sigma^t)$，最终得到角平分线方程为

$$\frac{\sqrt{2}}{3}q - (k_\varphi - q_\varphi\sigma^t) - \left(\sqrt{1+q_\varphi{}^2} - q_\varphi\right)\left(p - \frac{\sin\theta_\sigma}{3}q - \sigma^t\right) = 0 \tag{9.29}$$

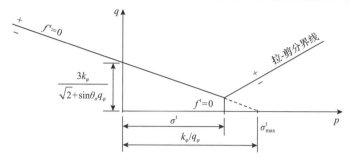

图 9.34　错动带拉剪复合强度准则及其分界线

2) 塑性势函数和非关联流动法则

对于塑性势函数，错动带剪切破坏的塑性势函数根据非关联流动法则进行选取，错动带拉伸破坏的塑性势函数按照关联流动法则进行选取，二者的具体表达式为

$$\begin{cases} g^{s} = q_{\psi}p + \left(\dfrac{\sqrt{2}}{3} - \dfrac{\sin\theta_{\sigma}}{3}q_{\psi} \right) \\ g^{t} = p - \dfrac{\sin\theta_{\sigma}}{3}q \end{cases} \tag{9.30}$$

式中，g^{s} 和 g^{t} 分别为错动带的剪切破坏和拉伸破坏的塑性势函数；$q_{\psi} = \dfrac{\sqrt{2}\sin\psi}{\sqrt{3}\cos\theta_{\sigma}}$，$\psi$ 为错动带剪胀角。

在图 9.34 所示的坐标系下，对式 (9.30) 中的剪切破坏塑性势函数进行偏微分求解，可得

$$\begin{cases} \dfrac{\partial g^{s}}{\partial p} = q_{\psi} \\ \dfrac{\partial g^{s}}{\partial q} = \dfrac{\sqrt{2}}{3} - \dfrac{\sin\theta_{\sigma}}{3}q_{\psi} \end{cases} \tag{9.31}$$

在此基础上进行的应力增量塑性修正式为

$$\begin{cases} \Delta p = -\lambda^{s}Kq_{\psi} \\ \Delta q = -\lambda^{s}G\left(\dfrac{\sqrt{2}}{3} - \dfrac{\sin\theta_{\sigma}}{3}q_{\psi} \right) \end{cases} \tag{9.32}$$

根据一致性条件[19]，塑性乘子为

$$\lambda^{s} = \frac{q_{\varphi}p^{\mathrm{I}} + \left(\dfrac{\sqrt{2}}{3} - \dfrac{\sin\theta_{\sigma}}{3}q_{\varphi}\right)q^{\mathrm{I}} - k_{\varphi}}{G\left(\dfrac{\sqrt{2}}{3} - \dfrac{\sin\theta_{\sigma}}{3}q_{\psi}\right)\left(\dfrac{\sqrt{2}}{3} - \dfrac{\sin\theta_{\sigma}}{3}q_{\varphi}\right) + Kq_{\psi}q_{\varphi}} \tag{9.33}$$

式中，p^{I} 和 q^{I} 分别为按弹性计算的当前平均应力和广义剪应力。

在图 9.34 所示的坐标系下，对式 (9.30) 中的拉伸破坏塑性势函数进行偏微分求解，可得

$$\begin{cases} \dfrac{\partial g^{\mathrm{t}}}{\partial p} = 1 \\[3mm] \dfrac{\partial g^{\mathrm{t}}}{\partial q} = -\dfrac{\sin\theta_{\sigma}}{3} \end{cases} \tag{9.34}$$

相应的应力增量的塑性修正为

$$\begin{cases} \Delta p = -\lambda^{\mathrm{t}}K \\[3mm] \Delta q = -\lambda^{\mathrm{t}}G\left(-\dfrac{\sin\theta_{\sigma}}{3}\right) \end{cases} \tag{9.35}$$

相应的塑性乘子为

$$\lambda^{\mathrm{t}} = \frac{p^{\mathrm{I}} - \dfrac{\sin\theta_{\sigma}}{3}q^{\mathrm{I}} - \sigma^{\mathrm{t}}}{K} \tag{9.36}$$

3）内变量和强度参数演化

将内变量 κ 定义为等效塑性应变 $\overline{\varepsilon}^{\mathrm{p}}$，是一个可以较好地描述错动带屈服后塑性程度的指标，即

$$\begin{cases} \kappa = \displaystyle\int \mathrm{d}\kappa = \int \sqrt{\dfrac{2}{3}\mathrm{d}e_{ij}^{\mathrm{p}}\mathrm{d}e_{ij}^{\mathrm{p}}} \\[3mm] \mathrm{d}e_{ij}^{\mathrm{p}} = \mathrm{d}\varepsilon_{ij}^{\mathrm{p}} - \dfrac{1}{3}\mathrm{tr}(\mathrm{d}\varepsilon_{ij}^{\mathrm{p}})I \end{cases} \tag{9.37}$$

式中，$\mathrm{d}e_{ij}^{\mathrm{p}}$ 为错动带的塑性应变偏张量；I 为第一张量不变量。

为反映错动带加卸荷过程中力学参数的劣化规律，结合 9.2 节试验结果建立错动带黏聚力 c 和内摩擦角 φ 随内变量 κ 变化的函数关系，从卸荷屈服开始，黏聚力 c 和内摩擦角 φ 虽然分别呈对数形式减小和增大，后期趋于稳定，但仍基本

可以近似为线性关系，即建立错动带黏聚力和内摩擦角随内变量 κ 的分段线性折减关系用于反映强度参数的劣化特征，即

$$
\begin{cases}
c_{\text{now}}(\kappa) = \dfrac{c_{\text{res}} - c}{\kappa_c^{\text{now}}}\kappa + c_{\text{res}}, & 0 < \kappa < \kappa_c^{\text{now}} \\
c_{\text{now}}(\kappa) = c_{\text{res}}, & \kappa \geqslant \kappa_c^{\text{now}}
\end{cases}
\tag{9.38}
$$

$$
\begin{cases}
\varphi_{\text{now}}(\kappa) = \dfrac{(\varphi_{\text{res}} - \varphi)}{\kappa_\varphi^{\text{now}}}\kappa + \varphi_{\text{res}}, & 0 < \kappa < \kappa_\varphi^{\text{now}} \\
\varphi_{\text{now}}(\kappa) = \varphi_{\text{res}}, & \kappa \geqslant \kappa_\varphi^{\text{now}}
\end{cases}
\tag{9.39}
$$

式中，$c_{\text{now}}(\kappa)$ 和 $\varphi_{\text{now}}(\kappa)$ 为错动带当前的黏聚力和内摩擦角；c_{res} 和 φ_{res} 为错动带的残余黏聚力和残余内摩擦角；c 和 φ 为错动带卸荷初始点的黏聚力和内摩擦角；κ_c^{now} 和 $\kappa_\varphi^{\text{now}}$ 为错动带当前的黏聚力和内摩擦角刚达到残余应变时对应的等效塑性应变临界值。

根据上述过程，按照相关数值分析平台的自定义本构模型流程实现其数值计算功能。模型的基本参数如下。

E：错动带线性加载阶段的弹性模量。

E'：错动带非线性卸荷阶段的变形模量。

μ：错动带的泊松比。

G：错动带线性加载阶段的剪切模量。

G_{p1}：错动带非线性卸荷阶段平行于最大主应力方向的剪切模量。

G_{p2}：错动带非线性卸荷阶段与最大主应力方向垂直的剪切模量。

a：卸荷阶段应力-应变曲线修正系数，其范围一般为 $0 < a \leqslant 1$。

b：反映错动带变形参数弱化各向异性的参数，其范围一般为 $0 < b \leqslant 1$。

m：表征卸荷过程中错动带变形模量劣化过程的参数。

c：错动带卸荷初始黏聚力。

φ：错动带卸荷初始内摩擦角。

θ_σ：错动带的应力洛德角，可反映错动带不同的受力状态。

q_φ：错动带的材料参数，与错动带的内摩擦角有关。

k_φ：错动带的材料参数，与错动带的黏聚力和内摩擦角有关。

σ^{t}：错动带的抗拉强度。

ψ：错动带剪胀角。

c_{res}：错动带的残余黏聚力。

φ_{res}：错动带的残余内摩擦角。

κ_c^{now}：错动带黏聚力达到残余应变时对应的等效塑性应变临界值。

κ_φ^{now}：错动带内摩擦角达到残余应变时对应的等效塑性应变临界值。

以上各参数的获取皆可通过常规三轴压缩试验和不同应力路径的三轴加卸荷试验，结合理论或经验值以及参数反分析等手段获得。

4) NDDM 模型特点

与一般岩土材料的各向同性弹塑性模型相比，该 NDDM 模型具有如下特点：

(1) 力学模型中应力-应变本构关系的刚度矩阵可以反映不同加卸荷路径下错动带各种变形的非线性特征、因卸荷导致的各向异性特征、卸荷过程中明显的体胀特征以及变形参数的劣化过程。

(2) 模型中采用强度准则可较好地反映错动带卸荷破坏的强度特征。

(3) 力学模型可反映错动带加卸荷累积损伤过程中力学参数动态劣化过程。

(4) 力学模型中参数相对较少，且都比较容易获取，因此能对大型地下洞室群开挖过程中错动带影响区段围岩的力学响应给出较快的预测和反馈分析。

NDDM 模型的适用范围和局限性在于：

(1) 所提出的错动带力学模型主要适用于中高应力状态下错动带夹层的力学行为描述，并不适用于硬性结构面、(极)薄层充填节理面或无充填结构面的力学性质描述；适用于准静态复杂加卸荷路径，不适用于动力扰动荷载条件。

(2) 为了方便计算，将力学参数随内变量的变化趋势采用线性函数描述，而试验结果表明二者呈对数函数关系，因此采用线性函数反映力学参数随内变量的变化相对粗略。但是如果采用对数函数关系，可能会使得待拟合参数有所增多。

(3) 错动带破坏主要是洞室多掌子面的推进以及分层开挖过程中复杂的加卸荷应力路径会使得错动带附近围岩应力经历不断的反复调整造成的，这并不是一般意义上的时效特征，即其流变效应并不明显，因此模型中并未考虑流变对错动带变形破坏的影响。

9.3.2 高应力大型地下洞室群开挖错动带岩体破坏演化过程预测

依托白鹤滩水电站右岸地下洞室群典型错动带影响洞段，采用 9.3.1 节建立的错动带卸荷变形破坏力学模型，结合岩体破裂程度指标，对 C4 错动带影响下洞室围岩可能的破坏模式和破坏演化过程的预测展开论述，以提供错动带岩体破坏风险预估的参考和借鉴。

1. C4 错动带影响下右岸地下洞室群三维数值计算模型与力学参数

所建立的典型 C4 错动带影响下右岸地下洞室群三维数值计算模型如图 9.35(a)所示，共计近 170 万个单元。主厂房和主变室采用分层分部开挖方式，主要分层情况如图 9.35(b)所示[22]。

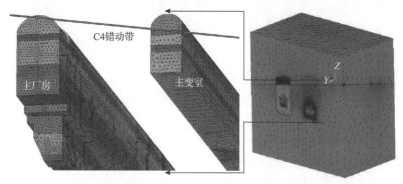

(a) 错动带影响下右岸地下洞室典型洞段三维数值计算模型

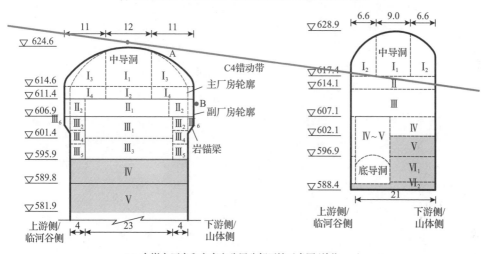

(b) 右岸主厂房和主变室分层分部开挖示意图(单位：m)

图 9.35　C4 错动带影响下白鹤滩水电站右岸地下洞室群三维数值计算模型
和分层分部开挖示意图[22]

　　厂房区域初始地应力场是通过地应力现场测试，考虑区域构造特征和现今的地形地貌，采用 2.7 节大型地下洞室群岩体力学参数三维智能反演方法，进行工程区三维地应力场的反演来获得的，其主要的应力分量如表 3.1 所示。借助工程岩体破裂过程数值分析平台，错动带采用 9.3.1 节提出的 NDDM 模型，围岩本构模型采用三维弹脆塑破坏力学模型及硬岩破坏准则，错动带主要岩体力学参数如表 9.2 所示。

表 9.2　错动带主要岩体力学参数

E/GPa	m	a	b	$\theta_\sigma/(°)$	c/MPa	$\varphi/(°)$	σ^{t}/MPa	c_{res}/MPa	$\varphi_{\mathrm{res}}/(°)$	$\psi/(°)$	κ_c^{now}	$\kappa_\varphi^{\mathrm{now}}$
1.25	3.50	0.98	0.85	−20	2.5	5.0	0.1	0.1	27	15	0.05	0.06

2. C4 错动带影响下右岸地下洞室岩体可能的破坏风险预测与识别

1) 分层开挖效应

图 9.36 和图 9.37 为 C4 错动带影响下右岸地下厂房分层开挖过程中岩体破裂程度三维演化云图以及错动带岩体的最大破裂深度和破裂程度随厂房分层开挖的演化曲线。可以看出：

(1) 随着厂房分层开挖，尤其是在第 I～II 层开挖过程中，厂房顶拱位置 C4 错动带下盘岩体破裂范围迅速增大，并在第 III 层开挖后完全破裂贯通，表现为 C4 错动带影响下顶拱岩体的破裂深度和破裂程度快速增长。

(2) 厂房第 II 层开挖过程中，C4 错动带岩体破裂程度增加率远大于破裂深度增加率，这表明错动带岩体变形虽然无明显增加，但是岩体破裂程度一直在发展，对错动带岩体变形破坏的控制需同时考虑岩体的变形和破裂。

(3) 当厂房开挖至第 IV 层后，错动带岩体的破裂深度和破裂程度基本无增长。因此，当 C4 错动带下盘岩体出露于厂房顶拱时，在分层开挖过程中岩体发生

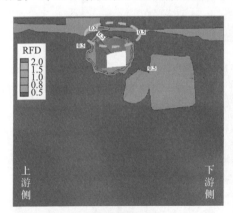

(a) 中导洞开挖后

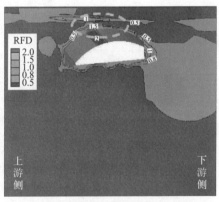

(b) 第 I 层开挖后

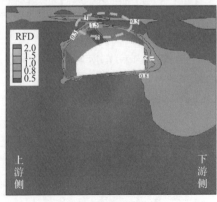

(c) 第 II 层开挖后

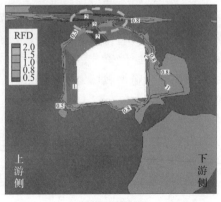

(d) 第 III 层开挖后

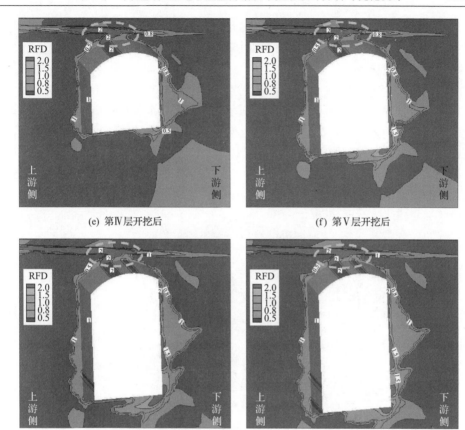

(e) 第Ⅳ层开挖后　　　　　　　　　　　(f) 第Ⅴ层开挖后

(g) 第Ⅵ层开挖后　　　　　　　　　　　(h) 第Ⅶ层开挖后

图 9.36　C4 错动带影响下白鹤滩水电站右岸地下厂房分层开挖过程中岩体破裂程度
三维演化云图(见彩图)

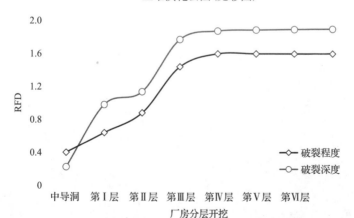

图 9.37　白鹤滩水电站右岸地下厂房分层开挖过程中错动带岩体最大破裂深度
和破裂程度随厂房分层开挖的演化曲线

应力-结构型塌方破坏和大变形的风险很大,应在中导洞开挖完成后及时支护顶拱岩体,且顶拱和高边墙最迟补强支护时机不应晚于第Ⅲ层开挖结束。

2)掌子面效应

以白鹤滩水电站右岸主变室南侧(K0–049.4~K0+010)C4 错动带影响洞段第Ⅰ层分部开挖为例,进一步预测 C4 错动带岩体破坏风险的掌子面效应。右岸主变室第Ⅰ层自南向北推进,选取 K0–020.4 作为典型观测断面,如图 9.38 所示,研究错动带岩体破坏随掌子面推进的演化过程。图 9.39 和图 9.40 分别为白鹤滩水电站右岸主变室第Ⅰ层掌子面推进过程中错动带岩体破裂程度三维演化云图及最大破裂深度演化曲线。

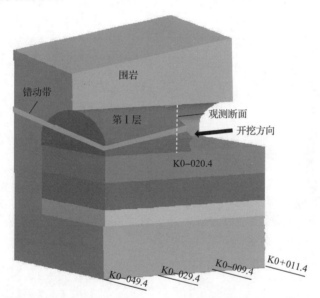

图 9.38　C4 错动带影响下白鹤滩水电站右岸主变室掌子面推进及典型观测断面示意图

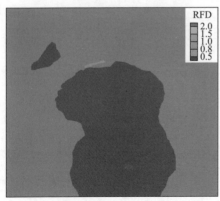

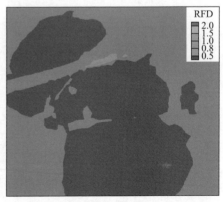

(a) 掌子面距观测断面4m　　　　　　　　(b) 掌子面距观测断面2m

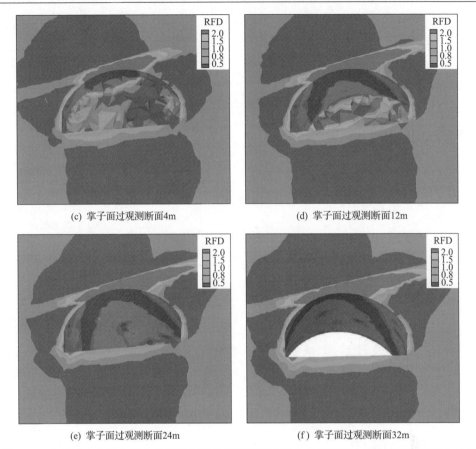

(c) 掌子面过观测断面4m   (d) 掌子面过观测断面12m

(e) 掌子面过观测断面24m   (f) 掌子面过观测断面32m

图 9.39 白鹤滩水电站右岸主变室第 I 层掌子面推进过程中错动带岩体破裂程度三维演化云图

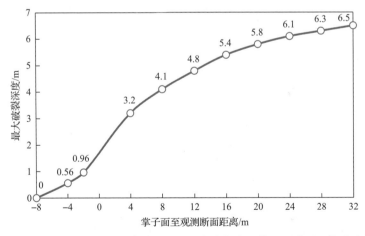

图 9.40 C4 错动带影响下的白鹤滩水电站右岸主变室第 I 层掌子面推进过程中
错动带岩体最大破裂深度演化曲线

从图9.39和图9.40可以看出，当掌子面推进至距观测断面8m时，错动带岩体尚未出现明显破裂损伤，而当掌子面继续推进至距观测断面4m时，错动带岩体即开始受到扰动，最大破裂深度约0.56m。当掌子面过观测断面4m时，错动带岩体破裂损伤区范围急剧增大且逐步连通，同时最大破裂深度增至约3.2m。随着掌子面继续推进，观测断面岩体破裂深度继续增加，同时错动带岩体破裂程度和破裂范围则有逐步向小桩号继续扩大的趋势。当掌子面过观测断面24m后，观测断面岩体破裂深度逐渐变缓，直至洞室贯通。这意味着错动带岩体破坏风险的掌子面效应十分明显，且在掌子面推进至过观测断面6~8m之前，需对观测断面岩体进行支护，而洞室第Ⅰ层开挖时错动带岩体的最佳支护时机宜取距掌子面4m以内。

9.4　高应力大型地下洞室群错动带岩体变形破坏过程原位观测

遵循大型地下洞室群七步流程式的设计步骤5，开展错动带影响下大型地下洞室围岩变形破坏监测，即基于4.4.3节提出的错动带岩体破坏过程观测方法，选取大型地下洞室群开挖过程中出露最普遍的错动带岩体破坏类型——白鹤滩水电站右岸地下厂房错动带岩体应力-结构型塌方案例，详细论述其变形破坏的形成、发展过程及规律。

9.4.1　错动带岩体结构-应力型塌方基本情况

白鹤滩水电站右岸主厂房南侧 K0–075.4~K0–035 洞段和主变室南侧 K0–049.4~K0+010 洞段 C4 错动带影响区域岩体顶拱、拱肩、高边墙部位接连发生不同程度和规模的应力-结构型塌方及混凝土喷层剥落现象；右岸地下厂房第Ⅳ~Ⅴ层开挖期间，边墙出露了 C3 错动带，在主厂房和 9#、10# 母线洞中亦出现了少量应力-结构型塌方。右岸主厂房和主变室第Ⅰ~Ⅲ层开挖期间 C4 错动带应力-结构型塌方空间分布图如图9.41所示。

9.4.2　错动带岩体应力-结构型塌方破坏时空演化过程

1. 错动带岩体破坏变形、应力和松弛深度时空演化规律

右岸地下厂房第Ⅰ层中导洞掌子面（I₁）推进至 K0–075.4~K0–035 洞段时，该区域 K0–060 断面附近错动带上下盘岩体出现了明显的应力-结构型塌方破坏现象，其后，随着该区域附近各开挖掌子面（I₂、I₃和I₄等）的先后推进，关注区域内错动带岩体继续发生不同程度的坍塌；第Ⅰ层开挖支护完成之后，后续第Ⅱ、

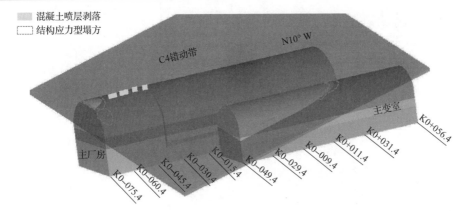

图 9.41　白鹤滩水电站右岸主厂房和主变室第Ⅰ～Ⅲ层开挖期间 C4 错动带应力-结构型塌方空间分布图

Ⅲ层的开挖再次造成该区段顶拱和拱肩的混凝土喷层剥落和掉块。图 9.42 为右岸地下厂房第Ⅰ～Ⅲ层施工期间 K0–075～K0–035 洞段顶拱和拱肩 C4 错动带岩体应力-结构型塌方破坏发展过程[7]，图 9.43 和图 9.44 为关注区域典型多点位移计以及锚杆锚索应力计在洞室第Ⅰ～Ⅲ层施工期间错动带岩体变形、锚杆应力和锚索荷载的时空演化过程，图 9.45 给出了利用钻孔摄像观测的厂房顶拱洞壁附近围岩裂隙的发展演化过程以及错动带附近岩体破坏演化规律。结合各图可知，在该洞段错动带岩体塌方前，错动带附近岩体在开挖卸荷作用下逐步劣化，其变形和应力基本呈递增趋势，错动带塌方过程中附近出现明显的原生裂隙和新生裂隙的张开扩展以及掉块塌孔现象，过程如下：

（1）2014 年 1 月，右岸地下厂房中导洞开挖掌子面 I₁ 由北向南推进至错动带影响区域，厂房 K0–075～K0–062 洞段中导洞顶拱 C4 错动带与陡倾角结构面切割组合，下盘岩体沿错动带发生松弛垮塌，塌方体范围长约 6m，宽约 11m，深

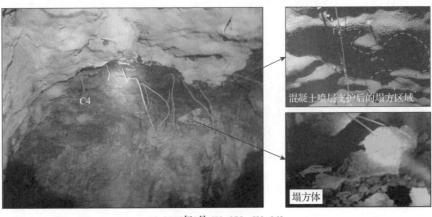

(a) 2014年1月，K0–075～K0–062

(b) 2014年4月, K0–065~K0–070

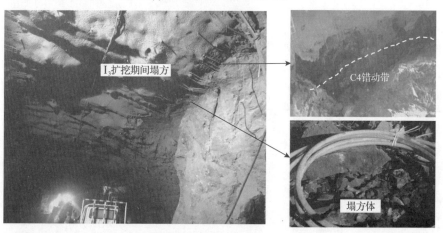

(c) 2014年8月, K0–060~K0–068

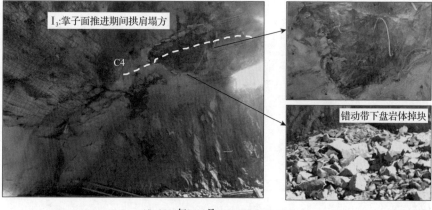

(d) 2014年9~10月, K0–075~K0–072

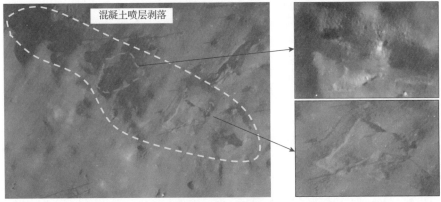

(e) 2015年11月, K0–070～K0–045

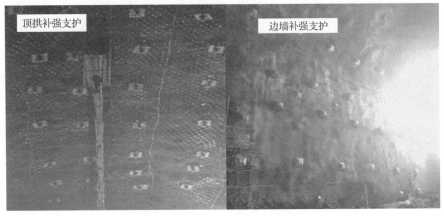

(f) 2016年7月, K0–075～K0–040

图 9.42　白鹤滩水电站右岸地下厂房第Ⅰ～Ⅲ层施工期间 K0–075～K0–035 洞段顶拱和拱肩 C4 错动带岩体应力-结构型塌方破坏发展过程[7]

0.5～1.5m，最大岩块直径约 1.5m，2 月初该区域进行了 5cm 的初喷钢纤维混凝土支护，如图 9.42(a)所示。

(2)2014 年 4 月，由锚固观测洞向主厂房中导洞顶拱安装 4 排对穿锚索，锚索长度 25～30m，沿洞轴线的间距为 3.6～4.8m。同时该错动带影响区域中导洞顶拱系统预应力锚杆(Φ32mm, L=9m, T=100kN, @1.2m×1.2m)加挂网支护(Φ8mm, @15cm×15cm)基本完毕，如图 9.42(b)所示。然而，从图 9.43 可知，该段时间内，位于 K0–055 断面附近中导洞下游侧拱 M-3 多点位移计距洞壁 1.5m 和 3.5m 位置变形皆出现小幅度增长，紧接着，K0–065～K0–070 洞段下游侧拱和边墙错动带下盘岩体在长时间松弛变形后发生掉块，塌方体范围长约 3m，宽约 52m，深 0.4～0.8m。这主要是由于下游侧拱未采取支护措施，加之中导洞拱脚位置近似直角，应力局部集中。从图 9.43 可知，从 4 月中旬至 8 月初，位于 K0–055 断面附

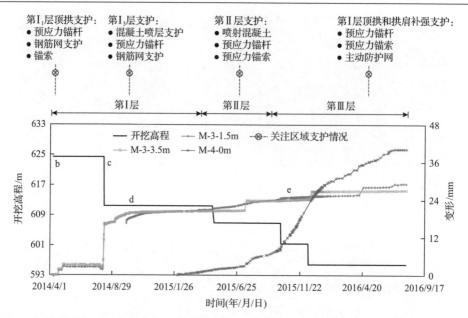

图 9.43　白鹤滩水电站右岸地下厂房错动带潜在破坏区域顶拱和下游拱肩岩体变形变化规律

图中编号 b～e 是与图 9.42 中各时段塌方一一对应的

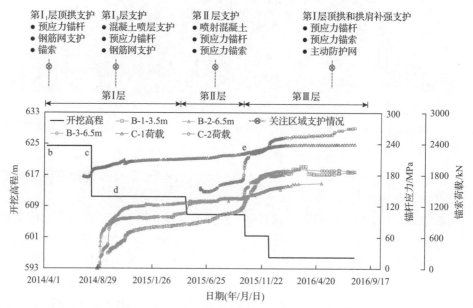

图 9.44　白鹤滩水电站右岸地下厂房 K0–075～K0–035 区段错动带潜在破坏区域顶拱和下游拱肩 C4 错动带岩体锚杆应力和锚索荷载变化规律

近中导洞下游侧拱 M-3 多点位移计距洞壁 1.5m 和 3.5m 位置变形基本保持稳定。然而，D-2 观测孔中距离洞壁 8m 的 C4 错动带上下盘岩体产生了新生裂隙，局部出现掉块，错动带上下盘岩体间距增加至 29.4cm，如图 9.45（b）所示。

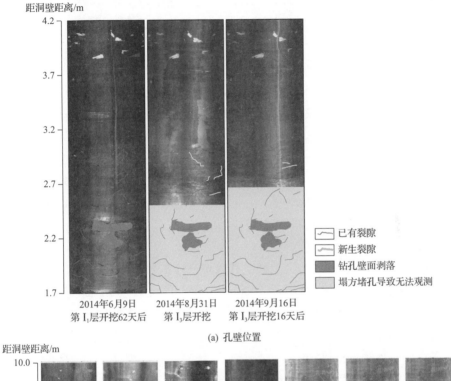

（a）孔壁位置

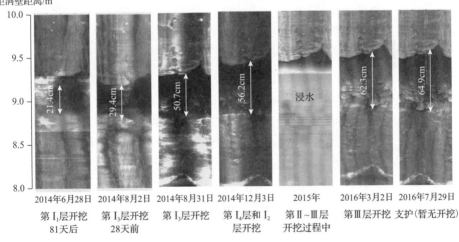

（b）顶拱错动带位置

图 9.45　白鹤滩水电站右岸地下厂房错动带潜在破坏区域在第Ⅰ～Ⅲ层施工期间 K0–040 断面顶拱 D-2 观测孔距离洞壁和顶拱错动带位置钻孔摄像观测结果[7]

（3）2014 年 8 月，第Ⅰ层一序扩挖掌子面 I_3 推进至该区域，厂房 K0–072～K0–060 洞段中导洞下游侧拱再次出现 C4 错动带控制的岩体塌方破坏，塌方体范围长约 8m，宽约 5m，深 0.3～1.0m，最大塌方块体直径为 0.8m，如图 9.42(c)所示。此时 K0–055 断面 M-3 多点位移计距洞壁 1.5m 和 3.5m 深度测点变形最为显著，呈现陡增趋势(见图 9.43)，且由于扩挖掌子面 I_3 通过监测断面时表层变形过大更是造成 K0–055 断面 M-3 多点位移计距洞壁 1.5m 测点仪器的损坏(见图 9.43)。与此同时，从图 9.44 可知，预埋于 K0–056 断面附近顶拱的 C-1 锚索测力计本月累计增加约 170kN，对穿锚索受力已基本达到设计荷载水平；埋设于 K0–055 断面附近顶拱的 B-2 锚杆应力计 6.5m 处和下游拱肩 B-3 锚杆应力计 6.5m 处(错动带位置)应力分别突增约 110MPa 和 90MPa，增幅显著。该段时间内，通过预埋于 K0–040 断面的钻孔摄像观测结果可以看出，该断面距离顶拱洞壁 3.5m 范围内的岩体出现新生裂隙，松弛深度增加(见图 9.45(a))，距离顶拱 8m 位置的错动带附近岩体发生剥落掉块，上下盘岩体宽度由 21.4cm 增至 50.7cm(见图 9.45(b))。以上变形、应力和松弛范围的演化进一步验证了 C4 错动带控制的围岩塌方破坏。

(4) 2014 年 9 月中旬～10 月，该关注区域一序扩挖掌子面 I_3 基本推进完毕，并完成了混凝土喷层支护(厚度为 200mm)、钢筋网支护(Φ8mm@15cm×15cm)以及预应力锚杆支护(Φ32mm，L=9m，T=100kN，@1.2m×1.2m)。紧接着，掌子面 I_4 和 I_2 也推进至该区域，该段时间内，位于 K0–055 断面附近中导洞下游侧拱 M-3 多点位移计距洞壁 1.5m 位置仪器得以修复，变形和应力监测结果表明(见图 9.43 和图 9.44)，1.5m 和 3.5m 位置变形缓慢增长 4.5cm 左右，埋设于 K0–055 断面附近顶拱的 B-1 锚杆应力计 3.5m 处、B-2 锚杆应力计 6.5m 处和下游拱肩 B-3 锚杆应力计 6.5m 处(错动带位置)应力分别增加约 10MPa、12MPa 和 40MPa，C-1 锚索测力计增至 2004kN，超过了设计荷载，使得该区域错动带岩体失稳的可能性大大增加。该段时间内，K0–040 断面距离顶拱洞壁 3.5m 范围内的岩体继续出现新生裂隙，如图 9.45(a)所示，进一步表明错动带岩体失稳的预兆。随后，在 9 月底～10 月初，厂房 K0–072～K0–075 洞段第 I 层下游拱肩位置发生小规模塌方，塌方范围约为 3m×3m×0.5m，如图 9.42(d)所示。之后至厂房第 II 层开挖开始，该关注区域错动带岩体变形和应力进入缓慢调整期，截至 2014 年 12 月，错动带上下盘岩体宽度缓慢增至 56.2cm，未有明显塌方破坏产生，如图 9.45(b)所示。

(5) 2015 年 3 月初开始进行厂房第 II 层开挖，但由于开挖高度仅为 4m，对该洞段错动带岩体影响相对较小。第 II 层上下游侧边墙支护基本在 2015 年 6 月完成，混凝土喷层厚度为 200mm，并施作预应力锚杆(Φ32mm，L=9m，T=100kN，@1.2m×1.2m)、钢筋网(Φ8mm@15cm×15cm)以及预应力锚索(L=25m/30m，T=2500kN，

@3.6m×3.8m/3.6m×6.0m）。2015 年 7 月之后开始进行洞室第Ⅲ层开挖，开挖高程为 11m，10 月～11 月期间，K0–070～K0–040 洞段顶拱出现了混凝土喷层开裂和掉块，如图 9.42（e）所示。

右岸厂房错动带潜在破坏区域顶拱和下游拱肩岩体变形变化规律如图 9.43 所示。位于 K0–040 断面顶拱的 M-4 多点位移计在第Ⅲ层开挖后变形迅速增长，至破坏发生时，变形已累计增加近 20cm；同时位于 K0–055 断面下游拱肩的 C-2 锚索测力计在塌方破坏发生时突增约 550kN，埋设于 K0–055 断面附近顶拱的 B-1 锚杆应力计 3.5m 处应力亦迅速增加，增幅约 30MPa（见图 9.44）；除此之外，错动带上下盘岩体宽度增至 62.3cm（见图 9.45（b））。自此，顶拱混凝土喷层剥落范围未显著增加，顶拱变形和应力基本进入稳定状态。

（6）2016 年 3～7 月，为防止该关注区域围岩内部出现新的开裂而引发混凝土喷层剥落，于错动带影响区段顶拱、上下游侧拱肩和下游侧边墙区域增补压力分散型预应力锚索（L=30m，T=2500kN，@3.6m×3.8m）和多排预应力锚杆（Φ32mm，L=9m，T=100kN，@1.2m×1.2m），同时，顶拱安装了主动防护网，以进一步抑制岩体发生掉块，如图 9.42（f）所示，至此，破坏基本得到控制，但错动带附近仍有少许新的剥落掉块，同时位于 K0–040 断面顶拱的 M-4 多点位移计表层位移仍在增长，后续研究仍需重点关注。

2. 错动带岩体微震响应演化规律

C4 错动带影响下高应力大型地下洞室微震事件空间演化规律如图 9.46 所示。图中一个球体代表一个微震事件，球体颜色代表微震能量对数，球体半径代表震级。球体颜色越深，说明岩体破裂释放的微震能量越大；球体半径越大，说明震级越大。微震事件空间演化清晰地阐述了工作面开挖卸荷诱发的微震事件空间聚集和发展过程，其空间分布与地下洞室错动带岩体开挖卸荷密切相关。

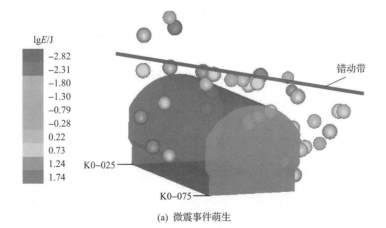

(a) 微震事件萌生

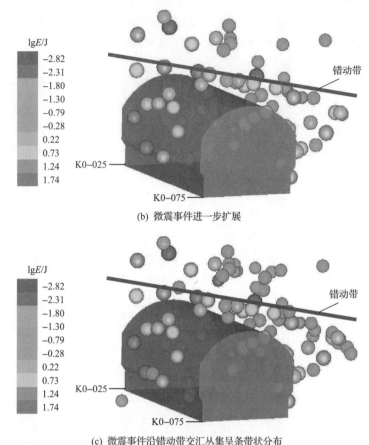

(b) 微震事件进一步扩展

(c) 微震事件沿错动带交汇丛集呈条带状分布

图 9.46　C4 错动带影响下高应力大型地下洞室微震事件空间演化规律

受开挖卸荷和应力重分布的综合影响,微震事件集中分布于洞室临空面附近,并渐进向错动带方向扩展,如图 9.46(a)所示。结合现场施工工况可知,一方面,地下洞室开挖导致应力发生重分布和剧烈调整,诱发微震事件丛集于洞室周边,另一方面,微震事件呈现出沿错动带扩展和传播的特征,如图 9.46(b)所示。相对于玄武岩,软弱错动带的力学强度较低,极易对大型地下洞室局部失稳破坏构成威胁。随着应力调整和集中程度的逐步加剧,微震事件沿 C4 错动带丛集、传播的特征更加明显。微震监测结果显示,微震事件沿错动带方向扩展、交汇,逐渐形成一个条带状丛集区,预示着错动带附近岩体发生微破裂,岩体损伤劣化程度加剧,如图 9.46(c)所示。

9.4.3　基于原位综合观测信息的错动带岩体破裂时空演化机制

综合以上对错动带岩体破坏时空演化过程的位移、应力、松弛深度和微破裂原位动态观测结果分析可知，在大型地下洞室分层分部开挖卸荷过程中，错动带岩体应力-结构型塌方破坏过程表现出显著的渐进性特点，主要如下：

（1）基于矩张量反演方法分析 C4 错动带岩体附近微震事件条带状丛集区的破裂机制空间演化规律，如图 9.47 所示。结果表明，错动带岩体破裂以张拉破裂为主，仅在错动带分布区域分布少量剪切破裂事件和混合破裂事件，如图 9.47(a)所示。受现场施工扰动的影响，应力场进一步调整，表现为岩体破裂渐进沿错动带发生扩展、交汇等。一方面，微震事件沿错动带方向由表及里快速集中。另一方面，微震事件沿错动带法向方向扩展。裂隙扩展过程中，诱发的剪切破裂事件和混合破裂事件增多，但整体仍以张拉破裂事件为主，如图 9.47(b)所示。由于浅部岩体松弛破裂，岩体承载能力降低，应力场向深部转移，表现为岩体内部裂隙沿错动带向深部渐进扩展。矩张量反演结果显示，裂隙沿错动带方向扩展过程诱发部分剪切破裂事件，但裂隙沿洞周向深部扩展诱发的微震事件基本为张拉破裂

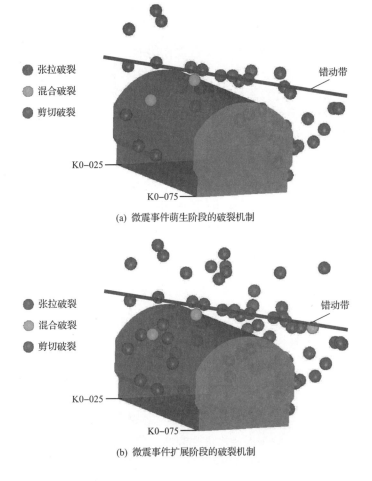

(a) 微震事件萌生阶段的破裂机制

(b) 微震事件扩展阶段的破裂机制

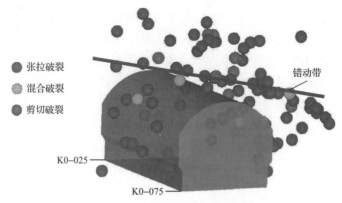

(c) 微震事件条带状丛集阶段的破裂机制

图 9.47 C4 错动带影响下高应力大型地下洞室微震事件破裂机制的空间演化规律

事件，如图 9.47(c) 所示。破裂机制的时空分析显示，围岩破裂机制随着与临空面相对位置的变化而变化，即非剪切破裂事件定位在工作面附近位置，剪切破裂事件定位在远离工作面位置[23]。

(2) 总的来讲，高应力卸荷和施工扰动作用下，在错动带岩体塌方前，往往伴随着变形和应力的突增，以及岩体裂隙的萌生和扩展。除弹性变形外，错动带岩体变形主要是错动带附近岩体裂隙的突然扩展和贯通造成的。

(3) 错动带岩体塌方破坏规模和深度不一，塌方可能发生于开挖后数分钟到数天内且多次发生，特别是在支护前(开挖爆破未及时支护)或支护薄弱时，会随掌子面推进、时间推移和应力调整继续发生持续破坏。依据变形和应力的变化趋势和变化幅度，可为错动带岩体塌方预警提供依据。当充分观测并理解错动带岩体破坏过程中的变形、应力以及裂隙演化过程后，即可在下一次错动带塌方发生之前提供有效的支护措施，来减轻甚至避免塌方灾害的发生。

9.5 高应力大型地下洞室群错动带岩体开挖与支护优化设计

9.5.1 错动带岩体变形破坏控制的开挖与支护优化

1. 优化原则

遵循 2.2 节大型地下洞室群七步流程式的设计步骤 6，开展大型地下洞室错动带岩体稳定性分析与开挖支护优化设计。上述错动带破坏过程的原位观测结果和机理分析表明，对于大跨度高边墙地下洞室，错动带影响下大型地下洞室岩体应力-结构型破坏往往随着掌子面的推进和洞室分层开挖表现出渐进性破坏特征，且在新破坏发生之前，往往伴随着错动带岩体的变形、应力的突增以及裂隙的萌生扩展。因此，在大型地下洞室开挖中，错动带岩体的支护设计必须与相关的力学行为相匹配，反之亦然。

(1)对于长大错动带卸荷变形破坏的开挖与支护优化控制，必须保证早期的支护有足够的强度和力度以抑制后续洞室分层开挖过程导致的各种含错动带岩体的变形破坏问题(支护时机控制)。

(2)不仅要控制错动带岩体的收敛变形，更要控制渐进破坏过程中含错动带岩体张拉破裂和剪切破裂的发展(破裂程度的发展)。

因此，在充分了解高应力复杂扰动应力路径下错动带变形破坏机制的基础上，根据开挖过程中实际揭露的地质条件以及含错动带岩体的高应力开挖卸荷变形破坏监测时空演化特征，基于裂化-抑制方法和动态反馈分析方法，以含错动带岩体的变形、破坏深度和破坏程度为控制指标，指导错动带影响下大型地下洞室群岩体的开挖顺序/开挖进尺/开挖高度、支护方式和参数(锚杆、锚索、置换洞等)及支护时机的动态更新设计和支护优化设计，提出抑制错动带变形破坏的针对性工程支护控制措施，验证初始设计方案的不足，二次补充设计合理，并对补强支护措施的工程效果进行评价与反馈验证，进而实现含错动带岩体的灾害防治。

2. 优化设计与控制关键点

1)错动带岩体高风险区开挖方案优化

对于错动带影响下的洞室高风险区开挖，在不影响施工进度的前提下，均应采取薄层开挖、优化开挖顺序、缩小开挖进尺，以减小错动带岩体附近的应力集中，特别是在可能导致大型应力-结构型塌方和高边墙剪切错动的关键层开挖时，优化分层高度和开挖进尺格外重要。另外，要注意避免错动带岩体风险洞段有多个掌子面同时施工，以降低应力调整扰动频率。

2)错动带岩体高风险区支护时机优化

对于错动带影响高风险区，尽可能采用超前支护措施(如超前导管、管棚注浆等)在洞室开挖之前对顶拱岩体进行预加固处理，使错动带岩体变形破坏发生的规模尽可能减小或得以控制。当掌子面通过大型地下洞室错动带高风险区域后，须立即进行纳米钢纤维混凝土及时封闭，不仅可使错动带岩体中因卸荷导致的张拉裂隙和张剪破裂等被快速填充和加固，更为表层错动带岩体提供足够的围压支撑，形成三向应力状态，以最大限度地减小由开挖卸荷效应和遇水软化效应等造成的错动带岩体裂化程度，避免后续大范围应力-结构型塌方、塑性挤出型拉伸破坏和剪切错动的产生。

3)错动带岩体高风险区锚杆、锚索支护参数的优化方法

基于裂化-抑制方法,对于错动带岩体的支护,预应力锚杆和锚索不仅应穿过错动带,锚杆和锚索的支护长度和强度必须能够控制一定范围内进入裂隙不稳定扩展阶段和峰后软化阶段的错动带影响区域岩体,对于错动带破坏高风险区(错动带出露于顶拱、高边墙和应力调整剧烈的位置),应适当增加锚杆和锚索的密度,但同时需基于裂化-抑制方法给出最合适的锚杆和锚索支护间距。锚杆和锚索的支护方向应尽可能以一定角度穿过错动带,最大限度地控制错动带变形破坏的发展。锚杆和锚索的支护时机不应迟于错动带岩体变形、应力突增以及裂纹快速发展时,且在考虑错动带岩体稳定性的同时,保证锚杆和锚索工作荷载的合理利用。

为了增加开挖与支护优化设计(如支护时机和开挖进尺等)的科学性和合理性,需结合 9.3 节提出的高应力错动带影响下洞室围岩变形破坏的预测分析方法,在洞室初始开挖时,便对错动带岩体变形破坏最终的程度和深度进行充分预估,并在开挖期间,锚杆和锚索的支护强度和支护时机应根据原位观测和数值模拟结果进行动态调整,以保证先期支护可以满足分层开挖过程中逐步发生的错动带岩体破坏。

9.5.2　实例分析

1. 白鹤滩水电站右岸地下厂房区域 C4 错动带影响洞段支护初步设计存在的问题

由 9.4 节右岸地下厂房错动带岩体变形、应力、松弛深度和微破裂的时空演化监测结果可知,白鹤滩水电站右岸地下厂房错动带影响洞段虽然开挖分层高度和开挖循环进尺较为合适,但是在厂房第 I～IV 层分层分部开挖过程中,仍发生了多次应力-结构型塌方渐进破坏,主要原因在于错动带影响洞段掌子面推进过程中顶拱、下游侧拱未及时采取支护措施或支护较为薄弱。例如,2014 年 9 月中旬～2015 年 3 月,一序扩挖掌子面 I_3 和 II 层推进过程中,对于顶拱的支护,预应力锚杆和锚索应穿过错动带,且锚索的长度应大于 9m。这是因为当错动带距离顶拱洞壁 8.5m 时,错动带上下盘岩体仍有裂隙萌生和扩展甚至掉块(见图 9.42)。因此,施工过程中采用的锚杆(Φ32mm, L=9m, T=100kN, @1.2m×1.2m)和预应力锚索(L=25m/30m, T=2500kN, @3.6m×3.8m/3.6m×6.0m)基本可以满足工程设计需求,但由于预应力锚杆、锚索支护时机滞后(开挖一个月后支护),支护密度/强度不足,这些间接导致后续塌方的发生,即锚索/锚杆测力计超过设计荷载,K0–075～K0–040 洞段顶拱也再次出现混凝土喷层开裂和掉块;在 2016 年 3～7 月对错动带

影响区段顶拱、上下游侧拱肩和下游侧边墙区域进行压力分散型预应力锚索和预应力锚杆补强支护后，变形仍有少量发展。

可以认为，白鹤滩水电站右岸地下厂房错动带影响区段围岩发生渐进应力-结构型破坏是由于前期对错动带岩体物理力学性质及其危害认识不足、重视程度不够，前期实际的支护设计（预应力锚杆、锚索支护时机滞后）远不能满足后续错动带岩体变形破坏的需求。

2. 白鹤滩水电站右岸地下厂房区域 C4 错动带影响洞段支护时机优化及效果

本小节以右岸地下厂房错动带岩体支护时机优化为例，结合前面给出的错动带岩体破坏的支护时机优化策略，阐明基于裂化-抑制方法控制错动带岩体变形破坏过程的效果和意义。图 9.48 为实际支护工况（支护滞后掌子面 20m 以上）、优化支护工况（补强支护）和合理支护工况（支护滞后掌子面 4～6m）三种工况下 C4 错动带岩体破裂深度演化曲线。可以看出：

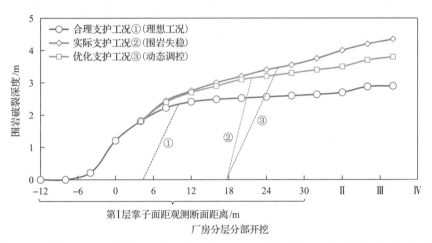

图 9.48　不同支护下白鹤滩水电站右岸地下厂房 C4 错动带岩体最大破裂深度演化曲线

（1）在该洞段错动带岩体实际开挖支护过程中，支护滞后掌子面 20m 以上，在错动带/母岩接触面黏结强度降低、围压卸荷以及高应力驱动三重作用下，顶拱和拱肩的错动带岩体无法自稳，加剧了错动带岩体节理面的局部强烈松弛、贯通滑移和破裂。显然，这是实际工况下错动带岩体的支护时机过晚导致的围岩破裂松弛过大（图 9.48 中曲线③发展趋势），进而导致错动带岩体的多次应力-结构型塌方渐进破坏。

（2）经过动态反馈与优化调控，针对错动带岩体破裂深度和破裂程度较大而使其破坏持续发展的问题，提出一种针对性的加强支护措施（由锚固观测洞向主厂房中导洞顶拱安装 4 排对穿锚索，并进行预应力锚杆和锚索加强），采取该措施后，虽然支护成本有所增加，但是错动带岩体破裂深度和程度最终得到有效的控制。

（3）因此，只有支护时机合理（曲线①），才能有效控制错动带岩体后续破裂和变形的发展，并可使得支护结构性能得到合理发挥，最终减少灾害性破坏和施工成本。因此，若采用裂化-抑制方法进行支护时机合理优化，错动带岩体的破裂深度和破裂范围降低可达 20%～35%。

综上所述，对于顶拱 C4 错动带岩体的支护时机不应迟于围岩变形、应力突增以及裂纹快速发展时，支护滞后掌子面 4～6m 较为合适。

参 考 文 献

[1] Kaiser P K, Yazici S, Maloney S. Mining-induced stress change and consequences of stress path on excavation stability-a case study. International Journal of Rock Mechanics and Mining Sciences, 2001, 38(2): 167-180.

[2] Diederichs M S, Kaiser P K, Eberhardt E. Damage initiation and propagation in hard rock during tunneling and the influence of near-face stress rotation. International Journal of Rock Mechanics and Mining Sciences, 2004, 41(5): 785-812.

[3] Feng X T, Hao X J, Jiang Q, et al. Rock cracking indices for improved design of tunnel support in hard rock subject to high stress. Rock Mechanics and Rock Engineering, 2016, 49(6): 2115-2130.

[4] 谢和平. "深部岩体力学与开采理论"研究构想与预期成果展望. 工程科学与技术, 2017, 49(2): 1-16.

[5] Jiang Q, Su G S, Feng X T, et al. Excavation optimization and stability analysis for large underground caverns under high geostress: A case study of the Chinese Laxiwa project. Rock Mechanics and Rock Engineering, 2019, 52(3): 895-915.

[6] Xu D P, Feng X T, Cui Y J. An experimental study on the shear strength behaviour of an interlayered shear weakness zone. Bulletin of Engineering Geology and the Environment, 2013, 72(3-4): 327-338.

[7] Duan S Q, Feng X T, Jiang Q, et al. In situ observation of failure mechanisms controlled by rock masses with weak interlayer zones in large underground cavern excavations under high geostress. Rock Mechanics and Rock Engineering, 2017, 50(9): 2465-2493.

[8] 符文熹, 聂德新, 尚岳全, 等. 地应力作用下软弱层带的工程特性研究. 岩土工程学报, 2002, 24(5): 584-587.

[9] 兰艇雁, 唐艳青. 溪洛渡水电站左岸地下厂房岩体错位分析. 中国三峡建设, 2008, (1): 73-78.

[10] 丁秀丽, 董志宏, 卢波, 等. 陡倾角沉积岩地层中大型地下厂房开挖围岩变形失稳特征和

反馈分析. 岩石力学与工程学报, 2008, 27(10): 2019-2026.

[11] 段淑倩, 冯夏庭, 江权, 等. 不同先期固结压力下的错动带力学特性研究[J]. 岩土力学, 2017, 38(1): 49-60.

[12] Duan S Q, Jiang Q, Liu G F, et al. An insight into the excavation-induced stress paths on mechanical response of weak interlayer zone in underground cavern under high geostress. Rock Mechanics and Rock Engineering, 2021, 54(3): 1331-1354.

[13] Duan S Q, Jiang Q, Xu D P, et al. Experimental study of mechanical behavior of interlayer staggered zone under cyclic loading and unloading condition. International Journal of Geomechanics, 2020, 20(3): 04019187.

[14] Vermeer P A. Physics of Dry Granular Media. Dordrecht: Springer, 1998.

[15] Zhao X G, Cai M. A mobilized dilation angle model for rocks. International Journal of Rock Mechanics and Mining Sciences, 2010, 47(3): 368-384.

[16] 谢和平, 鞠杨, 黎立云, 等. 岩体变形破坏过程的能量机制. 岩石力学与工程学报, 2008, 27(9): 1729-1740.

[17] Chen X, Huang Y, Chen C, et al. Experimental study and analytical modeling on hysteresis behavior of plain concrete in uniaxial cyclic tension. International Journal of Fatigue, 2017, 96(3): 261-269.

[18] Hoek E, Kaiser P K, Bawden W F. Support of Underground Excavations in Hard Rock. Rotterdam: A. A. Balkenma: Taylor and Francis, 1995.

[19] 郑颖人, 孔亮. 岩土塑性力学. 北京: 中国建筑工业出版社, 2010.

[20] Okur D V, Ansal A. Stiffness degradation of natural fine grained soils during cyclic loading. Soil Dynamics and Earthquake Engineering, 2007, 27(9): 843-854.

[21] Itasca. User manual for FLAC3D, Version 3.0. Minnesota: Itasca Consulting Group, Inc., 2005.

[22] 中国电建集团华东勘测设计研究院有限公司. 白鹤滩水电站地下厂房洞室群稳定专题报告（左岸厂房开挖完成与右岸厂房机坑开挖）. 杭州: 中国电建集团华东勘测设计研究院有限公司, 2018.6.

[23] Urbancic T I, Young R P, Bird S, et al. Microseismic source parameters and their use in characterizing rock mass behavior: Consideration from Strathcona mine//Proceedings of the 94th Annual General Meeting of the Cim: Rock Mechanics and Strata Control Sessions, Montreal, 1992: 36-47.

第 10 章　高应力隧洞柱状节理岩体卸荷松弛分析与优化设计

10.1　引　　言

我国西南很多水电站孕育柱状节理这一特殊的节理岩体，柱状节理是岩浆喷溢出地表流动静止后，表面快速冷却，其下面的岩浆因温度逐渐降低而形成半凝固状，内部出现多个温度压力中心，岩浆向温度压力中心逐渐冷却、收缩，产生张力场，在垂直岩浆冷却面方向上形成张节理，最终形成六棱柱状的柱状节理岩体[1,2]，如图 10.1 所示。

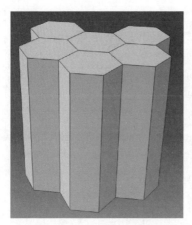 

(a) 理想柱状节理几何形态　　　　　　(b) 现场柱状节理结构(外框为1m×1m)

图 10.1　柱状节理岩体形态特征

柱状节理岩体的特殊性主要体现在内部节理裂隙异常发育，未开挖时这些节理面相互镶嵌，可以使得柱状节理岩体保持较高的强度，但是在高应力开挖卸荷作用下，这些节理面极易出现大深度的松弛和开裂[3]，形成破裂结构，甚至造成大范围的塌方[4]，如果对其不予重视，极有可能成为威胁大型地下洞室群安全施工的巨大隐患。

近年多个工程实践和大量研究工作已较充分揭示了柱状节理岩体的各向异性、尺寸效应、等效变形强度等特征，然而对其时效松弛特性及行之有效的破坏预测方法还不成熟，且更是缺乏具有针对性的支护设计方法和支护措施研究。研究的局限性主要体现在以下方面：

（1）柱状节理岩体作为一种特殊的节理岩体，其特殊性从几何结构特征上来说，不仅体现在其节理裂隙异常发育，如存在构成柱体的柱间节理，更重要的是还存在隐节理面，针对隐节理对柱状节理岩体力学性质的研究极少，甚至部分研究中不予考虑，但是正因为隐节理面的存在才导致柱状节理岩体被密集切割[5,6]。隐节理面对柱状节理岩体的各向异性、时效松弛、破坏模式等都有重要意义。

（2）尽管柱状节理岩体的力学模型研究较多，但是仍有许多柱状节理岩体的重要特性尚未被考虑，如：柱状节理岩体的隐节理面；各类节理面具有不同的表面起伏特征，传统的线性莫尔-库仑强度准则无法描述该特征；柱状节理岩体松弛深度的形态特征、影响因素，尤其是针对柱状节理松弛深度的时效发展过程，涉及柱状节理岩体隧洞的长期稳定性[5]。

（3）针对柱状节理岩体支护方法的研究很少，如支护对柱状节理岩体变形、松弛深度的影响，不仅如此，传统的收敛-约束方法是否适用于柱状节理岩体也是一个疑问。此外，柱状节理岩体的支护参数如何确定，如支护时机、锚杆长度、锚杆间距、锚杆方向、喷层厚度等都需要进行深入的研究[3]。因此，对于柱状节理岩体，其支护措施、支护设计方法、支护参数等均有待深入研究。

高应力隧洞柱状节理岩体的稳定性问题已经成为制约白鹤滩水电站相关工程安全建设的关键问题，需要采用第 2 章所述的七步流程式的设计方法、第 4 章所述的现场测试方法、第 5 章所述的裂化-抑制支护设计方法来更好地分析、预测和防控该类高应力大型地下洞室柱状节理岩体的破坏问题。

面向这一现场需求，以白鹤滩水电站导流洞出露的柱状节理岩体为研究对象，从高应力和节理面发育共同控制的应力-结构型破坏入手，基于七步流程式的分析方法，构建柱状节理岩体洞室优化设计动态闭环反馈分析流程，提出如图 10.2 所示的柱状节理研究思路及技术路线，具体如下：

（1）考虑到柱状节理岩体几何结构的特殊性，基于现场调查研究柱状节理岩体几何结构特征，构建符合现场统计规律的典型非规则柱状节理几何模型。

（2）以柱状节理岩体的时效松弛和各向异性为研究重点，同时兼顾柱状节理的其他特征，如多节理面特征、节理起伏特征等，构建考虑横观各向同性变形特性和时效弱化特征的柱状节理岩体本构模型，并对柱状节理岩体时效松弛变化规律和破坏模式进行预测。

（3）进行现场综合测试分析高应力下柱状节理岩体开挖卸荷松弛特征，尤其是松弛深度时效演化规律和现场破坏模式，并与预测结果进行比较验证。

（4）根据裂化-抑制方法提出相应的支护措施，并针对这些措施的支护参数进行研究。对按照裂化-抑制方法调整后的现场支护参数进行验证，并对导流洞柱状节理岩体的长期稳定性进行分析。

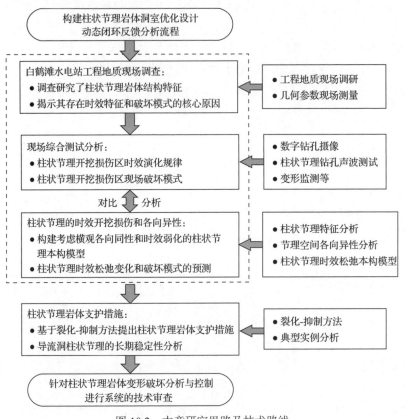

图 10.2　本章研究思路及技术路线

　　密集节理岩体是高应力大型地下洞室群经常遇到的代表性岩体之一，其大深度且显著的时效卸荷松弛规律和支护设计方法是该类岩体的研究重点。柱状节理岩体是密集节理岩体的典型代表，针对柱状节理岩体的时效卸荷松弛分析和支护设计方法可以很好地为密集节理岩体的时效稳定性和支护设计提供借鉴。

10.2　柱状节理岩体结构特征现场调查分析

　　现场出露的典型柱状节理岩体表明，柱状节理岩体是由近似多组平行的节理面切割形成的具有柱体状排列特征的岩体结构[7]，其中以五棱柱、六棱柱为主，其横截面多边形也呈现出非规则特征(见图 10.3)，柱状节理岩体内部还存在隐性节理面(见图 10.4 和图 10.5)，这与普通节理岩体或单一节理岩体不同，其力学特性与其柱体结构特征息息相关。

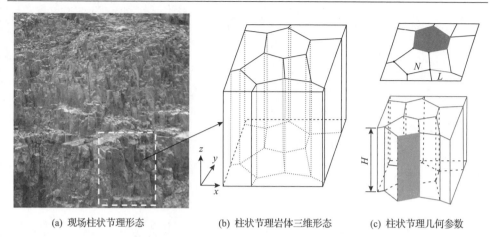

(a) 现场柱状节理形态　　　　(b) 柱状节理岩体三维形态　　　　(c) 柱状节理几何参数

图 10.3　白鹤滩柱状节理的几何形态分析

柱内近水平
隐节理面

柱间节理面

柱内陡倾角
隐节理面

图 10.4　柱状节理岩体内赋存的结构面类型

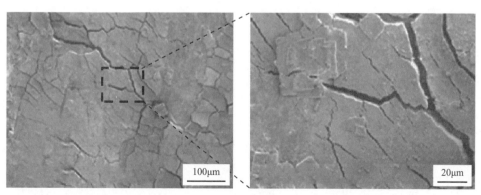

(a) 柱间节理面

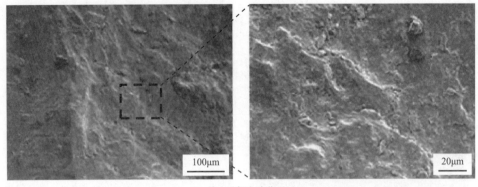

(b) 柱内陡倾角隐节理面

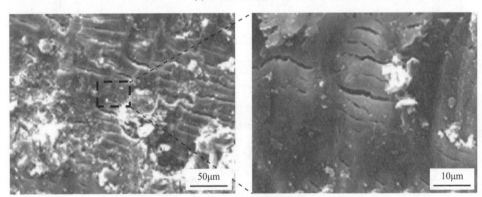

(c) 柱内近水平隐节理面

图 10.5　柱状节理岩体三种典型节理面的 SEM 图像

为了评价柱状节理岩体几何结构的不规则性，用反映其边长离散程度的无量纲参数 χ_L 来评价柱状节理岩体的不规则程度，即

$$\chi_L = \frac{S_L}{\overline{L}} \tag{10.1}$$

$$S_L = \sqrt{\frac{\sum\limits_{i=1}^{n}(L_i - \overline{L})^2}{n-1}} \tag{10.2}$$

$$\overline{L} = \frac{\sum\limits_{i=1}^{n} L_i}{n} \tag{10.3}$$

式中，S_L 为柱体边长的标准差；$\overline{L}$ 为柱体平均边长；L_i 为柱体边长；n 为边长总数。

图 10.6 为柱状节理岩体截面多边形的不规则程度示意图。可以看出，χ_L 值越大，柱体截面不规则程度越高，柱状节理岩体截面多边形形状越不规则；$\chi_L=0$ 表明柱体边长大小均相同，此时柱状节理岩体为正六棱柱体，其截面多边形为正六边形。

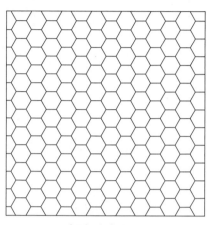

<table>
<tr><td>(a) 规则正六边形，$\chi_L=0$</td><td>(b) 非规则多边形，$\chi_L=p(p>0)$</td></tr>
</table>

图 10.6　柱状节理岩体截面多边形的不规则程度示意图

10.2.1　柱状节理岩体结构特征现场调查与统计分析

基于柱状节理岩体几何结构特征的特殊性，为了尽可能获取柱状节理岩体几何特征参数信息，基于以下三个角度进行现场测量[8]：①从垂直面的角度进行测量（见图 10.7(a)），该角度垂直于柱体轴线，柱状节理岩体的截面多边形可以进行测量，以此获得截面多边形的边数、边长和面积；②从侧面的角度进行测量（见图 10.7(b)），该角度平行于柱体轴线，仅可获取柱状节理岩体的边长及柱体高度，现场以该角度出露的柱状节理岩体为主；③从单个柱体角度进行测量（见图 10.7(c)），该角度可以获取单个柱体的全部数据信息，如柱状节理岩体截面多边形的边数、边长和面积及柱体高度，其相应的素描概化如图 10.7(d)～(f) 所示。

现场测量工作主要是通过卷尺和直角尺来进行，测量精度达到毫米级，通过

(a)　　　　　　　　　　　(b)　　　　　　　　　　　(c)

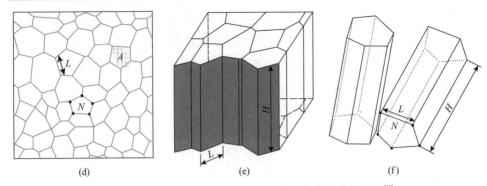

(d)　　　　　　　　　(e)　　　　　　　　　(f)

图 10.7　白鹤滩水电站柱状节理岩体几何结构特征测量[8]

上述测试方法,共获取了 5481 个边长数据(1583 个边长数据来自截面多边形,3898 个边长数据来自侧面角度)及 288 个边数和面积数据,其中柱体高度一般在 1.5～2m,因此取柱状节理岩体柱体高度为 2m。

白鹤滩水电站典型柱状节理岩体几何结构特征参数测量结果表明[8]:①柱状节理岩体截面多边形的边长分布特征显示,柱状节理岩体边长近似服从正态分布特征,最小边长仅为 3cm,最大边长可达 30cm,主要分布在 8～20cm,平均尺寸为 14.1cm,如图 10.8 所示;②柱状节理岩体截面多边形的面积分布特征显示,柱状节理岩体面积近似服从正态分布特征,最小面积小于 300cm²,最大面积可达 900cm²,主要分布在 460～700cm²,平均为 560cm²,如图 10.9 所示;③柱状节理岩体截面多边形的边数分布特征显示,柱状节理岩体中,以发育五边形、六边形柱体占优势(约占 75%),也有部分四边形、七边形和八边形柱体的发育,柱状节理岩体多边形的平均边数小于 6,如图 10.10 所示。

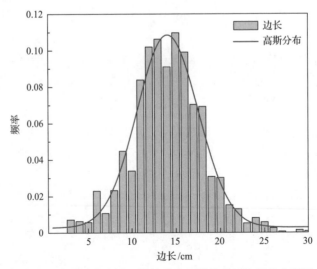

图 10.8　白鹤滩水电站一类柱状节理岩体截面边长分布特征

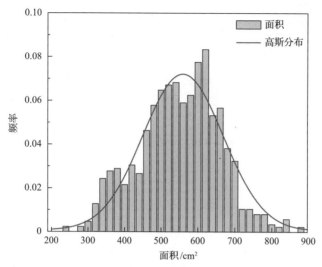

图 10.9　白鹤滩水电站一类柱状节理岩体截面面积分布特征

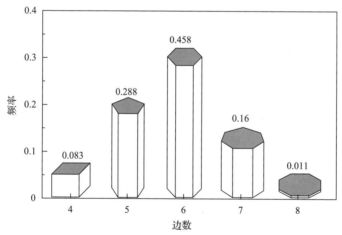

图 10.10　白鹤滩水电站一类柱状节理岩体截面边数分布特征

　　白鹤滩水电站柱状节理岩体几何结构特征测量结果表明：①柱状节理岩体截面多边形基本以五边形、六边形为主，且其平均边数小于 6（理想规则正六边形平均边数为 6）；②柱状节理岩体截面多边形的边长不规则度与面积不规则度在一定程度上呈现正相关性。

10.2.2　柱状节理岩体几何模型的生成方法

　　由于熔岩物质的非均质性及形成环境的影响，柱状节理岩体的截面多边形大多为三边形到八边形不等，且以五边形和六边形为主。

　　沃罗诺伊图（Voronoi diagram）是由俄国数学家格奥尔吉·沃罗诺伊基于笛卡

儿坐标系用凸域分割空间的方法建立的空间分割算法，在几何学、晶体学、建筑学、地理学等许多领域有广泛的应用。在理想情况下，其冷凝收缩中心呈规则均匀的六边形格栅分布，此时生成的柱状节理岩体为规则正六棱柱，其边长的不规则度系数为 0；实际过程中受其他因素的影响，其冷凝收缩中心发生偏移，生成的柱状节理岩体通常为非规则柱体，其边长的不规则度系数大于 0。实际上，不规则柱状节理岩体的生成过程就是其冷凝收缩中心点的不均匀化过程。为了反映柱状节理岩体截面形状的不规则性和边数的随机性，结合 Voronoi 图的生成算法，在符合一定种子点分布的随机点集的基础上，以现场实际测量的柱状节理岩体的截面几何参数为参考，模拟出符合现场统计特征的随机柱状节理截面多边形，因此提出了一种改进的 Voronoi 算法，该方法的主要特征是考虑不规则度系数作为控制条件，基于常规 Voronoi 多边形是由其中心点位置控制的原理，将初始规则均匀分布的规则正六边形通过其中心点偏移迭代方式，逐步趋向于生成符合现场不规则程度的多边形。图 10.11 为基于改进的 Voronoi 算法生成不规则柱状节理截面多边形基本流程。具体步骤如下：

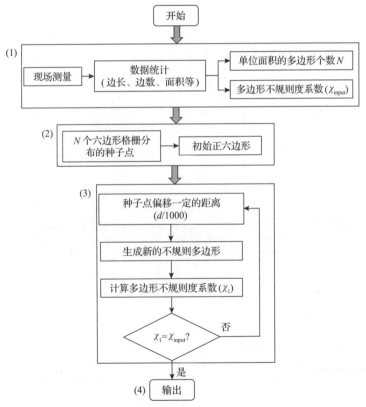

图 10.11　基于改进的 Voronoi 算法生成不规则柱状节理截面多边形基本流程

(1)现场测量。现场测量分析得到柱状节理岩体的几何结构特征参数，并计算其单位面积的多边形个数 N 和多边形不规则度系数 χ_{input}。

(2)初始规则正六边形的生成。基于现场测量得到单位面积的多边形个数 N，在初始给定的区域内生成 N 个均匀规则呈六边形栅格分布的种子点，并基于 Voronoi 算法生成相应的 N 个正六边形作为初始多边形。

(3)多边形的不规则化过程。使种子点的位置随机偏移一定的距离 $(d/1000)$，基于偏移后的种子点位置生成新的多边形，计算其不规则度系数 χ_1。若 $\chi_1 < \chi_{input}$，则继续重复本步骤，直至生成符合约束条件的截面多边形。

(4)保存节点信息，输出结果并与现场实测结果进行对比，确保生成柱状节理多边形网络模型的合理性。

由于现场开挖导致柱状节理岩体大面积出露，以多边形的边长不规则度系数作为改进的 Voronoi 多边形的控制条件。测量结果表明，白鹤滩水电站现场一类柱状节理岩体边长不规则度系数为 0.35，其边长和面积分布特征如图 10.12 所示。可以看出：①通过改进的 Voronoi 算法生成的多边形边长和面积分布规律与现场实测的柱状节理岩体多边形基本一致；②多边形边长主要集中在其均值的 0.75～1.25 倍，多边形面积主要集中在其均值的 0.9～1.2 倍，可见多边形面积的离散程度小于边长的离散程度。

基于改进的 Voronoi 算法生成的不规则多边形，将其顶点信息存储，并根据柱体高度数据，编制相应的三维节点信息，进而导入数值软件中构建相应的三维几何模型，进行下一步不规则柱状节理岩体力学特性分析。图 10.13 为基于改进的 Voronoi 算法生成的不规则柱状节理岩体几何模型[8]，长、宽、高分别为 10m、10m、2m。

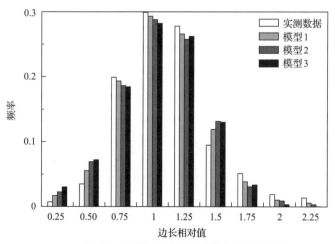

(a) 生成的多边形边长与实测边长数据的相对值对比

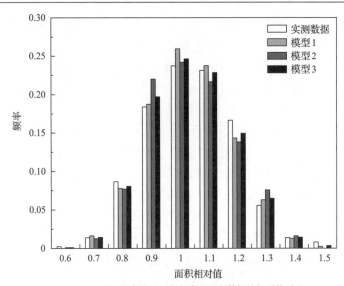

(b) 生成的多边形面积与实测面积数据的相对值对比

图 10.12　基于改进的 Voronoi 算法生成的非规则多边形的几何特征

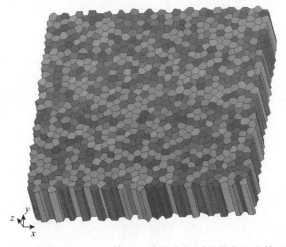

图 10.13　基于改进的 Voronoi 算法生成的非规则柱状节理岩体几何模型[8]

10.3　高应力隧洞柱状节理岩体大深度时效
卸荷松弛原位综合观测

10.3.1　导流洞柱状节理岩体时效松弛原位观测

白鹤滩水电站导流洞于 2012 年 4 月开工，2013 年 6 月完成开挖。在整个施工过程中，对柱状节理岩体时效松弛过程进行了监测。监测目的是获取柱状节理岩体时效松弛特征随开挖、支护、时间的扩展演化特征，监测项目包括钻孔摄像、声波测试和位移。根据时效松弛预测结果，隧洞边墙为时效松弛重点，因此该部位为监测重点。钻孔轴线垂直于洞室剖面，根据预测的时效松弛深度，钻孔长度应为 9m。钻孔摄像观测钻孔、声波测试钻孔和多点位移计尽量布置在洞室同一断面。靠近监测断面时，钻孔摄像和声波的观测频率为 1 次/天，位移的监测频率为 2 次/天。远离监测断面后，钻孔摄像、声波、位移的监测频率均为 1 次/周。监测完成后，对三者观测结果进行综合对比分析，以便更好地了解柱状节理岩体的松弛深度和松弛程度随洞室开挖/支护的时空演化规律。其中，左岸 3# 导流洞 K0+320 断面和右岸 4# 导流洞 K1+080 断面进行全断面观测，两个断面的观测结果如图 10.14 所示。

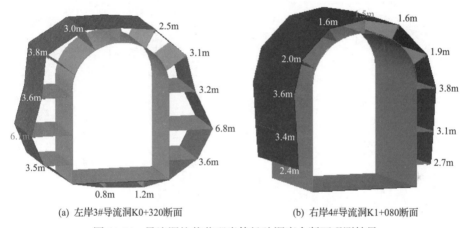

(a) 左岸3#导流洞K0+320断面　　　　　　(b) 右岸4#导流洞K1+080断面

图 10.14　导流洞柱状节理岩体松弛深度全断面观测结果

可以看出，柱状节理岩体开挖松弛的形态特征同时受到地应力方向、量值和异常发育的节理面影响，具体表现为：①无论左岸还是右岸，边墙松弛深度最大，顶拱次之，底板最小，这是因为柱状节理岩体轴向平行于边墙方向，受到拉应力后很容易发生节理面松弛破坏；②受河谷地应力影响，左岸左拱肩松弛深度大于右拱肩，右边墙松弛深度大于左边墙，而对于右岸柱状节理岩体段，与河谷方向有一个夹角，受河谷地应力影响相对较小，拱肩与边墙松弛深度均相差较小；③受地应力量值影响，无论是顶拱、拱肩还是边墙，右岸松弛深度基本小于左岸。

10.3.2　隧洞柱状节理岩体时效松弛分析

下面通过右岸 4#导流洞 K1+040 断面和右岸 5#导流洞 K1+120～K1+180 洞段松弛深度的发展过程来说明柱状节理岩体松弛深度与开挖、支护、时效的关系。对右岸 4#导流洞 K1+040 断面和右岸 5#导流洞 K1+120～K1+180 洞段中层边墙松弛深度进行监测，监测结果如图 10.15 和图 10.16 所示[9]。

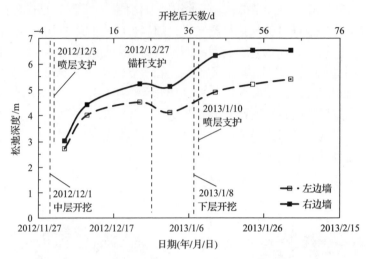

图 10.15　白鹤滩水电站右岸 4#导流洞 K1+040 断面中层边墙松弛深度的时空演化[9]

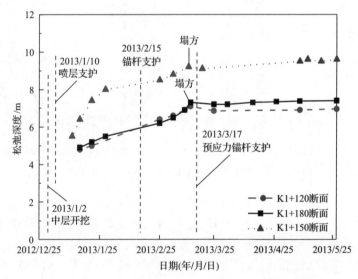

图 10.16　白鹤滩水电站右岸 5#导流洞 K1+120～K1+180 断面中层边墙松弛深度的时空演化[9]

从图 10.15 可以看出，2012 年 12 月 1 日，右岸 4#导流洞 K1+040 断面中层开挖；开挖后 3 天，掌子面距离监测断面 10m，左、右边墙松弛深度增至 2.7m 和 3.3m；开挖后 9 天，掌子面距离监测断面 30m，左、右边墙松弛深度增至 4m 和 4.4m；此后，尽管掌子面的开挖对松弛深度影响较小，但是松弛深度仍然随着时间的增长而增加，开挖后 23 天，左、右边墙松弛深度增至 4.5m 和 5.2m，表明柱状节理岩体具有很强的时效松弛特征；开挖后 26 天，锚杆施加后松弛深度降低，表明支护对松弛深度的发展有抑制作用；2013 年 1 月 8 日，下层开挖后 9 天，掌子面距离监测断面 30m，之后松弛深度仍在增加，但其增加速率比未支护前要低，这表明支护后的柱状节理岩体仍具有时效特征，但是时效性减弱。

　　分析上述监测结果，中层开挖时，掌子面距离监测断面 10m 以内，每推进 1m，松弛深度增加 0.27～0.33m，掌子面距离监测断面 10m 以外且 30m 以内，每推进 1m，松弛深度增加 0.055～0.065m；未施加锚杆支护时，柱状节理岩体具有较强的时效性，松弛深度增加速率为 0.035～0.057m/d；下层开挖对中层松弛深度也有影响，掌子面距监测断面 20m 以内，每推进 1m，松弛深度增加 0.05～0.065m；喷锚后的柱状节理岩体仍具有时效特征，但是时效性减弱，松弛深度增加速率为 0.012m/d。

　　从图 10.16 可以看出，2013 年 1 月 2 日，右岸 5#导流洞 K1+120～K1+180 洞段中层右半幅开挖，此时左半幅已安全开挖，1 月 6 日该断面右半幅喷层支护，直到 2 个月后才施加锚杆支护，该段时间内由于没有支护，松弛深度一直随时间增加，增加速率为 0.05m/d。岩体松弛深度加速增加，即使施加锚杆支护后，松弛深度仍然在增加，并且在 2 月 25 日后其增加速率突增，达到 0.1m/d，在 3 月 12 日发生塌方，如图 10.17 所示。塌方主要发生在 K1+150～K1+165 洞段，以边墙

(a) K1+120断面塌方　　　　　　　　　(b) K1+150断面塌方

(c) 施加预应力锚杆后再进行开挖　　　　　(d) 断面成功贯通

图 10.17　白鹤滩水电站右岸 5#导流洞 K1+120～K1+180 洞段发生的塌方及处理过程

塌方为主，塌方规模为 15m×10m×2m（长×宽×深）。塌方发生 5 天后，采用预应力锚杆进行支护，而后松弛深度降低，表明预应力锚杆支护对松弛深度的发展具有抑制作用。施加预应力锚杆后的柱状节理岩体松弛深度仍然随着时间而增加，但是增加速率缓慢，仅有 0.008m/d，该洞段围岩基本稳定，6 月 15 日进行下层开挖，松弛深度未再增加，也未再发生过塌方，7 月 9 日该断面成功贯通。

综合两个洞段监测结果，柱状节理岩体松弛深度的时空演化规律可总结如下：①开挖掌子面效应影响范围为 30m，其中 0～10m 以内增速最快；②未施加锚杆支护时中层松弛深度的时效特征非常明显，而施加锚杆支护后仍然存在时效特征，但相对较弱，施加锚杆支护对松弛深度的增加及其时效发展都有抑制作用。

10.3.3 导流洞柱状节理岩体开挖过程中微震演化特征分析

本节从导流洞轴向和沿垂直于导流洞边墙方向对导流洞柱状节理岩体微震活动空间分布特征进行说明。

1. 沿导流洞轴向分布特征

图 10.18 为导流洞柱状节理岩体微震事件沿其轴向分布特征[10]。可以看出：

(1) 微震数量具有正态分布的性质，微震事件集中分布范围为掌子面后方34.1m 至前方 18.3m 的区域，分别为开挖断面宽度的 1.7 倍和 0.9 倍。

(2) 掌子面后方柱状节理玄武岩微震事件数明显高于前方，约为前方的 1.5 倍。这主要是因为导流洞掌子面后方应力调整范围和强度要大于前方，造成掌子面后方柱状节理岩体在重分布应力作用下产生更多的破裂。

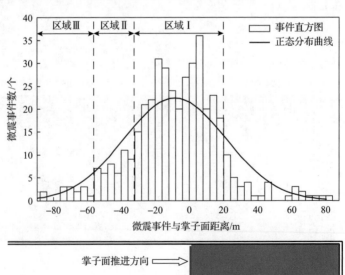

(a) 数量分布

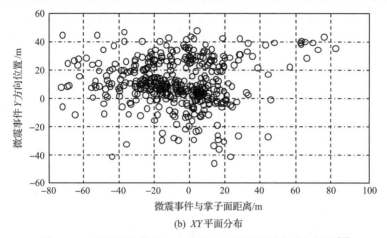

(b) *XY* 平面分布

图 10.18　导流洞柱状节理岩体微震事件沿其轴向分布特征[10]

(3)柱状节理岩体微震事件主要分布于掌子面附近,微震活动频次随着与掌子面距离的增加而减少,微震事件主要集中在掌子面后方 32m 至前方 20m 的区域内,与上述正态分布确定的结果基本一致。将掌子面后方 32m 至前方 20m 范围称为区域Ⅰ,区域Ⅰ微震事件数占所有微震事件数的 75%,属于开挖强卸荷区。

相对柱状节理岩体微震活动集中区域Ⅰ,掌子面后方 56m 外区域微震活动最微弱,将该区域称为区域Ⅲ,区域Ⅲ微震事件数占所有微震事件数的不到 5%。该区域由于距离掌子面较远,掌子面开挖卸荷对其影响微弱,主要受柱状节理岩体自身时效松弛特性影响,属于柱状节理岩体时效松弛区。

将区域Ⅰ和区域Ⅲ之间的掌子面后方 32~56m 称为区域Ⅱ,区域Ⅱ微震事件数占所有微震事件数的 11%。该区域是区域Ⅰ和Ⅲ的过渡区,其微震事件明显高于区域Ⅲ而低于区域Ⅰ。区域Ⅱ受掌子面开挖卸荷影响较弱,围岩的应力已经过了剧烈调整期并得到一定程度的释放。

2. 沿垂直于导流洞边墙方向分布特征

为了研究沿垂直于导流洞边墙方向柱状节理岩体随开挖全过程松弛卸荷微震活动演化规律,选择并固定一柱状节理岩体区域,获取柱状节理岩体边墙在掌子面开挖前—开挖过程中—开挖后全过程的微震活动演化规律。对不同深度处微震活动随时间的演化规律进行统计并进行多项式拟合,如图 10.19 所示,其中深度是指离导流洞边墙的垂直距离。可以看出:

(1)微震事件数呈现随深度增加而减小的趋势。随着开挖和时间的推移,不同深度处的柱状节理岩体累积微震事件数不断增加,边墙附近区域增加幅度最为明显。边墙的松弛破裂深度随开挖和时间的推移逐步增加,其中在 3 月 29 日~4 月24 日开挖期间,微震事件数增加幅度较大,松弛破裂快速向深部发展。当开挖掌子面远离时(4 月 24 日~5 月 16 日),该时间段内柱状节理岩体松弛破裂较少,微震活动集中区基本稳定。

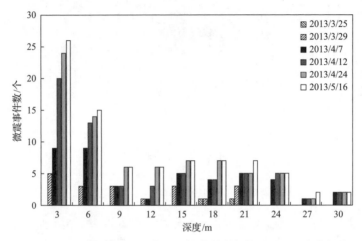

图 10.19 不同柱状节理岩体深度处微震事件数随时间的演化规律

(2)3 月 29 日之后,0~6m 范围内柱状节理岩体微震事件相对较多,明显高于其他深度处。由 5 月 16 日的微震事件数可知,柱状节理岩体导流洞开挖造成边墙的微破裂活动集中区最终稳定在 6m 范围内,与柱状节理岩体松弛开裂原位综合观测结果一致。

3. 导流洞柱状节理岩体微震活动与开挖的关系

导流洞柱状节理岩体微震活动随掌子面开挖的变化关系如图 10.20 所示。可以看出:

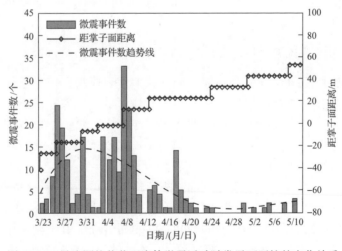

图 10.20 导流洞柱状节理岩体微震活动随掌子面开挖的变化关系

（1）随着掌子面的不断推进，掌子面逐步靠近—经过—远离分析区域中心，由微震事件数趋势线可知，柱状节理玄武岩微震活动呈现先增强后减弱的规律。3月 23 日～4 月 3 日，掌子面处于逐步接近分析区域中心的阶段，柱状节理岩体微震活动基本表现为逐步增加的特征；4 月 4 日～4 月 12 日，掌子面经过分析区域中心，微震活动最为活跃，达到最大值；4 月 13 日～5 月 15 日，掌子面逐步远离分析区域中心，微震活动逐步减弱，最终维持在较低量值水平。整体上，柱状节理岩体微震活动随着与掌子面距离的增加而减少，掌子面附近柱状节理岩体微震活动最为强烈。

（2）开挖速率对柱状节理岩体微震活动具有明显影响。在 4 月 14 日～5 月 9 日期间，分析区域中心距离掌子面 22.5～42.5m，距离并不远，属于区域 I 和区域 II 范围，在一定程度上受掌子面开挖强卸荷影响，因此柱状节理岩体微震活动应表现出较为活跃的状态。但监测结果显示，该期间柱状节理岩体微震活动频次较低，日均微震事件为 1.5 个，处于低量值水平。进一步研究发现，该期间开挖速率较低，4 月 14 日～5 月 9 日，累计爆破开挖 2 次，平均 13 天仅一次。若每次爆破按进尺 10m 计算，则平均日进尺仅为 0.77m/d。开挖卸荷速率低，对柱状节理卸荷松弛影响较弱，因此该期间柱状节理岩体微震活动频次较低。

10.4　高应力导流洞柱状节理岩体时效松弛预测分析

合理的柱状节理岩体力学本构模型是进行其时效松弛预测的关键。经过详细的节理几何结构特征现场调查后，力学本构模型应当充分考虑节理面的各种特征，包括节理组数、节理类型、节理粗糙度、节理强度准则、节理时效弱化特征等，只有充分考虑节理面的所有特征，才能构建出合理的柱状节理岩体力学本构模型，进而进行松弛破坏特征的准确预测。

导流洞柱状节理的现场调查和测试分析表明，柱状节理岩体内除柱间节理面外，还赋存隐节理面，即柱内陡倾角隐节理面和柱内近水平隐节理面，且柱间节理面和柱内陡倾角隐节理面表面起伏不平，开挖前，隐节理面相互镶嵌，力学性质较好，开挖后，隐节理面张开，岩体强度下降。由于近水平隐节理面发育程度较高，平行于柱体方向的强度弱于垂直于柱体方向的强度，呈现显著的各向异性特征。不仅如此，由于隐节理面的张开在开挖后并未立即完成，而是随着时间逐渐发展，即使掌子面已远离，隐节理面的张开仍在持续发展，呈现明显的时效特征，从而导致松弛深度也呈现明显的大深度和显著的时效特征。

大多数柱状节理岩体本构模型只考虑了柱间节理面这一组，而隐节理面对岩体强度的影响被忽略；节理面起伏度对其剪切强度的影响也未考虑；有关其时效特征的研究尚未开展。因此，柱状节理岩体本构模型应考虑其多节理面特征、表面起伏不平特征、各向异性特征、时效特征等，才能体现出全面客观地反映柱状节理岩体的特殊性。

建立如图 10.21 所示的柱状节理岩体本构模型。采用考虑横观各向同性的弹性矩阵建立其应力-应变关系；改进单弱面强度理论建立考虑多组不同产状结构面组合的复合强度准则以实现强度各向异性特征；强度准则采取能反映节理表面粗糙度的 Barton-Bandis 强度准则，并且通过强度参数随时间弱化来反映岩体的时效弱化特征。综合上述特征，建立可考虑多节理面以及各向异性变形行为和时效 Barton-Bandis 强度准则的柱状节理岩体本构模型。

柱间节理面
几何特征：走向、倾角、间距
强度准则：带拉伸截止限的Barton-Bandis强度准则，参数包括节理基本摩擦角及其时效弱化，节理粗糙度系数及其时效弱化，节理压缩强度、抗拉强度及其时效弱化

柱内近水平隐节理面
几何特征：走向、倾角、间距
强度准则：带拉伸截止限的莫尔-库仑强度准则，参数包括黏聚力、内摩擦角、抗拉强度

岩体变形：
横观各向同性，参数包括E_1、E_2、μ_1、μ_2、G、岩块强度
强度准则：带拉伸截止限的莫尔-库仑强度准则，参数包括黏聚力、内摩擦角、抗拉强度

柱内陡倾角隐节理面
几何特征：走向、倾角、间距
强度准则：带拉伸截止限的Barton-Bandis强度准则，参数包括节理基本摩擦角及其时效弱化、节理粗糙度系数及其时效弱化、节理压缩强度、抗拉强度及其时效弱化

图 10.21　考虑多节理及其粗糙度、各向异性、时效松弛的柱状节理岩体本构模型

10.4.1　柱状节理岩体时效力学本构模型

1. 考虑横观各向同性变形特性的弹性矩阵

对于多节理面，每组节理面都独立设置局部坐标系，方位分别用节理面倾角 dip^i 和倾向 dd^i 来表达，其中上标 i 代表第 i 组节理面。这些节理面可以任意正交或斜交，并根据实际岩体结构特征设置节理面组数及相应位置。由于柱状节理岩体中赋存三组节理面，采用 $j1$、$j2$、$j3$ 分别表示柱间节理面、柱内陡倾角隐节理面、柱内近水平隐节理面。

含多节理的岩体弹性变形包含岩块弹性变形和节理弹性变形两部分，即

$$\mathrm{d}\boldsymbol{\varepsilon} = \mathrm{d}\boldsymbol{\varepsilon}^{\mathrm{I}} + \mathrm{d}\boldsymbol{\varepsilon}^{\mathrm{J}} \tag{10.4}$$

式中，$\mathrm{d}\boldsymbol{\varepsilon}$ 为节理岩体的弹性变形；$\mathrm{d}\boldsymbol{\varepsilon}^{\mathrm{I}}$ 为完整岩块的弹性变形；$\mathrm{d}\boldsymbol{\varepsilon}^{\mathrm{J}}$ 为岩体节理

的弹性变形。

$$d\boldsymbol{\sigma} = \boldsymbol{K} d\boldsymbol{\varepsilon}^{\mathrm{I}} \tag{10.5}$$

式中，$d\boldsymbol{\sigma}$ 为应力增量；$\boldsymbol{K}$ 为全局刚度矩阵。

考虑到柱状节理岩体的横观各向同性特征，采用横观各向同性矩阵来体现该特征，即

$$\boldsymbol{K} = \begin{bmatrix} C_{11} & C_{12} & C_{13} & 0 & 0 & 0 \\ C_{12} & C_{22} & C_{13} & 0 & 0 & 0 \\ C_{13} & C_{13} & C_{33} & 0 & 0 & 0 \\ 0 & 0 & 0 & C_{44} & 0 & 0 \\ 0 & 0 & 0 & 0 & C_{66} & 0 \\ 0 & 0 & 0 & 0 & 0 & C_{66} \end{bmatrix} \tag{10.6}$$

式中，

$$C_{11} = C_{22} = \frac{E_1(1 - n\mu_{13}^2)}{(1 + \mu_{12})(1 - \mu_{12} - 2n\mu_{13}^2)}, \quad C_{12} = \frac{E_1(\mu_{12} + n\mu_{13}^2)}{(1 + \mu_{12})(1 - \mu_{12} - 2n\mu_{13}^2)}$$

$$C_{13} = \frac{E_1\mu_{13}}{1 - \mu_{12} - 2n\mu_{13}^2}, \quad C_{33} = \frac{E_3(1 - \mu_{12})}{1 - \mu_{12} - 2n\mu_{13}^2}, \quad C_{44} = \frac{E_1}{1 + \mu_{12}}, \quad C_{66} = 2G_{13}, \quad n = \frac{E_1}{E_3}$$

式中，E_1、μ_{12} 分别为垂直于柱体轴向方向的弹性模量和泊松比；E_3、μ_{13}、G_{13} 分别为平行于柱体轴向方向的弹性模量、泊松比和剪切模量。

对于节理面的弹性变形，首先选取一个代表性单元，该单元中包含一组节理面，通过坐标转换矩阵将整体坐标系下的单元应力转化为局部坐标系下的节理应力，而后建立应力与节理应变之间的关系，即

$$d\boldsymbol{\sigma} = \boldsymbol{R}^{ji} \boldsymbol{K} (\boldsymbol{R}^{ji})^{\mathrm{T}} d\boldsymbol{\varepsilon}^{ji} \tag{10.7}$$

式中，$d\boldsymbol{\varepsilon}^{ji}$ 为第 i 组节理的弹性变形；$\boldsymbol{R}^{ji}$ 为第 i 组节理的转换矩阵，与节理倾角和倾向相关[11]，转换矩阵用来将全局坐标系转化为局部坐标系，转换矩阵为

$$\boldsymbol{R}^{ji} = \begin{bmatrix} l_1^2 & m_1^2 & n_2^2 & 2m_1n_1 & 2n_1l_1 & 2l_1m_1 \\ l_2^2 & m_2^2 & n_2^2 & 2m_2n_2 & 2n_2l_2 & 2l_2m_2 \\ l_3^2 & m_3^2 & n_3^2 & 2m_3n_3 & 2n_3l_3 & 2l_3m_3 \\ l_2l_3 & m_2m_3 & n_2n_3 & R_{44} & R_{45} & R_{46} \\ l_3l_1 & m_3m_1 & n_3n_1 & R_{54} & R_{55} & R_{56} \\ l_2l_1 & m_2m_1 & n_2n_1 & R_{64} & R_{65} & R_{66} \end{bmatrix} \tag{10.8}$$

式中，

$$R_{44} = m_2n_3 + m_3n_2, \quad R_{45} = n_2l_3 + n_3l_2, \quad R_{46} = l_2m_3 + l_3m_2$$

$$R_{54} = m_3n_1 + m_1n_3, \quad R_{55} = n_3l_1 + n_1l_3, \quad R_{56} = l_3m_1 + l_1m_3$$

$$R_{64} = m_1n_2 + m_2n_1, \quad R_{65} = n_1l_2 + n_2l_1, \quad R_{66} = l_1m_2 + l_2m_1$$

$$l_1 = \sin(dd)\cos(dip), \quad m_1 = \cos(dd)\cos(dip)$$

$$n_1 = -\sin(dip), \quad l_2 = -\cos(dd), \quad m_2 = \sin(dd), \quad n_2 = 0$$

$$l_3 = \sin(dd)\sin(dip), \quad m_3 = \cos(dd)\sin(dip), \quad n_3 = \cos(dip)$$

式中，dip 为节理倾角；dd 为节理倾向，柱状节理岩体内赋存三组节理面，均具有不同的节理倾角和倾向，从而对应不同的转换矩阵。

假设某节理面的单位向量为 n_k^{ji}，$k = x, y, z$，代表方向。如果该组节理间距为 m，则该组节理面单位方向上的节理密度为 n_k^{ji}/m，该组节理面在每个方向上的变形为 $n_k^{ji}/m \cdot d\varepsilon^{ji}$，而岩体节理的变形为每一组节理面变形之和，即

$$d\varepsilon^J = \sum_{i=1}^{3} \frac{1}{m^{ji}} n_k^{ji} d\varepsilon^{ji} \tag{10.9}$$

式中，$d\varepsilon^{ji}$ 为各组节理面的变形量；$d\varepsilon^J$ 为岩体节理的变形，即各组节理面的变形量之和。

2. 考虑时效弱化特征的多节理强度准则

1) 节理粗糙度系数

柱状节理岩体中赋存三组节理面，因此其破坏模式是复杂的，包括完整岩体和各组节理的剪切破坏、拉伸破坏及它们的组合破坏。带拉伸截止限的莫尔-库仑强度准则可以用来描述完整岩块。对于节理面，鉴于三者表面起伏度不同，采用不同的屈服准则，具体如下：

(1)柱间节理面的表面粗糙不平，因其表面起伏相对较大，法向应力与剪切应力呈现非线性关系，故采用带拉伸截止限的 Barton-Bandis 强度准则描述较好。

(2)柱内陡倾隐节理面表面含间距约为 10cm 的陡槛，其深度约为 2cm，因此同样采用带拉伸截止限的 Barton-Bandis 强度准则来描述柱内陡倾角隐节理面。

(3)柱内近水平隐节理面表面平整，因此可采用带拉伸截止限的莫尔-库仑强度准则描述。

对于柱内近水平隐节理面，其剪切强度准则、拉伸强度准则、剪切-拉伸边界

混合屈服准则分别如下。

剪切屈服准则:

$$f_{j3}^{s} = \tau_{j3} - \sigma_{3'3'}\tan\varphi_{j3} - c_{j3}$$

拉伸屈服准则:

$$f_{j3}^{t} = \sigma_{3'3'} - \sigma_{j3}^{t}$$

剪切-拉伸边界混合屈服准则:

$$h_{j3} = \tau_{j3} + \sigma_{j3}^{t}\tan\varphi_{j3} - c_{j3} + \left(\sqrt{1+\tan^{2}\varphi_{j3}} - \tan\varphi_{j3}\right)$$

式中,f_{j3}^{s}、f_{j3}^{t} 和 h_{j3} 分别为柱内近水平隐节理面的剪切屈服准则、拉伸屈服准则、剪切-拉伸边界混合屈服准则; τ_{j3} 和 $\sigma_{3'3'}$ 分别为作用在柱内近水平隐节理面上的剪切应力和法向应力; c_{j3}、φ_{j3} 和 σ_{j3}^{t} 分别为柱内近水平隐节理面的黏聚力、内摩擦角和抗拉强度。

柱间节理面和柱内陡倾角隐节理面的拉伸屈服准则与柱内近水平隐节理面相同,剪切屈服准则为[12]

$$f_{ji}^{s} = \tau_{ji} - \sigma_{3'3'}^{ji} \tan\varphi_{m}^{ji}$$
$$\varphi_{m}^{ji} = JRC^{ji}\lg\frac{JCS^{ji}}{\left|\sigma_{3'3'}^{ji}\right|} + \varphi_{r}^{ji} \tag{10.10}$$

式中,f_{ji}^{s}、φ_{m}^{ji}、φ_{r}^{ji}、JRC^{ji} 和 JCS^{ji} 分别为第 i 组节理面的剪切强度、内摩擦角、残余内摩擦角、节理粗糙度系数和节理壁强度(其中,$i=1$ 为柱间节理面,$i=2$ 为柱内陡倾隐节理面)。

柱间节理面和柱内陡倾隐节理面的剪切-拉伸边界混合屈服准则分别为

$$h_{j}^{B} = \tau_{ji} - \sigma_{3'3'}^{ji}\tan\varphi_{m}^{ji} + b^{ji}(\sigma_{3'3'}^{ji} - \sigma_{ji}^{t}) \tag{10.11}$$

$$b^{ji} = \frac{1}{264}\frac{JRC^{ji}}{JCS^{ji}} \tag{10.12}$$

式中,h_{j}^{B} 为 Barton-Bandis 强度准则中剪切屈服准则 f_{s} 和拉伸屈服准则 f_{t} 的对角线,用以区分剪切屈服区域和拉伸屈服区域。

2)时效本构模型

柱状节理岩体洞室开挖后,在卸荷松弛作用下,即使掌子面已远离,其松弛深度仍在增大,柱状节理岩体强度仍在持续下降,这是由于柱状节理岩体内的节理面会随时间发生张开、滑移,未开挖时这些隐节理面相互镶嵌,吻合度较高,可以使柱状节理保持较高的强度,但是在开挖卸荷作用下,这些隐节理面极易出现松弛和开裂,形成破裂结构,节理吻合度降低,即相当于节理粗糙度系数降低,并且随着时间的推移,松弛深度和松弛程度不断增加,粗糙度系数不断降低,因此节理粗糙度系数表现出时效特征。此外,洞室开挖的过程是围岩由高围压向低围压转变的过程,在高围压时节理的基本内摩擦角起主要作用,而对于临空面附近的节理面,受风化和低围压效应,节理的残余内摩擦角起主要作用。因此,在洞室开挖过程中,节理内摩擦角由基本内摩擦角向残余内摩擦角弱化[13-15],并且随着时间的增长,内摩擦角弱化越明显,即节理内摩擦角也呈现时效特征。

此外,对岩体进行支护后,其松弛深度会减小,表明岩体力学性质会提高,但是随后松弛深度逐渐增大,表明支护后的柱状节理岩体也存在一定的时效劣化特征,在所建立的模型中必须考虑这些特性,即节理的等效强度参数与时间效应、支护状态密切相关。柱状节理岩体的时效分为三个阶段,即减速松弛阶段、稳速松弛阶段、加速松弛阶段,三个阶段的时效增长速率不同,因此柱状节理的时效模型可以归纳如下。

(1)减速松弛阶段($\varepsilon < \varepsilon_s$)。

$$未支护岩体:\quad \frac{K_{JRC}}{K_{\varphi_r}} = a\ln t + b \tag{10.13}$$

$$支护岩体:\quad \frac{K_{JRC}}{K_{\varphi_r}} = c\ln t + d \tag{10.14}$$

(2)稳速松弛阶段($\varepsilon_s < \varepsilon \leqslant \varepsilon_a$),未支护岩体:

$$\frac{K_{JRC}}{K_{\varphi_r}} = gt + h \tag{10.15}$$

(3)加速松弛阶段($\varepsilon \geqslant \varepsilon_a$),未支护岩体:

$$\frac{K_{JRC}}{K_{\varphi_r}} = ke^{ft} \tag{10.16}$$

式中,K_{JRC}、K_{φ_r}分别为粗糙度系数和内摩擦角的时效弱化值;a、b、c、d、f、g、h 和 k 为时效弱化系数,其值的大小反映了时效弱化的强度。

10.4.2　导流洞柱状节理岩体参数多元信息智能反演

柱状节理岩体本构模型存在大量的力学参数,且不同的参数对岩体在开挖支护条件下变形破坏的影响作用不同，而另一方面反演得到的参数的可靠性将随着参数数目的增多而变差，因此在进行参数反演时，先对柱状节理岩体参数进行变形和松弛深度的敏感性分析，力求把握控制柱状节理岩体变形和破坏的关键参数。

1. 正交敏感性试验

建立如图 10.22 所示的导流洞三维数值模型。导流洞分三层开挖。数值模型长度为 160m，高度和宽度均为 200m，上、下、左、右边界分别距洞室 100m、75.8m、90m、90m，均超出 4 倍洞径，以消除边界效应。由于重点关注区域内松弛深度的提取受到网格密度的影响，故对 1 倍洞径内的岩体进行网格细化来增加计算的精度。

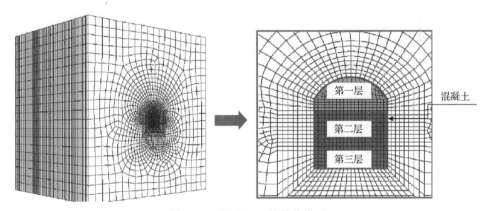

图 10.22　导流洞三维数值模型

柱状节理岩体支护系统包括砂浆锚杆和 10cm 厚的混凝土喷层，其力学参数见表 10.1。

表 10.1　支护材料的力学参数

支护材料	弹性模量 E/MPa	泊松比 μ	抗拉强度 σ_t/MPa
混凝土	2.1×10^4	0.25	2.39
砂浆锚杆	20×10^4	0.20	440

鉴于柱状节理岩体节理面众多，岩体总会沿着某一组节理面破坏，因此不必对岩块参数进行敏感性分析，同样，柱内近水平隐节理面平行于洞室轴线，根据单裂隙准则，也很难沿柱内近水平隐节理面破裂，因此也不必对柱内近水平隐节理面进行敏感性分析。对于其他参数，采用基于正交试验构建分析样本，而后通过敏感性分析确定出高敏感性的参数,敏感性分析结果如图10.23和图10.24所示，其中参数编号见表10.2。

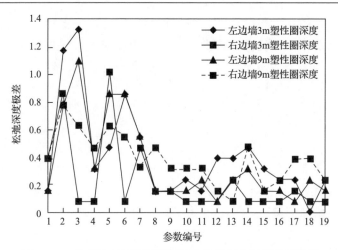

图 10.23 各参数对导流洞不同部位松弛深度极差分析结果

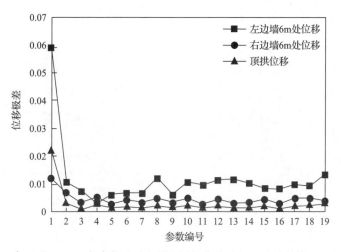

图 10.24 各参数对导流洞不同部位位移极差分析结果

表 10.2 柱状节理岩体本构模型中参数及其编号

参数编号	参数名称	参数编号	参数名称
1	岩体变形模量	8	柱间抗拉强度初始值
2	柱间粗糙度系数初始值	9	柱间抗拉强度劣化值
3	柱间粗糙度系数劣化值	10	柱间抗拉强度临界应变
4	柱间粗糙度系数临界应变	11	柱内粗糙度系数初始值
5	柱间内摩擦角初始值	12	柱内粗糙度系数劣化值
6	柱间内摩擦角劣化值	13	柱内粗糙度系数临界应变
7	柱间内摩擦角临界应变	14	柱内内摩擦角初始值

参数编号	参数名称	参数编号	参数名称
15	柱内内摩擦角劣化值	18	柱内抗拉强度劣化值
16	柱内内摩擦角临界应变	19	柱内抗拉强度临界应变
17	柱内抗拉强度初始值		

注：柱间是指柱间节理面，柱内是指柱内陡倾角隐节理面，下同。

从图 10.23 和图 10.24 可以看出，对松弛深度影响显著的参数有柱间粗糙度系数初始值、柱间粗糙度系数劣化值、柱间内摩擦角初始值、柱间内摩擦角劣化值、柱间内摩擦角临界应变，其次为柱间粗糙度系数临界应变、柱间抗拉强度初始值、柱内抗拉强度初始值、柱内抗拉强度劣化值和柱内内摩擦角初始值。对位移影响显著的仅有岩体变形模量。

2. 单因素敏感性分析

在基于正交试验的柱状节理岩体本构模型参数敏感性分析的基础上，结合白鹤滩水电站导流洞开挖工程，以现场实测信息（松弛深度和位移）为指标，以现场实测或设计参数为基准值，对模型中敏感的 10 个柱状节理岩体力学参数进行单因素分析，从而确定对柱状岩体松弛破裂最为敏感的关键力学参数。

分析不同参数对导流洞岩体边墙松弛深度、边墙位移、顶拱位移的敏感度，计算结果如表 10.3 所示，认为可纳入反演的参数为柱间内摩擦角初始值、柱间内

表 10.3　基于单因素法的柱状节理岩体力学参数的敏感性

岩体参数	岩体松弛深度敏感性				岩体位移敏感性		
	左边墙 3m	右边墙 3m	左边墙 9m	右边墙 9m	左边墙 6m	右边墙 6m	顶拱
柱间内摩擦角初始值	0.63	0.09	0.21	0.02	0.08	0.004	0.03
柱间内摩擦角劣化值	0.31	0.46	0.20	0.33	0.27	0.17	0.10
柱间内摩擦角临界应变	0.01	0.01	0.09	0.01	0.08	0.006	0.03
柱间粗糙度系数初始值	0.01	0.15	0.18	0.14	0.09	0.05	0.03
柱间粗糙度系数劣化值	0.36	0.15	0.18	0.14	0.15	0.04	0.05
柱间抗拉强度初始值	0.01	0.01	0.01	0.01	0.08	0.01	0.03
柱间抗拉强度劣化值	0.01	0.01	0.01	0.01	0.08	0.02	0.03
柱内抗拉强度	0.36	0.41	0.18	0.28	0.08	0.02	0.03
柱内内摩擦角	0.01	0.01	0.01	0.01	0.08	0.006	0.03
岩体变形模量	0.01	0.01	0.01	0.01	1.58	1.74	1.80

摩擦角劣化值、柱间粗糙度系数初始值、柱间粗糙度系数劣化值、岩体变形模量，涉及三个关键力学参数，即柱间内摩擦角、柱间粗糙度系数、岩体变形模量。

上述敏感性分析结果还表明，柱状节理岩体赋存的三类节理面中，对其力学性质影响最大的为柱间节理面，其次为柱内陡倾角隐节理面，而柱内近水平隐节理面影响最小，因此松弛深度主要与柱间节理面的剪切强度参数密切相关。

3. 基于进化神经网络-遗传算法的柱状节理时效参数智能反演

采用基于进化神经网络-遗传算法的多元信息反演方法对柱状节理岩体参数进行反演。首先对柱间残余内摩擦角 φ_r^{j1}、柱间节理面粗糙度系数 JRC^{j1}、岩体变形模量进行正交试验设计，以获得训练样本。对这三因素进行五水平设计，分别为 (4，6，8，10，12)、(15，18，21，24，27)、(5，7，9，11，13)，共49 个设计方案。采用本节所述本构模型和数值模型对 49 个方案进行计算，并提取左/右边墙松弛深度及顶拱、左/右边墙第Ⅱ、Ⅲ层开挖的位移增量(顶拱采用位移全程数据，边墙采用第Ⅲ层与第Ⅱ层位移之差)。本构模型中其他参数取值可通过现场测试或者室内试验获得[16]，如表 10.4 所示。利用这 49 组数据训练进化神经网络，另外构建三因素四水平(5，7，9，11)、(16，20，24，28)、(6，8，10，12)共 16 组数据，用来验证所构建的神经网络的合理性。训练后神经网络输出值和期望输出值比较如图 10.25 所示，50～65 号为测试样本。可以看出，训练过程中学习误差和测试误差逐渐稳定收敛，并且训练后的神经网络模型对学习样本和测试样本的输出都达到期望值。

表 10.4　柱状节理岩体本构模型中可直接获得的力学参数

参数	E_1 /GPa	E_2 /GPa	μ_1	μ_2	G /GPa	C_0 /MPa	φ_0 /(°)	σ_t /MPa
取值	10.5	8.6	0.26	0.26	8.63	6	37	1.5

参数	JCS^{j1} /MPa	σ_t^{j1} /MPa	φ_r^{j2} /(°)	JRC^{j2}	JCS^{j2} /MPa	σ_t^{j2} /MPa	c_{j3} /MPa	σ_t^{j3} /MPa	φ_{j3} /(°)
取值	125	0.22	32	13	125	0.1	0.5	0.05	20

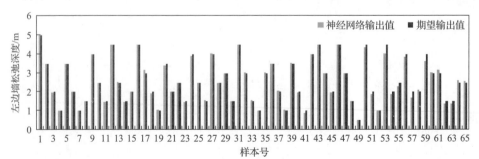

(a) 左边墙松弛深度

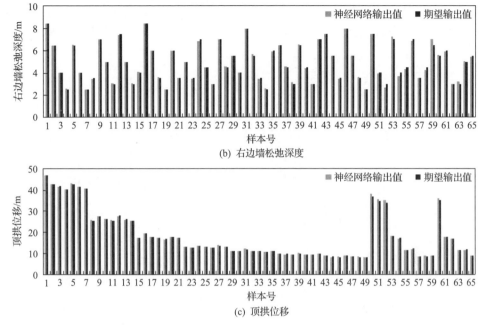

(b) 右边墙松弛深度

(c) 顶拱位移

图 10.25　训练后神经网络输出值和期望输出值比较

10.4.3　大型地下洞室柱状节理岩体时效松弛预测

采用所述柱状节理岩体本构模型，使用反演获得的柱状节理岩体力学参数，进行数值计算可获得各个节理面的破坏模式。为了区分柱状节理岩体中不同节理面的不同破坏模式，对每一类节理面每一种破坏模式都采取不同的标示符，即包括柱间节理面剪切破坏、柱间节理面拉伸破坏、柱内隐节理面剪切破坏、柱内隐节理面拉伸破坏，从而可以根据单元格的状态来判断各节理面的破坏模式。

图 10.26 为右岸 4#导流洞 K1+040 断面柱状节理岩体破坏模式分布图。可以看出，主要是以边墙和顶拱的破坏为主，其中顶拱主要发生剪切破坏，而且集中在河谷一侧，该破坏模式与现场应力型破坏模式相对应。对于边墙，围岩表层的柱状节理主要发生柱内陡倾角隐节理面和柱间节理面的拉伸破坏，而围岩内部主要发生柱间节理面剪切破坏，其中柱间节理面剪切破坏和柱内陡倾角隐节理面拉伸破坏占主要部分，柱间节理面拉伸破坏次之，而柱内陡倾角隐节理面剪切破坏极少。

图 10.27 为右岸 4#导流洞 K1+040 断面柱状节理岩体松弛深度时空效应特征。导流洞分层开挖过程中均存在明显的空间效应。第 Ⅰ 层空间效应的影响范围为掌子面后方 4m 至前方 10m 区域，第 Ⅱ 层空间效应的影响范围为掌子面后方 16m 至前方 24m 区域，第 Ⅲ 层空间效应的影响范围为掌子面后方 10m 至前方 20m 区域，

第Ⅱ层空间效应最显著的原因可能是第Ⅱ层开挖高度较大。此外，岩体时效松弛深度与开挖进尺均呈现对数关系，即初始增长速率很快，而后逐渐减缓。

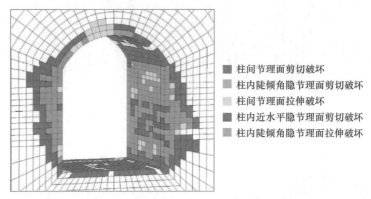

图 10.26　白鹤滩水电站右岸 4#导流洞 K1+040 断面柱状节理岩体破坏模式分布图

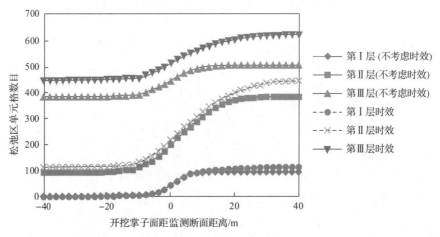

图 10.27　白鹤滩水电站右岸 4#导流洞 K1+040 断面柱状节理岩体松弛深度时空效应特征

10.4.4　实例分析：导流洞柱状节理岩体时效松弛预测与现场验证

以柱状节理岩体密集发育的右岸 4#导流洞 K1+040 断面为例，采用 10.4.3 节训练好的进化神经网络来反演柱状节理岩体力学参数随时间的演化过程，对减速松弛阶段未支护的时效弱化系数、减速松弛阶段支护后的时效弱化系数、稳速及加速松弛阶段未支护的时效弱化系数进行反演。

1. 减速松弛阶段未支护的时效弱化系数

对柱状节理岩体减速松弛阶段未支护时 JRC^{j1} 和 φ_r^{j1} 随时间的变化规律进行反演，即获得式 (10.13) 的时效弱化系数 a 和 b。采用右岸 4#导流洞 K1+040 断面

2012 年 12 月 4 日～12 月 27 日的松弛深度和位移数据进行反演，在该段时间，右岸 4#导流洞 K1+040 断面已开挖并且距离掌子面约 30m，但是仍未支护，可以认为该段时间断面的松弛深度和位移的发展只与时间相关。

反演所用的位移数据如表 10.5 所示，反演所用的松弛深度及对应的反演结果如表 10.6 所示。

表 10.5　未支护时右岸 4#导流洞 K1+040 断面多点位移计监测结果

钻孔编号	监测点变形值/mm	位置	备注
D1-H1	38.21	顶拱	全程数据
D1-H2	18.86	右侧墙	第Ⅲ层与第Ⅱ层位移之差
D1-H3	10.38	左侧墙	

表 10.6　未支护时右岸 4#导流洞 K1+040 断面的柱状节理岩体参数反演结果

日期(年/月/日)	边墙松弛深度/m		参数反演结果	
	左边墙	右边墙	$\varphi_{\mathrm{r}}^{j1}/(°)$	JRC^{j1}
2012/12/6	2.7	3	21.67	8.06
2012/12/10	4	4.4	20.89	6.45
2012/12/18	4.2	4.8	19.36	6.17
2012/12/27	4.5	102	18.73	5.98

将表 10.6 中 JRC^{j1} 和 $\varphi_{\mathrm{r}}^{j1}$ 随时间的变化过程绘制成曲线(见图 10.28)，并对该曲线进行拟合，得到 JRC^{j1} 和 $\varphi_{\mathrm{r}}^{j1}$ 随时间的变化式，即

$$K_{\varphi_{\mathrm{r}}^{j1}} = -0.046\ln t + 0.8845, \quad R^2 = 0.9998 \tag{10.17}$$

$$K_{\mathrm{JRC}^{j1}} = -0.053\ln t + 0.8699, \quad R^2 = 0.9982 \tag{10.18}$$

从图 10.28 可以看出，两个拟合公式的拟合度都很高，可以很好地预测参数的弱化过程。减速松弛阶段未支护时柱状节理的 JRC^{j1} 和 $\varphi_{\mathrm{r}}^{j1}$ 均随时间呈对数变化，即初始弱化速率很快，而后逐渐变缓。

2. 减速松弛阶段支护后的时效弱化系数

采用相同的方法对减速松弛阶段支护后的柱状节理力学参数进行反演，即获得式(10.14)中的时效弱化系数 c 和 d。采用右岸 4#导流洞 K1+040 断面 2013 年 1 月 13 日～2 月 2 日的松弛深度进行反演，在该段时间内，该断面已经支护并且远离掌子面，可以认为该段时间内松弛深度的发展只与时间有关。反演所用的松弛深度及对应的反演结果如表 10.7 所示。

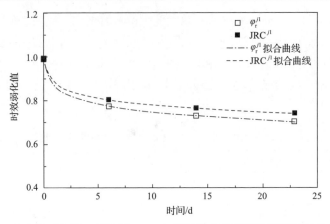

图 10.28　未支护时右岸 4#导流洞 K1+040 断面的柱状节理参数随时间的变化规律

表 10.7　支护后右岸 4#导流洞 K1+040 断面的柱状节理参数反演结果

日期(年/月/日)	松弛深度/m		参数反演结果	
	左边墙	右边墙	$\varphi_r^{j1}/(°)$	JRC^{j1}
2013/1/13	4.9	10.3	22.78	6.44
2013/1/23	6.2	10.5	21.35	6.40
2013/1/28	6.3	10.6	20.85	6.38
2013/2/2	6.4	10.6	20.06	6.35

将表 10.7 中 JRC^{j1} 和 φ_r^{j1} 随时间的变化过程绘制成曲线(见图 10.29),并对该曲线进行拟合,得到 JRC^{j1} 和 φ_r^{j1} 随时间的变化式,即

$$K_{\varphi_r^{j1}} = -0.019\ln t + 0.9599, \quad R^2 = 0.8675 \tag{10.19}$$

$$K_{JRC^{j1}} = -0.002\ln t + 0.9956, \quad R^2 = 0.7991 \tag{10.20}$$

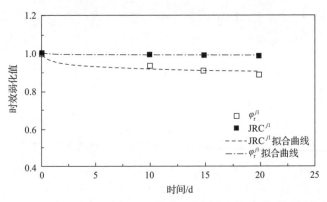

图 10.29　支护后右岸 4#导流洞 K1+040 断面的柱状节理参数随时间的变化规律

从图 10.29 可以看出，两个拟合公式的拟合度都很高，可以很好地预测参数的弱化过程。减速松弛阶段支护后柱状节理的 JRC^{j1} 时效弱化系数很小，而 φ_r^{j1} 随时间呈对数变化，即初始弱化速率很快，而后逐渐变缓。

上述反演结果表明，减速松弛阶段未支护和支护后的柱状节理岩体的时效弱化公式均可以表示为对数关系。在减速松弛阶段，未支护柱状节理岩体的 JRC^{j1} 和 φ_r^{j1} 均随时间显著弱化，而支护后的柱状节理岩体仅有 φ_r^{j1} 随时间弱化，并且其时效弱化系数要小于未支护时。因此，尽管支护后的柱状节理岩体仍显示出一定的时效松弛特性，但是其时效弱化系数非常小，这与松弛深度在支护后的发展趋势一致，同时也说明支护强度和支护时机对柱状节理岩体松弛深度的发展有重要的意义。

3. 稳速松弛和加速松弛阶段未支护的时效弱化系数

由式(10.15)和式(10.16)可知，当柱状节理岩体洞室应变达到阈值 ε_s 和 ε_a 时，柱状节理岩体分别进入稳速松弛和加速松弛阶段。采用右岸 5# 导流洞 K1+050 断面 2013 年 1 月 28 日～3 月 14 日的松弛深度和位移数据进行反演，该断面先后进入稳速松弛和加速松弛阶段。定义洞室应变为[17]

$$\varepsilon_t = \frac{\delta}{r} \tag{10.21}$$

式中，δ 为边墙径向位移；r 为洞室半径，定义为洞室宽度的一半。

洞室临界应变 ε_s 和 ε_a 可以通过进入稳速松弛阶段和加速松弛阶段时洞室位移与洞室半径的比值分别来获得。如图 10.30 所示，经过计算，柱状节理岩体洞室临界应变 ε_s 和 ε_a 分别为 2.75×10^{-3}、3.05×10^{-3}。

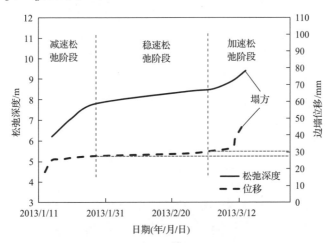

图 10.30　右岸 5# 导流洞 K1+150 断面在不同发展阶段对应的松弛深度和位移

对右岸 5# 导流洞 K1+150 断面稳速松弛阶段和加速松弛阶段的松弛深度进行反演，对于稳速松弛阶段，φ_r^{j1} 的时效弱化系数为

$$K_{\varphi_\mathrm{r}^{j1}} = -0.00076t + 0.977 \qquad (10.22)$$

对于加速松弛阶段，φ_r^{j1} 和 JRC^{j1} 的时效弱化系数分别为

$$K_{\varphi_\mathrm{r}^{j1}} = 1 - 0.0002\mathrm{e}^{0.3814t} \qquad (10.23)$$

$$K_{\mathrm{JRC}^{j1}} = 1 - 0.00015\mathrm{e}^{0.3581t} \qquad (10.24)$$

4. 柱状节理岩体洞室松弛深度形态的验证

导流洞柱状节理岩体松弛深度形态的数值模拟结果如图 10.31 所示。与图 10.26 进行比较可以看出，实测结果基本与数值模拟结果吻合，右边墙松弛深度大于左边墙，而且边墙松弛深度最大，顶拱次之，底板最小，这些特征都与实测特征相吻合，表明所建立的本构模型可以很好地模拟和预测柱状节理岩体松弛深度的形态特征。

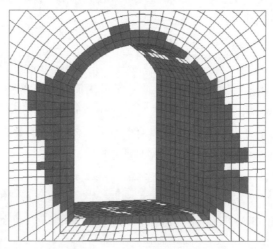

图 10.31　导流洞柱状节理岩体松弛深度形态的数值模拟结果

5. 松弛深度时效过程的验证

采用本书提出的柱状节理岩体本构模型及反演的力学参数和时效弱化系数，对右岸导流洞其他断面的松弛深度也进行了数值分析与预测，并与现场实测值进行对比，验证本构模型及力学参数的合理性，对比结果如图 10.32～图 10.34 所示。可以看出，实测松弛深度时效演化曲线与数值模拟结果基本吻合，这表明采用所建立的本构模型可以很好地模拟柱状节理岩体松弛深度的时效演化规律。

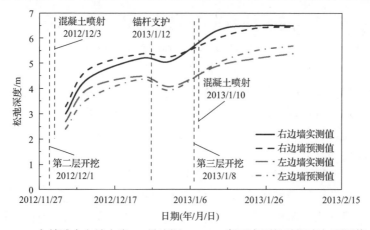

图 10.32　白鹤滩水电站右岸 4# 导流洞 K1+040 断面实测松弛深度与预测值对比

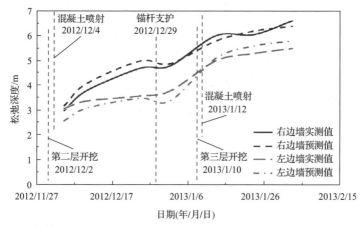

图 10.33　白鹤滩水电站右岸 4# 导流洞 K1+050 断面实测松弛深度与预测值对比

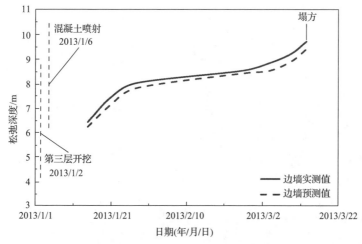

图 10.34　白鹤滩水电站右岸 5# 导流洞 K1+050 断面实测松弛深度与预测值对比

10.5　隧洞柱状节理岩体大深度时效松弛控制的开挖支护优化设计

对于柱状节理岩体这种中高应力下的密集节理岩体地下工程，选择合理的优化设计方法是进行合理开挖支护参数设计的重点。该类密集节理岩体的变形模式不一，有时变形较大，有时变形较小，有时变形不随时间变化，有时变形随时间增大，因此采用收敛-约束法进行该类岩体的支护设计相对较难。

以柱状节理岩体为例，导流洞柱状节理岩体钻孔摄像的测试结果表明，原生/新生裂隙在开挖后，可能存在张开过程，也可能存在闭合过程，因此中高应力下硬岩地下工程可能存在不同的变形模式。如图 10.35(a)所示，导流洞 K1+065 和

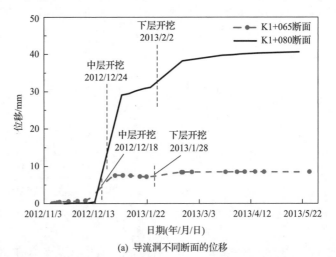

(a) 导流洞不同断面的位移

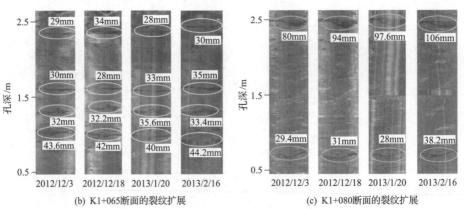

(b) K1+065断面的裂纹扩展　　　　　　(c) K1+080断面的裂纹扩展

图 10.35　白鹤滩水电站右岸 4#导流洞 K1+065 和 K1+080 断面的位移和
裂纹演化扩展过程(见彩图)

图中数据为裂纹宽度

K1+080 断面变形均随开挖而增大，最终变形量稳定，但是 K1+065 断面最终变形量远小于 K1+080 断面，这是由于 K1+065 断面既有裂纹张开，也有裂纹闭合（见图 10.35（b）；相反，K1+080 断面仅有裂纹张开过程（见图 10.35（c））。

　　柱状节理岩体的变形与松弛的发展并非协调一致关系，有时松弛深度不随时间显著增大，但是位移随时间不断增大；有时位移随时间变化较弱，但是松弛深度随时间显著增大，如图 10.36 所示。因此，柱状节理岩体这种中高应力下的硬岩地下工程的变形模式不一，并不能完全采用收敛-约束法进行该类岩体的支护设计。而该类岩体围岩内部发生了较多开裂，并且随时间不断发展，松弛深度不断增大，承载力不断下降，可见围岩裂化特征是柱状节理岩体强度和支承能力的核心体现，应采用本书第 5 章所述的裂化-抑制方法通过柱状节理岩体的裂化程度来设计支护参数。

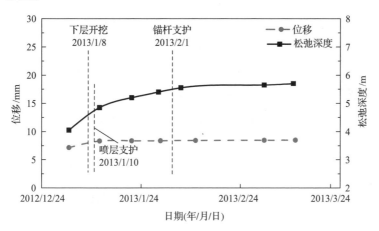

图 10.36　白鹤滩水电站右岸 4#导流洞 K1+040 断面位移和松弛深度随时间的变化

10.5.1　隧洞柱状节理岩体开挖支护优化设计

1. 柱状节理岩体支护方式的选择

　　白鹤滩水电站柱状节理岩体表层主要发生柱内陡倾角隐节理面和柱间节理面的拉伸破坏，而围岩内部的柱状节理主要发生柱间节理面的剪切破坏。由于柱状节理内部隐节理面的存在，岩体异常破碎，岩石质量指标非常低，加之其节理角度较大（陡倾），在开挖卸荷作用下，当拉应力超过其抗拉强度时，隐节理面就会张开，进而与柱间节理面贯通形成小柱体垮落，故考虑采取措施使柱状节理岩体开挖后抗拉强度不丧失或少丧失，及时喷射混凝土支护，尤其是喷射混凝土钢纤维有利于维护柱状节理岩体的抗拉强度。

　　此外，开挖卸荷后隐节理面张开，相当于此时节理面的粗糙度减小，节理面抗剪性能减弱，导致柱间节理面更容易发生剪切破坏，因此采用锚杆来提高其抗剪性能也是非常有必要的。

柱状节理岩体开挖后，随之快速进行钢纤维喷射混凝土支护，阻止柱状节理岩体表层的张性开裂，尤其是抑制柱间节理面和柱内陡倾角隐节理面的拉伸破坏；同时柱状节理岩体内部的柱间节理面剪切破坏主要依靠锚杆来进行控制，锚杆和喷射混凝土支护两者缺一不可。与一般岩体相比，尽管所采取的支护手段相同，但是柱状节理岩体开挖卸荷后隐节理面张开显著，并随时间发展，因此对支护及时性要求更高。

对于已经发生了破坏的部位，应根据破坏模式的不同，采取不同的支护策略。如果发生了岩体结构控制破坏，应采用预应力锚杆补强支护。如果柱状节理岩体遭遇错动带、断层，应采用锚索支护。如果柱状节理岩体发生应力型控制破坏，应采用复喷混凝土，并且补充随机锚杆的支护对策，严重时则需要挂网，再次复喷混凝土的支护方式。

2. 柱状节理岩体锚杆支护参数的优化方法

柱状节理岩体顶拱的破坏主要为表层喷混凝土开裂破坏，而边墙主要为节理松弛破坏，顶拱的松弛深度要远小于边墙，因此顶拱的锚杆长度应小于边墙。

当锚杆支护角度与柱体轴线垂直时，柱状节理岩体松弛深度最小。这与裂化-抑制方法的支护设计理念也是一致的，裂化-抑制方法要求节理面或者层理面尽可能少地张开、破裂、扩展，因此锚杆方向应当选择能尽可能控制节理面或者层理面破裂扩展的方向[18,19]，即垂直于节理面或者层理面方向。

增加锚杆间距可以控制岩体内裂隙、松弛深度的发展[20,21]，符合裂化-抑制方法的支护设计理念，但是锚杆间距减小到一定程度后，即使再增加锚杆，松弛深度减小幅度不大，这表明存在一个合理的锚杆间距，既能保证岩体的稳定性，同时支护费用也最小。

3. 柱状节理岩体长期稳定性分析方法

尽管导流洞是一个临时的工程建筑，但是其担负着截流作用，使用年限也相对较长，以白鹤滩水电站导流洞为例，从 2012 年开始施工到 2014 年浇筑完成，需要承担分流任务直到 2022 年，约 8 年的使用期。因此，导流洞在该段时间内的稳定性就成为需要关心的问题。可以采用前述的柱状节理岩体时效弱化本构来研究导流洞的长期稳定性问题，其中支护参数按照裂化-抑制方法来进行设计，目的是保证长期时效作用下，导流洞柱状节理岩体的松弛深度能控制在可接受范围内。

10.5.2 导流洞柱状节理岩体支护参数优化的实例分析

下面以右岸 4#导流洞 K1+040 断面为例来进行柱状节理岩体支护参数优化的

实例分析，所采用的本构模型和参数如前所述。

1. 喷层厚度的确定

不同喷层厚度下围岩位移与松弛深度的数值计算结果如图 10.37 所示。可以看出，围岩位移和松弛深度均随喷层厚度的增加而降低，但是位移的降低量要小，仅不到 3mm，而松弛深度的降低量相对较大，为 1.3m，这表明对硬岩来说，喷射混凝土对松弛深度的抑制作用更大一些。无论是松弛深度还是位移，在喷层厚度小于 10cm 时，其抑制作用都很明显，而喷层厚度大于 10cm 后，松弛深度和位移基本不再降低。因此，合理的喷层厚度应该为 10cm。

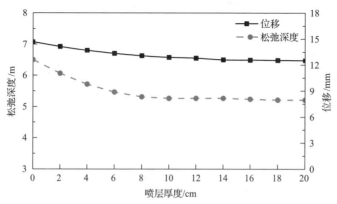

图 10.37　不同喷层厚度下围岩位移与松弛深度的数值计算结果

2. 锚杆长度的确定

使用前述提出的柱状节理岩体的本构模型和参数，得到柱状节理岩体裂化程度如图 10.38(a) 所示，与实测结果图 10.38(b) 相吻合。

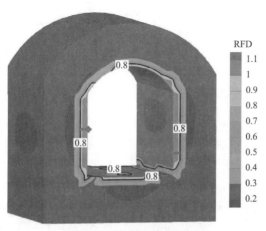

(a) 计算的柱状节理岩体裂化程度

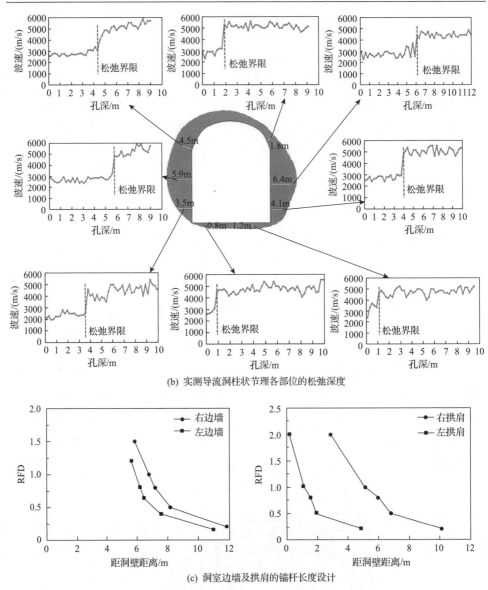

(b) 实测导流洞柱状节理各部位的松弛深度

(c) 洞室边墙及拱肩的锚杆长度设计

图 10.38　导流洞柱状节理岩体段松弛深度及锚杆长度的支护设计[22]（见彩图）

　　由于导流洞需使用 7 年，属于长期重点工程，根据裂化-抑制方法，锚杆长度应能控制进入裂隙不稳定扩展阶段和峰后软化阶段范围内的岩体，即应控制 RFD 值超过 0.8 的岩体。从图 10.38（c）可以看出，不同的洞室部位松弛深度有较大区别，因此应当采取非对称支护，对于顶拱锚杆长度，右侧顶拱需大于 2m，采用 4.5m 锚杆，而左侧顶拱需大于 5.8m，采用 6m 锚杆。对于边墙锚杆长度，左边墙要求大于 6.6m，右边墙需大于 7.4m，因此对于边墙锚杆，以 9m 锚杆为主，配合使用 6m 锚杆。

3. 锚杆支护角度的确定

计算锚杆不同支护角度下柱状节理岩体的松弛深度，结果如图 10.39 所示。可以看出，当锚杆支护角度与柱体轴线垂直时，柱状节理岩体松弛深度最小，因此合理的锚杆支护角度为 15°。

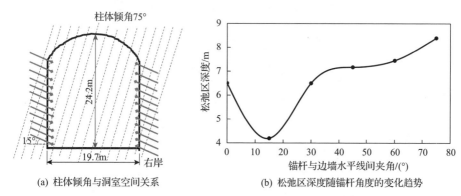

(a) 柱体倾角与洞室空间关系　　　　　(b) 松弛区深度随锚杆角度的变化趋势

图 10.39　锚杆支护角度对柱状节理岩体松弛深度的影响

4. 锚杆间距的确定

锚杆间距对边墙松弛深度的影响如图 10.40 所示。可以看出，当锚杆间距为 1.2～2m 时，对边墙松弛深度的控制比较明显，而当锚杆间距小于 1.2m 时，即使再增加锚杆布置密度，松弛深度也仅略有减小，因此对于柱状节理岩体，合理的锚杆间距应为 1.2m。

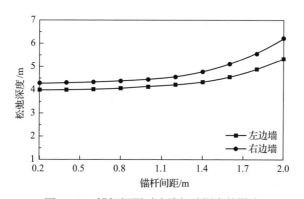

图 10.40　锚杆间距对边墙松弛深度的影响

5. 锚杆支护时机的确定

首先对柱状节理岩体松弛程度阈值进行确定，选取柱状节理岩体的某次塌方进行反分析，如图 10.41 所示，可以确定柱状节理岩体松弛程度阈值为 1.8。

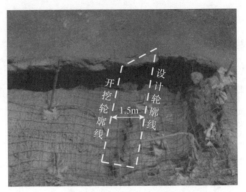

(a) 柱状节理的某次塌方深度1.5m

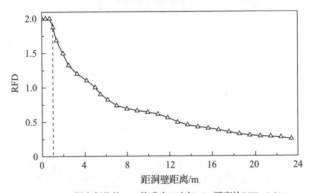

(b) 塌方部位的RFD值确定(对应1.5m深度的RFD=1.8)

图 10.41　柱状节理岩体松弛程度阈值的确定

　　锚杆支护的时机应当既能保证岩体的稳定，也能保证锚杆工作荷载可以充分利用，因此应当根据不同支护时机下岩体的稳定和锚杆工作荷载来确定合理的支护时机。对滞后掌子面不同距离进行支护时的岩体的松弛深度和松弛程度、锚杆荷载进行计算，计算结果如图 10.42 所示[22]。

　　从图 10.42 可以看出，对于柱状节理岩体的松弛深度，当监测断面距离掌子面 0m 进行支护时，松弛深度最小；而后支护时间越晚，松弛深度越大；在距离掌子面 25m 以内进行支护时，岩体的松弛深度与支护时间呈对数曲线，初始增长速率很快，而后逐渐放缓。当监测断面距离掌子面 25～40m 进行支护时，岩体松弛深度随着支护时间的延迟仍有增大，但增长速率很小，岩体基本趋于稳定阶段。当监测断面距离掌子面 40m 以外进行支护时，岩体的松弛深度剧烈增加，岩体进入加速松弛阶段。

　　柱状节理岩体松弛程度的基本规律与松弛深度一致，当监测断面距离掌子面 20m 以外进行支护时，岩体的松弛程度大于 1.8，此后岩体开始发生破坏。

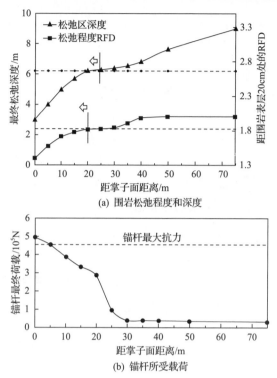

图 10.42　距掌子面不同距离时进行支护的松弛深度、松弛程度和锚杆荷载[22]

当监测断面距离掌子面 5m 以内进行支护时，锚杆最终工作荷载超过了锚杆最大抗力，而后支护时机越晚，锚杆工作荷载越小，在监测断面距离掌子面 5~30m 进行支护时，锚杆工作荷载减小速度较快；超过 30m 进行支护时，锚杆荷载很小，基本不能发挥锚杆的支护作用。

因此，该类岩体的最佳支护时机为距离掌子面 5~20m 进行支护（2~8d 内支护），该段时间内不仅围岩处于减速松弛阶段，有利于减小围岩松弛深度，而且锚杆工作荷载合适，并且在该段时间内尽可能早支护。当监测断面距离掌子面 20~30m 进行支护时（8~12d 内支护），不会减小岩体的松弛深度和松弛程度，可以保持岩体的稳定性，但是对岩体长期稳定性不利，为该类岩体的最迟支护时间。如果在支护最迟时间内仍未支护，围岩会进入加速松弛阶段，最终导致围岩破坏。综合上述分析，导流洞柱状节理岩体的最佳支护参数如图 10.43 所示。

6. 按照裂化-抑制方法设计支护参数的验证

左岸 3#导流洞 K0+320 断面于 2013 年 1 月 6 日中层开挖后，立即采用钻孔摄像对裂隙扩展进行观测，结果如图 10.44 所示。可以看到，边墙表层 0~2m 内存在多条裂隙，在开挖 2 天后进行观测，裂隙出现较大扩展，0~2m 内裂隙增加了

4mm，开挖 7 天后进行锚杆支护，随后可以发现裂隙扩展速率减小，甚至部分裂隙出现了闭合现象，表明岩体的稳定性得到了控制。

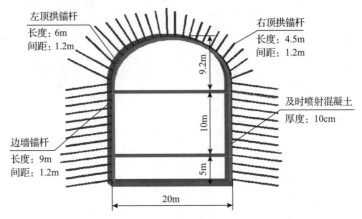

图 10.43　导流洞柱状节理岩体的最佳支护参数

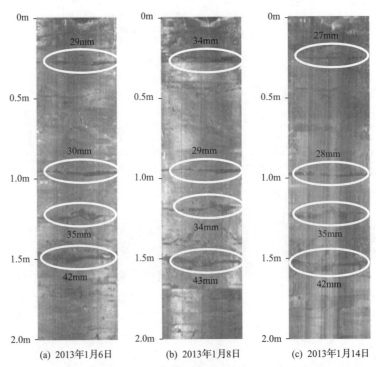

(a) 2013年1月6日　　(b) 2013年1月8日　　(c) 2013年1月14日

图 10.44　左岸 3# 导流洞 K0+320 断面孔内岩体裂隙随开挖、支护的变化情况

左岸 3# 导流洞 K0+320 断面岩体松弛深度随开挖、支护的变化情况如图 10.45 所示。由于开挖 7 天后就进行了及时支护，柱状节理岩体最终松弛深度稳定在 1.5m 以内，小于锚杆支护长度。最终该断面安全开挖，成型如图 10.46 所示。可以看

出，按照裂化-抑制方法进行支护参数设计后，柱状节理岩体开挖过程中的裂隙、松弛深度均得到了有效抑制，这表明裂化-抑制方法对该类岩体的支护设计是合理的。

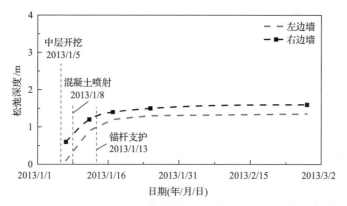

图 10.45　左岸 3# 导流洞 K0+320 断面岩体松弛深度随开挖、支护的变化情况

图 10.46　左岸 3# 导流洞 K0+320 断面开挖成型

7. 裂化-抑制方法与收敛-约束方法的对比分析

裂化-抑制方法与收敛-约束方法均以维护和利用围岩的自承能力为出发点，采用的主要支护手段也都是以锚杆和喷射混凝土为主，但是收敛-约束方法主要控制的是岩体的变形，包括相对应的量测、监控、稳定性评价也都是以变形为主，适用于流变性能较为显著的岩体。

而对于硬岩地下工程，围岩裂化是该类岩体支承能力下降的核心原因，对于该类岩体，应针对围岩裂化特征进行支护设计。因此，裂化-抑制方法主要控制的是岩体的松弛深度与裂化的发展，包括对应的量测、监控、稳定性评价也都是以岩体松弛深度和裂化为主，适用于裂化性能较为显著的岩体。

采用收敛-约束方法优化柱状节理岩体的支护时机，分析结果如图 10.47 所示。掌子面空间效应曲线(LDP)表明开挖影响范围为前方−10～40m，因此支护时机应在该段范围内选取。围岩收敛曲线(GCC)和支护特性曲线(SCC)表明，当在开挖后 5m 以内支护时，支护抗力会大于支护能力，发生支护破坏；当在开挖后 40m 以外支护时，边墙位移超过 18mm，不利于围岩稳定。因此，支护最佳时机为开挖后 5～40m。

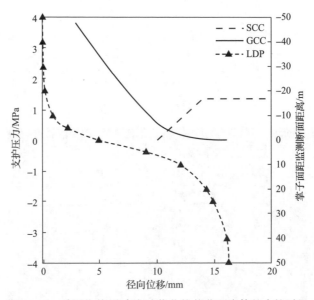

图 10.47　采用收敛-约束方法优化柱状节理岩体的支护时机

与裂化-抑制方法相比，采用收敛-约束方法确定的支护时机范围更广，如果按照收敛-约束方法确定的支护时机，很有可能会发生支护延迟。如在开挖后 20m 支护，虽然位移量较小，符合收敛-约束方法的要求，但是此时松弛深度大幅增大（见图 10.48），不利于围岩稳定。对硬岩而言，存在裂纹的开裂与闭合，导致其位移可能较大，也可能较小，但是较小的位移也并不意味着围岩稳定，其松弛深度及裂纹扩展可能较剧烈，即对于中高应力下的硬岩工程，变形模式不一，而松弛深度及裂纹扩展情况更能反映该类岩体的稳定性，因此收敛-约束方法对硬岩工程是不适合的，而应该采用更能反映该类岩体稳定性本质的裂化-抑制方法。

8. 导流洞柱状节理岩体的长期稳定性分析

采用前述的柱状节理岩体时效弱化本构来研究导流洞的长期稳定性问题，其中支护参数按照裂化-抑制方法来进行设计，如果按照当前参数时效弱化速度，分析 8 年后松弛深度的发展情况。左右岸导流洞柱状节理岩体不同部位松弛深度的长期演化过程如图 10.49 所示。研究结果表明，左岸和右岸最终的松弛深度不同，右岸要大于左岸，这可能是左右岸地应力不同导致的。对于左岸顶拱，90 天以后松弛深度稳定，最终稳定在 3.7m；对于左岸边墙，153 天以后松弛深度稳定，最终稳定在 4.5m；对于右岸顶拱，122 天以后松弛深度稳定，最终稳定在 6.7m；对于右岸边墙，210 天以后松弛深度稳定，最终稳定在 7.8m。

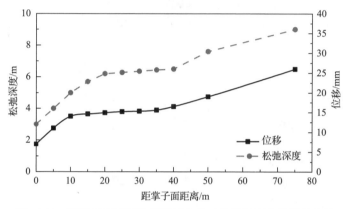

图 10.48　距掌子面不同距离进行支护时松弛深度和位移的变化

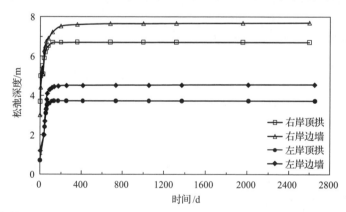

图 10.49　白鹤滩水电站左右岸导流洞柱状节理岩体洞室不同部位松弛深度的长期演化过程

左岸导流洞柱状节理岩体最终松弛深度为 3.7～4.5m，而根据裂化-抑制方法所设计的锚杆长度为 6m，大于松弛深度，可以保证左岸导流洞的长期稳定性。右岸导流洞柱状节理岩体最终松弛深度为 6.7～7.8m，根据裂化-抑制方法所设计的锚杆长度为 9m，也可以保证右岸导流洞的长期稳定性。按照此设计施工后，导流洞从 2014 年 5 月 1 日已开始运行，如图 10.50 所示，运行状况良好。

图 10.50　安全运行的柱状节理岩体导流洞

参 考 文 献

[1] Spry A. The origin of columnar jointing, particularly in basalt flows. The Geological Society of Australia, 1962, 8(2): 191-216.

[2] Müller G. Starch columns: Analog model for basalt columns. Journal of Geophysical Research-Atmospheres, 1998, 103(B7): 239-253.

[3] 冯夏庭, 吴世勇, 李邵军, 等. 中国锦屏地下实验室二期工程安全原位综合监测与分析. 岩石力学与工程学报, 2016, 35(4): 649-657.

[4] 郝宪杰, 冯夏庭, 江权, 等. 基于电镜扫描实验的柱状节理隧洞卸荷破坏机制研究. 岩石力学与工程学报, 2013, 32(8): 1647-1655.

[5] 郝宪杰, 冯夏庭, 李邵军, 等. 柱状节理玄武岩隧洞破坏模式及其力学机制模拟. 岩土力学, 2015, 36(3): 837-846.

[6] 郝宪杰, 冯夏庭, 陈炳瑞, 等. 柱状节理几何参数对硐室稳定性影响的 DDA 分析. 岩石力学与工程学报, 2016, 35(A1): 2593-2602.

[7] 张建聪, 江权, 郝宪杰, 等. 高应力下柱状节理玄武岩应力-结构型塌方机制分析. 岩土力学, 2021, 42(9): 2556-2568.

[8] Zhang J C, Jiang Q, Feng G L, et al. Geometrical characteristic investigation of the Baihetan irregular columnar jointed basalt and corresponding numerical reconstruction method. Journal of Central South University, 2022, 29: 455-469.

[9] Hao X J, Feng X T, Yang C X, et al. Analysis of EDZ development of columnar jointed rock mass in the baihetan diversion tunnel. Rock Mechanics and Rock Engineering, 2016, 49(4): 1289-1312.

[10] 丰光亮, 冯夏庭, 陈炳瑞, 等. 白鹤滩柱状节理玄武岩隧洞开挖微震活动时空演化特征. 岩石力学与工程学报, 2015, 34(10): 1967-1975.

[11] Singh M, Rao K S, Ramamurthy T. Strength and deformational behavior of a jointed rock mass. Rock Mechanics and Rock Engineering, 2002, 35(1): 45-64.

[12] Barton N. The shear strength of rock and rock joints. International Journal of Rock Mechanics and Mining Science & Geomechanics Abstracts, 1976, 13 (9) : 255-279.

[13] Yoshida H, Horii H. A micromechanics-based model for creep behavior of rock. Applied Mechanics Reviews, 1992, 45 (8) : 294-303.

[14] Sellers E J, Klerck P. Modeling of the effect of discontinuities on the extent of the fracture zone surrounding deep tunnels. Tunnelling and Underground Space Technology, 2000, 15 (4) : 463-469.

[15] Kaiser P K, Kim B H. Characterization of strength of intact brittle rock considering confinement-dependent failure processes. Rock Mechanics and Rock Engineering, 2015, 48 (1) : 107-119.

[16] 石安池, 唐鸣发, 周其健. 金沙江白鹤滩水电站柱状节理玄武岩岩体变形特性研究. 岩石力学与工程学报, 2008, 27 (10) : 2079-2086.

[17] Hoek E, Brown E T. Practical estimates or rock mass strength. International Journal of Rock Mechanics and Mining Sciences, 1997, 34 (8) : 1165-1186.

[18] Hirohisa K, Hideto M. Centrifuge model test of tunnel face reinforcement by bolting. Tunnell Underground Space Technology, 2003, 18 (2-3) : 205-212.

[19] Al Hallak R, Garnier J, Leca E. Experimental study of the stability of a tunnel face reinforced by bolts//International Symposium on Geotechnical Aspects of Underground Construction in Soft Ground, Tokyo, 2000: 65-68.

[20] Bernaud D, Maghous S, Buhan P D, et al. A numerical approach for design of bolt-supported tunnels regarded as homogenized structures. Tunnell Underground Space Technology, 2009, 24 (5) : 533-546.

[21] Buhan P D, Bourgeois E, Hassen G. Numerical simulation of bolt supported tunnels by means of a multiphase model conceived as an improved homogenization procedure. International Journal for Numerical and Analytical Methods in Geomechanics, 2008, 32 (13) : 1597-1615.

[22] Feng X T, Hao X J, Jiang Q, et al. Rock cracking indices for improved design of tunnel support in hard rock subject to high stress. Rock Mechanics and Rock Engineering, 2016, 49 (6) : 2115-2130.

第11章 白鹤滩水电站地下洞室群稳定性分析与优化设计

白鹤滩水电站左岸地下洞室群与右岸地下洞室群埋深不同,地应力水平不同,岩层结构也不完全相同,其面临的围岩稳定性问题和开挖支护优化设计难题也不完全一样。因此,本章充分应用前述章节的理论、方法和技术,基于大型地下洞室群七步流程式的设计,分别阐述左岸地下洞室群和右岸地下洞室群稳定性分析与优化设计的主要工作。

11.1 左岸地下洞室群稳定性分析与优化设计

11.1.1 左岸地下洞室群稳定性设计目标

现场地质勘查(见 3.1 节)表明,左岸地下洞室群区域不利地质结构和稳定性问题主要是:①穿越厂房边墙和调压室下部的 C2 层间错动带,厚度为 10~60cm,平均厚度约 20cm,泥夹岩屑型,遇水易软化,具有剪切大变形、塌方破坏等风险;②玄武岩脆性破坏现象明显,具有诱发大面积片帮和深层破裂的风险(见图 11.1[1])。因此,左岸地下洞室群工程稳定性设计目标如下:

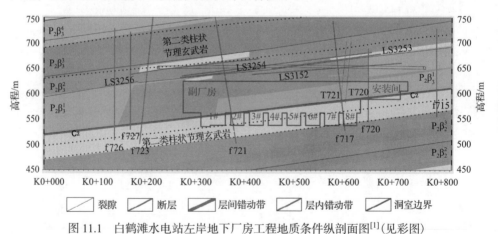

图 11.1 白鹤滩水电站左岸地下厂房工程地质条件纵剖面图[1](见彩图)

(1)确保在不利 C2 错动带和高地应力下洞室群施工和运行期的整体稳定,避免 C2 错动带出露区域发生不连续变形、剪切滑移型破坏和大范围塌方。

(2)确保施工期洞室围岩浅表层片帮和深层破裂得到有效控制。

因此,左岸地下洞室群的关键设计内容是围岩支护参数优化设计、洞室群稳定性监测设计、C2 错动带穿越洞室高边墙区域支护优化设计。

11.1.2　左岸地下洞室群的场地特征与约束条件分析

由第 3 章白鹤滩水电站地下洞室群工程地质条件简介可知,左岸地下洞室群典型的场地特质是:位于深切河谷区高地应力环境中,围岩主要是斜斑玄武岩、杏仁玄武岩、隐晶质玄武岩等组成的 III_1 类、II 类围岩,最大的不利地质结构是 C2 错动带。因此,制约左岸地下洞室群的主要约束条件如下:

(1)左岸地下洞室群位于深切河谷地区,厂址区域地应力环境受到河谷应力场影响,实测地应力的第一主应力超过 20MPa,需要开展考虑深切河谷区和复杂错动带影响的洞室群区域的三维地应力场反演分析。

(2)C2 错动带几乎穿越了整个厂房的高边墙区域,明显破坏了厂房高边墙岩体的整体性,具有诱发边墙错动带上、下盘围岩的不连续变形、局部剪切破坏和大范围塌方风险,如图 11.2(a)所示。

(3)玄武岩脆性破坏特征明显,需要深入分析洞室群分层分部开挖卸荷应力路径下的玄武岩内部破坏特征、洞室围岩浅表层片帮(见图 11.2(b))和深层破裂风险。

(4)左岸地下洞室群是制约整个白鹤滩水电工程建设进度的控制性节点工程,其工期要求紧,需确保开挖支护施工的高效安全进行,尽量避免返工。

(a) C2错动带　　　　　　　　　　(b) 左岸厂房探洞顶拱玄武岩片帮

图 11.2　白鹤滩水电站左岸地下洞室群区域不利地质结构与探洞内玄武岩片帮破坏

11.1.3　左岸地下洞室群稳定性分析与围岩破裂防控设计策略

针对左岸地下洞室群的工程问题与设计难题,基于现场多种监测数据,通过正分析和反分析手段,洞室群施工过程中稳定性动态反馈分析与优化设计拟采用以下分析方法和设计策略(见图 11.3)。

(1)在室内试验方面，开展玄武岩脆性破坏倾向性的单轴压缩、常规三轴应力状态下压缩等试验，以及考虑大型地下洞室群分层分部开挖围岩卸荷应力路径的真三轴试验，建立白鹤滩水电站左岸地下洞室群硬脆性玄武岩、柱状节理岩体、C2错动带的力学模型，揭示玄武岩浅表层片帮、深层破裂等的力学机制。

(2)在现场调查方面，跟踪洞室群施工过程，实时开展白鹤滩水电站左岸地下洞室群围岩现场变形破坏的调查和统计分析，定量认识围岩变形破坏、片帮、深层破裂的时空发展特征。

(3)在现场试验方面，根据现场围岩变形破坏特征与C2错动带出露位置特点，并结合洞室群稳定性预测分析，开展C2错动带剪切变形观测试验；同时针对洞室群高风险区开展岩体浅表层片帮破坏和深层破裂的声波及钻孔摄像观测。

(4)在围岩支护参数设计方面，对比具有高应力特征的锦屏一级水电站地下洞室群，同时考虑大理岩和玄武岩在强度及脆性特征方面的差异性，采用工程类比法进行洞室围岩支护参数设计(见方法A)，并采用行业规范与国际建议方法进行校核和调整。

(5)基于中国的工程岩体分级标准BQ法、国际通用的RMR法和Q系统分类法进行岩体质量评价(见方法B)，作为洞室围岩支护参数分区设计的基本依据。

(6)为确保洞室群稳定性预测的准确性并支撑开挖支护优化设计，根据现场多种监测数据，开展岩体力学参数的三维智能反演分析(见方法C)。

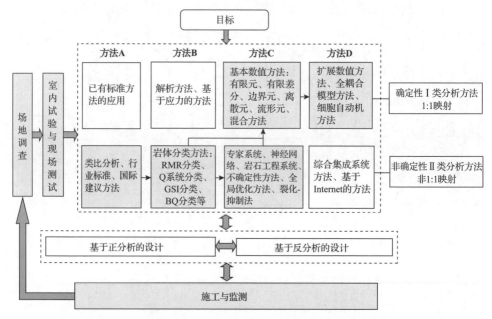

图11.3　白鹤滩水电站左岸地下洞室群稳定性分析与设计策略

(7)为了分析洞室群分层分部开挖过程中的围岩力学行为，并开展围岩支护参数优化，采用数值软件进行洞室群稳定性计算分析(见方法 C)，并着重进行 C2 错动带连续-非连续变形的精细计算分析(见方法 D)。

(8)基于裂化-抑制法，综合现场测试和洞室群稳定性的三维数值计算，动态优化调整洞室群的开挖台阶高度、开挖顺序、开挖方式等，优化洞室群支护的喷层厚度、锚杆类型与长度、锚索长度与预应力值、支护时机等。

11.1.4　左岸地下洞室群稳定性初步分析与围岩破裂特征预测

1. 基于三维数值模拟的洞室群开挖后围岩力学响应分析

采用前述左岸三维地应力场反演结果和玄武岩弹脆塑性力学模型，并根据左岸工程地质分析和设计建议参数(见 3.1 节)，确定左岸地下洞室群岩体和错动带的基本力学参数，进而采用三维数值模拟分析无支护条件下左岸地下洞室群开挖后的围岩力学响应，计算结果表明：

(1)围岩重分布最大主应力特征。无支护条件下左岸地下洞室群开挖后引起围岩应力重分布，导致一定深度范围内岩体出现应力集中现象，总的来看，洞室群开挖后应力集中较为显著的区域是厂房上游侧顶拱以及主变室和尾闸室顶拱区域，最大集中应力达到 40MPa；厂房基坑底部也表现出一定的应力集中；错动带上下盘区域也存在一定程度的应力不连续现象，如图 11.4 所示。

(2)围岩重分布最小主应力特征。无支护条件下左岸地下洞室群开挖后表层一定范围内围岩卸荷显著，主要表现为高边墙应力卸荷松弛明显，如厂房、主变室和尾闸室等洞室的高边墙区域；C2 错动带穿越区域也是围岩应力卸荷较为显著的区域，如图 11.5 所示。计算也表明，厂房上下游侧高边墙区域、厂房与母线洞交叉口区域围岩最大主应力和最小主应力的差值也较大，最大应力差达到 18MPa。

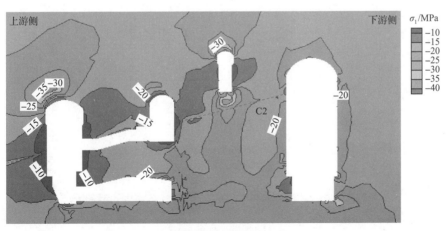

(a) 第2机组中心剖面

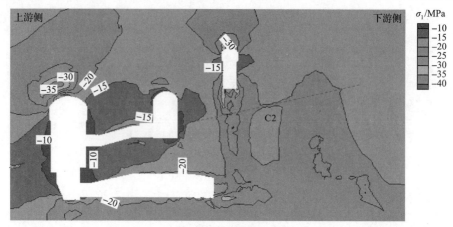

(b) 第4机组中心剖面

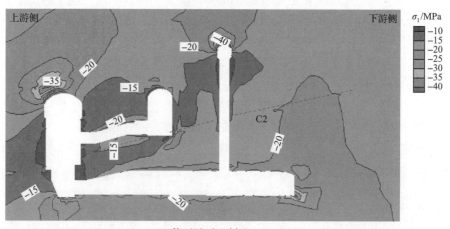

(c) 第6机组中心剖面

(d) 第8机组中心剖面

图 11.4　无支护条件下白鹤滩水电站左岸地下洞室群开挖后典型剖面围岩重分布最大主应力特征

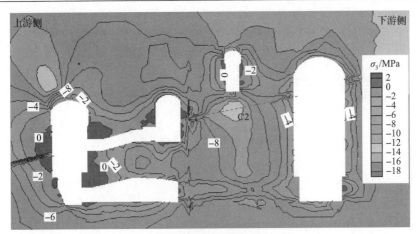

(a) 第2机组中心剖面

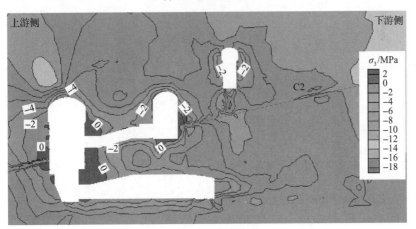

(b) 第4机组中心剖面

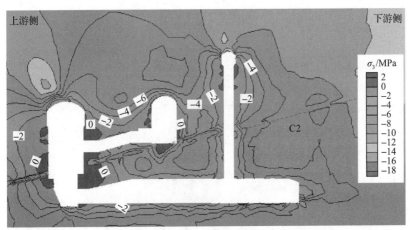

(c) 第6机组中心剖面

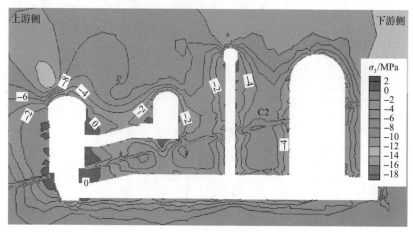

(d) 第8机组中心剖面

图11.5 无支护条件下白鹤滩水电站左岸地下洞室群开挖后典型剖面围岩重分布最小主应力特征

（3）围岩破裂分布特征。无支护条件下左岸地下洞室群开挖完成后围岩破裂深度相对较大的部位主要位于厂房上游侧顶拱区域、厂房与母线洞交叉口区域、基坑下游突出台体区域、主变室下游侧拱区域，厂房洞室围岩最大破裂深度达到10m；同时，C2错动带在厂房高边墙出露区域也是岩体破裂深度较大的区域，破裂深度可达6m。总体来看，围岩破裂程度最为显著的区域是厂房上游侧顶拱区域和C2错动带与厂房、主变室交叉出露的围岩区域，如图11.6所示。

（4）围岩变形分布特征。无支护条件下左岸地下洞室群开挖后围岩变形最大的部位主要位于厂房高边墙区域，最大变形量约130mm，位于厂房上游高边墙中部；同时厂房下游侧边墙母线洞区域也是变形相对较大的区域，变形量约100mm；主变室上、下游侧边墙变形不对称，下游侧边墙变形大于上游侧边墙；尾闸室也是下游侧边墙变形大于上游侧边墙；圆筒状的调压室变形总体不大，最大变形量约

(a) 第2机组中心剖面

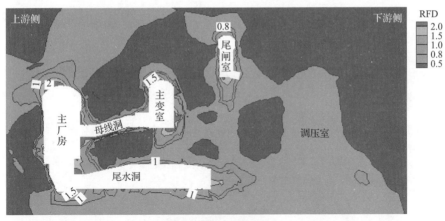

(b) 第4机组中心剖面

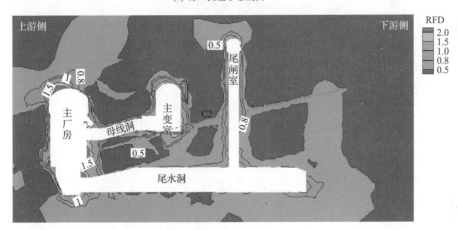

(c) 第6机组中心剖面

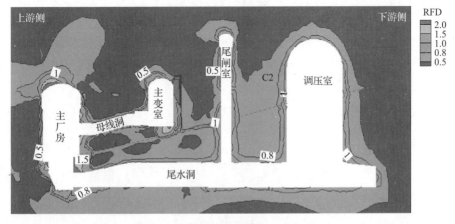

(d) 第8机组中心剖面

图 11.6　无支护条件下白鹤滩水电站左岸地下洞室群开挖后典型剖面围岩破裂程度分布

80mm；此外，C2 错动带穿越区域围岩表现出较为明显的上、下盘岩体不连续变形特征，如图 11.7 所示。

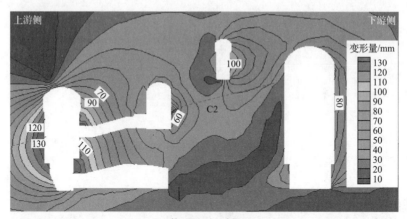

(a) 第2机组中心剖面

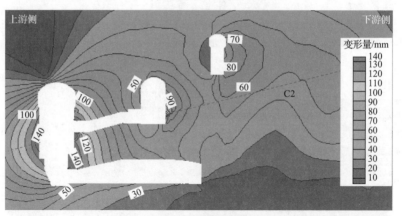

(b) 第4机组中心剖面

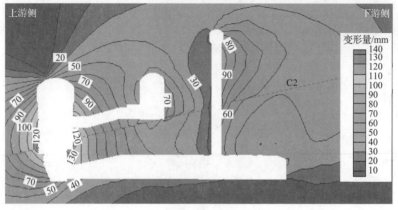

(c) 第6机组中心剖面

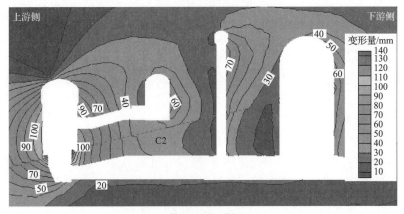

(d) 第8机组中心剖面

图 11.7　无支护条件下白鹤滩水电站左岸地下洞室群开挖后典型剖面围岩变形分布

2. 典型部位围岩破坏与变形稳定性风险分区估计

综合上述左岸地下洞室群开挖完成后围岩最大主应力云图、最小主应力云图、岩体破裂程度分布云图、围岩变形云图，采用前面的分析方法，综合评估洞室群开挖过程中可能存在的围岩表层片帮、深层破裂、C2 错动带塑性挤出变形与塌方的风险，获得的左岸地下洞室群围岩破坏风险空间分布如图 11.8 所示。综合评价结果表明，左岸地下洞室群围岩的主要稳定性问题是分层开挖过程中上游侧顶拱与下游侧

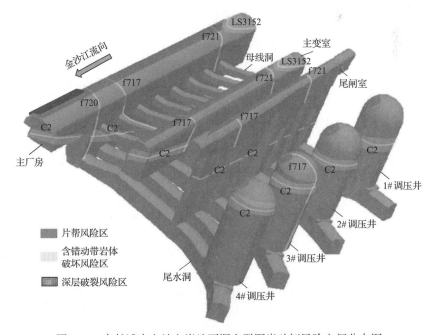

图 11.8　白鹤滩水电站左岸地下洞室群围岩破坏风险空间分布图

墙脚的片帮破坏、C2 错动带出露区域的局部塌方风险和错动带上下盘剪切变形问题。

在洞室群开挖之前难以做到准确预知厂址区域内精细的地质条件与岩体力学性质,因此片帮风险评估工作伴随左岸地下洞室群分层开挖过程分阶段开展,即在洞室每一期开挖前,基于前期开挖揭露的地质、应力、卸荷破坏和数值计算结果等已知信息,采用第 8 章所述的片帮风险评估方法对洞室待开挖层的片帮破坏风险进行预测与评估,主要内容如下。

(1)待开挖层地质条件估计。根据前期地质勘查信息以及先于厂房开挖的厂顶锚固观测洞的围岩条件,初步确定待开挖区域的围岩地质条件;根据前期开挖、邻近区开挖揭露的最新地质条件,进一步更新洞室沿线地质信息(即根据第 i 期开挖揭露的地质信息预测第 $i+1$ 期开挖围岩地质信息)。

(2)围岩重分布应力计算。根据前层开挖、邻近开挖区监测测试所得的围岩变形、松弛深度等最新结果,反演并确定待开挖洞段岩体力学参数,并利用第 2 章提出的玄武岩弹脆塑性力学模型,开展典型洞段三维精细数值仿真模拟,计算分析待开挖层后续开挖的围岩重分布应力特征。

(3)风险评估单元划分。根据上述地质信息与重分布应力大小,基于地质分区、应力分区的原则,将待开挖层浅表层围岩划分为不同的风险评估单元,逐一确定各单元内岩体质量 RMR 值、围岩最大集中应力 $\sigma_{\max}$ 值。

(4)玄武岩赋存应力状态下的起裂强度确定。根据玄武岩所处的原岩应力状态,开展开挖卸荷应力路径下的真三轴试验,获取不同类型玄武岩起裂应力。白鹤滩水电站地下洞室群典型玄武岩真三轴应力状态下的起裂应力如图 11.9 所示。

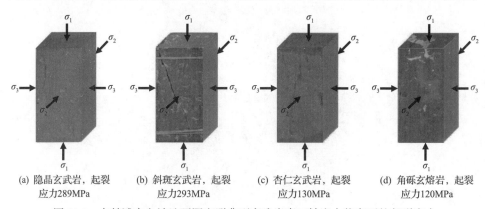

(a) 隐晶玄武岩,起裂　　(b) 斜斑玄武岩,起裂　　(c) 杏仁玄武岩,起裂　　(d) 角砾玄熔岩,起裂
　　应力289MPa　　　　　　应力293MPa　　　　　　应力130MPa　　　　　　应力120MPa

图 11.9　白鹤滩水电站地下洞室群典型玄武岩真三轴应力状态下的起裂应力

(5)利用片帮深度预测公式(8.1),对各风险评估分区单元内的片帮深度进行预测,并根据 8.2 节片帮风险等级标准,给出相应的风险水平分区图。

按照以上流程,获得左岸地下厂房顶拱区域第Ⅰ~Ⅲ层的片帮风险分区,如图 11.10 所示[2]。可以看出,左岸地下洞室群施工期间,片帮高风险区域主要分布

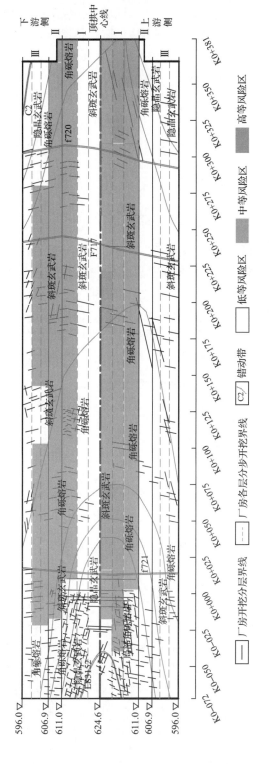

图 11.10　白鹤滩水电站左岸地下厂房顶拱区域第 I ~ III 层片帮风险分区预测展布图 (单位: m)[2]

于地下厂房的上部区域(第Ⅰ~Ⅲ层)。从该区域片帮风险区划图可以看出,围岩片帮风险主要集中在上游侧拱肩与下游侧边墙墙脚位置,这与厂房横剖面上主应力方向有直接关系;从洞轴线上来看,大面积片帮高风险区域主要位于K0+000~K0+075、K0+180~K0+260以及K0+300~K0+381洞段的上游侧拱肩区域,高风险区域累积长度约236m;K0–072~K0–030洞段由于层内错动带LS3152以及密集节理的发育,岩体结构较破碎,故片帮风险较低。

11.1.5 左岸地下洞室群开挖与支护初步设计和变形破裂监测方案设计

1. 开挖方案设计

针对白鹤滩水电站左岸地下洞室群结构特点,基于上述左岸地下洞室群围岩稳定性分析揭示的顶拱围岩破裂深度较大区域、交叉洞口围岩破裂程度较突出部位,结合具体地质特征,采用钻爆法施工,具体开挖施工方案如下。

(1)在厂房顶层开挖过程中,采取分区开挖和跟进支护的措施,具体包括:①厂房顶层共分为5个区开挖,中导洞→上游侧第一序→下游侧第一序→上游侧第二序→下游侧第二序;②同一洞段一侧的锚索、锚杆施工完成才进行另一侧的扩挖,第一序开挖后,锚索、锚杆施工完成才能进行第二序的开挖。厂房顶拱第Ⅰ层分区开挖过程如图11.11所示[2]。

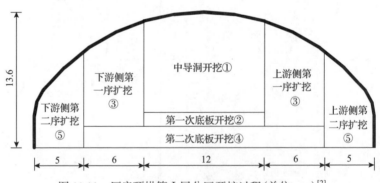

图11.11 厂房顶拱第Ⅰ层分区开挖过程(单位:m)[2]

(2)岩锚梁分区分块开挖:地质条件较好洞段开挖施工采用三层中槽上下游侧施工预裂→①区→②区→③区→④区→⑤区→⑥区;地质条件较差洞段的开挖方案中,中槽多分了两个区,施工程序上在①、④区开挖完成形成临空面后再进行②、⑤区的开挖,同时中槽全部采用手风钻或多臂台车进行水平开挖,以减少中槽开挖时对下游侧保护层的震动影响。厂房高边墙开挖分区示意图如图11.12所示[3]。

(3)厂房中下层薄层开挖:采用中间抽槽、两侧预留保护层的薄层开挖方式,第Ⅳ层及以下每个大层分为两个薄层开挖,每层高度控制在5m以内;中槽与保护层之间先进行施工预裂,中槽采用水平开挖,保护层采用水平光爆;中部拉槽与保护层开挖之间的距离不大于 20m(见图 11.12[3])。

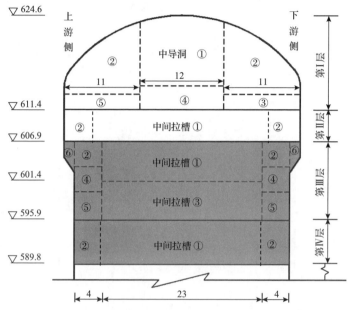

图 11.12　厂房高边墙开挖分区示意图(单位：m)[3]

(4)厂房周边洞室"先洞后墙"开挖：引水下平洞、母线洞及尾水扩散段等与厂房交叉的洞室均采用"先洞后墙"的施工顺序，即所有洞室先进入主厂房边墙3m 并实施环向预裂后，再进行厂房的开挖，先期释放地应力。

(5)特殊不良地质段开挖：在原有开挖方案基础上，针对 C2 错动带出露区域，进一步采用小进尺弱爆破施工，优化爆破参数和开挖进尺，及时进行喷锚支护；针对柱状节理岩体洞段，采用小台阶弱爆破施工。

2. 支护方案设计

根据上述左岸地下洞室群开挖后围岩力学响应和洞室群围岩变形破坏风险分析结果，左岸地下洞室群围岩支护应选择适合高地应力环境下脆性岩体破坏特征的系统支护方案，并针对上述洞室群稳定性分析计算所揭示的围岩破裂深度和程度较突出的特定高风险区域，采用非对称支护，对围岩破裂深度较大、破裂程度严重的局部区域进行加强支护的支护原则。

结合大型地下洞室群的结构特点和上述数值计算与破坏模式风险评估结果，遵循尽量减小围岩的破裂深度和破裂程度、充分发挥围岩本身的自承能力，围岩支护遵循"喷网+锚杆+锚索"的组合支护方案，形成表层、浅层、深层的整体加固，主要洞室围岩系统支护参数如下(见图 11.13 和图 11.14，其他洞室参照该支护参数)[2]。

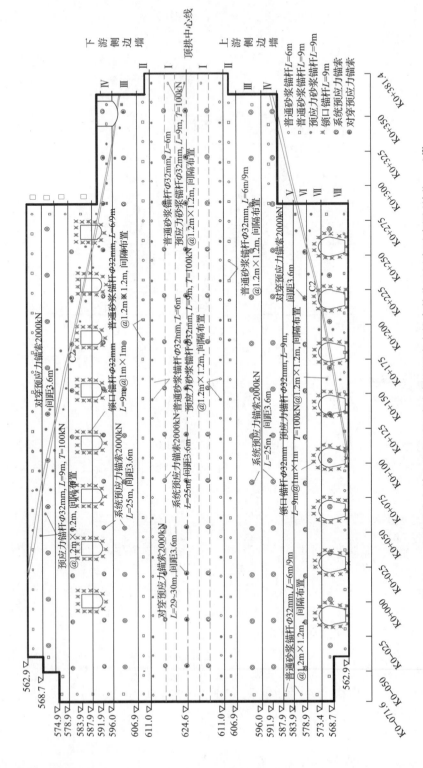

图11.13　白鹤滩水电站左岸地下厂房全断面围岩支护参数分区展布示意图(单位：m)[2]

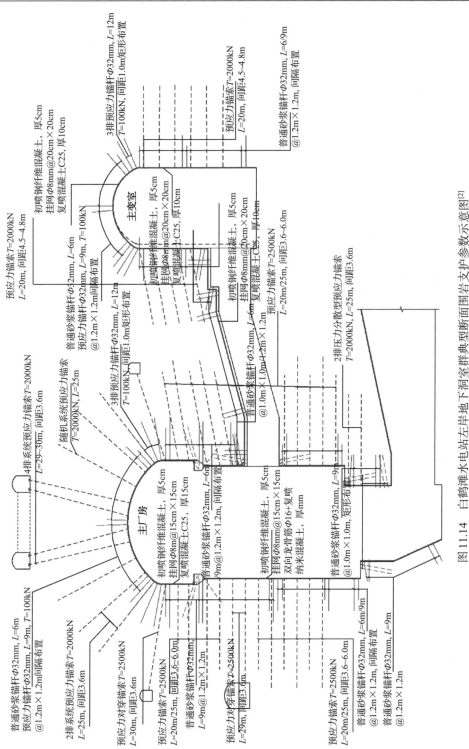

图 11.14　白鹤滩水电站左岸地下洞室群典型断面周围岩支护参数示意图[2]

(1) 针对厂房洞室，系统支护参数可设计如下：

① 顶拱。初喷钢纤维混凝土 5cm，挂网 Φ8mm@15cm×15cm，复喷混凝土 15cm；采用普通砂浆锚杆 Φ32mm，L=6m，预应力锚杆 Φ32mm，L=9m，T=100kN，间距@1.2m×1.2m，间隔布置；上下游拱脚各布置 2 排系统预应力锚索，间距@3.6m×4.8m；厂房顶拱与锚固洞之间采用对穿锚索进行锚固。

② 边墙。初喷钢纤维混凝土 12cm，挂网 Φ8mm@15cm×15cm，双向龙骨筋 Φ16mm+复喷纳米混凝土 8cm；采用普通砂浆锚杆 Φ32mm，L=9m，间距@1.2m×1.2m；上游侧边墙预应力锚索 T=2500kN，L=25m/30m，间距@3.6m×6.0m；下游侧边墙预应力锚索 T=2500kN，L=25m/30m，间距@3.6m×6.0m。

(2) 针对主变室，系统支护参数可设计如下：

① 顶拱。初喷钢纤维混凝土 5cm，挂网 Φ8mm@20cm×20cm，复喷混凝土 10cm；普通砂浆锚杆 Φ32mm，L=6m，预应力锚杆 Φ32mm，L=9m，T=100kN，间距@1.2m×1.2m。

② 边墙。初喷钢纤维混凝土 5cm，挂网 Φ8mm@20cm×20cm，复喷混凝土 10cm；普通砂浆锚杆 Φ32mm，L=6m/9m，间距@1.2m×1.2m；上游侧边墙预应力锚索 T=2000kN，L=20m，间距@4.5m×4.8m；下游侧边墙预应力锚索 T=2000kN，L=20m，间距@4.5m×4.8m。

(3) 针对母线洞，系统支护参数可设计如下：

① 初喷钢纤维混凝土 5cm，挂网 Φ8mm@20cm×20cm，复喷混凝土 10cm，靠近厂房侧 12m 支护型钢拱架洞段+复喷混凝土 25cm。

② 普通砂浆锚杆 Φ28mm，L=6m，间距@1m×1m/1.2m×1.2m；靠近主厂房侧 12m 洞段设置型钢拱架，间距 1m。

(4) 针对尾闸室，系统支护参数可设计如下：

① 初喷钢纤维混凝土 8cm，挂网 Φ8mm@20cm×20cm，复喷混凝土 7cm。

② 普通砂浆锚杆 Φ25mm/28mm，L=4.5m/6m，间距@1.5m×1.5m，交错布置。

③ 4 排预应力锚索 T=1500kN，L=20m，间距@4.5m×4.5m。

(5) 针对尾闸室，系统支护参数可设计如下：

① 穹顶。初喷 CF30 钢纤维混凝土 10cm，挂网 Φ8mm@20cm×20cm，龙骨筋 Φ16mm@100×100cm，复喷 C25 混凝土 10cm；普通砂浆锚杆 Φ28mm，L=6m 预应力锚杆 Φ32mm，L=9m，T=150kN，@1.5m×1.5m；无黏结预应力对穿锚索 2000kN，L=35~45m，@6.0m×4.5m。

② 井身。喷 C25 混凝土 15cm，挂网 Φ8mm@20cm×20cm，龙骨筋 Φ16mm@100cm×100cm；一般围岩洞段普通砂浆锚杆 Φ28mm，L=6m 普通砂浆锚杆 Φ32mm，L=9m，间距@1.5m×1.5m；预应力锚索 1500kN，L=25m，间距@4.5m×4.5m。

针对 C2 错动带穿越左岸地下洞室群区域，其围岩支护参数进行一定程度的加强，包括：

(1)在顶拱上方高度 15m 范围内出露部位的错动带采用 4 排对穿预应力锚索加强支护。

(2)错动带在边墙或井身初露区域，追踪错动带展布在上盘和下盘各增设 2 排预应力锚索。

(3)主厂房母线洞与尾水扩散段之间岩柱出露层间错动带 C2 的①～③母线洞与尾水扩散洞之间各布置多排 2000kN 有黏结型预应力对穿锚索加强支护。

(4)错动带出露区域均将预应力锚杆加密到间距@1.2m×1.2m。

针对厂房可能出现片帮的部位，将系统锚杆支护间距加密到@1.2m×1.2m，并考虑增设主动防护网；尤其注重挂网喷射混凝土和锚杆支护的及时支护，要确保开挖后即进行及时喷锚支护。

3. 监测方案设计

根据上述左岸地下洞室群开挖后围岩力学响应和洞室群围岩变形破坏风险分析结果，采用第 6 章的监测设计方法，左岸地下洞室群围岩变形破坏监测的基本原则是选择适合高地应力环境下脆性岩体破坏特征的原位监测方案，并针对特定高风险区域采用针对性的局部加强监测原则。

结合大型地下洞室群结构特点，尽量获取岩体变形、应力、破裂等多元信息，形成宏观微观相结合的原位监测。图 11.15～图 11.17 为左岸地下厂房综合监测布置示意图[2]，详细说明如下：

(1)多点位移计用于测量岩体变形响应力学行为，一般将其均匀布置于主厂房上、下游两侧区域，需要重点关注的区域为主厂房顶拱、拱肩、岩锚梁和边墙。

(2)锚杆、锚索测力计布置在多点位移计附近，且锚杆、锚索测力计采取交错布置方式，即沿洞室高度方向，若上一分层布置锚杆测力计，则下一分层可布置锚索测力计。

(3)根据风险评估结果布置数字钻孔摄像、声波观测。以洞室横剖面视角看，与最大主应力相垂直的区域一般是应力集中区域，表明该处岩体发生变形破坏的风险偏高。因此，可在重分布应力高度集中区域布置数字钻孔摄像、声波观测孔。

(4)根据风险评估结果布置微震传感器。在地下洞室群重分布应力集中区域布置微震传感器。但大型地下洞室群存在大空区，导致定位误差增大，岩体变形破坏低风险区域也应适量布置微震传感器。

由于 C2 错动带穿越左岸地下洞室群高边墙区域，其围岩变形破坏监测需进行一定程度的加强，在错动带上、下盘区域均增设数字钻孔摄像、微震传感器、点位移计、测斜仪、锚杆应力计、锚索测力计。

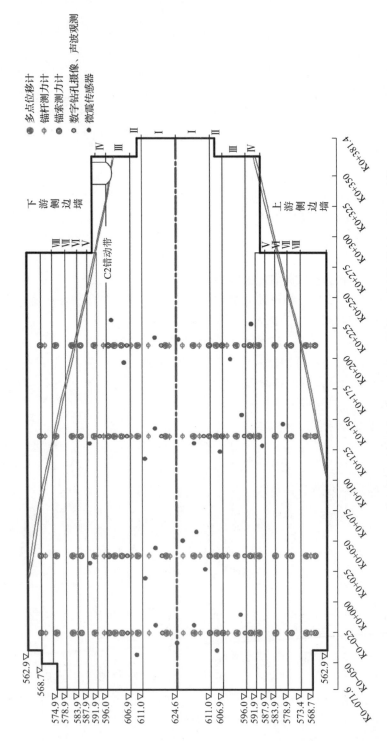

图 11.15　白鹤滩水电站左岸地下厂房原位综合监测布置展布图 (单位: m)[2]

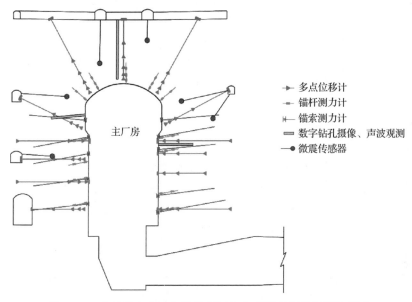

图 11.16　白鹤滩水电站左岸地下厂房典型断面监测布置示意图

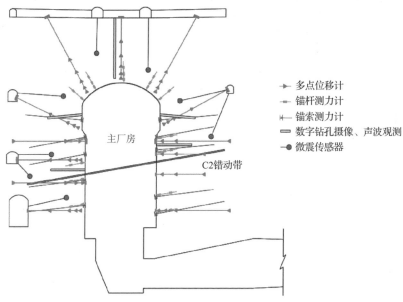

图 11.17　白鹤滩水电站左岸地下厂房含错动带典型断面监测布置示意图[2]

11.1.6　左岸地下洞室群围岩破裂防控动态反馈分析与开挖支护优化设计

1. 洞室群围岩力学行为一般特征

在上述围岩支护设计方案基础上，基于实际开挖支护工况，进一步采用三维数值模拟分析左岸地下洞室群开挖支护后的围岩力学响应，从而为洞室群施工过程的动态支护优化提供依据。三维数值计算结果表明：

（1）围岩重分布最大主应力特征。洞室群开挖后引起围岩应力重分布，导致一定深度范围内岩体发生应力集中现象，总体来看，洞室群开挖后应力集中较为显著的区域是厂房上游侧顶拱、主变室和尾闸室顶拱区域；厂房基坑底部也表现出一定程度的应力集中，如图 11.18 所示。因此，洞室群分层开挖过程中顶拱稳定性仍需要重点关注。

（2）围岩重分布最小主应力特征。洞室群开挖后表层围岩仍然存在一定深度的岩体卸荷，主要表现为高边墙应力卸荷松弛较为明显，如厂房的高边墙区域、主变室的边墙区域、尾闸室的边墙区域；C2 错动带穿越区域也是围岩应力卸荷较为突出的区域，如图 11.19 所示。可以看出，采用系统支护后，洞室围岩卸荷程度和深度得到了有效控制，但表层围岩仍然存在松弛和片帮的风险。

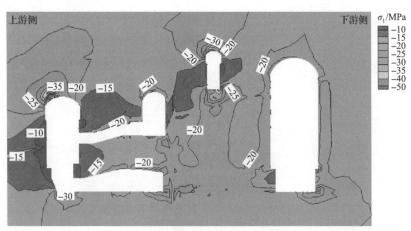

(a) 第2机组中心剖面

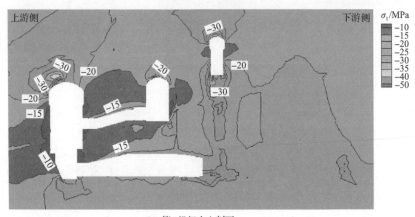

(b) 第4机组中心剖面

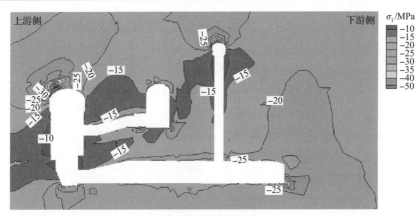

(c) 第6机组中心剖面

(d) 第8机组中心剖面

图 11.18　白鹤滩水电站左岸地下洞室群开挖支护后
典型剖面围岩重分布最大主应力特征(见彩图)

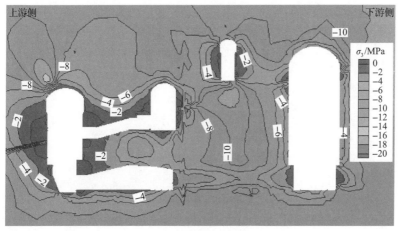

(a) 第2机组中心剖面

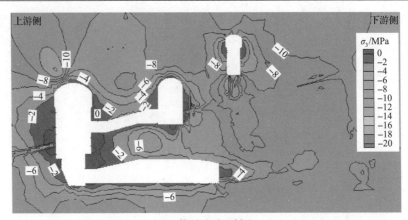

(b) 第4机组中心剖面

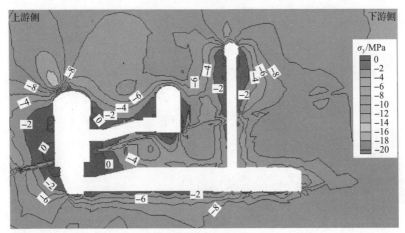

(c) 第6机组中心剖面

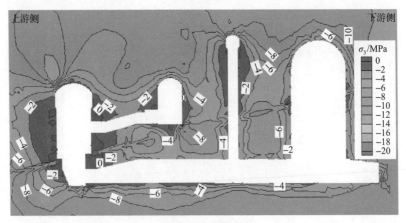

(d) 第8机组中心剖面

图 11.19　白鹤滩水电站左岸地下洞室群开挖支护后
典型剖面围岩重分布最小主应力特征(见彩图)

　　(3)围岩破裂分布特征。总的来看，洞室群开挖完成后围岩破裂深度相对未采用支护设计时有一定程度减小，围岩破裂区较大的部位主要位于上方的厂房上游侧顶拱区域、厂房与母线洞交叉口区域、基坑下游侧突出台体区域、主变室右侧下游侧顶拱区域；同时，C2 错动带在厂房高边墙出露区域的岩体破裂深度也较大。总的来看，围岩破裂程度相对突出的区域还是厂房上游侧顶拱区域和 C2 错动带与洞室边墙交叉部位，如图 11.20 所示，洞室开挖施工过程中应给予充分重视。

　　(4)围岩变形分布特征。左岸地下洞室群开挖后围岩变形最大的部位主要位于厂房高边墙区域，最大变形量约 100mm，位于厂房上游侧高边墙中部；同时厂房下游侧边墙母线洞区域变形也相对较大，变形量约 80mm；主变室上、下游侧边墙变形不对称，下游侧边墙变形大于上游侧边墙；尾闸室也是下游侧边墙变形大于上游侧边墙；圆筒状的调压室变形总体不大，最大变形量约 50mm。此外，采用支护控制措施后，C2 错动带穿越区域上、下盘岩体不连续变形也得到了一定程度的控制，如图 11.21 所示。

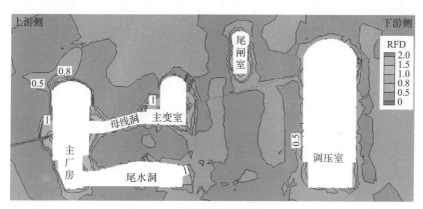

(a) 第2机组中心剖面

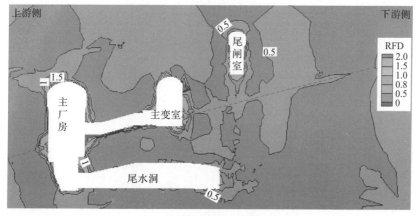

(b) 第4机组中心剖面

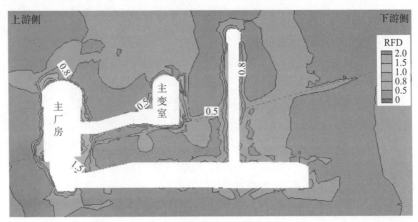

(c) 第6机组中心剖面

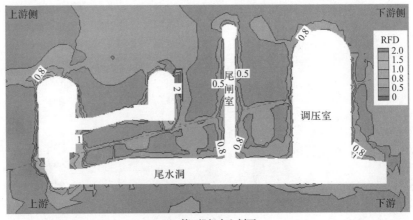

(d) 第8机组中心剖面

图 11.20　白鹤滩水电站左岸地下洞室群开挖支护后典型剖面围岩破裂程度分布(见彩图)

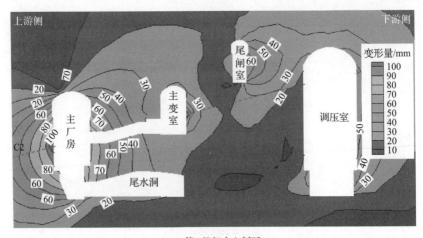

(a) 第2机组中心剖面

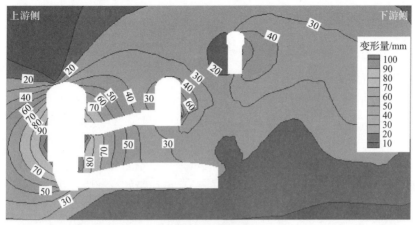

(b) 第4机组中心剖面

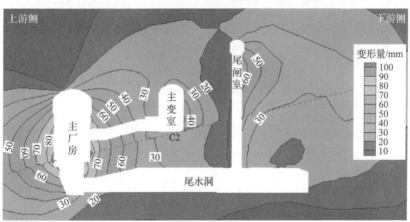

(c) 第6机组中心剖面

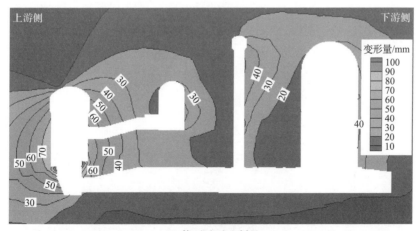

(d) 第8机组中心剖面

图 11.21　白鹤滩水电站左岸地下洞室群开挖支护后典型剖面围岩变形分布(见彩图)

2. 围岩局部稳定性的典型动态反馈与优化设计实例分析

1) C2 错动带抗剪置换洞支护方案优化分析

(1) 提出抗剪置换洞设计方案。

为了减小和避免在厂房开挖时，穿越厂址区域高边墙 C2 错动带导致的上、下盘岩体不连续变形，提高洞室群的整体安全裕度，参考边坡断层和软弱带的抗剪洞经验，考虑在厂房边墙一定深度范围内的 C2 错动带设置抗剪置换洞（见图 11.22），通过该置换洞一方面可抑制错动带上下盘岩体的剪切变形，另一方面可阻隔岩体裂隙水沿错动带的渗流，间接提高错动带的抗剪强度力学性能。

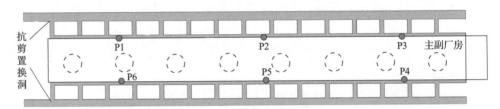

图 11.22　错动带布置方案示意图

图中的 P1～P6 为变形跟踪监测点

为了分析错动带设置抗剪置换洞对减小其上、下盘岩体不连续变形的效果，采用三维数值模拟（见图 11.23），对比分析有无抗剪置换洞对改善错动带上、下盘岩体变形的效果。

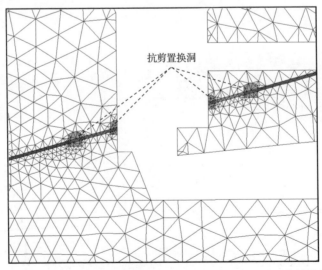

图 11.23　含错动带抗剪置换洞的白鹤滩水电站左岸地下厂房计算模型

建立左岸地下洞室群三维地质模型，基于前述玄武岩力学模型和错动带力学模型，并采用前述地应力场反演方法反演获得的岩体三维地应力条件，在错动带室内力学试验、现场工程地质特性评估和参数反演的基础上确定相应的力学参数，进行洞室群开挖模拟。计算结果表明，抗剪置换洞可以有效地抑制左岸地下厂房上游侧围岩在 C2 错动带上、下盘发生不连续的变形，有错动带抗剪置换洞条件下围岩变形总体上比无错动带抗剪置换洞时少 10～15mm，改善效果明显(见表 11.1)。

表 11.1　有无错动带抗剪置换洞条件下左岸地下厂房上下游侧围岩变形对比(单位：mm)

跟踪监测点	无抗剪置换洞	有抗剪置换洞
P1	46.4	36.1
P2	611.4	52.5
P3	45.3	41.4
P4	60.0	49.2
P5	44.0	32.9
P6	45.3	33.2

(2)提出开挖与支护方案优化原则。

为进一步确保厂房高边墙错动带出露区域围岩稳定性，提出加强支护方案，即沿错动带出露区域，采用表面喷射混凝土支护，同时采用预应力锚杆进行斜穿错动带支护，并通过锚索进行深层锚固支护，如图 11.24 所示[1]。

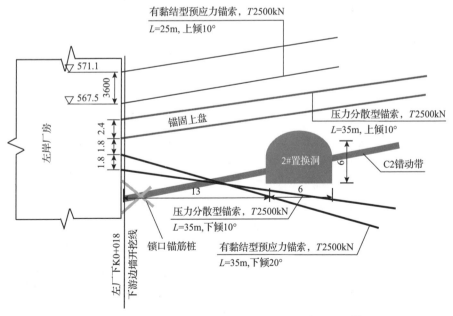

图 11.24　错动带初露区域加强支护方案(单位：m)[1]

同时，为了使得厂房开挖后错动带出露区域岩体得到及时支护，提出厂房分层开挖方案原则为：错动带出露的第Ⅲ层往下开挖的每一层错动带出露区域预留4.0m保护层，开挖后及时进行表面锚喷封闭支护。

(3)现场监测分析与实施效果。

厂房下游侧边墙抗剪置换洞后方的测斜管观测结果表明，厂房高边墙开挖后，C2错动带不连续变形得到有效控制，错动带上、下盘岩体不连续变形约10mm，而错动带软层不连续变形约6mm，如图11.25所示[3]。

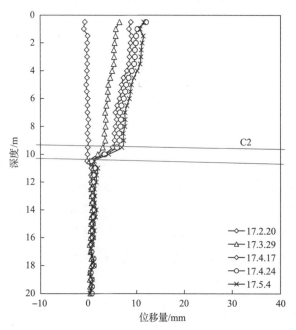

图11.25　错动带不连续变形观测结果[3]

此外，采用该开挖支护优化方案后，左岸地下厂房高边墙开挖顺利，错动带出露区域未出现明显的剪切大变形、泥化软层挤出和塌方灾害，高边墙整体稳定性良好，如图11.26所示。

2)左岸地下厂房上游侧顶拱应力-结构型塌方预警与反馈分析

(1)施工过程中左岸第Ⅰ层上游侧顶拱应力-结构型破坏风险动态预测。

根据建立的左岸地下洞室群三维力学模型，采用前述玄武岩力学模型和地应力场反演方法获得的岩体三维地应力条件，结合厂房中导洞揭露的围岩节理发育特征和局部应力-结构型破坏现象(见图11.27)，考虑厂址区域玄武岩优势结构面分布特征和厂房开挖后围岩应力集中区分布特点，评估认为左岸地下厂房第Ⅰ层开挖过程中，含缓倾角节理洞段存在较大的围岩应力-结构型塌方风险。

图 11.26　开挖支护优化设计后高边墙 C2 错动带现场锚固效果图

图 11.27　厂房中导洞围岩缓倾角节理与局部应力-结构型塌方

（2）左岸地下厂房顶拱微震监测方案设计。

为了有效地监测厂房上游侧顶拱开挖过程中围岩可能存在的应力-结构型塌方风险，利用厂房顶拱的锚固观测洞，事先埋设了微震监测系统，动态观测洞室开挖过程中围岩内部微破裂发展过程，预警可能存在的塌方风险，如图 11.28 所示。

（3）基于微震信息的围岩应力-结构型塌方预警。

跟踪分析微震监测数据发现，在 2014 年 7 月 9 日～7 月 22 日期间，微震系统所监测到的岩石破裂微震事件在上游侧塌方区域内聚集程度较高，而在下游侧开挖区域内，微震活动较为平静且离散，尤其是在厂房上游侧开挖区 K0+080～K0+120 洞段微震事件较为活跃（见图 11.29）。进一步对厂房上游侧开挖区 K0+080～K0+120 洞段的微震事件数、微震释放能及演化规律进行深入分析（见图 11.30 和图 11.31），可以看出：

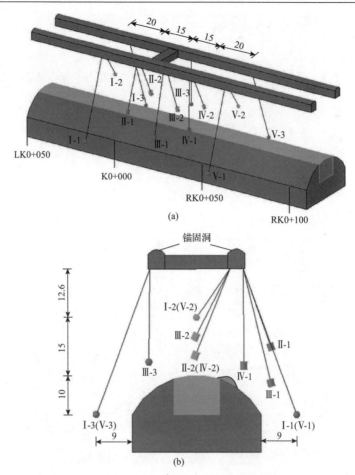

图 11.28　白鹤滩水电站左岸地下厂房洞室围岩破裂的微震监测布置示意图（单位：m）

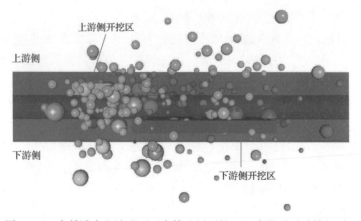

图 11.29　白鹤滩水电站地下厂房第 I 层开挖过程中微震活动特征对比

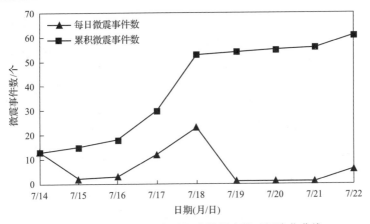

图 11.30　"11·22"塌方过程中微震事件时间演化曲线

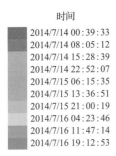
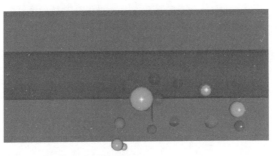

(a) 7月14日~7月16日

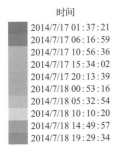
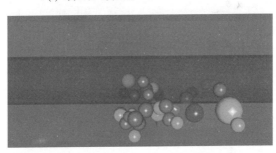
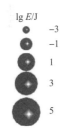

(b) 7月17日~7月18日

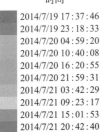

(c) 7月19日~7月21日

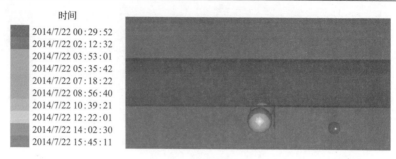

(d) 7月22日

图 11.31 "11·22"应力-结构型塌方过程中的微震事件演化过程

① 7 月 10 日～7 月 13 日，在该区域开挖初期，微震事件数较少且震级较低。

② 7 月 14 日～7 月 16 日，微震活动开始活跃，微震事件数突增，但微震事件的释放能及震级均较低，基本为震级小于–3 的微震事件。

③ 7 月 17 日～7 月 18 日，微震活动持续活跃，出现震级大于或等于–1 的微震事件，但仍以低震级事件为主。

④ 7 月 19 日～7 月 21 日，微震活动趋于平缓，震级大于或等于–1 的微震事件所占比例较大。

⑤ 7 月 22 日，该区域微震活动再次活跃，微震事件数突增，震级大于或等于–1 的微震事件所占比例达到最大。

为此，在 2014 年 7 月 22 日 12:00 左右进行了左岸地下厂房上游侧顶拱塌方破坏高风险的安全预警，认为上游侧开挖区 K0+080～K0+120 洞段存在较大的围岩失稳安全风险，并及时进行了人员疏散。

3) 左岸上游侧顶拱 K0+089～K0+105 洞段应力-结构型塌方反馈分析

2014 年 7 月 22 日 22:10 左右，左岸地下厂房 K0+170 洞段下游侧施工人员发现 K0+089～K0+105 洞段发生大面积塌方。塌方区域可分为两部分(见图 11.32(a))，其中塌方区域 1 的塌坑深度达到 2.5m，塌坑表面粗糙不平且范围较大；塌方区域 2 的塌坑深度约为 1m，塌坑面岩体新鲜且表面光滑。塌落的岩体以块状为主且尺寸较大，塌方区域 1 和塌方区域 2 的最大塌方块体尺寸分别达到 4m×4m×2m 和 5m×3m×1m，如图 11.32(b)所示。

从应力-结构型塌方孕育过程中微震事件震级的整体分布特征可以看出，微震事件的震级以小于–3 为主，而震级不小于–1 的微震事件所占比例达到 6.1%(见图 11.33(a))。将 $M \geqslant -1$、$\lg E \geqslant 2$ 的微震事件定义为大事件，大事件主要发生在塌方孕育过程的中期和后期(见图 11.33(b))。进一步的数值计算分析表明，该塌方主要诱发原因可能是中导洞开挖后在上游侧顶拱区域形成一定的应力集中，而上游侧边墙的扩挖导致岩体应力集中进一步转移(见图 11.34)，而该处缓倾角结构面的存在导致应力集中区的围岩沿结构面扩展破坏，最后形成应力-结构型大范围失稳破坏。

(a) 塌方区域整体情况

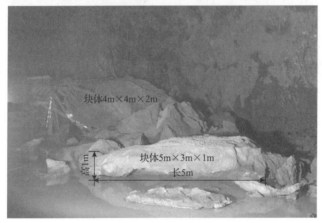

(b) 塌落块体特征

图 11.32　白鹤滩水电站左岸地下厂房上游侧顶拱 K0+089~K0+105 洞段
预警后出塌方区域破坏特征

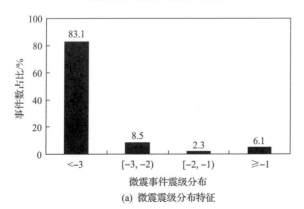

(a) 微震震级分布特征

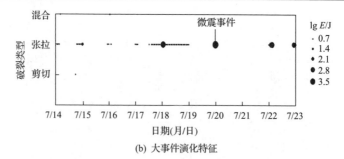

(b) 大事件演化特征

图 11.33　白鹤滩水电站左岸地下厂房上游侧顶拱 K0+089～K0+105 洞段
塌方孕育过程微震监测数据分析

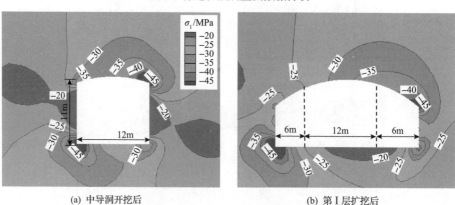

(a) 中导洞开挖后　　　　　　　　　　(b) 第 I 层扩挖后

图 11.34　白鹤滩水电站左岸地下厂房上游侧顶拱 K0+089～K0+105 洞段
第 I 层扩挖围岩应力转移特征

　　基于上述围岩应力-结构型塌方原因的反馈分析，提出针对该区域的局部加强
支护方案为：在塌方区域增设 9m 预应力锚杆，而且将该支护方案推广应用于厂
房第 I 层上游扩挖所有含缓倾角节理洞段，如图 11.35 所示[1]。后期施工过程表

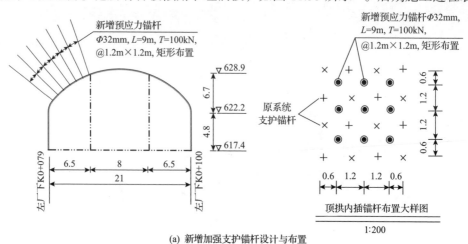

(a) 新增加强支护锚杆设计与布置

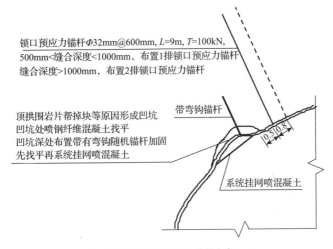

锁口预应力锚杆Φ32mm@600mm, L=9m, T=100kN,
500mm<缝合深度<1000mm, 布置1排锁口预应力锚杆
缝合深度>1000mm, 布置2排锁口预应力锚杆

带弯钩锚杆

顶拱围岩片帮掉块等原因形成凹坑
凹坑处喷钢纤维混凝土找平
凹坑深处布置带有弯钩随机锚杆加固
先找平再系统挂网喷混凝土

系统挂网喷混凝土

(b) 塌方区挂网喷射混凝土修补方案

图 11.35　塌方区域的加强支护方案(单位: m)[1]

明, 该区域趋于稳定, 未再发生围岩大变形或失稳现象。

4) 左岸尾水支管柱状节理岩体塌方反馈分析与支护优化

(1) 左岸尾水支管柱状节理岩体塌方调查。

在左岸 5#~8# 尾水支管开挖过程中, 前期地质勘测未能预测到尾水支管与上层施工支洞交叉口洞段存在柱状节理岩体。因此在该洞段开挖过程中, 受尾水洞区域高应力影响, 尾水支管与上层施工支洞交叉口洞多次出现大范围应力-结构型塌方与喷锚支护结构破坏, 如图 11.36 和表 11.2 所示。

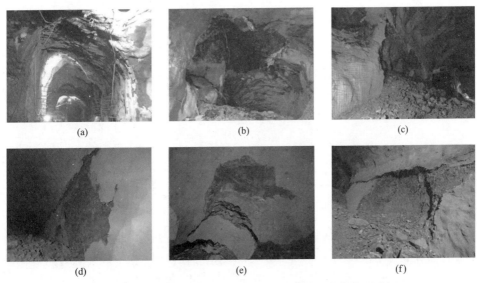

(a)　　　　　　　　　　(b)　　　　　　　　　　(c)

(d)　　　　　　　　　　(e)　　　　　　　　　　(f)

图 11.36　白鹤滩水电站左岸尾水支管柱状节理岩体典型破坏

表 11.2　白鹤滩水电站左岸尾水支管柱状节理岩体典型破坏统计

破坏位置	现场破坏情况	破坏类型	破坏尺寸 (长×宽×深)/m	特殊地质情况
上岔洞上游拱肩	图 11.36(a)	应力型塌方	28×4.5×(0.5~1)	隐晶玄武岩，柱状节理
7#尾水支管顶拱 (与上岔洞交叉部位)	图 11.36(b)	应力-结构型塌方	14×15×(3~4)	柱状节理，陡、缓倾角裂隙
6#尾水支管右侧边墙 (与上岔洞交叉部位)	图 11.36(c)	应力-结构型塌方	9×5×(1.5~2)	柱状节理，缓倾角裂隙
6#尾水支管左侧边墙	图 11.36(d)	应力-结构型塌方	6×5×0.3	柱状节理
5#尾水支管右侧边墙	图 11.36(e)	应力-结构型塌方	2×3×0.5	柱状节理，缓倾角裂隙
5#尾水支管左侧边墙	图 11.36(f)	应力-结构型塌方	14×10×(1~1.5)	柱状节理，陡、缓倾角裂隙

(2)柱状节理岩体松弛现场测试。

为了了解该区域柱状节理岩体松弛深度和松弛程度，采用第4章所述方法，结合此前导流洞柱状节理岩体松弛深度的测试研究工作，在5#尾水支管设置4个钻孔、6#尾水支管设置2个钻孔、7#尾水支管设置2个钻孔(见图11.37)，采用岩体超声波测试系统，并进行岩体松弛深度测试，松弛深度判断标准的主要依据是孔口往里波速上升的拐点。

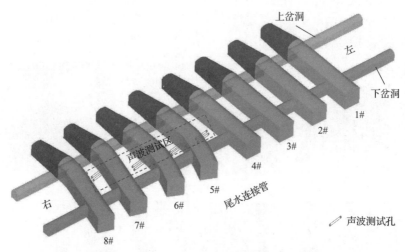

图 11.37　白鹤滩水电站左岸尾水支管声波测孔布置位置示意图

对尾水支管的8个测孔进行多次钻孔声波测试，测试结果如表11.3所示。尾水支管区域的松弛深度为1.4~3.5m。多次测量结果表明，松弛深度随时间具有缓慢增长的趋势，柱状节理岩体卸荷松弛深度具有渐进发展趋势。

表 11.3　尾水支管各孔松弛深度

日期	松弛深度/m							
	5-1	5-2	5-3	5-4	6-1	6-2	7-1	7-2
2017/4/9	2.1	1.8	2.0	1.8	1.4	1.8	2.7	3.4
2017/4/29	2.2	1.9	2.1	1.9	1.6	2.0	2.8	3.4
2017/5/28	2.3	2.0	2.3	2.0	1.7	2.1	2.9	3.5
2017/7/25	2.3	2.1	2.4	2.1	1.7	2.2	2.9	3.5

（3）柱状节理岩体洞柱状节理塌方反馈分析。

采用前述的左岸三维地应力场分析结果和柱状节理岩体力学模型，并根据工程地质分析和设计建议参数确定左岸地下洞室群围岩的基本力学参数，采用三维数值模拟分析左岸尾水支管第Ⅱ层开挖后的围岩力学响应，如图 11.38 和图 11.39 所示[4]。计算结果表明：

① 尾水支管第Ⅱ层开挖后，上岔洞与 5#～8# 尾水支管交叉部位的变形较大，最大位移可达 45mm，加上交叉洞口处于多面临空状态，不利于柱状节理岩体结构的稳定性，易发生塌方破坏。

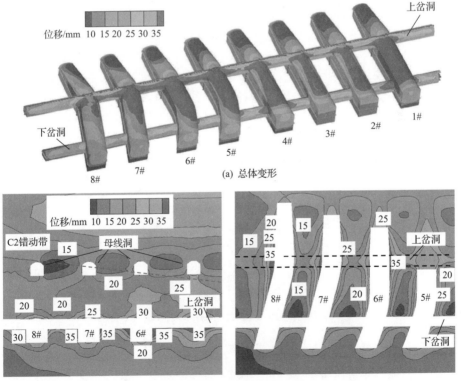

(a) 总体变形

(b) 剖面变形

图 11.38　5#～8# 尾水支管第Ⅱ层开挖后典型围岩变形分布[4]

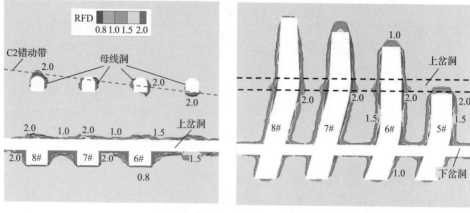

图 11.39　5#～8#尾水支管第Ⅱ层开挖后典型剖面围岩破裂程度分布[4]

②尾水支管第Ⅱ层开挖后,尾水支管及上岔洞顶拱出现卸荷松弛区域,平均为 1～2m,局部可达 2～3m,这与上岔洞塌方破坏位置相符;边墙部位产生一定卸荷松弛现象,平均在 1～2m,这与 5#、6#尾水支管左右边墙破坏及相应的声波和钻孔摄像观测结果一致;尾水支管与上岔洞交叉部位洞室开挖卸荷松弛区域较大,一般为 2～4m,松弛破坏的深度和程度同样急剧增加,宏观上与 6#尾水支管与上岔洞交叉位置发生大面积应力-结构型塌方一致。

分析认为,导致尾水支管发生较为严重塌方破坏的原因有:①尾水洞高程区域埋深较大,而且交叉洞口部位为典型的应力集中区域,最大主应力和各尾水管轴线呈小～中等夹角,第二主应力与各尾水管轴线呈大夹角,另外最大主应力倾向山外侧,造成交叉口靠近厂房侧的顶拱应力集中最为严重(见图 11.40),从而使得多数塌方破坏位于尾水支管与施工支洞交叉口;②该处岩体基本为节理非常发育的柱状节理岩体,高应力条件下容易发生卸荷开裂及应力-结构型破坏,故塌方

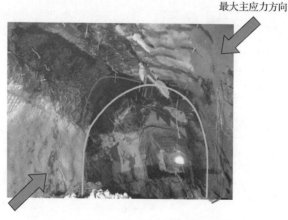

图 11.40　最大主应力方向与围岩破坏对应关系

后岩体结构分解形成块度较小的塌方体；③5#、6#和 7#尾水支管第Ⅱ层开挖高度较大，引起的应力调整较为剧烈。

（4）支护方案优化与现场实施效果。

在原有锚杆支护的基础上，根据岩体破裂程度的计算结果，对尾水支管边墙和交叉洞口破坏区域增加两排预应力锚杆 Φ32mm，L=6m，T=120kN，间距 1m，并在两个相邻尾水管之间增设对穿预应力锚索，同时对上岔洞进行及时封堵，支护效果如图 11.41 所示。

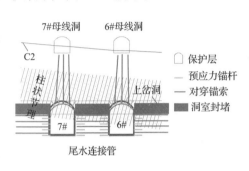

（a）支护措施示意图

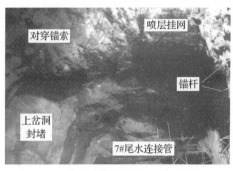

（b）支护效果图

图 11.41　白鹤滩水电站左岸尾水支管柱状节理岩体破坏区补强支护设计示意图

11.1.7　左岸地下洞室群设计效果验证

采用上述动态优化设计后，左岸地下洞室群的整体稳定性得到了较好的保证，围岩的破裂深度和破裂程度都在支护结构控制范围内，监测到的围岩变形总体也在可控范围内。经过动态优化后，围岩变形破坏的量值和趋势都与现场围岩实际响应基本一致。

1. 分层开挖过程中典型部位围岩变形与破坏的实测值与预测值对比

将上述反演获得的参数代入数值计算程序进行正算，将测点位置的预测变形值与现场实测变形值进行对比，从而可以检验反演的等效力学参数在变形方面的可靠性。选取左岸地下厂房典型断面围岩 1.5m 深处的多点位移计实测值与预测值进行对比分析，如图 11.42 和图 11.43 所示[3]。可以看出，在参与反演部位的预测变形与实测变形基本接近，相对误差小于 10%（不包括 1.5m 监测点）。

此外，洞室群开挖过程中后续的跟踪监测与监测分析也表明，一些出现过局部变形破坏问题并进行动态开挖与支护优化的区域围岩稳定性也得到了较好的控制，表现为围岩的破裂深度和破裂程度不再增加、监测变形趋于收敛，如前述出现过塌方的厂房 K0+089 断面在经过针对性加强支护后，后期开挖过程中邻近部位围岩变形较小且明显趋于收敛，如图 11.44 所示[3]。

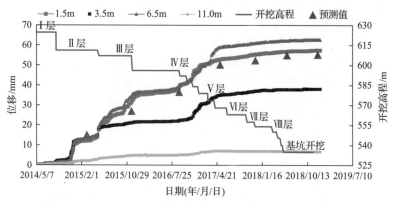

图 11.42　白鹤滩水电站左岸地下厂房 K0+018 上游侧拱脚围岩
1.5m 处预测变形与实测变形对比[3]

图 11.43　白鹤滩水电站左岸地下厂房 K0+077 下游侧边墙岩壁梁
1.5m 处预测变形与实测变形对比[3]

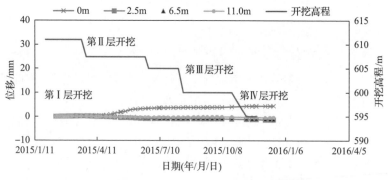

图 11.44　白鹤滩水电站左岸地下厂房 K0+089 上游侧拱肩增补的
多点位移计 Mzc0+080-1 时序变形过程线[3]

2. 洞室围岩实际破坏展布图与预测风险图对比

图 11.45 为左岸地下厂房第 Ⅰ～Ⅲ 层片帮风险分区实际展布图[3]。与图 11.10

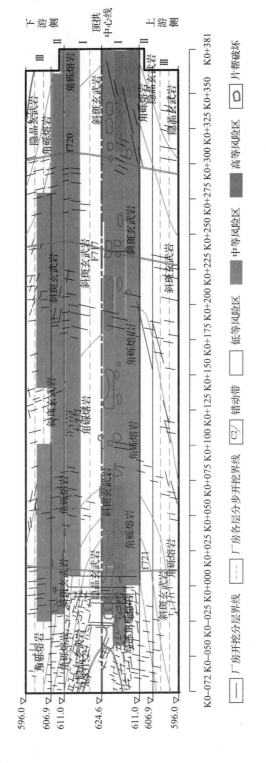

图11.45　白鹤滩水电站左岸地下厂房第 I ~ III 层片帮风险分区实际展布图 (单位：m)[3]

对比，可以看出：

(1)前期预测结果表明，厂房上游侧拱肩与下游侧边墙墙脚区域为中等与高等风险区，洞室开挖过程期间，采用裂化-抑制方法对片帮风险洞段开挖与支护方案进行了动态优化设计与调控。结果表明(见表 11.4)，自第Ⅰ层开挖起，围岩片帮区域总面积不断减少，高风险洞段的片帮严重等级也得到了降低，中高风险洞段实际片帮发生区占比逐渐降低，开挖至第Ⅱ层之后基本降至 5%以内；高等级片帮占比也逐渐降至 0。第Ⅰ层第二序扩挖时，吸收第一序扩挖现场多次围岩破坏的经验，及时将初喷厚度加大了 5cm，后续支护也及时跟进，上游侧拱肩中高风险区域洞段实际片帮区占比相比第一序开挖时的 35.6%大幅度减少至 2.6%，可见现场开挖与支护方法的动态优化设计起到了非常显著的效果，如图 11.46 所示。

表 11.4　白鹤滩水电站左岸地下厂房片帮风险洞段规模与实际对比

开挖层数	断面位置	风险洞段累积长度/m	高风险洞段长度/m	实际片帮区长度/m	高等级片帮区长度/m	开挖支护优化结果	
						片帮区占所有风险区比例/%	高等级片帮占高风险区比例/%
第Ⅰ层	中导洞开挖上游侧拱肩	402	96	245	80	60.9	83.3
	第一序扩挖上游侧拱肩	421	170	150	40	35.6	23.5
	第二序扩挖上游侧拱肩	380	34	10	0	2.6	0
	下游侧拱脚	375	0	25	0	6.6	—
第Ⅱ层	下游侧墙脚	390	0	20	0	5.1	—
第Ⅲ层	下游侧墙脚	265	0	0	0	0	—

图 11.46　白鹤滩水电站左岸地下厂房上游侧拱肩 K0+300～K0+350 洞段
预测高风险区的实际片帮破坏范围

(2)由于前期设计的该洞段支护力度不够、支护时机不及时等原因，部分洞段仍遭遇了较明显的片帮破坏,对洞室安全、施工进度等造成不可忽略的影响。但需要说明的是,实际片帮发生区域均出现在前期预测的风险范围内,如图 11.45 所示。

(3)根据 11.1.4 节所述的风险评估结果,可知下游侧拱肩至顶拱及上游侧边墙片帮风险较低,与开挖后洞室轮廓成型规整的现场实际情况一致,如图 11.47 所示。

(a) 第Ⅱ层边墙　　　　　　　　　　(b) 第Ⅲ层边墙岩锚梁切台部位

图 11.47　白鹤滩水电站左岸地下厂房上游侧边墙开挖成型规整(预测为片帮低风险区)

(4)第Ⅱ层与第Ⅲ层边墙开挖时,应力集中不明显,且分层高度减小以及预留保护层开挖,片帮风险低,其开挖成型较好,如图 11.48 和图 11.49 所示。

(a) 第Ⅱ层边墙　　　　　　　　　　(b) 第Ⅲ层边墙岩锚梁切台部位

图 11.48　白鹤滩水电站左岸地下厂房下游侧边墙 K0+060～K0+080 开挖成型较规整
(预测为片帮低风险区)

图 11.49　白鹤滩水电站左岸地下洞室群顺利开挖完成的现场施工图

11.1.8　左岸地下洞室群稳定性设计技术审查

针对左岸地下洞室群稳定性的设计目标和开展的设计工作，进一步开展技术审查，复核左岸地下洞室群设计的合理性和可靠性，如表 11.5 和表 11.6 所示。

表 11.5　高应力下白鹤滩水电站左岸地下洞室群岩石力学试验技术审查表

技术审查内容		技术审查结果
试验目标	岩石力学试验目的	揭示高应力大型地下洞室群开挖全过程中围岩的变形破坏演化过程、C2 错动带稳定性，确保硬脆性玄武岩不出现显著的片帮破坏、深层破裂、时效变形与破坏等灾害问题，C2 错动带不发生大变形、塌方灾害
	可估计的准确性	对左岸地下洞室群区域的主要地质情况、地应力分布、开挖支护方法及其力学行为已有相对全面的把握，所采用的多元信息综合观测技术和监测仪器已相对完善和成熟，可确保测试结果的可靠性和准确性
	采用何种方法校准	一是监测仪器在测试全过程中的定期校准，二是不同类型现场原位观测方法测试结果的对比验证，三是通过数值计算进行对比验证
试验背景	需要考虑的问题	高应力条件下玄武岩破裂过程、C2 错动带变形破坏过程
	列出问题清单	① 开挖强卸荷下玄武岩力学响应； ② C2 错动带变形破坏的演化过程； ③ 监测仪器类型和精度是否满足变形破裂观测的要求； ④ 测试过程与施工开挖协同性的影响； ⑤ 开挖和支护情况、地质情况等对监测设施的影响； ⑥ 测试误差的分析和控制
	是否与使用过该方法的经验人员讨论过	试验开展前及观测过程中经常与有经验的人一起讨论、分析和总结
试验方法	开挖过程围岩变形观测（多点位移计、滑动测微计、收敛变形）、开挖过程围岩破裂观测（松弛深度观测、数字钻孔摄像观测、声发射实时监测、微震实时监测）、支护结构荷载监测（锚杆应力、锚索荷载、喷层压力）等	现场主要开展了以下几方面的测试内容（测试方法）：围岩变形观测（多点位移计）、应力监测（锚杆应力计、锚索测力计）、松弛深度观测（声波测试）、岩体裂隙演化过程观测（数字钻孔摄像）、岩体微破裂过程（微震实时监测）
试验成果	围岩宏观破坏模式	主要表现为片帮、表层开裂、深层破裂、错动带塑性挤出型拉伸破坏和应力-结构型塌方破坏
	岩体力学参数：抗压强度、抗拉强度、弹性模量、泊松比、内摩擦角、黏聚力等	参数依据室内试验、反演分析等获取，利用相关参数，岩体变形破坏观测前借助数值分析手段进行应力、变形、松弛深度以及岩石破裂程度指标等估计的预分析计算
	围岩破裂时效过程、裂隙演化时效过程、波速演化时效过程、微破裂演化时效过程、变形演化时效过程等	玄武岩时效破坏全过程往往伴随着围岩变形、应力的突增及微破裂事件的聚集和发展，岩体新裂隙的萌生扩展和原生裂隙的扩展贯通，破坏可于开挖后数分钟到数天内多次发生，特别是在支护前（开挖爆破未及时支护）或支护薄弱时，会随掌子面推进、时间推移和应力调整继续发生持续破坏

续表

技术审查内容		技术审查结果
试验过程质量控制	是否有国际岩石力学学会建议方法	声波测试、微震监测、钻孔摄像有国际岩石力学学会建议方法
	若有国际岩石力学学会建议方法，是否按照该方法进行试验过程质量控制	按照国际岩石力学学会的建议方法进行过程质量控制
	若没有国际岩石力学学会建议方法，如何进行试验过程质量控制	首先严格按照监测仪器的操作规程，其次通过不同类型监测仪器获得结果之间的相互验证
	如何建立试验过程质量控制,包括试样准备、试验点选取、试验环境控制、试验过程、试验成果分析等	根据场地施工条件、研究对象赋存的区域地质条件，通过数值模拟进行预分析获取应力和变形等信息，选择工程重点关注的对象布设监测钻孔和设施；依据施工开挖方式和开挖进度，动态调整监测方案和监测频率；试验数据尽可能在 24h 内完成分析处理，并由多名测试技术人员进行检查和校核
	试验过程质量控制是否得到验证	是
试验结果的误差分析	误差源 · 列出主要误差源	仪器本身的误差、各仪器操作过程引起的误差、传感器或钻孔布置位置是否能观测到想要观测的内容等
	误差源 · 误差是否已经校正	对相关监测仪器的误差进行了补偿；对测试过程非仪器误差也进行了分析和校正，对测试人员进行严格的培训，各试验过程都有完整的记录；对传感器和钻孔的布置位置首先进行了数值分析和优化
	误差源 · 列出潜在的主要误差	仪器本身的系统误差、温度变化误差、爆破震动误差、安装误差、操作过程误差(如钻孔摄像的推进速度影响)
	误差源 · 是否有任何潜在的主要误差使岩石力学试验的目标、概念和结论失效	无
	结果准确性 · 所有先前的问题都表明高应力大型地下洞室群开挖过程现场原位综合观测试验对于意图来说是否正确	由于前期充分的综合分析和测试过程控制，测试结果表明左岸地下洞室群原位综合观测试验的原理和目标是正确的
	结果准确性 · 如果不正确，列出存在的问题	无
	结果准确性 · 需要何种校正行为	无

表 11.6　高应力下白鹤滩水电站左岸地下洞室群稳定性动态优化设计数值分析技术审查信息表

技术审查内容		技术审查结果
数值分析目标	高应力下白鹤滩水电站左岸地下洞室群稳定性开挖支护优化数值分析目标与主要优化措施	高应力下白鹤滩水电站左岸地下洞室群稳定性开挖支护优化的数值分析目标是通过优化开挖和支护设计，达到减小岩体破裂深度和破裂程度的目的，主要优化措施包括分层开挖高度、开挖进尺、预应力锚索和预应力锚杆的长度、间距和支护时机

续表

技术审查内容			技术审查结果
数值分析概念	高应力下白鹤滩水电站左岸地下洞室群数值分析过程的概念	考虑采用何种岩体系统	硬质、结构面不发育或中等发育、在高应力环境下可宏观等效为均质连续介质的岩体，错动带岩体
		主要模拟何种物理过程	高应力左岸大型地下洞室群分层分部开挖及不同支护方案条件下围岩破裂的深度和程度、岩体变形等
	高应力下白鹤滩水电站左岸地下洞室群数值分析内容的确定	列出物理变量	应力、变形、岩石破裂程度、支护应力等
		列出耦合过程：应力分析、渗流-应力耦合过程分析、温度-水流-应力-化学耦合过程分析	均为应力分析
		二维或三维计算	均为三维计算
		连续介质、非连续介质或连续-非连续介质	连续介质
		确定边界条件	均为应力边界条件
	高应力下白鹤滩水电站左岸地下洞室群数值分析模型输出	模型输出指标包括应力场、位移场、塑性区、破坏度、局部能量释放率	应力场、位移场、岩体破裂程度
		模型输出结果是否匹配模型目标	匹配
	高应力下白鹤滩水电站左岸地下洞室群数值分析技术	模拟输出包括一个节点、一个数据集、一个循环、一个数值试验解	一个数据集
		是否存在质量控制检查	存在
		输入数据是否正确	输入的参数、地应力等数据已通过相应环节的审查
		对已知解是否有效	有效
		是否可重复	可重复
数值分析技术	使用何种数值分析软件，如何知道软件正确运行	使用哪种数值软件	精细数值模拟软件：FLAC3D、CASROCK 等
		使用这种数值软件的依据	能高效、准确地分析岩体在真三向应力下的非线性力学行为及岩体破裂程度
		该软件来源	FLAC3D 软件为 ITASCA 公司开发，CASROCK 软件为中国科学院武汉岩土力学研究所和东北大学联合自主开发
		软件的可靠性检验	构建一个已知结果的算例，采用该软件进行计算分析，对于前处理、计算过程、后处理进行全程跟踪检测

续表

技术审查内容			技术审查结果
数值分析技术	力学模型和强度准则	使用的力学模型是什么,是否能合理反映工程岩体的变形破坏机制	玄武岩采用硬岩弹脆塑性力学模型,错动带采用NDDM模型,柱状节理岩体采用多节理各向异性时效松弛本构模型,能够合理反映工程岩体的变形破坏机制
		使用的强度准则是什么,是否能合理反映工程岩体的变形破坏机制	使用真三轴硬岩破坏准则,能够合理反映深部岩体的变形破坏机制
	岩体力学参数	反映开挖卸荷作用引起的岩体力学参数变化规律,如随着损伤程度的增加,围岩的弹性模量、黏聚力而减小,但内摩擦角反而增加到一定值,是否建立了反映这种关系的非线性模型	是
		岩体力学参数的反演,是否采用考虑力学参数演化的智能反演方法获得	是
	支撑的模型数据和数据输入方法	列出边界条件的类型	均为应力边界条件
		列出输入数据的数据源,如通过考虑构造应力作用所获得的三维地应力场反演结果	已进行三维地应力场来源及反演,获得岩体力学参数
		这些数据是否适合输入	适合
	力学模型敏感性分析	模型的输出如何取决于输入参数的取值	输出变量的大小取决于输入地应力条件和力学参数的大小,输出变量的分布除取决于开挖体尺寸、形状等因素外,还受到输入地应力分量比的影响
		是否进行了敏感性分析	已进行敏感性分析
		如需敏感性分析,采用何种敏感性分析方法,并给出分析过程	采用基于熵权属性识别的敏感性分析方法,综合现场片帮案例统计、考虑重分布应力特征、岩性条件、破裂机制等综合识别敏感因素
	高应力左岸大型地下洞室群稳定性开挖支护优化设计的数值分析结果表达	是否能说明数值分析结果正确	经过专家审查认可
		是否能表明支持数据,是对岩体的合理假设	是

续表

技术审查内容			技术审查结果
数值分析技术	高应力下白鹤滩水电站左岸地下洞室群稳定性开挖支护优化设计的数值分析结果	如何表达模型结果	各物理量的等值线云图、变量演化曲线等
		模型结果的表达与模型目标是否相关联	是
数值分析准确性	误差源	误差是否已经校正	已经通过与现场监测和测试结果对比校正了的误差
		列出潜在的主要误差	应力和变形大小误差、应力和变形分布误差、围岩破坏程度计算误差
		是否有任何潜在的主要误差使模型的目标、概念和结论失效	无
	高应力下白鹤滩水电站左岸地下洞室稳定性数值分析的准确性	上述问题分析是否可以表明该分析模型在原理上符合分析目标的要求	是
		如果不能，列出存在的问题	无
		是否需要校正	不需要，分析设计成果已被现场实际所证实
		模型校正后是否还需审计	需要

11.2　右岸地下洞室群稳定性分析与优化设计

11.2.1　右岸地下洞室群稳定性设计目标

现场地质勘查(见 3.1 节)表明，右岸地下洞室群区域不利地质结构和稳定性问题主要是：①右岸厂址区域初始地应力比左岸更高，最大主应力均值达到 26MPa，存在高应力下玄武岩脆性片帮破坏和深层破裂风险，以及诱发的喷层开裂、锚索荷载超标等问题；②穿越南侧副厂房顶拱岩屑夹泥型 C4 错动带和穿越厂房岩屑夹泥型 C3 错动带诱发的围岩稳定性问题；③7#～8# 尾调室顶拱柱状节理岩体松弛破坏风险，如图 11.50 所示[1]。

因此，右岸地下洞室群的稳定性设计目标是在高地应力和不利错动带影响下，确保洞室群的施工和运行全周期的整体稳定性，合理控制围岩可能存在片帮破坏和深层破裂，避免穿越厂房和主变室的 C3、C4 错动带诱发上、下盘围岩的不连续变形、局部剪切破坏和顶拱的大范围塌方风险。

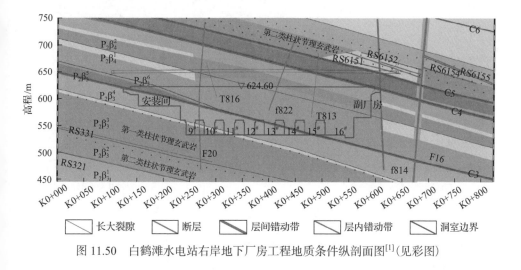

图 11.50　白鹤滩水电站右岸地下厂房工程地质条件纵剖面图[1](见彩图)

11.2.2　右岸地下洞室群的场地特征与约束条件分析

由第 3 章白鹤滩水电站地下洞室群工程地质条件简介可知，右岸地下洞室群典型的场地特质是：位于深切河谷区陡峻岸坡高地应力环境中，围岩主要是隐晶质玄武岩、斜斑玄武岩、杏仁玄武岩等组成的 $Ⅲ_1$ 类、Ⅱ 类围岩，以及错动带穿越部位的 Ⅳ 类围岩，最大的不利地质结构是 C3、C4 和 C5 错动带。因此，制约右岸地下洞室群的主要约束条件如下：

(1)工程位于金沙江右岸深切河谷陡峭岸坡地区，厂址区域地应力的最大主应力近似水平方向，实测地应力的第一主应力接近 30MPa，因此需要开展深切河谷区和右岸洞室群区域的三维地应力场反演分析。

(2)由于白鹤滩水电站玄武岩是一种岩石强度高、岩体强度低、隐裂隙发育的脆性岩体，其高应力下应力集中区易发生浅表层片帮破坏等问题(见图 11.51(a))。

(3)高度超过 80m 的大型地下厂房分层分部开挖易使厂房顶拱高应力集中区不断向深层转移，易导致顶拱围岩产生深层破裂。

(4)穿越厂房的 C4 错动带破坏了厂房和主变室顶拱岩体的完整性，导致原本应力集中的顶拱岩体应力分异，有诱发围岩时效破裂和长时间大变形风险(见图 11.51(b))，穿越厂房中部的 C3 错动带影响带岩体破碎，易诱发塌方。

(5)穿越尾调室的 C5 错动带易导致 7#、8# 尾调室顶拱柱状节理岩体应力分异，具有诱发岩体应力-结构型失稳的风险，需要考虑针对性的开挖支护控制措施。

(6)右岸地下洞室群是制约整个白鹤滩水电工程建设进度的控制性节点工程，其工期要求紧，需确保高效安全施工。

(a) 右岸厂址区探洞顶拱片帮剥落　　　　　　(b) 厂房锚固洞出露的C4错动带

图 11.51　白鹤滩水电站右岸厂址区域探洞内玄武岩片帮破坏与 C4 错动带

11.2.3　右岸地下洞室群稳定性分析与围岩破裂防控设计策略

针对右岸地下洞室群的工程问题与设计难题，基于现场多种监测数据，通过正分析和反分析手段，洞室群施工过程中稳定性动态反馈分析与优化设计拟采用如下分析方法和设计策略：

(1) 在室内试验方面，开展玄武岩脆性破坏倾向性的单轴压缩、常规三轴应力状态下压缩等试验，以及考虑右岸地下厂房分层分部开挖围岩卸荷应力路径的真三轴试验，建立白鹤滩水电站右岸地下洞室群硬脆性玄武岩、柱状节理岩体、C3 与 C4 错动带的力学模型，揭示高应力强卸荷下玄武岩浅表层片帮、深层破裂等力学机制。

(2) 在现场调查方面，跟踪洞室群施工过程，实时开展右岸地下洞室群现场围岩变形破坏的调查和统计分析，定性认识围岩的浅表层片帮破坏、深层破裂、时效变形的时空发展特征。

(3) 在现场试验方面，根据现场围岩变形破坏特征与 C3、C4 错动带等出露位置特点，并结合洞室群稳定性预测分析，开展 C3、C4 错动带剪切变形观测试验；同时针对厂房顶拱应力集中问题开展岩体浅层松弛破坏和深层破裂的声波、钻孔摄像测试、微震监测。

(4) 在围岩支护参数设计方面，对比具有高地应力特征的锦屏一级水电站地下洞室群，同时考虑大理岩和玄武岩在强度及脆性特征方面的差异性，采用工程类比法进行洞室支护参数设计(见图 11.3 方法 A)，并采用行业规范、国际建议方法、解析方法等进行校核和调整。

(5) 基于中国的工程岩体分类标准 BQ 法、国际通用的 Q 系统、RMR 分类法进行围岩质量评价、现场变形破坏统计分析(见图 11.3 方法 B)，作为洞室围岩支护参数分区设计的基本依据。

（6）为确保洞室群稳定性预测的准确性并支撑围岩开挖支护优化设计，根据现场多种监测数据，采用神经网络方法进行岩体力学参数三维智能反演分析（见图 11.3 方法 C）。

（7）为了分析洞室群分层分部开挖过程中的围岩力学行为，并开展围岩支护参数优化，采用基于应力的分析方法数值软件进行洞室稳定性与支护参数优化计算（见图 11.3 方法 C），进而采用数值软件精细模拟分析 C3、C4、C5 错动带连续-非连续变形（见图 11.3 方法 D）。

（8）基于裂化-抑制方法，综合现场测试和洞室群稳定性的三维数值计算，动态优化调整洞室群的开挖台阶高度、开挖顺序、开挖方式等，优化洞室群支护的喷层厚度、锚杆类型与长度、锚索长度与预应力值、支护时机等。

11.2.4　右岸地下洞室群稳定性初步分析与围岩破裂特征预测

1. 基于三维数值模拟的洞室群开挖后围岩力学响应分析

采用前述右岸三维地应力场反演结果和玄武岩弹脆塑性力学模型，并根据右岸工程地质分析和设计建议参数（见 3.1 节），确定右岸地下洞室群岩体基本力学参数、错动带基本力学参数，进而采用三维数值模拟分析无支护条件下右岸地下洞室群开挖后的围岩力学响应，计算结果表明：

（1）围岩重分布最大主应力特征。无支护条件下右岸地下洞室群开挖后引起围岩应力重分布，导致一定深度范围内岩体出现应力集中现象，总的来看，洞室群开挖后应力集中较为显著的区域是厂房上游侧顶拱，最大集中应力超过 55MPa，同时主变室和尾闸室顶拱区域也存在一定程度的应力集中现象，如图 11.52 所示。

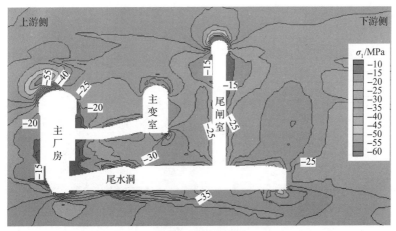

(a) 第15机组中心剖面

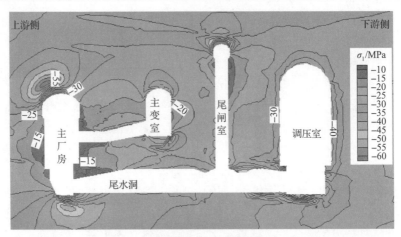

(b) 第13机组中心剖面

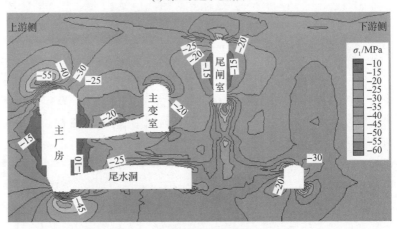

(c) 第11机组中心剖面

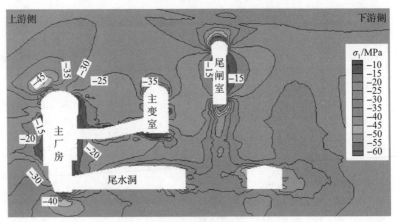

(d) 第9机组中心剖面

图 11.52　无支护条件下白鹤滩水电站右岸地下洞室群开挖后典型剖面围岩重分布最大主应力特征

（2）围岩重分布最小主应力特征。无支护条件下右岸地下洞室群开挖后表层一定范围内岩体卸荷显著，主要表现为高边墙应力卸荷松弛较为明显，如厂房的高边墙区域、母线洞与厂房交叉的区域、主变室的边墙区域、尾闸室的边墙区域；错动带穿越区域也是围岩应力卸荷较为突出的区域，如图 11.53 所示。计算结果也表明，高边墙区域、厂房与母线洞交叉口区域围岩的最大主应力和最小主应力的差值较大，最大应力差超过 20MPa。

（3）围岩破裂分布特征。无支护条件下右岸地下洞室群开挖完成后围岩破裂深度相对较大的部位主要位于左侧上游侧顶拱区域（局部洞段深度可能达到 15m）、厂房与母线洞交叉口区域、基坑下游突出台体区域；同时，厂房顶拱出露 C4 错动带区域围岩破裂深度也较大，临近顶拱未出露的错动带也因洞室开挖而受到一定程度的扰动，厂房高边墙出露的 C3 错动带区域也是岩体破裂深度较大的区域。

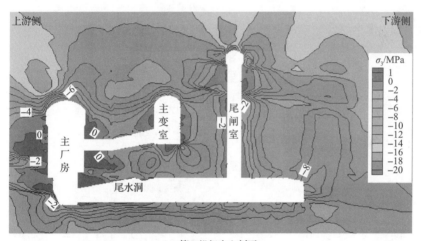

(a) 第15机组中心剖面

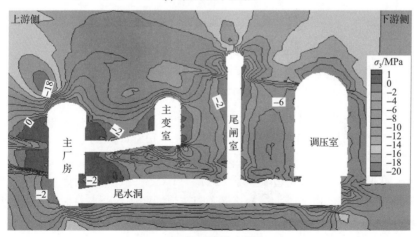

(b) 第13机组中心剖面

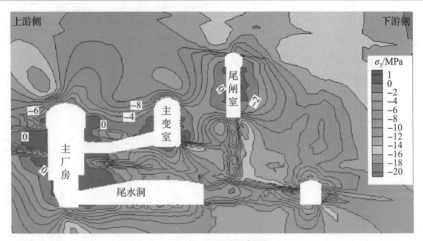

(c) 第11机组中心剖面

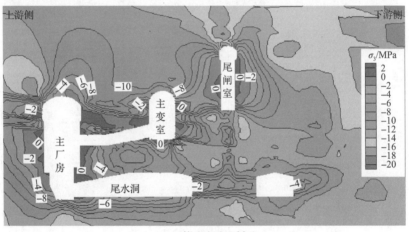

(d) 第9机组中心剖面

图 11.53　无支护条件下白鹤滩水电站右岸地下洞室群开挖后
典型剖面围岩重分布最小主应力特征

总的来看，围岩破裂程度最为显著的区域是厂房上游侧顶拱区域和错动带影响区域，如图 11.54 所示。

(4)围岩变形分布特征。无支护条件下右岸地下洞室群开挖后围岩变形最大的部位主要位于厂房高边墙区域，最大变形量约为 130mm，位于厂房上游侧高边墙中部；厂房下游侧边墙母线洞下方区域也是变形相对较大的区域，变形量为 110～120mm；主变室上、下游侧边墙变形不对称，下游侧边墙变形大于上游侧边墙；尾闸室下游侧边墙变形也大于上游侧边墙；圆筒状的调压室变形总体不大，最大变形量为 50～60mm；此外，错动带穿越区域出现较为明显的上下盘岩体不连续变形特征，如图 11.55 所示。

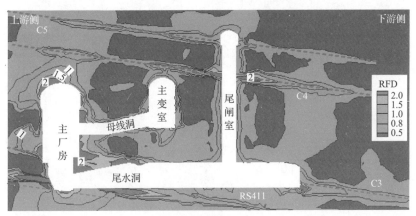

(a) 第15机组中心剖面

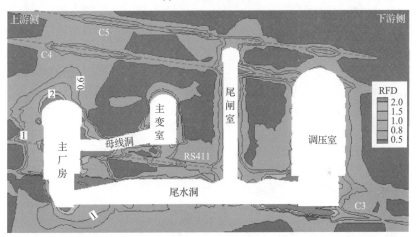

(b) 第13机组中心剖面

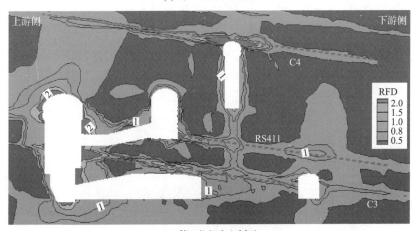

(c) 第11机组中心剖面

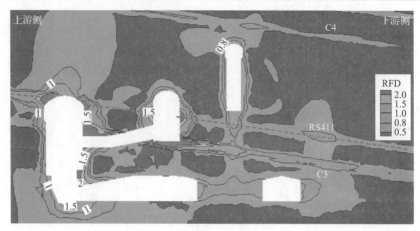

(d) 第9机组中心剖面

图 11.54 无支护条件下白鹤滩水电站右岸地下洞室群开挖后典型剖面围岩破裂程度分布

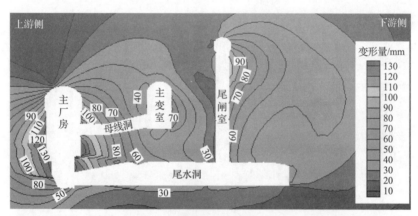

(a) 第15机组中心剖面

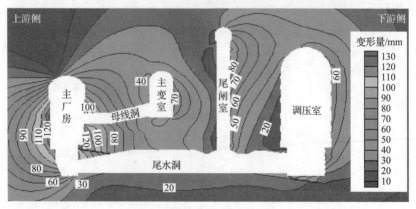

(b) 第13机组中心剖面

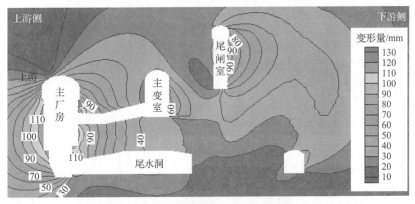

(c) 第11机组中心剖面

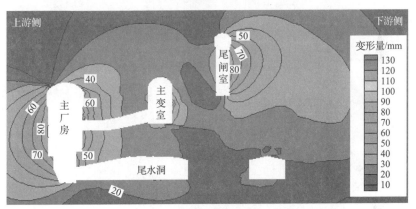

(d) 第9机组中心剖面

图 11.55　无支护条件下白鹤滩水电站右岸地下洞室群开挖后典型剖面围岩变形分布

2. 典型部位围岩破坏与变形稳定性风险分区估计

1) 围岩深层破裂风险估计

采用第 7 章围岩深层破裂分析方法对右岸地下洞室群围岩深层破裂风险进行分析。从图 11.52 可以看出，第 11 机组中心剖面(桩号 K0+190)～16 机组中心剖面(桩号 K0+000)的上游侧最大主应力达到 60MPa，围岩破裂程度大于 1.5 的位置距洞壁为 6～8m，发生围岩深层破裂的风险较高。厂房南端主要受 C4 错动带影响，北端主要受 C3、C3-1、RS411、F20 等错动带、断层及节理裂隙密集带影响，应力集中的程度相对较弱，发生围岩深层破裂的风险较低。主变室、尾闸室的开挖宽度较小，围压的应力集中程度相对较低，尾调室由于为圆筒形，其应力集中程度也相对较低，故右岸地下洞室群发生围岩深层破裂的部位主要是地下厂房桩号 K0+000～K0+190 的上游侧顶拱部位。

2) 围岩片帮破坏风险估计

利用第 8 章所述方法，获得右岸地下厂房片帮破坏风险分区，片帮中高风险区域主要分布于地下厂房第Ⅰ～Ⅴ层，图 11.56 为该区域围岩片帮破坏风险空间分布图。与左岸地下厂房类似，受断面上主应力方向的控制，围岩片帮破坏风险主要集中在第Ⅰ层上游侧拱肩与各层下游侧边墙墙脚位置。受到层间错动带 C3、C3-1、C4 以及层内错动带 R411 穿切的厂房洞段，因岩体结构破碎，片帮破坏风险相对较低。

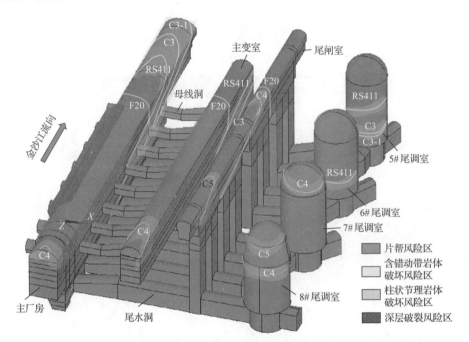

图 11.56　白鹤滩水电站右岸地下洞室群围岩破坏风险空间分布图

3) 错动带影响区域围岩破坏风险估计

采用第 9 章提出的错动带岩体变形破坏预测分析方法，对右岸地下洞室群错动带穿切洞段岩体进行分层分区稳定性风险估计，并给出右岸地下洞室群开挖过程中错动带影响区域围岩破坏风险空间分布，如图 11.56 所示。结合图 11.52、图 11.54 和图 11.55 可以看出，在洞室群分层分部开挖卸荷扰动过程中，错动带出露区域岩体均会受到较大程度的扰动，是岩体破裂深度较大的区域。其中，厂房南侧 K0−075.4～K0−010 洞段、主变室南侧 K0−049.4～K0+010 洞段以及 7# 和 8# 尾调室顶拱区域为 C4 错动带影响中高风险区域，主要影响范围延伸至厂房和主变室开挖第Ⅰ～Ⅲ层；厂房北侧 K0+175～K0+370 洞段高边墙区域、K0+275～K0+325 洞段顶拱区域以及 5# 和 6# 调压室高边墙区域为 C3、C3-1、RS411 错动带影响中高风险区域，主要影响范围亦延伸至厂房开挖第Ⅰ～Ⅴ层；对于厂房其他区段，受控于错动带岩体的应力-结构型塌方破坏和局部剪切滑移破坏问题相对较少。

11.2.5　右岸地下洞室群开挖与支护初步设计和变形破裂监测方案设计

1. 开挖方案设计

针对白鹤滩水电站右岸地下洞室群结构特点，基于上述右岸地下洞室群围岩稳定性分析揭示的顶拱围岩破裂深度较大区域、交叉洞口围岩破裂程度较突出部位，结合 C3、C4 错动带处理位置、尾调室柱状节理岩体的具体地质特征，采用钻爆法施工，具体开挖施工方案如下。

(1)在厂房顶层开挖过程中，采取分区开挖和跟进支护的措施，具体包括：①厂房顶层共分为 5 个区开挖，中导洞→上游侧第一序→下游侧第一序→上游侧第二序→下游侧第二序；②同一洞段一侧的锚索、锚杆施工完成才能进行另一侧的扩挖，第一序开挖后，锚索、锚杆施工完成才能进行第二序的开挖(见图 11.11)。

(2)岩锚梁分部开挖：地质条件较好洞段开挖施工采用三层中槽上下游侧施工预裂→①区→②区→③区→④区→⑤区→⑥区；在①、④区开挖完成后再进行②、⑤区的开挖，同时中槽全部采用手风钻或多臂台车进行水平开挖，以减少中槽开挖对下游侧保护层的震动影响，如图 11.12 所示。

(3)厂房中下层薄层开挖：采用中间抽槽、两侧预留保护层的薄层开挖方式，第Ⅴ层及以下每个大层分为两个薄层开挖，每层高度控制在 5m 以内；中槽与保护层之间先进行施工预裂，中槽采用水平开挖，保护层采用水平光爆；中部拉槽与保护层开挖之间的距离不大于 20m，如图 11.12 所示。

(4)厂房周边洞室"先洞后墙"开挖：引水下平洞、母线洞及尾水扩散段等与厂房交叉的洞室均采用"先洞后墙"的施工顺序，即所有洞室先进入主厂房边墙 3m 并实施环向预裂后，再进行厂房的开挖，先期释放地应力。

(5)特殊不良地质段开挖：在原有开挖方案基础上，针对 C3、C4 错动带出露区域，进一步采用小进尺弱爆破施工，优化爆破参数和开挖进尺，及时进行喷锚支护；针对柱状节理岩体洞段，采用小台阶弱爆破施工；针对片帮破坏高风险区域，强调及时喷层封闭和预应力锚杆支护；针对深层破裂风险区，强调及时大吨位长锚索锚固。

2. 支护方案设计

根据上述右岸地下洞室群开挖后围岩力学响应和洞室群围岩变形破坏风险分析结果，右岸地下洞室群围岩支护应选择适合高地应力环境下脆性岩体破坏特征的系统支护方案，并针对上述洞室群稳定性分析计算所揭示的围岩的破裂深度和破裂程度较突出的特定高风险区域(顶拱、交叉洞口、C3 与 C4 错动带出露区域)，采用非对称支护，对围岩破裂深度较大、破裂程度严重的局部区域进行加强支护的支护原则。

结合大型地下洞室结构特点，遵循尽量减小围岩的破裂深度和破裂程度、充分发挥围岩自承能力的原则，围岩支护采用"喷网+锚杆+锚索"的组合支护方案，形成表层、浅层、深层的整体加固。主要洞室围岩系统支护参数如下(见图 11.57 和图 11.58，其他洞室可参照该支护参数)[2]。

(1)针对厂房洞室，系统支护参数可设计如下：

① 顶拱。初喷钢纤维混凝土 5cm，挂网 $\Phi8mm@15cm\times15cm$，复喷混凝土 15cm；采用普通砂浆锚杆 $\Phi32mm$，$L=6m$，预应力锚杆 $\Phi32mm$，$L=9m$，$T=100kN$，间距@1.2m×1.2m，间隔布置；上下游侧拱脚各布置 2 排系统预应力锚索，间距@3.6m×4.8m；厂房顶拱与锚固洞之间采用对穿锚索进行锚固。

② 边墙。初喷钢纤维混凝土 12cm，挂网 $\Phi8mm@15cm\times15cm$，双向龙骨筋 $\Phi16mm$+复喷纳米混凝土 8cm；采用普通砂浆锚杆 $\Phi32mm$，$L=9m$，间距@1.2m×1.2m；上游侧边墙预应力锚索 $T=2500kN$，$L=25m/30m$，间距@3.6m×6.0m；下游侧边墙预应力锚索 $T=2500kN$，$L=25m/30m$，间距@3.6m×6.0m。

(2)针对主变室，系统支护参数可设计如下：

① 顶拱。初喷钢纤维混凝土 5cm，挂网 $\Phi8mm@20cm\times20cm$，复喷混凝土 10cm；普通砂浆锚杆 $\Phi32mm$，$L=6m$，预应力锚杆 $\Phi32mm$，$L=9m$，$T=100kN$，间距 1.2m×1.2m，间隔布置。

② 边墙。初喷钢纤维混凝土 5cm，挂网 $\Phi8mm@20cm\times20cm$，复喷混凝土 10cm；普通砂浆锚杆 $\Phi32mm$，$L=6m/9m$，间距 1.2m×1.2m；上游侧边墙预应力锚索 $T=2000kN$，$L=20m$，间距@4.5m×4.8m；下游侧边墙预应力锚索 $T=2000kN$，$L=20m$，间距@4.5m×4.8m。

(3)针对母线洞，系统支护参数可设计如下：

① 初喷钢纤维混凝土 5cm，挂网 $\Phi8mm@20cm\times20cm$，复喷混凝土 10cm，靠近厂房侧 12m 支护型钢拱架洞段复喷混凝土 25cm。

② 普通砂浆锚杆 $\Phi28mm$，$L=6m$，间距@1m×1m/1.2m×1.2m(中间段)；靠近主厂房侧 12m 洞段设置型钢拱架，间距 1m。

(4)针对尾闸室，系统支护参数可设计如下：

① 初喷钢纤维混凝土 8cm，挂网 $\Phi8mm@20cm\times20cm$，复喷混凝土 7cm。

② 普通砂浆锚杆 $\Phi25mm/28mm$，$L=4.5m/6m$，@1.5m×1.5m，交错布置。

③ 4 排预应力锚索 $T=1500kN$，$L=20m$，间距 4.5m。

(5)针对尾调室，系统支护参数可设计如下：

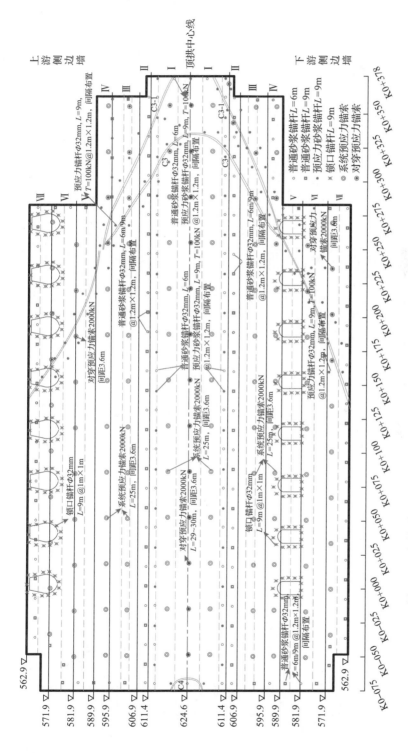

图 11.57　白鹤滩水电站右岸地下厂房洞室全断面展布的围岩支护参数分区图（单位：m）[2]

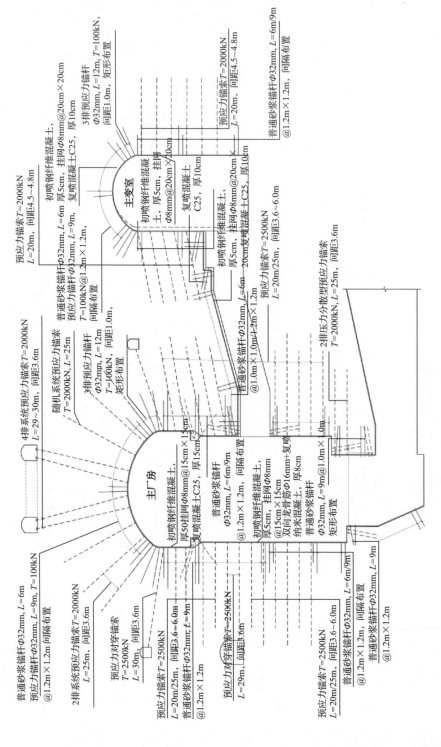

图11.58 白鹤滩水电站右岸地下厂房围岩典型断面支护图[2]

① 穹顶。初喷 CF30 钢纤维混凝土 10cm，系统挂网 Φ8mm@20×20cm，龙骨筋 Φ16mm@100cm×100cm，复喷 C25 混凝土 10cm；普通砂浆锚杆 Φ28，L=6m预应力锚杆 Φ32mm，L=9m，T=150kN，@1.5m×1.5m；无黏结预应力对穿锚索T=2000kN，L=35～45m，@6.0m×4.5m。

② 井身。喷 C25 混凝土 15cm，Φ8mm@20cm×20cm，龙骨筋 Φ16mm@100cm×100cm；一般围岩洞段普通砂浆锚杆 Φ28mm，L=6m，普通砂浆锚杆 Φ32mm，L=9m，@1.5m×1.5m；预应力锚索 T=1500kN，L=25m，@4.5m×4.5m。

针对 C3、C4 错动带穿越右岸地下厂房洞室群区域，其围岩支护参数进行一定程度的调整，其中：

(1) 在主变室 C4 错动带出露部位采用压力分散型预应力锚索 T=2000kN，L=25m，间距@3.6m×3.6m，并设置型钢拱架。

(2) C3、C4、RS411 错动带及其影响带在顶拱上方高度 0～6m 范围内出露部位采用普通砂浆锚杆 Φ32mm，L=9m 与预应力锚杆 Φ32mm，L=9m，T=100kN，间距@1.2m×1.2m 间隔布置。

(3) 母线洞与尾水扩散段之间岩柱出露层内错动带 RS411 和层间错动带 C3 的11#～13# 母线洞与尾水扩散洞之间各布置 2 排 2000kN 有黏结型预应力对穿锚索。

(4) 错动带出露区域均将预应力锚杆加密到间距@1.2m×1.2m。

针对厂房可能出现片帮的部位，将系统锚杆支护间距加密到间距@1.2m×1.2m，并考虑增设主动防护网；尤其注重挂网喷射混凝土和锚杆支护的及时支护，要确保开挖后即进行及时喷锚支护。

3. 监测方案设计

根据上述右岸地下洞室群开挖后围岩力学响应和洞室群围岩变形破坏风险分析结果，可知右岸地下洞室群围岩变形破坏监测的基本原则是选择适合高地应力环境下脆性岩体破坏特征的原位监测方案，并针对特定高风险区域采用针对性的局部加强监测相结合的监测原则。

结合大型地下洞室群结构特点，尽量获取岩体变形、应力、破裂等多元信息，形成宏细观相结合的原位监测。图 11.59～图 11.61 为右岸地下厂房综合监测布置示意图[2]，详细说明如下：

(1) 多点位移计用于测量岩体变形响应力学行为，一般将其均匀布置于主厂房上、下游两侧区域，需要重点关注的区域为主厂房顶拱、拱肩、岩锚梁和边墙。

(2) 锚杆、锚索测力计布置在多点位移计附近，且锚杆、锚索测力计采取交错布置方式，即沿洞室高度方向，若上一分层布置锚杆测力计，则下一分层可布置锚索测力计。

(3) 根据风险评估结果布置数字钻孔摄像、声波观测。从洞室横剖面视角看，

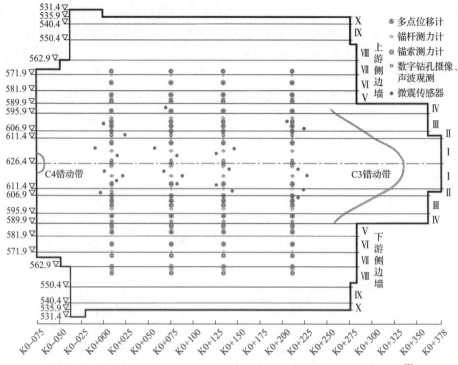

图 11.59　白鹤滩水电站右岸地下厂房综合监测布置示意图(单位：m)[2]

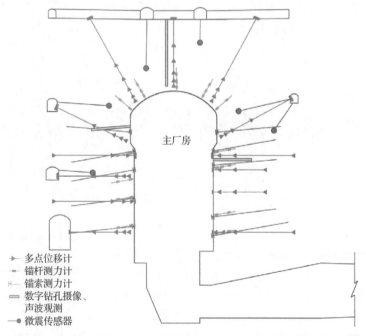

图 11.60　白鹤滩水电站右岸地下厂房 K0+076 断面监测布置示意图[2]

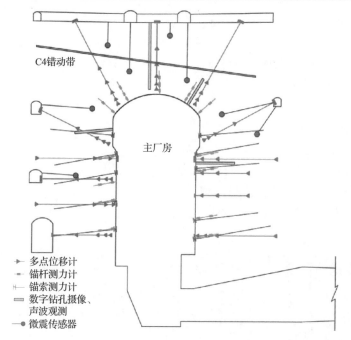

图 11.61　白鹤滩水电站右岸地下厂房 K0+010 断面监测布置示意图[2]

与最大主应力相垂直的区域一般是应力集中区域，表明该处岩体发生变形破坏的风险偏高。因此，可在重分布应力高度集中区域布置数字钻孔摄像、声波观测孔。

（4）根据风险评估结果布置微震传感器。在洞室重分布应力集中区域布置微震传感器。但地下洞室存在大空区，导致定位误差增大，岩体变形破坏低风险区域也应适量布置微震传感器。

针对穿越右岸地下洞室群的 C4 和 C3 错动带影响区域，其围岩变形破坏监测参数需进行一定程度的加强，其中：

（1）在顶拱上方高度 15m 范围内出露部位，沿着错动带的上盘和下盘增设微震传感器、数字钻孔摄像观测。

（2）数字钻孔摄像的钻孔一定要穿越错动带，有助于监测错动带上、下盘的破裂响应特性。

（3）顶拱、拱肩部位增设锚杆应力计，监测错动带影响下围岩应力演化规律。

11.2.6　右岸地下洞室群围岩破裂防控动态反馈分析与开挖支护优化设计

1. 围岩稳定性特征

在上述围岩支护设计方案基础上，基于实际开挖支护工况，进一步采用三维数值模拟分析右岸地下洞室群开挖支护后的围岩力学响应，尤其是围岩深层破裂和错动带影响区域围岩力学响应，从而为洞室群施工过程的动态支护优化提供依据。三维数值计算结果表明：

(1)围岩重分布最大主应力特征。洞室群开挖后引起围岩应力重分布，导致一定深度范围内岩体发生应力集中现象，总的来看，洞室群开挖支护力集中较为显著的区域是厂房上游侧顶拱，最大集中应力超过 55MPa，同时主变室和尾闸室顶拱区域也存在一定程度的应力集中，如图 11.62 所示。

(2)围岩重分布最小主应力特征。支护条件下表层一定范围内围岩卸荷效应显著，主要表现为高边墙应力卸荷松弛较为明显，如厂房的高边墙区域，主变室的边墙区域、尾闸室的边墙区域；此外，错动带穿越区域也是围岩应力卸荷较为突出的区域，如图 11.63 所示。

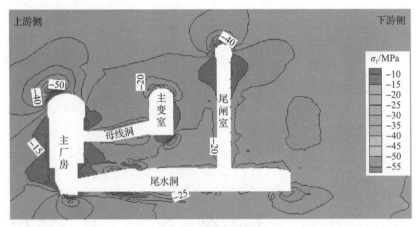

(a) 第15机组中心剖面

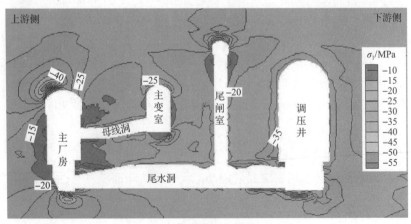

(b) 第13机组中心剖面

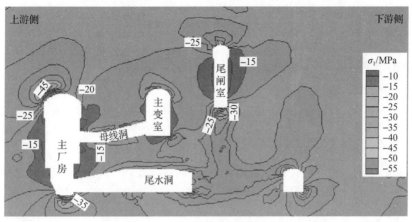

(c) 第11机组中心剖面

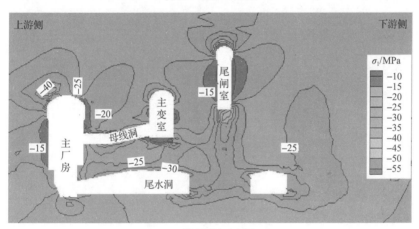

(d) 第9机组中心剖面

图 11.62　白鹤滩水电站右岸地下洞室群开挖支护后典型剖面围岩重分布最大主应力特征(见彩图)

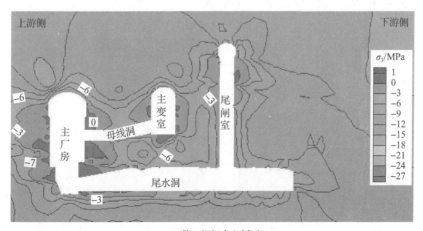

(a) 第15机组中心剖面

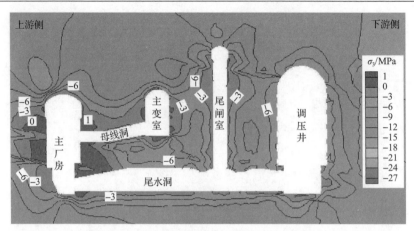

(b) 第13机组中心剖面

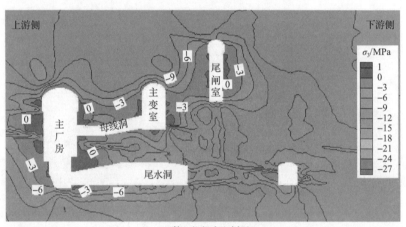

(c) 第11机组中心剖面

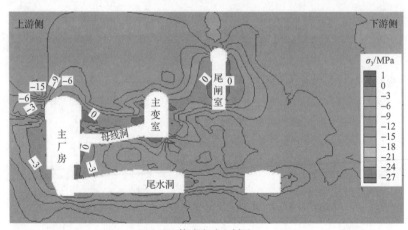

(d) 第9机组中心剖面

图 11.63　白鹤滩水电站右岸地下洞室群开挖支护后典型剖面围岩重分布最小主应力特征（见彩图）

(3)围岩破裂分布特征。支护条件下围岩破裂深度相对较大的部位主要位于厂房上游侧顶拱区域、厂房与母线洞交叉口区域、基坑下游突出台体区域、主变室右侧下游侧顶拱区域；同时，厂房顶拱出露错动带区域围岩破裂深度也较大，临近顶拱未出露的错动带也因洞室开挖而受到一定程度的扰动，厂房高边墙出露的错动带也是岩体破裂深度较大的区域。总的来看，围岩破裂程度最为显著的区域还是厂房上游侧顶拱区域和错动带影响区域，如图 11.64 所示。

(4)围岩变形分布特征。支护条件下右岸地下洞室群开挖后围岩变形最大的部位主要位于厂房高边墙区域，最大变形量约 120mm，位于厂房上游侧高边墙中部；同时厂房下游侧边墙母线洞下方区域也是变形相对较大的区域，变形量约100mm；主变室上、下游侧边墙变形不对称，下游侧边墙变形大于上游侧边墙；尾闸室下游侧边墙变形大于上游侧边墙；圆筒状的调压室变形总体不大，最大变形量约 60mm；此外，错动带穿越区域围岩变形表现出上下盘岩体不连续变形特征，如图 11.65 所示。

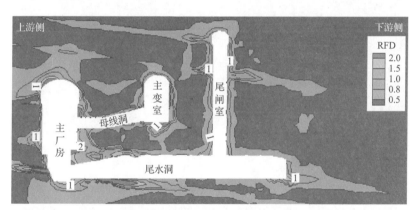

(a) 第15机组中心剖面

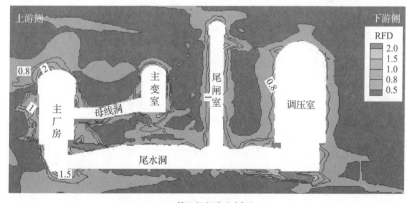

(b) 第13机组中心剖面

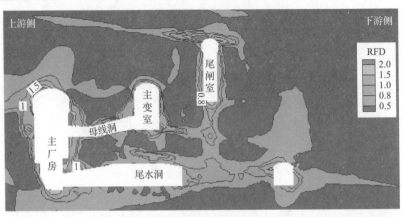

(c) 第11机组中心剖面

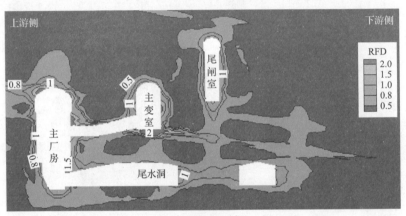

(d) 第9机组中心剖面

图 11.64 白鹤滩水电站右岸地下洞室群开挖支护后典型剖面围岩破裂程度分布(见彩图)

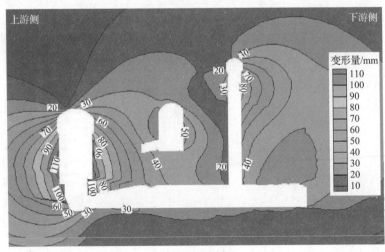

(a) 第15机组中心剖面

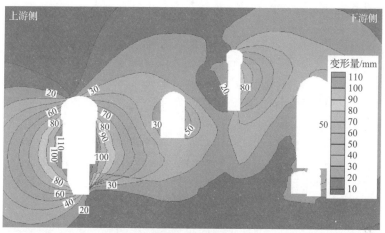

(b) 第13机组中心剖面

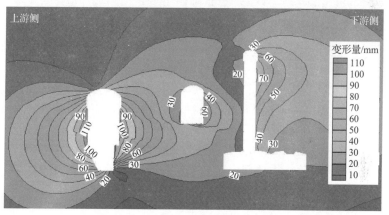

(c) 第11机组中心剖面

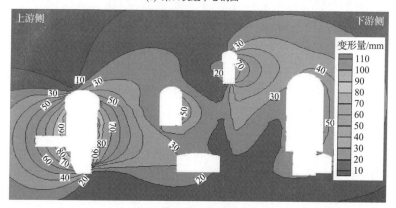

(d) 第9机组中心剖面

图 11.65　白鹤滩水电站右岸地下洞室群开挖支护后典型剖面围岩变形分布(见彩图)

2. 围岩局部稳定性的典型动态反馈与优化设计实例分析

1)厂房围岩片帮破坏和深层破裂的分析预测与控制

11.2.4 节给出了白鹤滩水电站右岸地下洞室群围岩破坏风险整体分布的施工前分析预测结果。在洞室群开挖之前，难以做到准确预知厂址区域内精细的地质条件与岩体力学性质。因此，围岩破坏风险评估工作伴随洞室群分期(层)开挖过程分阶段展开。随着厂房洞室群自上而下逐层开挖，根据前一层开挖揭露的地质、应力、卸荷破坏、监测结果等已知信息，进一步更新地质信息、岩体反演参数等信息，进而利用 4.3 节的风险评估方法对下一层开挖前的片帮风险进行更加精细的风险评估，从而获得沿厂房轴线片帮风险等级的分布情况，厂房开挖过程中的风险分区结果如图 11.66 所示。

从图 11.66 可以看出，右岸地下洞室群施工期间，片帮高风险区域主要分布于地下厂房的顶部区域(Ⅰ～Ⅴ层)。从断面上可知，围岩片帮风险主要集中上游侧拱肩与下游侧边墙墙脚位置；从洞轴线上来看，第Ⅰ层开挖期间，围岩深层破裂风险洞段为 K0+000～K0+190，围岩片帮风险区域累积长度约 340m，其中 K0+020～K0+130、K0+175～K0+225 区域为片帮高风险洞段；第Ⅱ层开挖期间，围岩片帮风险区域累积长度约为 280m，主要为中等风险，且风险洞段相比第Ⅰ层开挖期间有所减少；第Ⅲ层岩锚梁开挖期间，围岩片帮风险区域累积长度约为 220m，其中，K0+110～K0+180 洞段为片帮高风险区。

在风险分区基础上，采用 5.5 节所述裂化-抑制方法与第 7、8 章的围岩深层破裂、片帮高风险洞段分析方法开展动态反馈分析，尽可能抑制或减少岩体开裂发展过程、改善高风险洞段的局部稳定性。其中，对于同时存在深层破裂与片帮风险的洞段，开挖支护优化措施需统筹考虑。

(1)围岩片帮风险洞段开挖优化方面：

①经数值计算分析，相对于原设计方案中"左右分幅"的开挖方式，"中间拉槽、左右预留保留层"的开挖方式能有效地减少边墙岩体的应力释放与爆破扰动影响，进而降低边墙岩体开裂及片帮破坏风险。因此，自厂房第Ⅱ层起，以下各层采用中间拉槽、两边预留保护层的开挖方案。

②边墙岩体开挖调整为预裂爆破方案，预先对岩体中储存的能量进行释放。

③降低了单层开挖高度以及开挖循环进尺，针对中高风险区域采用小高度、短进尺的开挖方案。总体上，单次开挖高度控制在 4m 以内，针对高风险片帮区域单次爆破循环进尺控制在 2m 以内。

(2)围岩片帮风险洞段支护优化方面：

①确保初喷支护的及时性，针对中高风险区域，开挖完成出渣后立即施作钢纤维混凝土初喷，且增加喷层厚度至 8～12cm；然后及时施作钢筋网铺设与随机

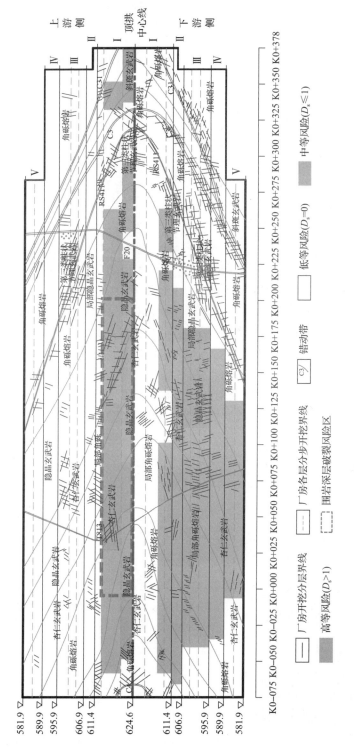

图11.66　白鹤滩水电站右岸地下厂房围岩深层破裂与片帮风险分区预测展布图（单位：m）[2]

砂浆锚杆，尽早形成围岩表层的"壳"效应，恢复一定程度的围压。

②合理优化系统锚杆支护时机，经计算分析，其滞后距离在 8～12m 范围内较为合理，能最大限度地发挥锚杆的承载能力，同时保证围岩渐进破裂得到有效抑制。

③针对厂房下游侧岩锚梁中高风险区域，施作临时树脂锚杆进行加固，尽可能抑制玄武岩时效破裂现象。

（3）在风险分区基础上，围岩深层破裂风险洞段支护优化方面：

①地下厂房 K0+000～K0+190 洞段上游侧顶拱围岩深层破裂风险较高，在此段区域，应综合考虑片帮和围岩深层破裂的风险，进行针对性支护设计。在 11.2.5 节支护设计的基础上，需要重视上游侧顶拱的锚索支护时机问题，即锚索的支护必须在厂房第 I 层开挖期间完成，并且支护时机最好控制在 40m 以内。

②上游侧顶拱应布置预应力锚杆，结合片帮的锚杆支护时机建议为 8～15m。

考虑到地下洞室群开挖过程中地下厂房 K0+076 断面附近上游侧顶拱大面积片帮和围岩深层破裂现象，推测此段岩体初始地应力场可能偏高。为此，根据地下厂房 K0+076 断面附近上游侧顶拱和邻近辅助洞室上游侧顶拱的应力型破坏特征，以及地下厂房 K0+076 断面附近上游侧顶拱钻孔中的孔壁剥落现象，对该洞段地应力场进行动态反演。洞室应力型破坏特征和钻孔中孔壁剥落现象如图 11.67 和图 11.68 所示。应力型破坏信息主要包括片帮的部位、深度和宽度，以及孔壁剥落的方位、宽度等。地应力场动态反演主要基于以下原理：当重分布主应力差等于岩体起裂应力时，片帮破坏发生。因此，弹性模型计算获得洞室开挖后实测

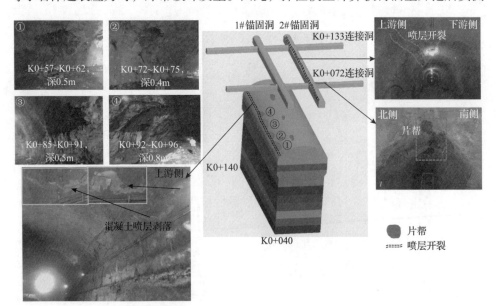

图 11.67　白鹤滩水电站右岸地下厂房 K0+076 断面附近片帮与邻近洞室的应力型破坏特征

片帮或者孔壁剥落位置的偏应力场，可知该应力场应处在岩体起裂应力范围内，由该应力场反推即可获得该区域的初始地应力场。反演结果显示，此段岩体的最大主应力达到约 34MPa，并且最大主应力方向与洞室轴线呈大夹角，这与该区域初期预估地下洞室群最大主应力在 22～26MPa、最大主应力与洞室轴线夹角约为 30°的认识有一定差别。另外，从图 11.68 可以看出，距厂房顶拱超过 20m 的区域仍有明显的孔壁剥落现象，说明该段岩体应力集中已转移到深部[5]。

地下厂房 K0+140～K0+200 洞段上游侧顶拱也是围岩深层破裂可能发生的区域，但是此段岩体中Ⅳ级结构面较为发育，故该段岩体初始地应力比 K0+076 附近洞段低。该洞段在厂房第Ⅰ层开挖时上游侧拱肩出现了较为显著的片帮现象，参见第 8 章。图 11.69 为右岸地下厂房第Ⅴa 层开挖后 K0+190 断面上游侧顶拱岩体破裂钻孔摄像展布图，可见岩体破裂深度为 3～3.5m，孔壁剥落的范围距顶拱约 8m。图 11.70 为右岸地下厂房 K0+133 断面正顶拱岩体破裂钻孔摄像展布图，可见岩体破裂深度约为 2.0m，在距顶拱约 10m 位置有轻微片帮。两孔的岩体破裂现象间接说明了 K0+140～K0+200 洞段初始地应力没有 K0+076 洞段附近初始应力高。

2）C3 错动带影响下右岸地下厂房岩体变形破坏动态反馈分析与优化设计

基于 11.2.4 节和 11.2.5 节给出的错动带岩体破坏预测高风险区域的针对性局部加强支护设计和监测方案，结合第 9 章给出的高应力大型地下洞室群错动带岩体变形破坏分析与优化设计方法，本小节给出针对右岸地下厂房区域 C3 错动带影响区域岩体变形破坏的动态反馈分析和优化设计方法。

（1）错动带支护设计思路与优化。由第 9 章对右岸地下厂房区域 C4 错动带岩体的变形破坏稳定性分析与控制过程可知，右岸地下厂房顶拱 C4 错动带岩体的开挖发生应力-结构型塌方渐进破坏的主要原因在于实际支护过程中错动带岩体的预应力锚杆和锚索支护施作时间过迟，支护时机过晚。因此，需在对 C4 错动带岩体支护控制策略进行经验总结的基础上，对右岸地下厂房顶拱 C3 错动带影响区域岩体的开挖与支护设计方案和支护时机进行针对性优化，如图 11.71 所示，具体如下：

① 顶拱和高边墙 C3 错动带穿切区域支护参数设计。

顶拱和高边墙 C3 错动带穿切区域的预应力锚杆和锚索应穿过错动带。初喷钢纤维混凝 5cm，挂网 Φ8mm@15cm×15cm，复喷混凝土 15cm；采用普通砂浆锚杆支护（Φ32mm，L=9m，@1.2m×1.2m）与预应力锚杆支护（Φ32mm，L=9m，T=100kN，@1.2m×1.2m）；上下游拱肩和下游侧边墙区域设置压力分散型预应力锚索（L=30m，T=2500kN，@3.6m×3.8m）和多排预应力锚杆（Φ32mm，L=9m，T=100kN，@1.2m×1.2m）；厂房顶拱与锚固洞之间采用对穿锚索进行锚固；C3 错动带高边墙穿切区域锚杆布置方案和顶拱类似，在第Ⅴ层排水廊道布置近似垂

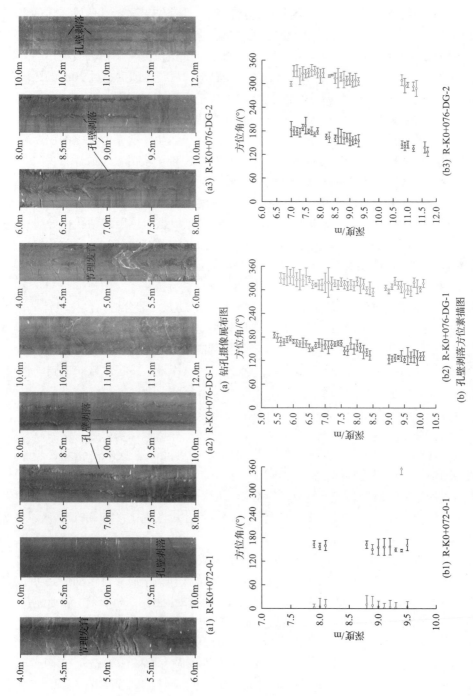

图 11.68 白鹤滩水电站右岸地下厂房 K0+076 断面附近拱顶钻孔中孔壁剥落现象(此处钻孔深度从锚固洞底板起算, 三孔孔深 26～28m)

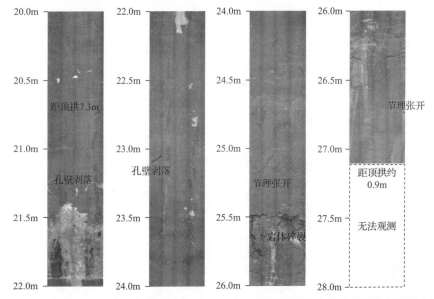

图 11.69　白鹤滩水电站右岸地下厂房 K0+190 断面上游侧顶拱岩体破裂钻孔摄像展布图

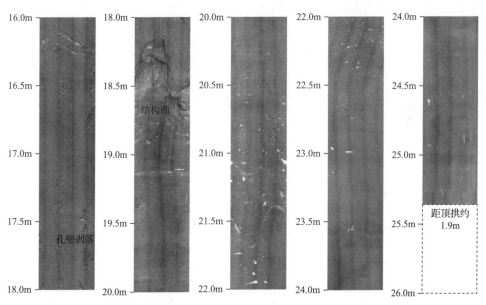

图 11.70　白鹤滩水电站右岸地下厂房 K0+133 断面正顶拱岩体破裂钻孔摄像展布图

直于错动带的对穿预应力锚索，起到锁固围岩的作用。补强支护含错动带岩体的重点在于加强交叉洞口和错动带部位的支护加固措施，防止错动带与交叉部位形成叠加效应，诱发大规模岩体破裂。预应力锚索布置则为 $T=2500\text{kN}, L=25\text{m}/30\text{m}$，间距@3.6m×6.0m。

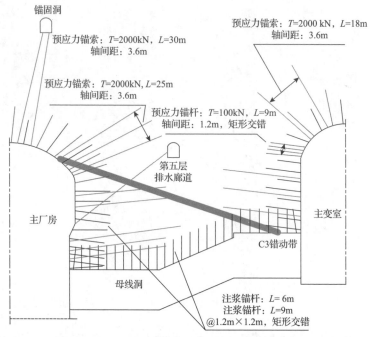

图 11.71　C3 错动带穿切区域锚杆和锚索支护设计[2]

② 顶拱和高边墙 C3 错动带穿切区域支护时机优化。

结合 C4 错动带岩体开挖与支护优化设计，优化后的 C3 错动带岩体的支护时机不应迟于围岩变形、应力突增以及裂纹快速发展时，错动带岩体的支护时机滞后掌子面应控制在 4m 内。

(2) 优化设计后 C3 错动带岩体稳定性特征分析。

基于上述错动带支护优化设计方案，进一步采用三维数值分析评价右岸地下洞室群开挖支护后 C3 错动带穿切顶拱和高边墙区域岩体的力学响应，如图 11.72 所示。计算结果表明，加强支护条件下顶拱和高边墙 C3 错动带影响区域岩体虽然仍有一定范围的破裂，但是整体破裂范围和破坏程度大幅减小；C3 错动带穿切高边墙区域虽然仍是围岩应力卸荷较为突出的区域，但是根据现场观测可知，在厂房分层开挖过程中，C3 错动带附近并未出现明显的大范围变形破坏，仅在第Ⅲ层下游侧高边墙区域出现少量应力-结构型塌方。

因此，基于上述计算结果，按照顶拱和高边墙 C3 错动带穿切区域支护参数设计和支护优化时机，基本可以保证 C3 错动带穿切区域错动带岩体的稳定性，但是出于安全考虑，后续仍需要长期持续的变形、应力、破裂等信息的原位监测。

3) 8#尾调室柱状节理岩体稳定性控制

尽管前述已经对尾调室稳定性进行过初步分析，但是由于 8# 尾调室的特殊性，即其穹顶分布第Ⅱ类陡倾角柱状节理岩体(N315°W∠75°)，不仅如此，8# 尾

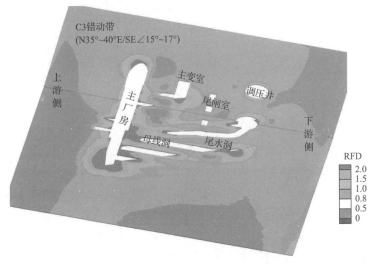

图 11.72　白鹤滩水电站右岸地下洞室群开挖支护后 C3 错动带（沿其产状方向）的
破裂深度和破裂程度分布图

调室还被 C4、C5 错动带所切割，层间错动带与柱状节理的组合特征使得穹顶围岩局部松弛特性较为突出。可见尾调室的穹顶稳定性属于典型的高应力下密集节理岩体复合错动带的松弛破坏问题。

采用前述的右岸三维地应力场反演结果、柱状节理岩体力学模型、错动带力学模型，并根据工程地质分析和设计建议参数确定右岸地下洞室群岩体基本力学参数、错动带、柱状节理岩体基本力学参数，从而采用三维数值模拟分析尾调室开挖后的围岩力学响应，如图 11.73 所示。计算结果表明，8# 尾调室穹顶的破坏以少量柱状节理岩体的拉伸破坏和错动带的剪切破坏为主，其边墙松弛深度为 3～5m，大于顶拱松弛深度 2～3m，与实测松弛深度基本吻合，如图 11.73（b）所

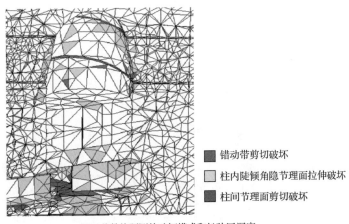

（a）调压井数值预测的破坏模式和松弛区深度

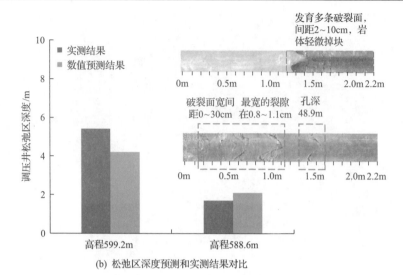

(b) 松弛区深度预测和实测结果对比

图 11.73　白鹤滩水电站右岸 8#尾调室数值预测与实测结果对比

示。这是由于 8# 尾调室采用流线形设计，能够使得穹顶柱状节理岩体的出露范围和面积明显减小，有利于柱状节理岩体的稳定。但是考虑到 C5 层间错动带下盘岩体变形本身较大，可能会造成局部岩体失稳，因此该区域是尾调室开挖过程中重点加固部位。

计算结果还表明，尾调室开挖后重分布应力较高。从图 11.74(a) 可以看出，开挖完成后穹顶和侧翼最大主应力为 35～45MPa；从图 11.74(b) 可以看出，开挖完成后穹顶最小主应力为 –25～–20MPa，而侧翼最小主应力为 –15～–10MPa；图 11.74(c) 可以看出，开挖完成后穹顶最大变形量为 40～60mm，而侧翼最大变

(a) 最大主应力分布

(b) 最小主应力分布

(c) 变形分布

图 11.74　白鹤滩水电站右岸 8#尾调室稳定性分析结果

形量为 60～80mm。因此，柱状节理岩体的各向异性使得穹顶中心柱状节理围岩的松弛深度和变形都显著小于侧翼边墙。

基于上述计算结果，按照 11.2.5 节的支护方案可以保证 8#尾调室穹顶柱状节理围岩的稳定性，但是出于安全考虑，仍将系统锚杆支护间距加密到 1.2m×1.2m，同时注重挂网喷射混凝土和锚杆的及时支护，抑制其时效松弛特征。

11.2.7　右岸地下洞室群设计效果验证

采用上述动态优化设计后，右岸地下洞室群的整体稳定性得到了较好的保证，此前预测的右岸地下厂房顶拱出现大范围深层破裂风险得到了很大程度的控制，预测的错动带区域大体积塌方也得到较好的控制，监测到的围岩变形总体也在可控范围内。经过动态优化后，围岩变形破坏的量值和趋势都与现场围岩实际响应基本一致。

1. 分层开挖过程中典型部位围岩变形破坏的实测值与预测值对比

将上述反演获得的参数代入数值计算程序进行正算，将测点位置的预测变形值与现场实测变形值进行对比，从而可以检验反演的等效力学参数在变形方面的可靠性。选取右岸地下厂房典型断面围岩 1.5m 深处的多点位移实测值与预测值进行对比分析，如图 11.75 和图 11.76 所示[3]。可以看出，反演的预测变形与实测变形基本接近，相对误差小于 10%。

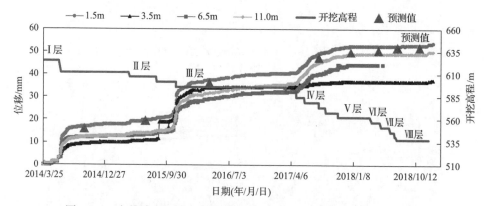

图 11.75　白鹤滩水电站右岸地下厂房 K0+076 下游侧拱脚围岩 1.5m 处
预测变形与实测变形对比[3]（见彩图）

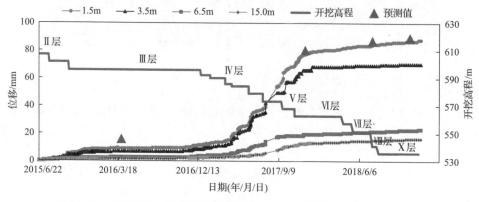

图 11.76　白鹤滩水电站右岸地下厂房 K0+132 上游侧岩壁梁围岩 1.5m 处
预测变形与实测变形对比[3]

2. 洞室围岩实际破坏展布图与预测风险图对比

图 11.77 为右岸地下厂房第 Ⅰ～Ⅴ层片帮风险分区和围岩深层破裂实际结果[2]。与图 11.66 对比，可以看出：

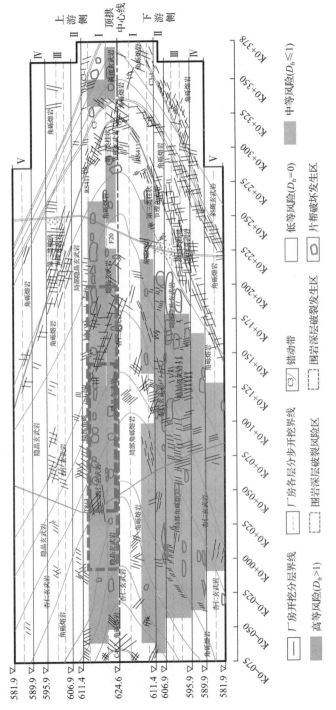

图 11.77　白鹤滩水电站右岸地下厂房第 I ~ V 层片帮风险分区和围岩深层破裂实际结果（单位：m）[2]

(1)经预测,厂房上游侧拱肩与下游侧边墙墙脚区域为中高风险区,洞室开挖过程中,采用裂化-抑制方法对片帮风险区开挖与支护方案进行了动态优化设计与调控。结果表明(见表11.7),相对于预测风险区,实际片帮洞段面积明显降低,高风险区域的片帮等级也有所降低。如厂房第Ⅰ层上游侧拱肩开挖期间,中高风险洞段实际片帮发生区占比为 59.1%(表明开挖支护优化后片帮区域减少了约40%);第Ⅲ层开挖之后,片帮发生区域显著减少,边墙墙脚部位的片帮破坏可通过预裂爆破、减少循环进尺与及时初喷等措施得到有效控制。

表 11.7　白鹤滩水电站右岸地下厂房片帮风险洞段规模与实际对比

开挖层数	断面位置	风险洞段累积长度/m	高风险洞段长度/m	实际片帮区长度/m	高等级片帮区长度/m	开挖支护优化结果	
						片帮区占风险区比例/%	高等级片帮占高风险区比例/%
第Ⅰ层	中导洞开挖上游侧顶拱	370	120	153	45	41.4	311.5
	上游侧拱肩	347	157	205	65	59.1	41.4
	下游侧拱脚	265	0	53	0	20.0	—
第Ⅱ层	下游侧墙脚	275	0	124		45.1	—
第Ⅲ层	下游侧墙脚	223	70	163	30	73.1	42.9
第Ⅳ层	下游侧墙脚	202	0	40	0	19.8	—
第Ⅴ层	下游侧墙脚	137	0	15	0	10.9	—

(2)右岸地下厂房第Ⅰ、Ⅱ层开挖时,上游侧拱肩及下游侧边墙部分洞段由于应力集中且支护不及时等原因出现了片帮破坏,总体上,预测的具有中等片帮风险区段在实际开挖中出现了零星的片帮破坏(见图11.78),而预测的具有高等级风险区段在实际开挖中出现了连续的大面积片帮剥落(见图11.79)。

图11.78　白鹤滩水电站右岸地下厂房第Ⅰ层上游侧拱肩 K0+095～K0+115 片帮破坏情况
(预测为片帮高风险区)

图 11.79　白鹤滩水电站右岸地下厂房第Ⅲ层边墙岩锚梁切台因片帮破坏而严重缺失
（预测为片帮高风险区）

（3）右岸地下厂房第Ⅲ层下游侧边墙岩锚梁开挖期间，岩体较完整洞段均具有片帮风险，实际开挖过程中均出现了片帮破坏，受其影响，岩锚梁切合成型差，缺失严重（见图 11.80），不得不采用混凝土进行回填修复。第Ⅲ层片帮频次多，规模占比较高，风险预测区域中 73.1% 的洞段发生了片帮（见表 11.7）。

(a) 第Ⅱ层边墙C3错动带揭露部位围岩塌方　　　　　(b) 第Ⅲ层RS411与F20交叉区域围岩垮塌

图 11.80　白鹤滩水电站右岸地下厂房错动带或断层破碎带岩体塌方（预测为片帮低风险区）

（4）右岸地下厂房的初始地应力略高于左岸，应力集中区的围岩应力强度比略高于片帮剥落的应力门槛值，但下游侧拱肩至顶拱及上游侧边墙由于应力较低，片帮剥落风险低，开挖成型较规整，如图 11.81 所示。

（5）右岸地下厂房北侧层间错动带 C3 和 C3-1、层内错动带 RS411、F20 断层发育，这些地质构造出露部位结构面较为发育，围岩受多组节理裂隙切割，岩体结构以碎裂结构为主，不具备片帮剥落风险发生的条件，而以破碎带垮塌或塌方为主，如图 11.82 所示[3]。

(a) 第Ⅱ层边墙

(b) 第Ⅲ层边墙岩锚梁切台部位

图 11.81　白鹤滩水电站右岸地下厂房上游侧边墙开挖成型规整(预测为片帮低风险区)

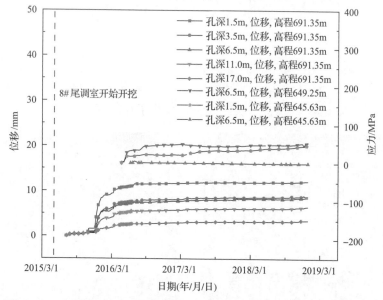

图 11.82　8# 尾调室穹顶下游侧高程 691.35m 处多点位移计测试结果和高程
645.63～649.25m 处锚杆应力计测试结果[3]

　　(6)对于 8# 尾调室,按照上述开挖支护优化方案施工完成后,尾调室穹顶采用测斜管和锚杆锚索应力长达 3 年的观测结果表明,尾调室围岩的变形和应力都得到了有效控制,高程 690～691m 处围岩变形缓慢增长,总体趋于稳定。监测结果如图 11.83 和图 11.84 所示。

　　(7)根据 C3 错动带开挖揭示的变形破坏风险,采取针对性的防治措施,并应用第 5 章错动带原位监测方案,评估补强加固后的地下厂房岩体变形和微震活动性,监测结果如图 11.85 和图 11.86 所示。结果显示,按照上述开挖支护优化方案施工完成后,C3 错动带岩体围岩变形增长缓慢,总体趋于稳定,说明错动带岩体变形得到了有效控制。采取有效的防治措施之后，微震事件数量减少，且大能量微震事件数量减少，主要以低能量（<10J）微破裂为主，说明支护加固有效控制了岩体内部大尺度破裂，后续开挖扰动仅诱发少量微破裂，C3 错动带整体处于稳定状态。

图 11.83　8# 尾调室开挖支护施工完成图

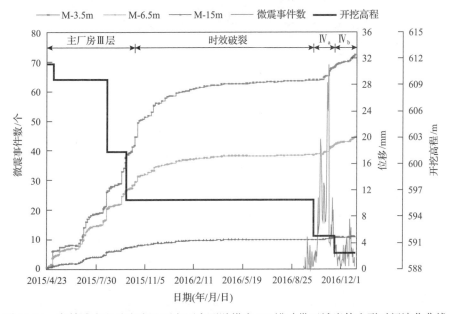

图 11.84　白鹤滩水电站右岸地下主厂房下游拱肩 C3 错动带区域岩体变形时间演化曲线

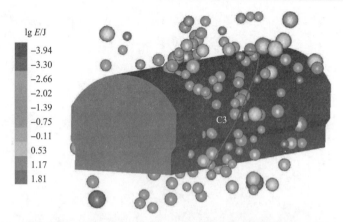

图 11.85 白鹤滩水电站右岸地下厂房 C3 错动带支护加固后微震活动特性分布图

图 11.86 白鹤滩水电站右岸地下洞室群顺利开挖完成的现场形貌

11.2.8 右岸地下洞室群稳定性设计技术审查

针对右岸地下洞室群稳定性的设计目标和开展的设计工作，进一步开展技术审查，复核右岸地下洞室群设计的合理性和可靠性，如表 11.8 和表 11.9 所示。

表 11.8 高应力下白鹤滩水电站右岸地下洞室群岩石力学试验技术审查信息表

技术审查内容		技术审查结果
试验目标	岩石力学试验目的	揭示高应力大型地下洞室群开挖全过程中围岩的变形破坏演化过程和 C3、C4 等错动带稳定性，确保硬脆性玄武岩不出现显著的片帮破坏、深层破裂、时效变形与破坏等灾害问题，C3、C4 等错动带不发生大变形、塌方灾害、柱状节理岩体松弛破坏

续表

	技术审查内容	技术审查结果
试验目标	可估计的准确性	对右岸地下洞室群区域的主要地质情况、地应力分布、开挖支护方法及其力学行为已有相对全面的把握，所采用的多元信息综合观测技术和监测仪器已相对完善和成熟，可确保测试结果的可靠性和准确性
	采用何种方法校准	一是监测仪器在测试全过程中的定期校准，二是不同类型现场原位观测方法测试结果的对比验证，三是通过数值计算进行对比验证
试验背景	需要考虑的问题	高应力条件下玄武岩破裂过程、C3、C4错动带变形破坏过程、柱状节理岩体松弛破坏过程
	列出问题清单	① 开挖强卸荷下玄武力学响应； ② C3、C4错动带变形破坏的演化过程； ③ 监测仪器类型和精度是否满足变形破裂观测的要求； ④ 测试过程与施工开挖协同性的影响； ⑤ 开挖和支护情况、地质情况等对监测设施的影响； ⑥ 测试误差的分析和控制
	是否与使用过该方法的经验人员讨论过	是
试验方法	开挖过程围岩变形观测(多点位移计、滑动测微计、收敛变形)、开挖过程围岩破裂观测(松弛深度观测、数字钻孔摄像观测、声发射实时监测、微震实时监测)、支护结构荷载监测(锚杆应力、锚索荷载、喷层压力)等	现场主要开展了以下几方面的测试内容(测试方法)：围岩变形观测(多点位移计)、应力监测(锚杆/锚索应力计)、松弛深度观测(声波测试)、岩体裂隙演化过程观测(数字钻孔摄像)、岩体微破裂过程(微震实时监测)
试验成果	围岩宏观破坏模式	主要表现为浅表层片帮破坏、深层破裂、错动带应力-结构型塌方破坏
	岩体力学参数：抗压强度、抗拉强度、弹性模量、泊松比、内摩擦角、黏聚力等	参数依据室内试验、反演分析等获取，岩体变形破坏观测前利用相关参数进行应力、变形、松弛深度以及岩石破裂程度指标等估计的预分析计算
	围岩破裂时效过程、裂隙演化时效过程、波速演化时效过程、微破裂演化时效过程、变形演化时效过程等	玄武岩时效破坏全过程往往伴随着围岩变形、应力的突增及微破裂事件的聚集和发展，岩体新裂隙的萌生扩展和原生裂隙的扩展贯通，破坏可于开挖后数分钟到数天内多次发生，特别是在支护前(开挖爆破未及时支护)或支护薄弱时，会随掌子面推进、时间推移和应力调整继续发生持续破坏
试验过程质量控制	是否有国际岩石力学学会建议方法	声波测试、微震监测、钻孔摄像有国际岩石力学学会建议方法
	若有国际岩石力学学会建议方法，是否按照该方法进行试验过程质量控制	按照国际岩石力学学会的建议方法进行过程质量控制
	若没有国际岩石力学学会建议方法，如何进行试验过程质量控制	首先严格按照监测仪器的操作规程，其次通过不同类型监测仪器获得结果之间的相互验证

续表

技术审查内容			技术审查结果
试验过程质量控制	如何建立试验过程质量控制，包括试样准备、试验点选取、试验环境控制、试验过程、试验成果分析等		根据场地施工条件、研究对象赋存的区域地质条件，通过数值模拟进行预分析获取应力和变形等信息，选择工程重点关注的对象布设监测钻孔和设施；依据施工开挖方式和开挖进度，动态调整监测方案和监测频率；试验数据尽可能在24h内完成分析处理，并由多名测试技术人员进行检查和校核
	试验过程质量控制是否得到验证		是
试验结果的误差分析	误差源	列出主要误差源	仪器本身的误差、各仪器操作过程引起的误差等
		误差是否已经校正	对相关监测仪器的误差进行了补偿；对测试过程非仪器误差也进行了分析和校正，对测试人员进行严格的培训，各试验过程都有完整的记录；对传感器和钻孔的布置位置首先进行了数值分析和优化
		列出潜在的主要误差	仪器本身的系统误差、温度变化误差、爆破震动误差、安装误差、操作过程误差(如钻孔摄像推进速度波动导致的误差)
		是否有任何潜在的主要误差使岩石力学试验的目标、概念和结论失效	无
	结果准确性	所有先前的问题都表明原理上高应力下白鹤滩水电站右岸地下洞室群开挖过程现场原位综合观测试验对意图来说是否正确	由于前期充分的综合分析和测试过程控制，测试结果表明右岸地下洞室群原位综合观测试验的原理和目标上是正确的
		如果不正确，列出存在的问题	无
		是否需要校正	否
		岩石力学试验方法校正后是否还需要审查	否

表 11.9 高应力下白鹤滩水电站右岸地下洞室群稳定性动态优化设计数值分析技术审查信息表

技术审查内容		技术审查结果
数值分析目标	高应力下白鹤滩水电站右岸地下洞室群稳定性开挖支护优化数值分析目标与主要优化措施	高应力下白鹤滩水电站右岸地下洞室群稳定性开挖支护优化的数值分析目标是通过优化开挖和支护设计，达到减小岩体破裂深度和破裂程度的目的，主要优化措施包括分层开挖高度、开挖进尺、预应力锚索和预应力锚杆的长度、间距和支护时机

技术审查内容		技术审查结果
高应力下白鹤滩水电站右岸地下洞室群数值分析过程的概念	考虑采用何种岩体系统	硬质、结构面不发育或中等发育、在高应力环境下可宏观等效为均质连续介质的岩体和错动带岩体
高应力下白鹤滩水电站右岸地下洞室群数值分析过程的概念	主要模拟何种物理过程	高应力大型地下洞室分层分部开挖及不同支护方案条件下围岩破裂的深度和程度、岩体变形等
高应力下白鹤滩水电站右岸地下洞室群数值分析内容的确定	列出物理变量	应力、位移、岩石破裂程度、支护应力等
	列出耦合过程：应力分析、渗流-应力耦合过程分析、温度-水流-应力-化学耦合过程分析	均为应力分析
	二维或三维计算	均为三维计算
	连续介质、非连续介质或连续-非连续介质	连续介质
	确定边界条件	均为应力边界条件
高应力下白鹤滩水电站右岸地下洞室群数值分析模型输出	模型输出指标包括应力场、位移场、塑性区、破坏度、局部能量释放率	应力场、位移场、岩体破裂程度
	模型输出结果是否匹配模型目标	是
高应力下白鹤滩水电站右岸地下洞室群数值分析技术	模拟输出包括一个节点、一个数据集、一个循环、一个数值试验解	一个数据集
	是否存在质量控制检查	存在
	输入数据是否正确	输入的参数、地应力等数据已通过相应环节的审查
	对已知解是否有效	有效
	是否可重复	可重复
使用何种数值分析软件，如何知道软件正确运行	使用哪种数值软件	精细数值模拟软件：CASROCK 软件等
	使用这种数值软件的依据	能高效、准确地分析岩体的真三轴非线性力学行为及岩体破裂程度
	该软件来源	CASROCK 软件为中国科学院武汉岩土学研究所和东北大学联合自主开发
	软件的可靠性检验	构建一个已知结果的算例，采用该软件进行计算分析，对于前处理、计算过程、后处理进行全程跟踪检测

左侧纵向分类：数值分析概念、数值分析技术

续表

技术审查内容			技术审查结果
数值分析技术	力学模型和强度准则	使用的力学模型是什么,是否能合理反映工程岩体的变形破坏机制	玄武岩采用硬岩弹脆塑性力学模型,错动带采用 NDDM 模型,柱状节理岩体采用多节理各向异性时效松弛本构模型,能够合理反映工程岩体的变形破坏机制
	力学模型和强度准则	使用的强度准则是什么,是否能合理反映工程岩体的变形破坏机制	使用真三轴硬岩强度准则,能够合理反映工程岩体的变形破坏机制
	岩体力学参数	反映开挖卸荷作用引起的岩体力学参数变化规律,如随着损伤程度的增加,围岩的弹性模量、黏聚力减小,但内摩擦角反而增加到一定值,是否建立了反映这种关系的非线性模型	是
		岩体力学参数的反演,是否采用考虑力学参数演化的智能反演方法获得	是
	支撑的模型数据和数据输入方法	列出边界条件的类型	均为应力边界条件
		列出输入数据的数据源,如通过考虑构造应力作用所获得的三维地应力场反演结果	已进行三维地应力场来源以及反演,获得岩体力学参数
		这些数据是否适合输入	是
	力学模型敏感性分析	模型的输出如何取决于输入参数的取值	输出变量的大小取决于输入地应力条件和力学参数的大小,输出变量的分布除取决于开挖体尺寸、形状等因素外,还受到输入地应力分量比的影响
		是否进行了敏感性分析	已进行敏感性分析
		如需敏感性分析,采用何种敏感性分析方法,并给出分析过程	采用基于熵权属性识别的敏感性分析方法,综合现场片帮案例统计、考虑重分布应力特征、岩性条件、破裂机制等综合识别敏感因素
	高应力下白鹤滩水电站右岸地下洞室群稳定性开挖支护优化设计的数值分析结果	是否能说明数值分析结果的正确性	经过专家审查认可
		是否能表明支持数据是对岩体的合理假设	在高应力条件下岩体主要为应力控制型的力学行为,结构面控制的块体破坏占次要地位,岩体更多表现出连续介质的力学行为,柱状节理岩体可等效为连续介质,故采用连续介质假设开展分析是合理的

续表

技术审查内容			技术审查结果
数值分析技术	高应力下白鹤滩水电站右岸地下洞室群稳定性开挖支护优化设计的数值分析结果	如何表达模型结果	各物理量的等值线云图、变量演化曲线等
		模型结果的表达与模型目标是否相关联	是
数值分析准确性	误差源	误差是否已经校正	已经通过与现场监测和测试结果对比校正了误差
		列出潜在的主要误差	应力和变形大小误差、应力和变形分布误差、围岩破坏破裂程度误差
		是否有任何潜在的主要误差使模型的目标、概念和结论失效	无
	高应力下白鹤滩水电站右岸地下洞室群稳定性数值分析的准确性	上述问题分析是否可以表明该分析模型在原理上符合分析目标的要求	是
		如果不能，列出存在的问题	无
		是否需要校正	不需要，分析设计成果已被现场实际所证实
		模型校正后是否还需审计	是

参 考 文 献

[1] 中国电建集团华东勘测设计研究院有限公司. 白鹤滩水电站地下洞室群第一层开挖与支护设计咨询报告. 杭州: 中国电建集团华东勘测设计研究院有限公司, 2014.

[2] 中国电建集团华东勘测设计研究院有限公司. 白鹤滩水电站地下厂房洞室群稳定专题报告(左岸厂房开挖完成与右岸厂房机坑开挖). 杭州: 中国电建集团华东勘测设计研究院有限公司, 2018.

[3] 任大春, 汤国强, 上官璟, 等. 白鹤滩水电站左右岸地下洞室群安全监测成果分析报告. 成都: 中国长江三峡建设管理有限公司, 2018.

[4] 张建聪, 江权, 郝宪杰, 等. 高应力下柱状节理玄武岩应力-结构型塌方机制分析. 岩土力学, 2021, 42(9): 2556-2568.

[5] 裴书锋, 赵金帅, 于怀昌, 等. 考虑洞室岩体应力型破坏特征的局部地应力反演方法及应用. 岩土力学, 2020, 41(12): 4093-4104.

彩　图

(a) 围岩应力型剥落

(b) 大体积塌方

图 3.10　白鹤滩水电站地下厂房第Ⅰ层下游侧扩挖导致的围岩应力型剥落和大体积塌方

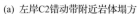

(a) 左岸C2错动带附近岩体塌方

(b) 右岸C4错动带岩体局部垮塌

图 3.11　白鹤滩水电站左岸导流洞内 C2 错动带附近岩体塌方和右岸地下厂房中导流洞 C4
错动带岩体局部垮塌现象

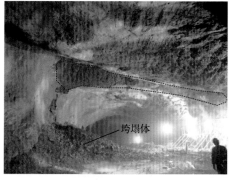

(a) 顶拱柱状节理岩体塌方

(b) 边墙柱状节理岩体塌方

图 3.12　导流洞内柱状节理岩体段围岩破坏现象

图 3.25　上游侧拱肩串珠状岩爆

(a) 第Ⅰ层扩挖下游侧拱脚片帮　　　　　　　　　(b) 第Ⅰ层扩挖上游侧拱肩片帮

(c) 第Ⅲ层下游侧岩体卸荷开裂　　　　　　　　　(d) 第Ⅲ层下游侧岩台难以开挖成型

图 3.26　双江口水电站地下厂房片帮及卸荷板裂现象

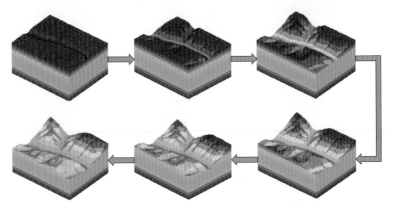

图 4.9　考虑地表剥蚀河谷下切作用的三维数值模拟过程

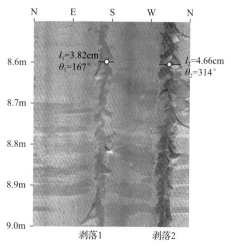

图 4.17 白鹤滩水电站右岸地下厂房第 I 层开挖后顶拱钻孔应力剥落分布特征

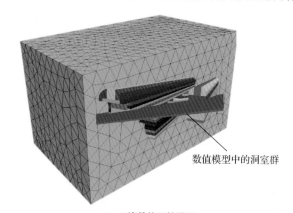

(a) 三维数值计算模型

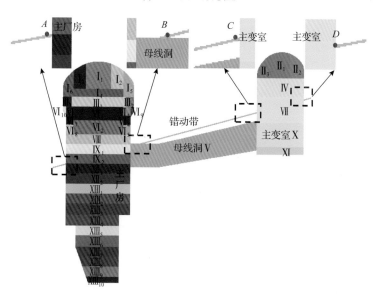

(b) 地下厂房及错动带分布模型(图中A、B、C、D为不同出露位置错动带测点)

图 4.28 白鹤滩水电站左岸地下厂房错动带影响区域三维数值计算模型

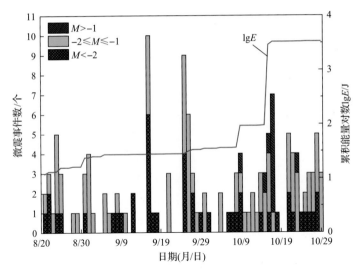

图 4.39　不同震级的微震事件随时间的演化曲线

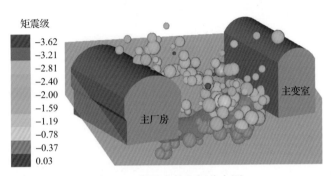

图 4.40　微震事件空间分布图

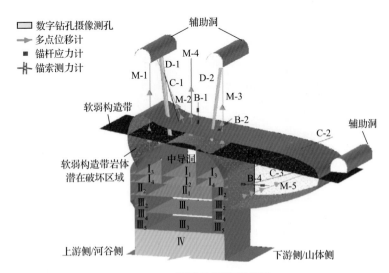

(a) 观测孔位置剖面布置图

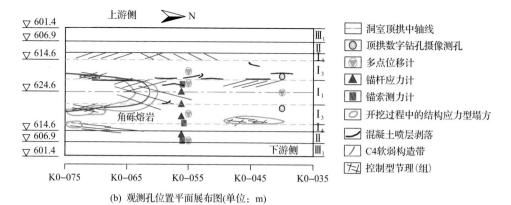

图 4.47　白鹤滩水电站右岸地下厂房 K0–075～K0–035 区段软弱构造带潜在破坏区域岩体
观测布置方案示意图

D-1、D-2 数字钻孔摄像测孔及 M-4 位移计布置于 K0–040 附近，其他监测设备布置于 K0–055 附近

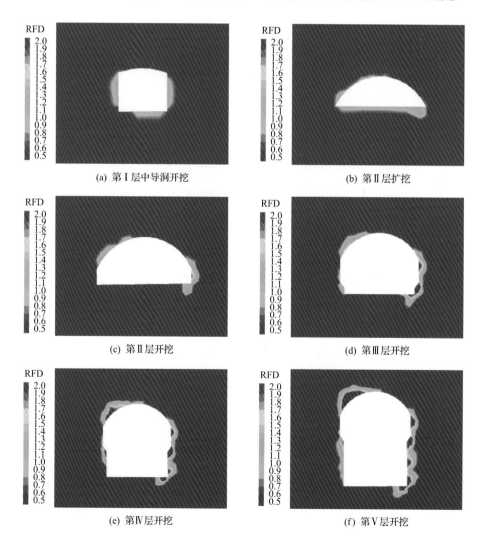

(a) 第Ⅰ层中导洞开挖

(b) 第Ⅱ层扩挖

(c) 第Ⅱ层开挖

(d) 第Ⅲ层开挖

(e) 第Ⅳ层开挖

(f) 第Ⅴ层开挖

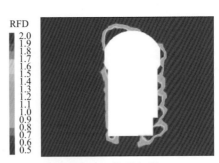

(g) 第Ⅵ层开挖   (h) 第Ⅶ层开挖

(i) 第Ⅷ层和第Ⅸ层开挖

图 5.10 大型地下洞室群分层开挖过程中 RFD 分布

(a) 现场实际破坏位置

(b) 数值模拟计算结果

图 5.22 现场实际破坏位置与数值模拟计算结果对比

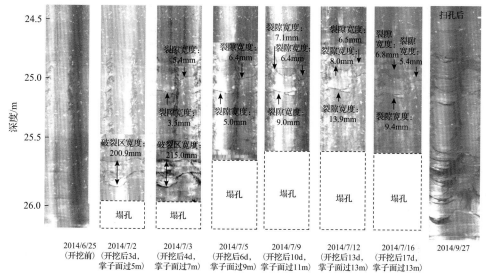

(a) 基于钻孔摄像观测的大型地下洞室中玄武岩内部渐进开裂发展过程

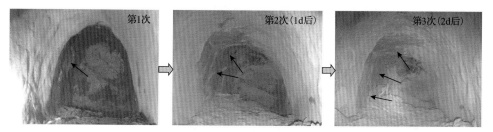

(b) 高应力驱动下隧洞围岩表层持续开裂破坏

图 5.26 高应力大型地下洞室硬岩渐进破坏现场观察实例[6]

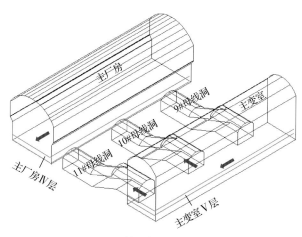

(a) 开挖方案三维透视图

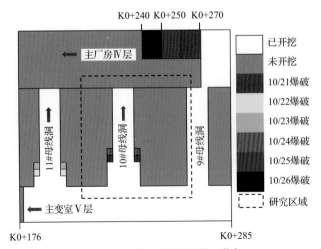

K0+240 K0+250 K0+270

主厂房IV层

11#母线洞

10#母线洞

9#母线洞

主变室V层

K0+176

K0+285

已开挖
未开挖
10/21爆破
10/22爆破
10/23爆破
10/24爆破
10/25爆破
10/26爆破
研究区域

(b) 研究区域范围及现场爆破施工信息

图 6.2　白鹤滩水电站右岸地下厂房区域开挖过程示意图[2]

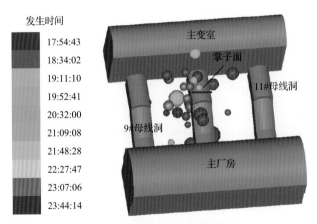

发生时间

17:54:43
18:34:02
19:11:10
19:52:41
20:32:00
21:09:08
21:48:28
22:27:47
23:07:06
23:44:14

主变室
掌子面
11#母线洞
9#母线洞
主厂房

(a) 2016年10月21日微震事件频发

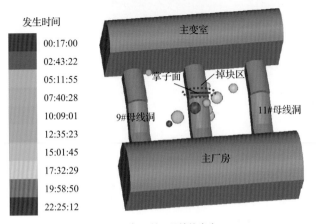

发生时间

00:17:00
02:43:22
05:11:55
07:40:28
10:09:01
12:35:23
15:01:45
17:32:29
19:58:50
22:25:12

主变室
掌子面
掉块区
9#母线洞
11#母线洞
主厂房

(b) 2016年10月22日掉块发生

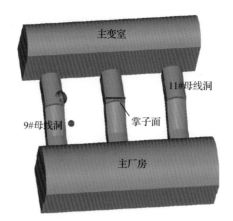

发生时间

	04:23:28
	06:19:15
	08:15:02
	10:13:00
	12:08:46
	14:04:33
	16:02:31
	18:00:29
	19:54:05
	21:52:03

(c) 2016年10月23日岩体趋于稳定

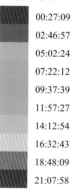
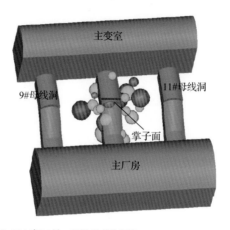

发生时间

	00:27:09
	02:46:57
	05:02:24
	07:22:12
	09:37:39
	11:57:27
	14:12:54
	16:32:43
	18:48:09
	21:07:58

(d) 2016年10月24日微震事件频发

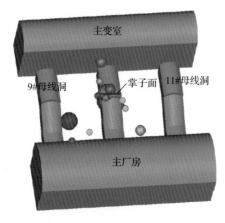

发生时间

	00:20:12
	02:48:45
	05:17:18
	07:48:02
	10:16:35
	12:42:56
	15:13:40
	17:42:13
	20:10:46
	22:41:30

(e) 2016年10月25日微破裂事件减少

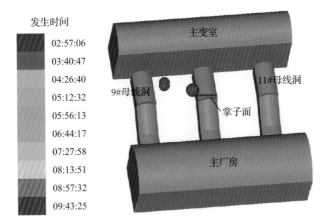

发生时间

02:57:06
03:40:47
04:26:40
05:12:32
05:56:13
06:44:17
07:27:58
08:13:51
08:57:32
09:43:25

(f) 2016年10月26日岩体趋于稳定

图 6.6 爆破作用下围岩微震事件及能量释放空间演化规律[2]

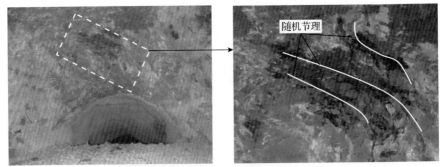

图 6.7 10#母线洞应力-结构型破坏形态[2]

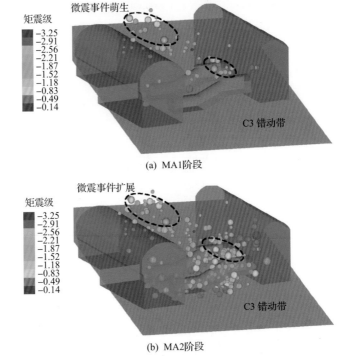

(a) MA1阶段

(b) MA2阶段

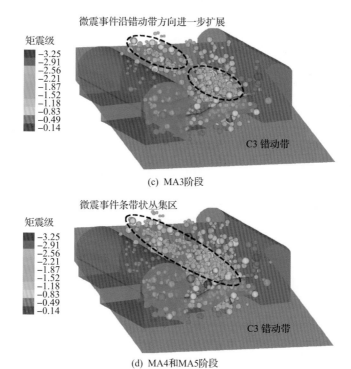

(c) MA3阶段

(d) MA4和MA5阶段

图 6.13　交叉洞室的微震事件空间演化规律[4]

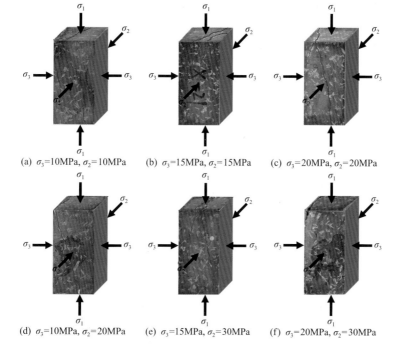

(a) σ_3=10MPa, σ_2=10MPa　　(b) σ_3=15MPa, σ_2=15MPa　　(c) σ_3=20MPa, σ_2=20MPa

(d) σ_3=10MPa, σ_2=20MPa　　(e) σ_3=15MPa, σ_2=30MPa　　(f) σ_3=20MPa, σ_2=30MPa

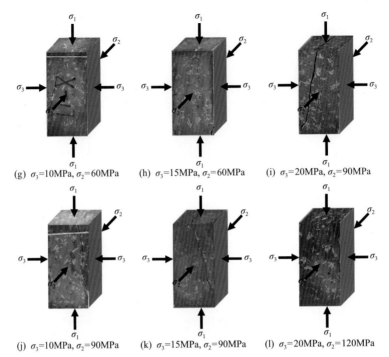

(g) $\sigma_3=10\text{MPa}, \sigma_2=60\text{MPa}$ (h) $\sigma_3=15\text{MPa}, \sigma_2=60\text{MPa}$ (i) $\sigma_3=20\text{MPa}, \sigma_2=90\text{MPa}$

(j) $\sigma_3=10\text{MPa}, \sigma_2=90\text{MPa}$ (k) $\sigma_3=15\text{MPa}, \sigma_2=90\text{MPa}$ (l) $\sigma_3=20\text{MPa}, \sigma_2=120\text{MPa}$

图 7.8　不同三维应力状态下白鹤滩水电站地下厂房斜斑玄武岩岩样破坏照片

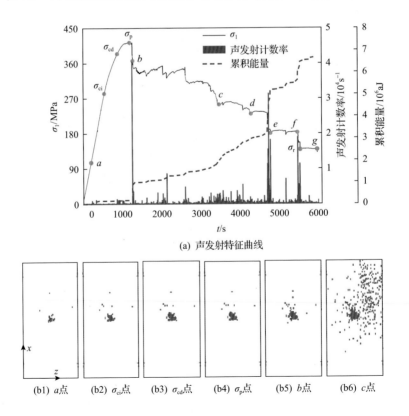

(a) 声发射特征曲线

(b1) a点　(b2) σ_{ci}点　(b3) σ_{cd}点　(b4) σ_p点　(b5) b点　(b6) c点

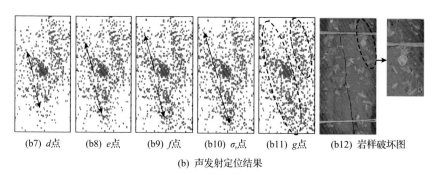

(b7) d点　(b8) e点　(b9) f点　(b10) σ_r点　(b11) g点　(b12) 岩样破坏图

(b) 声发射定位结果

图 7.9　$\sigma_3 = 10\text{MPa}$、$\sigma_2 = 30\text{MPa}$ 应力状态下斜斑玄武岩声发射特征曲线和声发射定位结果

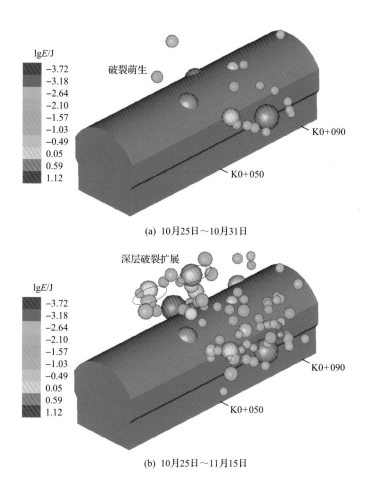

(a) 10月25日～10月31日

(b) 10月25日～11月15日

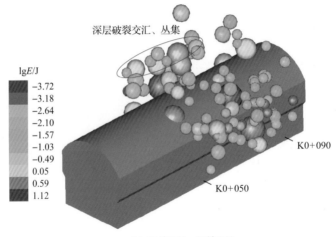

(c) 10月25日～11月22日

图 7.25　累积微震事件空间演化特征

球体半径与震级成正比，震级越大，半径越大；球体颜色与能量对数成正比，颜色越鲜艳，释放能量越大

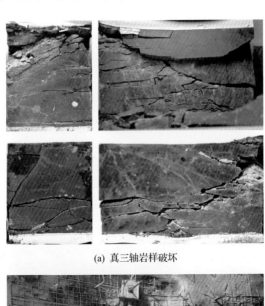

(a) 真三轴岩样破坏

(b) 现场围岩片帮破坏

图 8.15　真三轴试验的岩样破坏与现场围岩片帮破坏对比

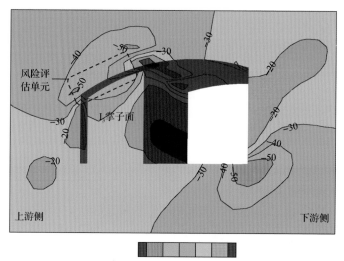

σ_1/MPa $-60 -50 -40 -30 -20 -10$

图 8.25　上游侧掌子面扩挖后 K0+320～K0+340 典型洞段围岩应力重分布云图

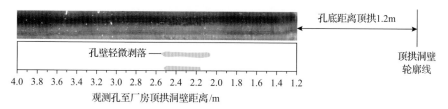

(a) 2014年6月25日观测结果(I₃-U掌子面开挖至K0+335)

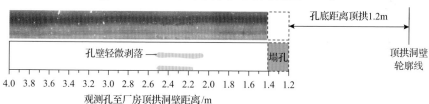

(b) 2014年6月29日观测结果(I₃-U掌子面开挖至K0+329)

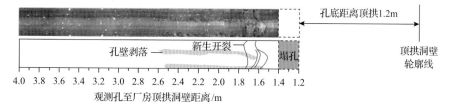

(c) 2014年7月2日观测结果(I₃-U掌子面开挖至K0+325)

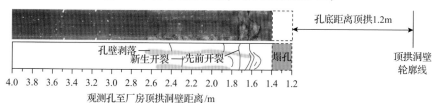

(d) 2014年7月3日观测结果(I₃-U掌子面开挖至K0+323)

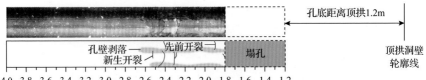

(e) 2014年7月9日观测结果(I₃-U掌子面开挖至K0+319)

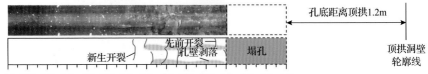

(f) 2014年7月16日观测结果(I₃-U掌子面开挖至K0+317)

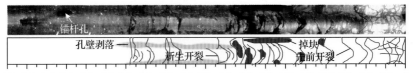

(g) 2014年8月3日观测结果(I₃-U掌子面开挖至K0+308，重新清孔并延伸至洞壁)

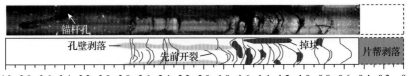

(h) 2014年9月2日观测结果(I₃-D掌子面开挖至K0+360)

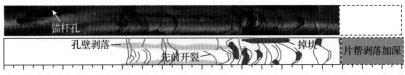

(i) 2014年9月18日观测结果(I₃-D与I4-D掌子面均开挖至K0+335)

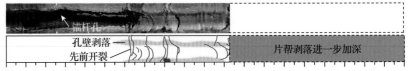

(j) 2014年10月3日观测结果(I₄-D掌子面开挖至K0+305，I₅-D掌子面开挖至K0+310)

图 8.28　白鹤滩水电站左岸地下厂房第 I 层开挖期间顶拱 K0+330-0-U 观测孔钻孔摄像观测结果[17]

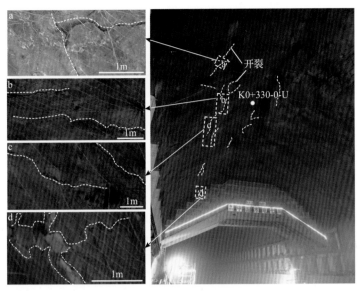

图 8.35　白鹤滩水电站左岸地下厂房第Ⅳ层开挖期间上游侧拱肩至顶拱 K0+310～K0+340
洞段喷层开裂现象[17]

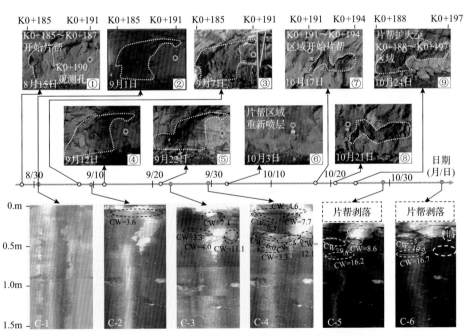

(a) 右岸厂房K0+185～K0+195洞段硬岩内部时效开裂及大面积片帮破坏形貌发展过程

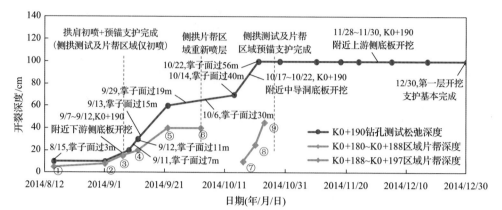

(b) K0+190断面观测孔围岩松弛开裂深度及附近围岩片帮开裂深度随时间的演化规律

图8.37 白鹤滩水电站右岸地下厂房上游侧 K0+180～K0+200 洞段围岩片帮随掌子面开挖演化规律

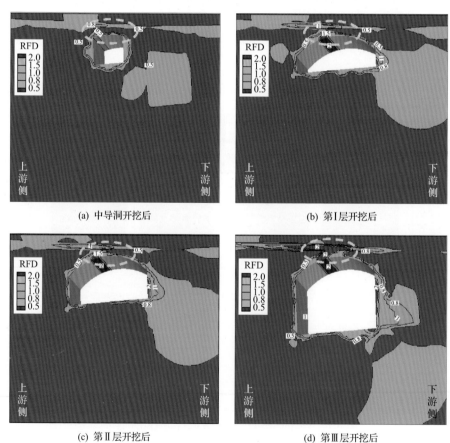

(a) 中导洞开挖后   (b) 第I层开挖后

(c) 第Ⅱ层开挖后   (d) 第Ⅲ层开挖后

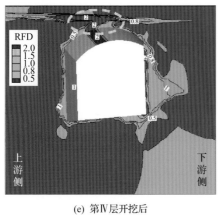

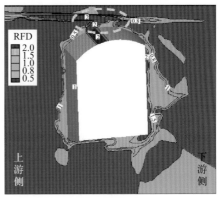

(e) 第Ⅳ层开挖后　　　　　　　　　　(f) 第Ⅴ层开挖后

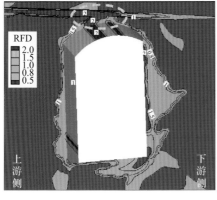
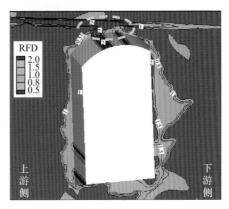

(g) 第Ⅵ层开挖后　　　　　　　　　　(h) 第Ⅶ层开挖后

图 9.36　C4 错动带影响下白鹤滩水电站右岸地下厂房分层开挖过程中岩体破裂程度三维演化云图

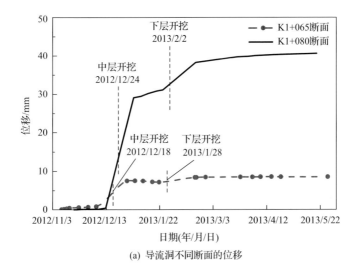

(a) 导流洞不同断面的位移

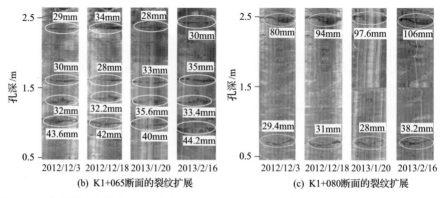

(b) K1+065断面的裂纹扩展   (c) K1+080断面的裂纹扩展

图 10.35　白鹤滩水电站右岸 4#导流洞 K1+065 和 K1+080 断面的位移和裂纹演化扩展过程

图中数据为裂纹宽度

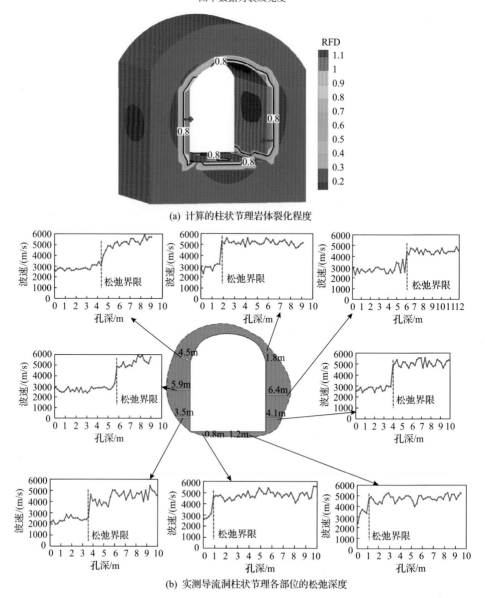

(a) 计算的柱状节理岩体裂化程度

(b) 实测导流洞柱状节理各部位的松弛深度

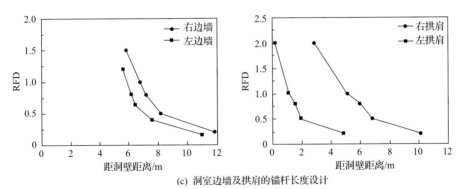

(c) 洞室边墙及拱肩的锚杆长度设计

图 10.38　导流洞柱状节理岩体段松弛深度及锚杆长度的支护设计[22]

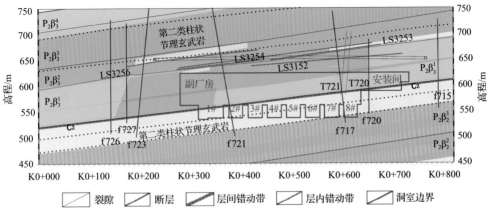

图 11.1　白鹤滩水电站左岸地下厂房工程地质条件纵剖面图[1]

(a) 第2机组中心剖面

(b) 第4机组中心剖面

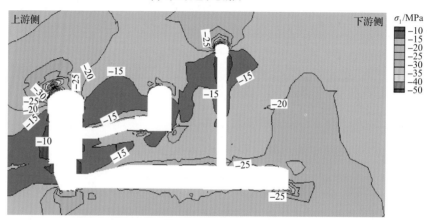

(c) 第6机组中心剖面

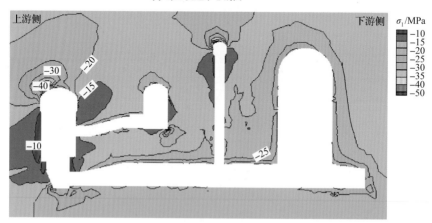

(d) 第8机组中心剖面

图 11.18　白鹤滩水电站左岸地下洞室群开挖支护后典型剖面围岩重分布最大主应力特征

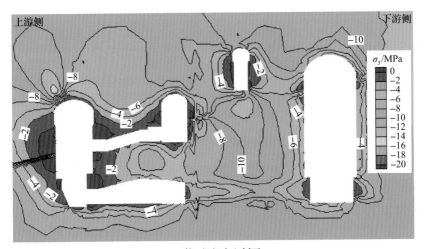

(a) 第2机组中心剖面

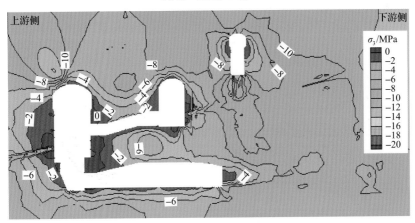

(b) 第4机组中心剖面

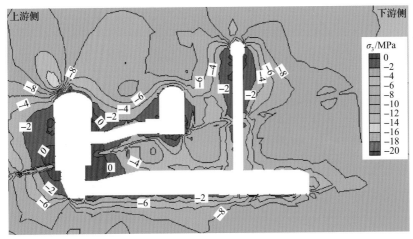

(c) 第6机组中心剖面

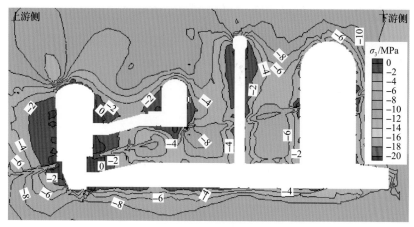

(d) 第8机组中心剖面

图 11.19 白鹤滩水电站左岸地下洞室群开挖支护后典型剖面围岩重分布最小主应力特征

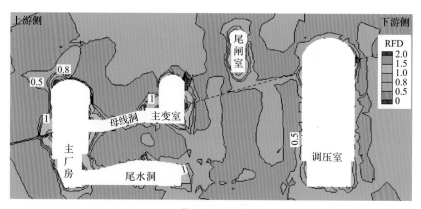

(a) 第2机组中心剖面

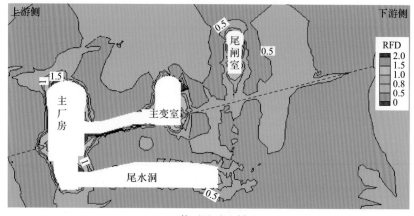

(b) 第4机组中心剖面

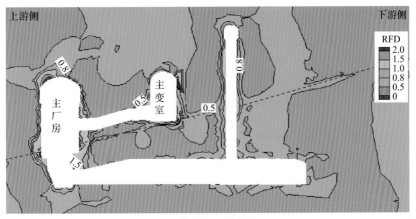

(c) 第6机组中心剖面

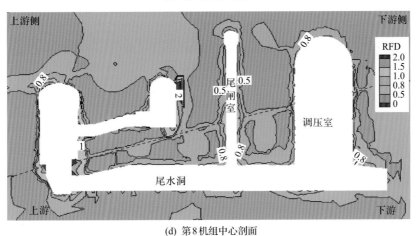

(d) 第8机组中心剖面

图11.20　白鹤滩水电站左岸地下洞室群开挖支护后典型剖面围岩破裂程度分布

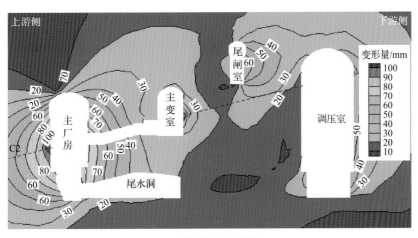

(a) 第2机组中心剖面

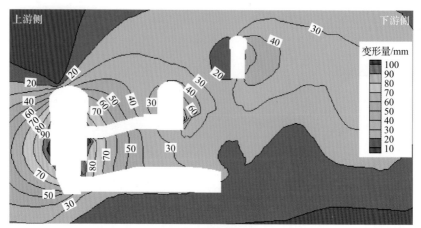

(b) 第4机组中心剖面

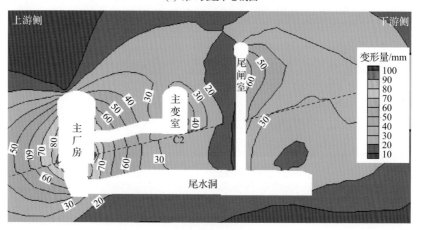

(c) 第6机组中心剖面

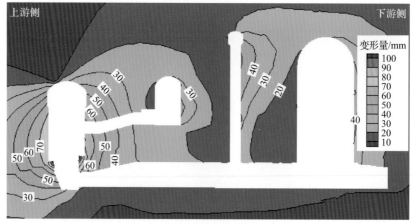

(d) 第8机组中心剖面

图 11.21　白鹤滩水电站左岸地下洞室群开挖支护后典型剖面围岩变形分布

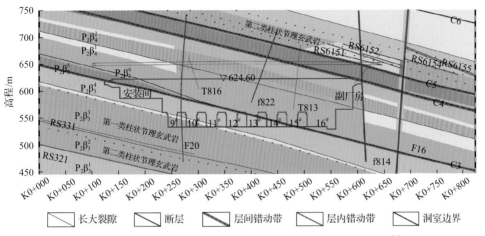

图 11.50 白鹤滩水电站右岸地下厂房工程地质条件纵剖面图[1]

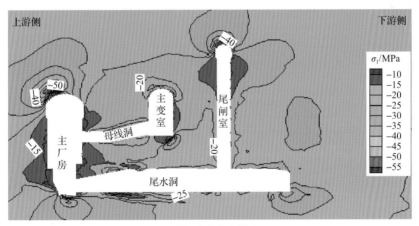

(a) 第15机组中心剖面

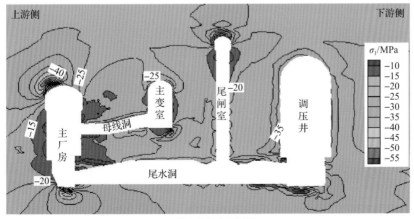

(b) 第13机组中心剖面

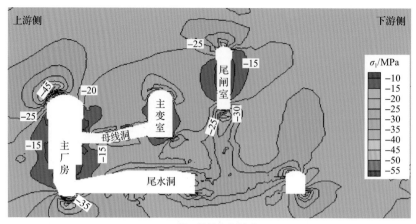

(c) 第11机组中心剖面

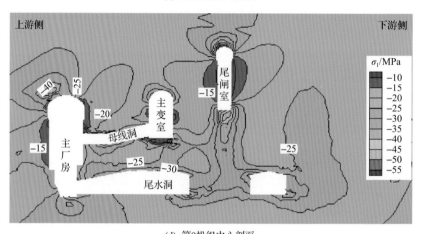

(d) 第9机组中心剖面

图 11.62　白鹤滩水电站右岸地下洞室群开挖支护后典型剖面围岩重分布最大主应力特征

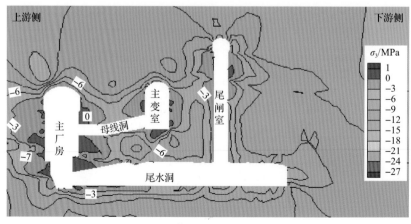

(a) 第15机组中心剖面

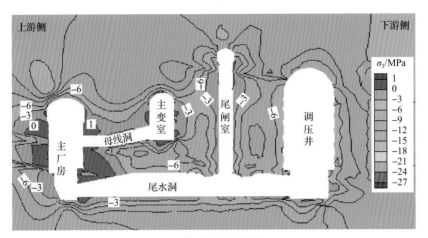

(b) 第13机组中心剖面

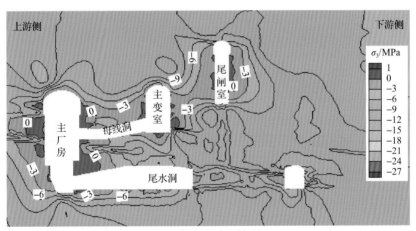

(c) 第11机组中心剖面

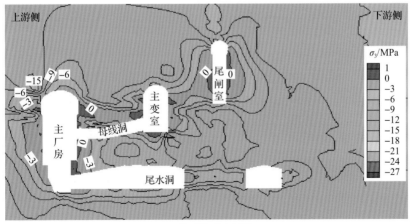

(d) 第9机组中心剖面

图 11.63　白鹤滩水电站右岸地下洞室群开挖支护后典型剖面围岩重分布最小主应力特征

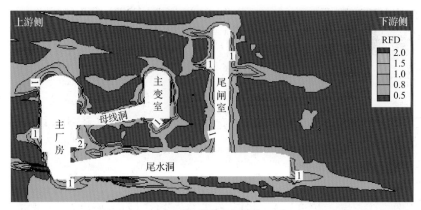

(a) 第15机组中心剖面

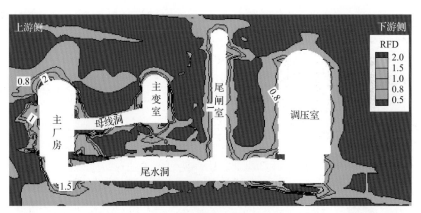

(b) 第13机组中心剖面

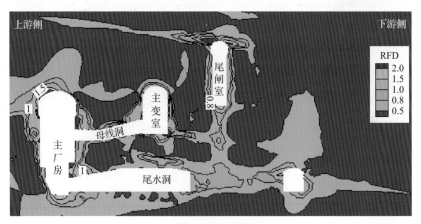

(c) 第11机组中心剖面

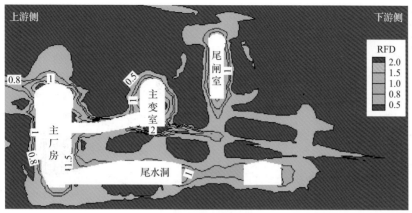

(d) 第9机组中心剖面

图11.64　白鹤滩水电站右岸地下洞室群开挖支护后典型剖面围岩破裂程度分布

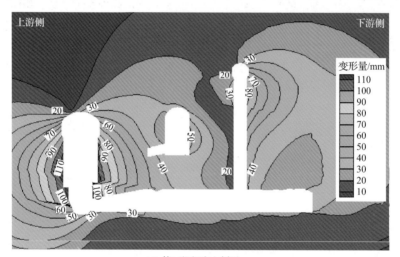

(a) 第15机组中心剖面

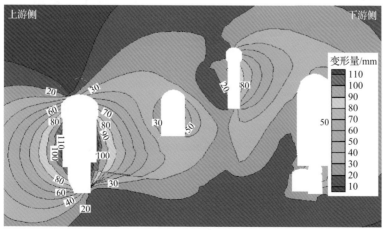

(b) 第13机组中心剖面

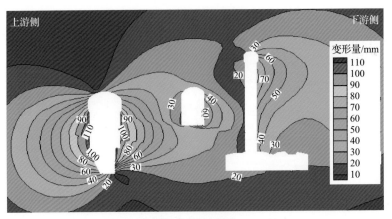

(c) 第11机组中心剖面

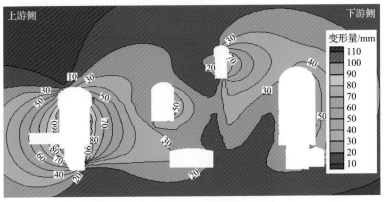

(d) 第9机组中心剖面

图 11.65　白鹤滩水电站右岸地下洞室群开挖支护后典型剖面围岩变形分布

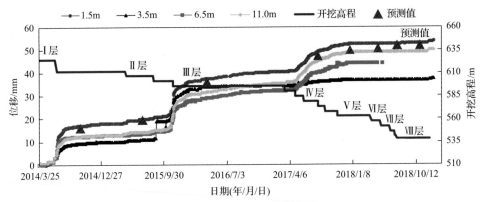

图 11.75　白鹤滩水电站右岸地下厂房 K0+076 下游侧拱脚围岩 1.5m 处预测变形与实测变形对比[3]